개정판

확률과 보험통계

이재원 지음

KM 경문사

머리말

근래에 들어 수년 동안 우리나라를 비롯하여 미국 등 여러 나라에서 조사된 자료에 의하면 가장 많은 연봉을 받는 직업군이 금융과 보험계통인 것으로 보도되면서, 금융과 보험업으로의 진출이 학생들에게 매우 큰 매력을 느끼는 것으로 나타난다. 이에 부응하여 수학과가 금융과 보험업에 가장 가깝고 빠르게 접근할 수 있는 학문으로 각광받으면서 금융·보험에 관련하여 많은 수학도들이 공부하고 있으며, 또한 많은 대학의 수학과에서 금융과 보험에 관련된 교과목을 개설하거나 또는 학과 명칭을 금융·보험학과로 변경하는 대학들도 생겨났다.

한편 2004년도에 처음 '확률과 보험통계' 교재를 집필한 후, 교재의 내용에 대한 보강 그리고 금융과 보험에 대한 다양한 문제의 보강이라는 필요성이 대두되었다. 따라서 초판본에서 간단하게 설명하였거나 설명없이 결과만 사용하였던 많은 내용에 대하여 더 자세하고 충분하게 설명함으로써, 기초적인 통계학을 공부한 학생이면 누구나 이해할 수 있도록 집필하였다. 또한 미국 보험계리인학회(Society of Actuaries)와 상해보험학회(Casualty Actuarial Society)에서 매년 실시되고 있는 보험계리인 자격시험 문제를 비롯하여 학습용 예상문제 등을 우리나라의 실정에 맞도록 보강하였으며, SOA 또는 CAS에서 실시하는 Exam P를 준비하는데 많은 도움이 되도록 노력하였다. 따라서 본 도서를 이용하여 공부하는 많은 학생들에게 보험계리사 자격취득 또는 Exam P 자격취득에 도움이 되기를 진심으로 기대한다.

끝으로 본 도서의 출판을 위하여 아낌없는 수고를 해주신 경문사 박문규 사장님과 편집부 여러분께 감사를 표하는 바이다.

2011년 비오는 날 금오산을 바라보면서
저자 씀

차례

Chapter 01 확률

Chapter 02 확률변수

Chapter 03 결합분포

Chapter 07 초과손해율 보험

Chapter 01

확률

현대사회에서 의사결정이나 위험관리를 비롯하여 전반적인 사회현상을 다루는데 확률론의 개념이 널리 사용된다. 보편적으로 우리는 깊은 수학적 이론을 감지하지 않고도 일상생활의 많은 분야에서 확률을 사용해 오고 있다. 예를 들어, 주택가에 가스충전소를 설치하고자 한다면, 대다수 주민들에게서 항의가 들어온다. 그 이유는 충전소가 들어오게 되면 이전보다 주민들에 대한 위험요소가 많아지기 때문이다. 다시 말해서 가스충전소가 주택가에 들어옴으로 인하여 주민들의 생명에 위협을 가할 확률이 매우 높기 때문이다. 또는 주식시장에서 유명한 주식 분석가가 대단히 큰 폭의 하락이 있을 것이라고 경고하면, 대부분의 주식 소유자들은 그들이 갖고 있는 주식을 팔 것이다. 그것은 큰 폭으로 떨어질 주식을 지속적으로 보유함으로써 자산이 감소할 가능성이 높기 때문이다.

이러한 확률은 특히 위험요소를 분석하는데 매우 중요한 역할을 하고 있으며, 따라서 이 분야의 전문가들은 위험요소 분야에서 폭넓게 확률을 연구하고 있다. 이러한 현상은 보험 산업에서도 예외는 아니며, 보험 산업은 위험요소를 다루기 위하여 오랫동안 확률을 사용해 왔다. 예를 들어, 어떤 사람이 자동차 보험에 가입하기 원한다면 보험회사는 그 사람의 지난 자동차 사고 경력에 비추어 앞으로의 사고율을 예측하고 보험료를 결정하게 된다. 또한 생명보험에 가입하고자 한다면 가입할 당시의 나이가 많을수록 보험회사는 보험료를 비싸게 책정하며, 그 이유는 나이가 많을수록 사망할 확률이 크기 때문이다. 예를 들어, 미국에서 '1993년에 자동차 사고로 인하여 인구 100,000명당 16.3명의 비율로 사망하였다'고 한다. 따라서 특별한 환경변화가 없는 한, 전문가들은 내년도에도 역시 자동차 사고에 의한 사망률이 $16.3/100000 = 0.000163$이라고 예측할 것이다. 이제 피보험자가 교통사고로 사망할 경우에 10,000$를 지급하는 조건으로 어떤 보험회사가 보험증권을 판매한다고 하자. 물론 보험금은 증권에 서명이 되어 있는 배우자를 비롯한 보험 수익자에게 전달된다. 이때 이 회사가 1,000,000개의 증권을 팔았고 1993년도의 사망률을 아직도 믿는다면, 1994년도에 163건의 보험금을 지급해야 할 것으로 기대할 수 있으며, 따라서 이 회사는 보험금으로 1,630,000$를 준비해야 할 것이다. 그러면 이 회사는 개개의 보험 가입자에게 1.63$의 보험료를 부과하면 보험금으로 지급하기에 필요한 돈을 마련할 수 있다. 즉, 각 보험 가입자에게 1.63$ 이상의 보험료를 부과하면 그 이상 부과된 보험료는 보험회사의 순이익으로 남게 될 것이다. 그러나 사망률이 0.000163이기 때문에 1백만 명의 보험 가입자 중에 정확히 163명이 보험금을 요구할 것인가? 그리고 1993년도의 사망률이 아직도 유효한가? 금년도의 인플레이션을 비롯한 제반 경제적 환경이 내년에도 지속적으로 유지될 것인가? 또한 보험금을 어떻게 지불할 것이며 지불할 보험금에 덧붙여 이익금을 어떻게 책정할 것인가? 등등 여러 가지 문제가 남게 된다. 이러한 문제에 대한 명쾌한 답은 확률에 있으며, 확률에 대한 많은 지식은 위험을 공동으로 관리하거나 보험과 같은 상품을 제공하는데 사용된다. 이제 이와 같은 문제를 해결하기 위하여 확률의 개념을 살펴보도록 한다.

1.1 사건

지난 몇 년간 우리나라에 영향을 미친 지진이 발생한 일자와 횟수 그리고 지역을 조사한다고 하자. 이러한 조사의 목적은 우리나라에 찾아오는 지진이 어느 지역을 중심으로 어느 시기에 발생하는가를 조사함으로써, 앞으로 지진으로 인한 피해를 최대한 줄일 대비책을 만들기 위한 것이다. 이와 같이 어떠한 통계적 목적 아래서 관찰이나 측정을 얻는 과정을 **통계적 실험**(statistical experiment)이라 하며, 지진이 발생한 일자 또는 횟수나 피해정도 및 지역과 같이 통계적 실험으로부터 얻게 되거나 관찰된 값을 **관찰값**(observation)이라 한다. 이와 같이 어떤 목적 아래서 실시한 통계실험에서 얻게 되는 모든 가능한 결과들의 집합을 **표본공간**(sample space)이라 하고, 이 표본공간을 이루고 있는 개개의 결과 또는 관찰값을 **원소**(element)라 한다. 그리고 표본공간의 부분집합을 **사건**(event)이라 하고, 보편적으로 대문자 알파벳으로 나타낸다. 예를 들어, 공정한 주사위를 한 번 던진다면, 윗면에 나올 수 있는 모든 가능한 눈의 수는 1, 2, 3, 4, 5 그리고 6 뿐이므로 표본공간은 $S=\{1,2,3,4,5,6\}$이고, 6개의 출현 가능한 수들이 원소이다. 그리고 짝수인 눈들의 집합 $A=\{2,4,6\}$은 사건이다. 또한 '1'의 눈이 나올 때까지 주사위를 반복해서 던질 때, 주사위를 던진 횟수에 관심을 갖는다고 하자. 그러면 처음 던져서 '1'의 눈이 나오는 경우에 던진 횟수는 1이다. 또한 처음에는 '1'의 눈이 나오지 않으나 두 번째 던져서 '1'의 눈이 나오는 경우를 생각할 수 있으며,

이 경우에 주사위를 던진 횟수는 2이다. 이와 같이 반복해서 주사위를 던져도 '1'의 눈이 나오지 않은 경우를 생각할 수 있으므로, '1'의 눈이 나올 때까지 주사위를 반복하여 던지는 경우에 생각할 수 있는 표본공간은 $S=\{1, 2, 3, \cdots\}$이다.

예제 1 동전을 반복해서 두 번 던지는 실험을 할 때, 표본공간을 구하여라.

풀이 동전을 한 번 던져서 나올 수 있는 모든 경우는 '그림'과 '숫자'이므로 동전을 반복해서 두 번 던지는 경우에 그림 1.1과 같이 처음의 결과와 두 번째 결과는 각각 (그림, 그림), (그림, 숫자), (숫자, 그림) 그리고 (숫자, 숫자) 뿐이다. 따라서 구하고자 하는 표본공간은 $S=\{$(그림, 그림), (그림, 숫자), (숫자, 그림), (숫자, 숫자)$\}$ 이다. ■

그림 1.1

한편 교체한 형광등의 수명이 얼마나 되는지에 대하여 조사한다고 하자. 형광등을 교체한 순간부터 지속적으로 형광등을 사용하면 언제 끊어질지 모르므로, 이 경우의 표본공간은 $S=\{x \mid x \geq 0\}$이 될 것이다. 앞에서 살펴본 바와 같이, 표본공간이 유한집합이거나 무한집합이지만 원소의 수를 셈할 수 있는 집합인 경우, 즉

$$S=\{1, 2, 3, 4, 5, 6\} \text{ 또는 } S=\{1, 2, 3, \cdots\}$$

인 경우에 **이산표본공간**(discrete sample space)이라 하고, 표본공간이

$$S=\{x \mid x \geq 0\}$$

과 같이 어떤 구간으로 나타나는 경우에 **연속표본공간**(continuous sample space)이라 한다. 한편 오로지 하나의 원소로 구성된 사건을 **단순사건**(simple event)이라 하고, 두 개 이상의 표본점으로 구성된 사건을 **복합사건**(compound event)이라 한다. 그리고 원소가 하나도 들어 있지 않은 사건을 **공사건**(empty event)이라 하며 $\varnothing$로 나타낸다. 그러면 확률에서 다루는 사건이라는 용어는 집합의 개념을 담고 있는 것을 쉽게 알 수 있으며, 따라서 집합에서와 동일하게 여러 가지 사건을 정의할 수 있다. 두 사건 A와 B에 대하여 사건 A 또는 사건 B의 원소로 구성된 사건을 A와 B의 **합사건**(union of events)이라 하고, 기호

$$A \cup B=\{x \mid x \in A \text{ 또는 } x \in B\}$$

로 나타낸다. 그리고 사건 A와 B가 공통으로 갖는 원소로 구성된 사건을 A와 B의 **곱사건**(intersection of events)이라 하고, 기호

$$A \cap B = \{x \mid x \in A \text{ 그리고 } x \in B\}$$

로 나타낸다. 한편 사건 A에는 속해 있으나, B에는 없는 원소로 구성된 사건

$$A - B = \{x \mid x \in A \text{ 그리고 } x \notin B\}$$

을 **차사건**(difference of events)이라 하며, 차사건의 특수한 경우로 사건 A에 속하지 않는 모든 원소들의 집합

$$A^c = \{x \mid x \notin A,\ x \in S\}$$

을 A의 **여사건**(complement event)이라 한다. 이것을 벤다이어그램으로 나타내면 다음 그림 1.2와 같다.

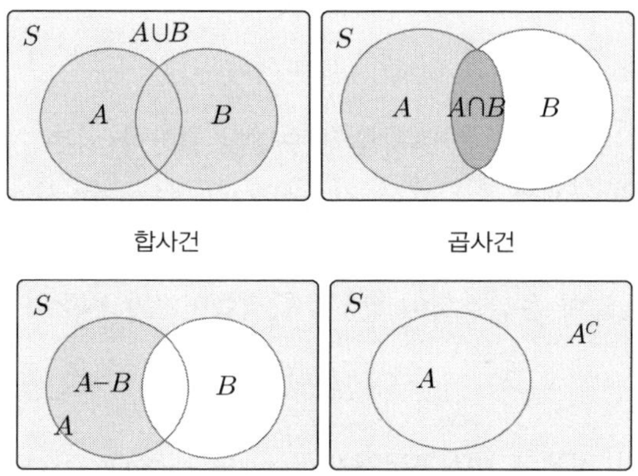

합사건 곱사건

차사건 곱사건

그림 1.2

특히 그림 1.3과 같이 공통의 원소를 갖지 않는 두 사건, 즉

$$A \cap B = \varnothing$$

을 만족하는 두 사건 A와 B를 **배반사건**(mutually exclusive events)이라 하고,

$$A_i \cap A_j = \varnothing, \quad i \neq j, \quad i,\ j = 1, 2, 3, \cdots, n$$

인 사건들 $\{A_i \mid i = 1, 2, \cdots, n\}$을 **쌍마다 배반사건**(pairwisely mutually exclusive events)이라 한다. 이때 n개의 사건들 $A_1, A_2, \cdots, A_n$이 쌍마다 배반이고 이들의 합사건이 표본공간이 되는 경우, 즉 다음 두 조건

(1) $A_i \cap A_j = \varnothing, \quad i \neq j, \quad i, j = 1, 2, 3, \cdots, n$

(2) $S = \bigcup_{i=1}^{n} A_i$

을 만족하는 사건들 $\{A_i \mid i = 1, 2, 3, \cdots, n\}$을 표본공간 S의 **분할**(partition)이라 한다.

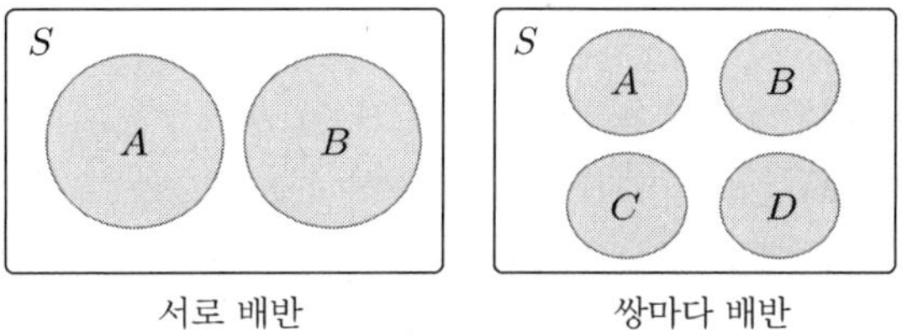

그림 1.3

예제 1에서 두 사건 $A = \{$(그림, 그림), (숫자, 숫자)$\}$와 $B = \{$(그림, 숫자), (숫자, 그림)$\}$은 서로 배반이고, 더욱이 $S = A \cup B$이므로 두 사건 A와 B는 표본공간 S의 분할이다.

예제 2 어떤 부부가 보험회사에 부부협약 생명보험증권을 구입하였다고 할 때, 보험증권을 판매한 보험회사가 생각해야 할 표본공간을 구하여라. 그리고 내년에 남편 또는 아내가 사망할 사건과 남편과 아내가 모두 사망할 사건을 구하여라.

풀이 이 회사의 주된 관심은 피보험자 부부의 생존과 사망이다. 따라서 이 회사는 남편의 사망(DH), 아내의 사망(DW), 남편의 생존(SH), 아내의 생존(SW) 등 네 가지 경우를 생각할 수 있다. 그러므로 이 회사가 생각할 표본공간은

$$S = \{(DH, DW), (DH, SW), (SH, DW), (SH, SW)\}$$

이다. 그러므로 남편이 사망할 사건을 A 그리고 아내가 사망할 사건을 B라 하면, 이 사건은 각각 다음과 같다.

$$A = \{(DH, DW), (DH, SW)\}$$
$$B = \{(DH, DW), (SH, DW)\}$$

그러면 내년에 남편 또는 아내가 사망할 사건은

$$A \cup B = \{(DH, DW), (DH, SW), (SH, DW)\}$$

이고, 남편과 아내가 모두 사망할 사건은

$$A \cap B = \{(DH,\ DW)\}$$

이다. ■

한편 임의의 사건 A, B와 C에 대하여 다음과 같이 여러 가지 연산이 성립하는 것을 벤다이어그램을 이용하여 쉽게 알아 볼 수 있다.

(1) $S = A \cup S,\ A = A \cap S$

(2) $A = A \cup \varnothing,\ \varnothing = A \cap \varnothing$

(3) $S = A \cup A^c,\ \varnothing = A \cap A^c$

(4) $(A \cup B)^c = A^c \cap B^c,\ (A \cap B)^c = A^c \cup B^c$ [드모르강의 법칙]

(5) $(A \cup B) \cap C = (A \cap C) \cup (B \cap C)$,

$(A \cap B) \cup C = (A \cup C) \cap (B \cup C)$ [배분법칙]

(6) $A \subset B$이면, $B = A \cup B,\ A = A \cap B$

또한 원소의 수가 유한개인 사건 A, B와 C에 대한 원소의 수를 각각 $n(A)$, $n(B)$ 그리고 $n(C)$라 하면, 다음이 성립한다.

(1) $n(\varnothing) = 0$

(2) $n(S) = n(A) + n(A^c)$

(3) $n(A \cup B) = n(A) + n(B) - n(A \cap B)$

(4) A와 B가 서로 배반이면, $n(A \cup B) = n(A) + n(B)$

(5) $A \subset B$이면, $n(B - A) = n(B) - n(A)$

(6) $n(A \cup B \cup C) = n(A) + n(B) + n(C) - n(A \cap B) - n(B \cap C)$
$\qquad - n(A \cap C) + n(A \cap B \cap C)$

예제 3 보험회사는 1,500명의 기업 고용주들에게 각 기업이 종업원에게 보험금의 일부를 지원하는 세 종류의 건강보험증권 A, B 그리고 C를 제공할 예정이다. 한편 각 기업들은 세 종류의 보험 상품 중에서 정확히 어느 두 개를 선정하거나, 또는 어느 것도 선정하지 않을 수 있다. 이때 A, B 그리고 C를 선정한 고용주의 성향을 분석한 결과 각각 375명, 500명 그리고 625명이다. 그러면 어느 것도 선택하지 않은 고용주의 수를 구하여라.

풀이 A와 B를 선택하는 고용주의 수를 x, A와 C를 선택하는 고용주의 수를 y 그리고 B와 C를 선택하는 고용주의 수를 z라고 하자. 그리고 어느 것도 선택하지 않을 고용주의 수를 w라 하자. 그러면 각 기업들이 두 개의 보험 상품을 선택하거나 어느 것도 선택하지 않으므로 보험 상품을 하나만 선택하거나 세 개 모두 선택하는 경우는 없다. 따라서 다음과 같은 벤다이어그램을 얻는다.

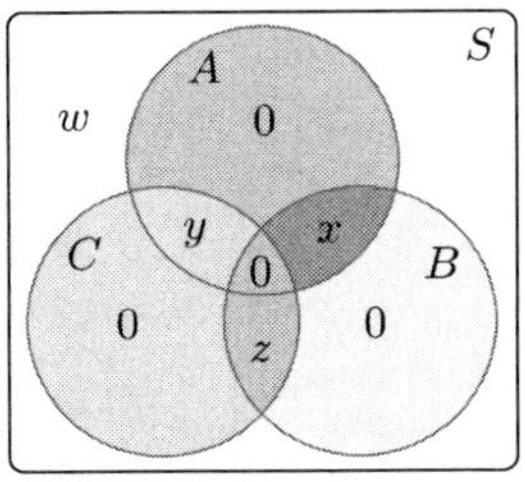

그림 1.4

그러면 이 벤다이어그램으로부터 다음의 관계식을 얻는다.

$$n(A)=x+y=375,\ n(B)=x+z=500,\ n(C)=y+z=625$$

그러므로 A, B 그리고 C를 선택한 고용주의 수는

$$\begin{aligned} n(A\cup B\cup C) &= (x+y)+(x+z)+(y+z)-(x+y+z)-0 \\ &= x+y+z=750 \end{aligned}$$

이다. 따라서 어느 상품도 선택하지 않은 고용주의 수는

$$w=1500-n(A\cup B\cup C)=1500-750=750$$

이다. ■

연습문제 1.1 Exercises

1. 지난해에 100명으로 구성된 어떤 단체의 스포츠 관전 습성에 대한 조사 결과, 그들 중에서 체조와 야구 그리고 축구를 관람한 사람은 각각 28명, 29명 그리고 19명이었다. 한편 체조와 야구를 관람한 사람은 14명, 야구와 축구를 관람한 사람은 12명 그리고 체조와 축구를 관람한 사람은 10명이었으며, 세 개의 스포츠 모두를 관람한 사람은 8명이었다. 세 개의 스포츠 중 어느 것도 관람하지 않은 사람의 수를 구하여라.

2. 보험회사는 화재로 인한 손실에 대하여 보상을 해준다. 50만 원 이상 500만 원 미만의 손실이 발생하는 사건을 A 그리고 100만 원 이상 5,000만 원 미만의 손실이 발생하는 사건을 B라 할 때, $A\cup B$와 $A\cap B$를 구하여라. 단, 단위는 원이다.

3. 두 개의 원소 a와 b를 갖는 표본공간 S_1의 부분집합 전체의 개수를 구하여라. 그리고 세 개의 원소 a와 b 그리고 c를 갖는 표본공간 S_2의 부분집합 전체의 개수를 구하여라. 이 두 사실로부터 n개의 원소를 갖는 표본공간 S의 부분집합 전체의 개수를 유추하여라.

4. 100가구의 구성원을 갖는 친목단체를 대상으로 신용카드 소지와 할부 자동차 소유를 조사한 결과, 78가구가 신용카드를 소지하였고 50가구는 할부 자동차를 소유하고 있었다. 그리고 41가구는 신용카드와 할부 자동차를 모두 소유하고 있다.

(1) 신용카드는 갖고 있으나 할부 자동차를 갖지 않은 가구와 할부 자동차는 갖고 있으나 신용카드를 갖지 않은 가구의 수를 구하여라.

(2) 신용카드 또는 할부 자동차를 소유하고 있는 가구 수를 구하여라.

5. 10,000명의 보험 가입자를 가지고 있는 자동차보험회사는 보험 가입자를 다음과 같이 분류한다.

(a) 젊은 사람과 나이든 사람 (b) 남자와 여자 (c) 기혼과 미혼

이러한 가입자 중에 3,000명은 젊은 사람이고, 4,600명은 남자 그리고 7,000명은 기혼자이다. 한편 보험 가입자는 1,320명의 젊은 남자와 3,010명의 기혼남자 그리고 1,400명의 기혼인 젊은 사람과 600명의 기혼인 젊은 남자로 분류되었다고 한다. 이때, 보험 가입자 중에서 젊은 여성으로써 미혼인 사람의 수는 얼마인가?

6. 보험회사에서 화재로 인한 손실을 보상하기 위하여 화재보험을 판매한다.

(1) 화재로 인한 손실 총액에 대한 원단위 표본공간을 구하여라.

(2) 손실액이 10,000,000원보다 많고 100,000,000원보다 작은 사건을 구하여라.

7. 보험회사에서 자동차 사고로 인한 손실을 보상한다. 이때 보험회사가 지불할 보험금이 350,000원 이상 1,000,000원 미만인 사건을 A, 500,000원보다 크고 15,000,000원보다 작은 사건을 B라 하자. 사상 $A \cup B$와 $A \cap B$를 구하여라.

8. 보험 대리점에서 건강보험과 생명보험을 판매하고 있다. 이 대리점의 주 고객 중에서 71명은 건강보험에 가입하였고, 48명은 생명보험에 가입하였다. 그리고 35명은 두 종류의 보험에 모두 가입하였다고 할 때, 이 대리점의 전체 고객 수를 구하여라.

9. 주식, 채권 그리고 선물 등 세 종류의 상품을 판매하고 있는 중개인은 그의 고객에 대한 성향을 살펴본 결과 다음과 같이 얻었다.

(a) 주식을 갖고 있는 고객 39명

(b) 채권을 갖고 있는 고객 37명

(c) 선물을 갖고 있는 고객 29명

(d) 주식과 채권을 갖고 있는 고객 21명

(e) 주식과 선물을 갖고 있는 고객 19명

(f) 채권과 선물을 갖고 있는 고객 18명
(g) 세 가지 상품을 모두 갖고 있는 고객 13명
(h) 현재 아무런 상품도 갖고 있지 않은 고객 21명

이때 대리인의 고객은 모두 몇 명인가?

10. 생명보험, 건강보험 그리고 자동차보험을 판매하는 중개인은 143명의 고객을 갖고 있으며, 고객의 성향은 다음과 같다.

(a) 생명보험에 연가입한 고객 82명
(b) 건강보험에 가입한 고객 45명
(c) 자동차보험에 가입한 고객 36명
(d) 생명보험과 건강보험에 가입한 고객 16명
(e) 생명보험과 자동차보험에 가입한 고객 11명
(f) 건강보험과 자동차보험에 가입한 고객 15명
(g) 세 가지 보험에 모두 가입한 고객 6명

이때 다음의 수를 구하여라.

(1) 보험증권을 갖고 있지 않은 고객의 수
(2) 생명보험만 가입한 고객의 수
(3) 오로지 한 보험만 가입한 고객의 수
(4) 생명보험이나 건강보험에 가입했으나, 자동차보험에 가입하지 않은 고객의 수

1.2 확률

확률에 대한 수학적인 개념을 멀리하고, 아무에게나 찌그러지지 않고 공정하게 만들어진 동전을 한 번 던져서 '그림'이 나올 가능성이 얼마인가를 묻는다면 아마도 명확하게 50% 또는 1/2이라는 답을 제시할 것이다. 그 이유는 동전을 한 번 던지는 경우에 나타날 수 있는 결과가 오로지 두 가지, '그림(앞면)'과 '숫자(뒷면)' 밖에 없다는 사실을 알기 때문이다. 그러면 10번 던지는 경우에는 앞면과 뒷면이 각각 5번씩 나올 것인가? 실제로 공정하게 만들어진 동전을 10번 반복하여 던진다면, 앞면이 나오는 경우는 꼭 5번인 것은 아니다. 이것은 다음 표와 같이 동전 던지기를 무수히 많이 반복할 때, 앞면과 뒷면이 나오는 비율이 거의 동등하게 (equally likely) 0.5에 가까워짐을 의미한다.

던진 횟수	앞면의 수	뒷면의 수	앞면의 비율(%)	뒷면의 비율(%)
10	4	6	40.00	60.00
50	28	22	56.00	44.00
100	53	47	53.00	47.00
200	98	102	49.00	51.00
1,000	514	486	51.40	48.60
2,000	1,019	981	50.95	49.05
3,000	1,501	1,499	50.03	49.85
4,000	1,977	2,023	49.43	50.58
5,000	2,496	2,504	49.92	50.08
⋮	⋮	⋮	⋮	⋮
10,000	5,017	4,983	50.17	49.83
50,000	25,103	24,897	50.21	49.79

그러면 앞면을 H 그리고 뒷면을 T라 할 때, 앞면이 나올 가능성은 동전을 던져서 나올 수 있는 모든 경우, 즉 $S=\{H, T\}$에 대하여 앞면이 나오는 사건 $A=\{H\}$의 원소의 비율

$$\frac{\text{사건 } A \text{ 안의 표본점의 개수}}{\text{표본공간 } S \text{ 안의 표본점의 개수}}=\frac{1}{2}$$

로 생각할 수 있다. 물론 어느 한쪽으로 찌그러진 동전을 던진다면, 앞면과 뒷면이 나올 가능성이 동등하지 않고 따라서 앞면이 나올 가능성이 50%라는 답은 잘못이 될 수도 있다. 이와 같이 동일한 조건 아래서 동일한 실험을 무수히 많이 반복하여 실시할 때, 어느 특정한 사건 A가 발생하는 상대적인 비율을 사건 A의 확률이라 한다.

정의 1

각각의 결과가 나올 가능성이 동등한 N개의 원소를 갖는 표본공간 S에 대하여 k개의 원소를 갖는 사건 A의 **확률**(probability)을

$$P(A)=\frac{n(A)}{n(S)}=\frac{k}{N}, \qquad k=0, 1, 2, \cdots, N$$

으로 정의한다.

예제 1 자동차보험에 가입한 150명의 보험 가입자를 대상으로 자동차 사고에 대한 조사를 실시한 결과 85명이 사고의 경력을 가지고 있다는 결론을 얻었다. 이 보험에 가입한 보험 가입자 중에서 임의로 한 사람을 선정하였을 때, 이 사람이 사고 경력이 있을 확률을 구하여라.

풀이 150명의 보험 가입자 전체를 대상으로 조사하였으므로 표본공간의 원소의 수는 $n(S)=150$이다. 이 보험 가입자 중에서 사고 경력이 있는 사람들의 집합을 A라 하면 $n(A)=85$이므로 임의로 선정한 보험 가입자가 사고 경력을 가지고 있을 확률은

$$P(A)=\frac{n(A)}{n(S)}=\frac{85}{150}=\frac{17}{30}=0.567$$

이다. ■

사건에 대한 연산과 원소의 수에 대한 성질을 이용하면, 다음과 같은 기본적인 확률의 성질을 알아볼 수 있다.

정리 1

(1) $P(\varnothing)=0,\ P(S)=1$

(2) $P(A)+P(A^c)=1$

(3) $P(A\cup B)=P(A)+P(B)-P(A\cap B)$

(4) A와 B가 서로 배반이면, $P(A\cup B)=P(A)+P(B)$

(5) $A\subset B$이면, $P(A)\le P(B)$이고 $P(B-A)=P(B)-P(A)$

(6) $P(A\cup B\cup C)=P(A)+P(B)+P(C)-P(A\cap B)-P(B\cap C)$
$\qquad -P(A\cap C)+P(A\cap B\cap C)$

(7) 임의의 사건 A에 대하여, $0\le P(A)\le 1$이다.

증명 표본공간 S에 대하여 $n(S)=N$이라 하고, 사건 A, B 그리고 C에 대하여 $n(A)=a$, $n(B)=b$ 그리고 $n(C)=c$라 하면,

(1) $n(\varnothing)=0$이므로 $P(\varnothing)=\dfrac{n(\varnothing)}{n(S)}=\dfrac{0}{N}=0$이고 $P(S)=\dfrac{n(S)}{n(S)}=\dfrac{N}{N}=1$ 이다.

(2) $n(S)=n(A)+n(A^c)$이므로 다음이 성립한다.

$$P(S)=\frac{n(S)}{n(S)}=\frac{n(A)+n(A^c)}{n(S)}=\frac{n(A)}{n(S)}+\frac{n(A^c)}{n(S)}$$
$$=P(A)+P(A^c)=1$$

(3) $n(A \cup B) = n(A) + n(B) - n(A \cap B)$이므로 다음이 성립한다.

$$P(A \cup B) = \frac{n(A \cup B)}{n(S)} = \frac{n(A) + n(B) - n(A \cap B)}{n(S)}$$
$$= \frac{n(A)}{n(S)} + \frac{n(B)}{n(S)} + \frac{n(A \cap B)}{n(S)}$$
$$= P(A) + P(B) + P(A \cap B)$$

(4) A와 B가 서로 배반이면, $n(A \cup B) = n(A) + n(B)$이므로

$$P(A \cup B) = \frac{n(A \cup B)}{n(S)} = \frac{n(A) + n(B)}{n(S)}$$
$$= \frac{n(A)}{n(S)} + \frac{n(B)}{n(S)} = P(A) + P(B)$$

(5) $A \subset B$이면, $n(B-A) = n(B) - n(A)$이므로 다음이 성립한다.

$$P(B-A) = \frac{n(B-A)}{n(S)} = \frac{n(B) - n(A)}{n(S)}$$
$$= \frac{n(B)}{n(S)} - \frac{n(A)}{n(S)} = P(B) - P(A)$$

한편 $n(B-A) \geq 0$이므로 $P(B-A) = \dfrac{n(B-A)}{n(S)} \geq 0$이고, 따라서 $P(A) \leq P(B)$이다.

(6) 연습문제로 남긴다.

(7) 임의의 사건 A에 대하여 $\varnothing \subset A \subset S$이므로 $0 = P(\varnothing) \leq P(A) \leq P(S) = 1$이다. ■

예제 2 10,000명의 보험 가입자를 가지고 있는 자동차보험회사는 보험 가입자를 다음과 같이 분류한다.

(a) 젊은 사람과 나이든 사람 (b) 남자와 여자 (c) 기혼과 미혼

이러한 가입자 중에 3,000명은 젊은 사람이고, 4,600명은 남자 그리고 7,000명은 기혼자이다. 한편 보험 가입자는 1,320명의 젊은 남자와 3,010명의 기혼 남자 그리고 1,400명의 기혼인 젊은 사람과 600명의 기혼인 젊은 남자로 분류되었다고 한다. 이때 보험 가입자 중에서 한 가입자를 임의로 선정했을 때, 이 사람이 젊은 여성으로써 미혼인 가입자일 확률을 구하여라.

풀이 젊은 사람이 선정되는 사건을 Y, 여자가 선정되는 사건을 F 그리고 미혼인 가입자가 선정되는 사건을 S라 하면, 젊은 사람이 3,000명, 남자가 4,600명

그리고 기혼자가 7,000명이므로

$$P(Y)=\frac{3000}{10000}=0.3,\ P(F)=\frac{10000-4600}{10000}=0.54,$$

$$P(S)=\frac{10000-7000}{10000}=0.3$$

이다. 또한 젊은 남자가 1,320명, 기혼남자가 3,010명 그리고 기혼인 젊은 사람이 1,400명, 기혼인 젊은 남자가 600명이므로

$$P(Y\cap F^c)=\frac{1320}{10000}=0.132,\quad P(F^c\cap S^c)=\frac{10000-3010}{10000}=0.301$$

$$P(Y\cap S^c)=\frac{1400}{10000}=0.14,\quad P(Y\cap F^c\cap S^c)=\frac{600}{10000}=0.06$$

이다. 따라서 구하고자 하는 확률은 다음과 같다.

$$\begin{aligned}P(Y\cap F\cap S)&=P(Y\cap F)-P(Y\cap F\cap S^c)\\&=P(Y)-P(Y\cap F^c)-[P(Y\cap S^c)-P(Y\cap F^c\cap S^c)]\\&=0.3-0.132-(0.14-0.06)=0.088\end{aligned}$$

■

예제 3 다음 표는 보험증권에 명시된 보험 청구액에 대한 도수분포표를 나타낸다. 이때 각 청구액의 금액에 대한 상대도수를 구하고, 임의로 선정한 보험 가입자의 보험 청구액이 $6,000 \sim 8,000$($)일 상대도수 확률을 구하여라.

보험 청구액($)	청구 건수
0 ~ 2,000	548
2,000 ~ 4,000	241
4,000 ~ 6,000	102
6,000 ~ 8,000	45
8,000 ~ 10,000	36
10,000 ~ 12,000	21
12,000 ~ 14,000	17
14,000 ~ 16,000	15
16,000 ~ 18,000	10
합 계	1,035

풀이 각 보험 청구액에 대한 청구 건수를 상대도수로 나타내면 다음 표와 같다.

보험 청구액($)	청구 건수	상대도수 확률
0 ~ 2,000	548	548/1035=0.5295
2,000 ~ 4,000	241	241/1035=0.2328
4,000 ~ 6,000	102	102/1035=0.0985
6,000 ~ 8,000	45	45/1035=0.0435
8,000 ~ 10,000	36	36/1035=0.0348
10,000 ~ 12,000	21	21/1035=0.0203
12,000 ~ 14,000	17	17/1035=0.0164
14,000 ~ 16,000	15	15/1035=0.0145
16,000 ~ 18,000	10	10/1035=0.0097
합 계	1,035	1.0000

따라서 보험 청구금이 6,000 ~ 8,000($)일 상대도수 확률은 0.0435이다. ■

지금까지는 표본공간을 이루는 원소의 수가 유한인 경우와 상대도수에 의한 확률의 개념을 살펴보았다. 그러나 앞에서 정의한 확률의 개념만으로는 완전하게 확률을 설명할 수 없다. 예를 들어, 어느 궁수가 10점짜리 과녁에 화살을 맞출 확률을 구한다고 하자. 그러면 표본공간은 화살이 꽂힐 과녁판 전체가 되고, 이 과녁판은 무수히 많은 점으로 이루어진다. 물론 10점짜리 과녁 안에도 무수히 많은 점으로 구성되어 있으므로 표본공간과 10점짜리 과녁 안에 화살촉이 꽂힐 점(원소)의 개수를 셈할 수 없다. 따라서 앞에서 정의한 확률의 개념을 이용하여 확률을 구한다는 것은 불가능하다. 이러한 문제를 해결하기 위하여 모든 경우를 포괄적으로 설명할 수 있는 공리론적인 확률의 정의가 필요하다.

정의 2

표본공간 S에 대하여 다음 세 가지 공리를 만족하는 $P(A)$를 사건 A의 **확률**이라 한다.

(1) 임의의 사건 A에 대하여 $0 \le P(A) \le 1$

(2) $P(S) = 1$

(3) 쌍마다 배반인 사건들 $A_1,\ A_2,\ \cdots$에 대하여,

$$P(A_1 \cup A_2 \cup \cdots) = \sum_{n=1}^{\infty} P(A_n)$$

한편 정의 2의 공리 (3)에서 $k \ge n+1$에 대하여 $A_k = \varnothing$라 하면, $A_1, A_2, \cdots, A_n$이 쌍마다 독립이므로 $n = 1, 2, 3, \cdots$에 대하여 $A_1, A_2, \cdots, A_n, A_{n+1}, \cdots$은

쌍마다 독립이다. 그리고 $A_{n+1} = A_{n+2} = \cdots = \varnothing$ 이므로

$$A_1 \cup A_2 \cup \cdots \cup A_n = A_1 \cup A_2 \cup \cdots \cup A_n \cup A_{n+1} \cup \cdots$$

이다. 그러므로 정의 2의 공리 (3)에 의하여

$$\begin{aligned} P(A_1 \cup A_2 \cup \cdots \cup A_n) &= P(A_1 \cup A_2 \cup \cdots \cup A_n \cup A_{n+1} \cup \cdots) \\ &= \sum_{n=1}^{\infty} P(A_n) \\ &= \sum_{k=1}^{n} P(A_k) + \sum_{k=n+1}^{\infty} P(A_k) \end{aligned}$$

이다. 한편 정의 2의 공리 (1)에 의하여 $P(A_{n+1}) = P(A_{n+2}) = \cdots = P(\varnothing) = 0$ 이므로

$$\sum_{k=n+1}^{\infty} P(A_k) = 0$$

이고, 따라서 $P(A_1 \cup A_2 \cup \cdots \cup A_n) = \sum_{i=1}^{n} P(A_i)$가 성립한다. 즉 정의 2의 공리 (3)에서 유한 개의 쌍마다 배반인 사건 $A_1, A_2, \cdots, A_n$ 으로 제한하더라도

$$P(A_1 \cup A_2 \cup \cdots \cup A_n) = \sum_{i=1}^{n} P(A_i)$$

가 성립한다. 또한 그림 1.5와 같이 임의의 두 사건 A와 B에 대하여

$$A \cup B = A \cup (B - A), \quad B = (A \cap B) \cup (B - A)$$

이다.

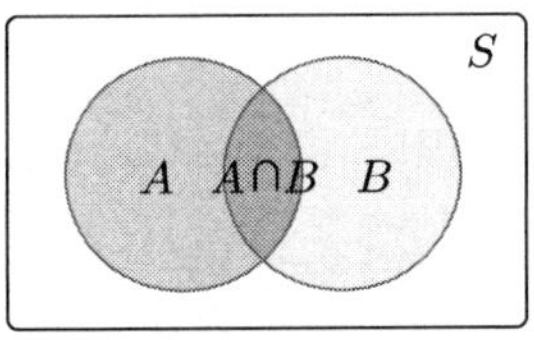

그림 1.5

한편 $A \cap (B - A) = \varnothing$ 이고 $(A \cap B) \cap (B - A) = \varnothing$ 이므로 앞에서 살펴본 바와 같이 다음 두 등식이 성립한다.

$$P(A \cup B) = P[A \cup (B - A)] = P(A) + P(B - A),$$

$$P(B) = P[(A \cap B) \cup (B-A)] = P(A \cap B) + (B-A)$$

그러므로 정리 1에서 살펴본 $P(A \cup B) = P(A) + P(B) - P(A \cap B)$가 성립한다. 동일한 방법에 의하여 정리 1에서 살펴본 모든 성질이 공리론적인 확률의 정의에서도 모두 성립함을 알 수 있다.

예제 4 $P(A) = 0.75,\ P(B) = 0.35,\ P(C) = 0.41,\ P(A \cap B) = 0.24,$
$P(B \cap C) = 0.25,\ P(C \cap A) = 0.26,\ P(A \cap B \cap C) = 0.15$

일 때, $P(A \cup B)$와 $P(A \cup B \cup C)$를 구하여라.

풀이 $P(A \cup B) = P(A) + P(B) - P(A \cap B)$
$= 0.75 + 0.35 - 0.24 = 0.86$

$$\begin{aligned} P(A \cup B \cup C) &= P(A) + P(B) + P(C) - P(A \cap B) \\ &\quad - P(A \cap C) - P(B \cap C) + P(A \cap B \cap C) \\ &= 0.75 + 0.35 + 0.41 - 0.24 - 0.25 - 0.26 + 0.15 \\ &= 0.59 \end{aligned}$$

■

예제 5 미국 의학계에 따르면, 미국 성인의 32%가 비만이고 4%는 당뇨병으로 고통을 받는다고 한다. 그리고 성인 2.5%가 비만이면서 당뇨병으로 고통을 받는다고 한다. 이때 비만도 아니고 당뇨병으로 고통을 받지 않는 성인의 비율을 구하여라.

풀이 비만인 사건을 A, 당뇨병으로 고통을 받는 사건을 B라 하면, 문제 조건으로부터 다음과 같은 벤다이어그램을 얻는다.

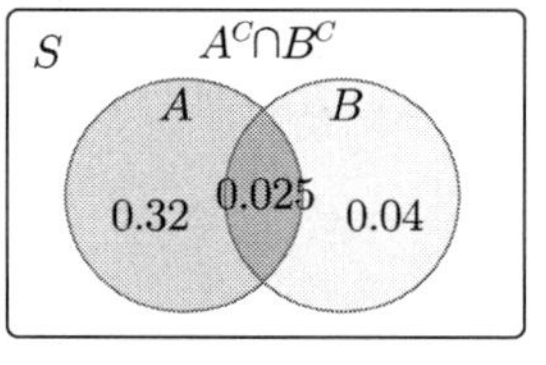

그림 1.6

그러므로 $P(A) = 0.32,\ P(B) = 0.04,\ P(A \cap B) = 0.025$이고, 또한 비만도 아니고 당뇨병으로 고통을 받지 않는 사건은 $A^c \cap B^c$이다. 따라서 구하고자 하는 확률은 다음과 같다.

$$\begin{aligned} P(A^c \cap B^c) &= P\left[(A \cup B)^c\right] = 1 - P(A \cup B) \\ &= 1 - P(A) - P(B) + P(A \cap B) \\ &= 1 - 0.32 - 0.04 + 0.025 = 0.665 \end{aligned}$$

■

연습문제 1.2 Exercises

1. $P(A \cup B) = 0.7$, $P(A \cup B^c) = 0.9$일 때, $P(A)$를 구하여라.

2. $S = A \cup B$이고 $P(A) = 0.75$, $P(B) = 0.63$이라 할 때, $P(A \cap B)$를 구하여라.

3. 지난해 보건소를 방문한 100명의 환자 중에서 35명은 전문의나 연구소로 보내지 않고 치료를 받았다. 한편 이 보건소를 찾은 환자 30명은 전문의에게 보내졌으며 40명은 연구소로 보내졌다. 이 보건소를 방문한 환자를 임의로 1명 선정하였을 때, 이 환자가 전문의와 연구소에 모두 보내졌을 확률을 구하여라.

4. 4명으로 구성된 그룹에서 적어도 2명의 생일이 같은 요일일 확률을 구하여라.

5. 보험회사는 대기업의 고용주들에게 기업의 종업원에게 보험금의 일부를 지원하는 건강보험을 제공한다. 이때 각 기업들은 추가 부담금으로 A, B 그리고 C 중에 정확히 두 개를 선정하거나, 어느 것도 선정하지 않을 수 있다. A, B 그리고 C를 선정하는 기업의 고용주의 성향은 각각 $\frac{1}{4}$, $\frac{1}{3}$ 그리고 $\frac{5}{12}$이다. 이때 임의로 선정된 고용주가 어느 것도 선택하지 않을 확률을 구하여라.

6. 1차 진료기관의 의사를 방문하여 연구소나 전문의에게 보내지지 않을 확률은 35%이다. 한편 1차 진료기관의 의사에게 오는 사람들 중 30%는 전문의에게 그리고 40%는 연구소로 보내진다. 이 진료기관을 방문한 사람이 연구소와 전문의에게 보내질 확률을 구하여라.

7. 지난해에 어떤 단체의 스포츠 관람 습성에 대한 조사 결과, 그들 중에서 체조와 야구 그리고 축구를 관람한 사람은 각각 28%, 29% 그리고 19%이었다. 한편 체조와 야구를 관람한 사람은 14%, 야구와 축구를 관람한 사람은 12% 그리고 체조와 축구를 관람한 사람은 10%이었으며, 세 개의 스포츠 모두를 관람한 사람은 8%이었다. 세 개의 스포츠 중 어느 것도 관람하지 않은 사람의 비율을 구하여라.

8. 마케팅 표본조사 결과, 조사 대상자의 60%가 자동차를 소유하고 있으며, 30%는 집을 갖고 있다. 한편 자동차와 집을 모두 소유하고 있는 사람은 20%로 조사되었다. 임의로 선정한 사람이 자동차나 집 중 어느 하나만 소유하고 있을 확률을 구하여라.

9. 어떤 보험계리인이 소속된 보험회사에 가입한 자동차보험 가입자를 상대로 3년간의 자동차 보험에 대한 지급요구를 분석한 결과, 이 기간에 보험 가입자가 n 개의 지급요구를 신청할 확률 p_n 에 대하여

$$p_{n+1} = \frac{1}{5} p_n, \quad n \geq 0 \text{인 정수}$$

와 같은 단순화한 가정을 세웠다. 이러한 가정 아래, 보험 가입자가 이 기간에 두 번 이상 신청할 확률을 구하여라.

10. 혈압과 심장박동 사이의 관계를 연구하고 있는 의사가 자신의 환자를 대상으로 혈압의 상태(정상, 고혈압, 저혈압)와 심박 상태(정상, 비정상)을 조사하여 다음의 결과를 얻었다.

(a) 14%는 고혈압이고, 22%는 저혈압이다.
(b) 15%는 심박이 비정상이다.
(c) 심박이 비정상인 환자 중에서 $\frac{1}{3}$이 고혈압이다.
(d) 정상 혈압을 가진 환자 중에서 $\frac{1}{8}$이 비정상적인 심박을 갖는다.

이때 심장박동이 정상이고 저혈압인 환자가 선정될 비율을 구하여라.

11. 보험회사는 보험 신청자를 남자인지 아니면 여자인지 그리고 집을 소유하고 있는지 아닌지에 따라 분류한다. 이러한 분류로부터 보험회사는 보험 신청자의 65%가 남자이고, 37%는 집을 가지고 있으며, 18%는 집을 소유한 여자라는 정보를 얻었다. 이때 집을 갖고 있지 않은 남자의 비율은 얼마인가?

12. 오십견으로 고통 받고 있는 환자들을 대상으로 조사한 결과, 그들 중에서 22%는 정형외과와 침술원을 모두 찾았으며, 반면에 이들을 모두 찾지 않은 환자는 12%이었다. 또한 정형외과를 찾은 환자는 침술원을 찾은 환자보다 14% 많았다고 한다. 이 환자들 중에서 무작위로 한 명을 선정하였을 때, 이 환자가 정형외과를 찾았을 확률을 구하여라.

13. 정리 1의 성질 (6)을 증명하여라.

1.3 조건부 확률

자동차보험을 구입하는 경우에 구입 예정자의 연령이 몇 세인가에 따라 보험료가 달리 책정되는 경우를 접해 볼 수 있다. 예를 들어, 자동차보험을 구입하고자 하는 전체 운전자(표본공간)에 대하여 제한된 연령이라는 조건 아래서 가입한 운전자가 여성인지 남성인지 구분하는 경우의 확률을 생각해 볼 수 있다.

이제 200명의 자동차보험 가입자를 가지고 있는 어떤 보험회사에서 보험 가입자의 구성을 조사한 결과가 다음 표와 같았다고 하자.

나이 \ 성별	남성(M)	여성(F)	합계
29세 이하 (A)	15	33	48
30세 ~ 49세 (B)	56	53	109
50세 이상 (C)	29	14	43
합계	100	100	200

그러면 이 분류표에 나타난 각 가입자의 구성비를 상대도수로 나타내면 다음 표와 같다.

나이 \ 성별	남성(M)	여성(F)	합계
29세 이하 (A)	0.075	0.165	0.240
30세 ~ 49세 (B)	0.280	0.265	0.545
50세 이상 (C)	0.145	0.070	0.215
합계	0.500	0.500	1.000

그러므로 보험 가입자 200명 가운데 30세 이상 49세 이하인 가입자의 수는 109명이고, 이 연령대 중에서 남성 가입자의 수는 56명이다. 그러면 30세 이상 49세 이하인 가입자 중에서 남성의 비율은 $\frac{56}{109} = 0.5138$이고, 이 연령대에서 여성 가입자의 비율은 $\frac{53}{109} = 0.4862$이다. 따라서 전체 보험 가입자 중에서 임의로 한 명을 선정할 때, 선정된 가입자의 연령이 30세 이상 49세 이하라는 조건(B)으로 제한했을 때, 그 가입자가 남성(M)일 확률은 $\frac{56}{109} = 0.5138$임을 알 수 있다. 즉, 이러한 조건 아래서 선정된 사람이 남성일 확률을 다음과 같이 생각할 수 있다.

$$\frac{56/200}{109/200} = \frac{0.280}{0.545} = 0.5138$$

이때 $P(B \cap M) = 0.28$이고 $P(B) = 0.545$이므로 선정된 가입자의 연령이 30세 이상 49세 이하라는 조건(B)으로 제한했을 때, 그 가입자가 남성(M)일 확률은

$$\frac{P(B \cap M)}{P(B)} = \frac{0.280}{0.545} = 0.5138$$

임을 알 수 있다. 이와 같이 $P(B) > 0$인 어떤 사건 B가 주어졌다는 조건 아래서 사건 A의 확률을 사건 B가 주어졌을 때, 사건 A의 조건부 확률이라 한다. 그러므로 조건부 확률은 그림 1.7과 같이 표본공간 S 중에서 주어진 조건 B에 대하여만 생각하므로 표본공간을 B로 제한하고, 이렇게 제한된 사건 B 중에서 사건 A가 나타날 확률을 의미한다.

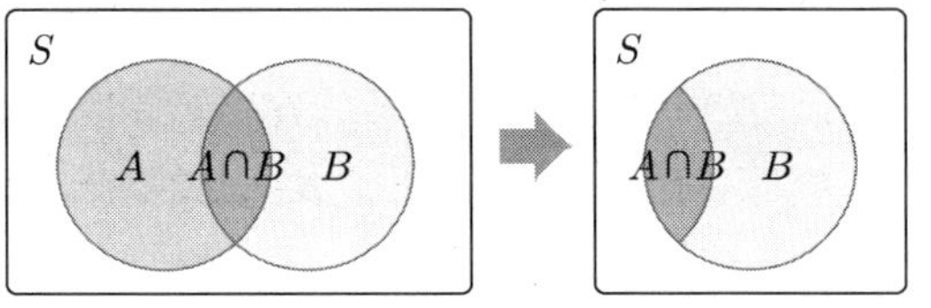

그림 1.7

정의 3

$P(B) > 0$인 사건 B가 주어졌다는 조건 아래서, 사건 A가 나타날 확률

$$P(A|B) = \frac{P(A \cap B)}{P(B)}$$

를 사건 A의 **조건부 확률**(conditional probability)이라 한다.

예제 1 어떤 보험회사는 보험금 청구액을 5,000$를 기준으로 그 이상이면 A등급, 5,000$ 미만이면 B등급으로 분류한다. 지난 1년 동안에 보험 가입자 가운데 68.2%가 보험금 청구를 하지 않았고, 5,000$ 미만으로 청구한 가입자의 비율이 27.6%이었다. 보험금 청구가 들어왔을 때, 이 보험금 청구액이 B등급일 확률을 구하여라.

풀이 보험금 청구가 들어올 사건을 A, B등급의 보험금을 청구할 사건을 B라 하면,

$$P(A) = 1 - 0.682 = 0.318, \quad P(B) = 0.276$$

이다. 따라서 보험금 청구가 들어왔다는 조건 아래서, 이 보험금 청구액이 B등급일 확률은

$$P(B|A) = \frac{P(A \cap B)}{P(A)} = \frac{0.276}{0.318} = 0.868$$

이다. ■

특히, 조건부 확률의 정의로부터 $P(A) > 0$이면

$$P(A \cap B) = P(A)\,P(B \mid A)$$

가 성립하는 것을 쉽게 알 수 있다. 이것을 다음 그림 1.8과 같이 수형도를 이용하여 나타낼 수 있다.

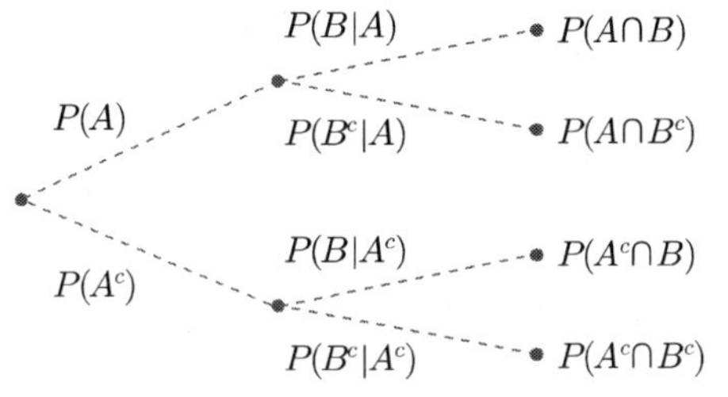

그림 1.8 두 사건의 수형도

예제 2 자동차보험에 가입된 고객풀을 조사한 보험회사는 다음과 같은 결과를 얻었다.

(1) 모든 고객은 적어도 한 대 이상의 자동차보험에 가입하고 있다.
(2) 고객 중의 64%는 두 대 이상의 자동차보험에 가입하고 있다.
(3) 고객 중의 20%는 스포츠카보험에 가입하고 있다.
(4) 두 대 이상의 자동차보험에 가입한 고객 중에서 15%는 스포츠카보험에 가입하고 있다.

이때 무작위로 선정된 고객이 스포츠카가 아닌 꼭 한 대의 자동차에 대하여 보험에 가입했을 확률을 구하여라.

풀이 자동차보험에 가입한 고객 한 명을 임의로 선정하였을 때, 이 사람이 두 대 이상의 자동차보험에 가입했을 사건을 A라 하고 스포츠카보험에 가입했을 사건을 B라 하자. 그러면 스포츠카가 아닌 꼭 한 대의 자동차보험에 가입했을 사건은 $A^c \cap B^c$이다. 한편 곱의 법칙에 의하여

$$P(A \cap B) = P(A)\,P(B \mid A) = (0.64)\,(0.15) = 0.096$$

이다. 또한

$$\begin{aligned} P(A \cup B) &= P(A) + P(B) - P(A \cap B) \\ &= 0.64 + 0.20 - 0.096 = 0.744 \end{aligned}$$

이므로 구하고자 하는 확률은 다음과 같다.

$$P(A^c \cap B^c) = 1 - P(A \cup B) = 1 - 0.744 = 0.256$$ ■

또한 세 개 이상의 사건이 조건으로 주어지는 경우에 대하여 동일한 방법으로 곱의 법칙을 생각할 수 있다. 즉, $P(A \cap B) > 0$을 만족하는 임의의 세 사건 A, B 그리고 C에 대하여

$$P(A \cap B \cap C) = P(A)P(B \mid A)P(C \mid A \cap B)$$

가 성립하며, 또한 $P\left(\bigcap_{i=1}^{n-1} A_i\right) > 0$이면,

$$P\left(\bigcap_{i=1}^{n} A_i\right) = P(A_1)P(A_2 \mid A_1)P(A_3 \mid A_1 \cap A_2) \cdots P\left(A_n \middle| \bigcap_{i=1}^{n-1} A_i\right)$$

를 얻는다. 이 경우에 대하여 다음 그림 1.9와 같은 수형도를 얻는다.

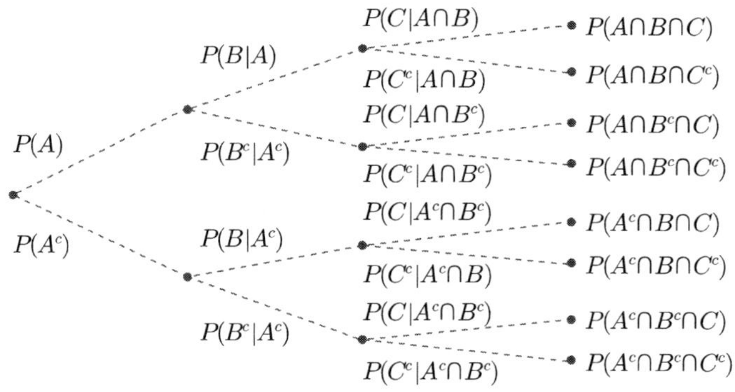

그림 1.9 세 사건의 수형도

예제 3 빨간 공 3개와 흰 공 5개 그리고 검은 공 2개가 들어 있는 주머니에서 다음과 같은 규칙에 따라 순서적으로 흰 공, 검은 공 그리고 빨간 공이 나올 확률을 구하여라.

(1) 비복원 추출로 공 세 개를 꺼내는 경우

(2) 복원 추출로 공 세 개를 꺼내는 경우

풀이 (1) 주머니에서 임의로 처음 꺼낸 공이 흰색일 사건을 A, 두 번째 꺼낸 공이 검은색일 사건을 B 그리고 세 번째 꺼낸 공이 빨간색일 사건을 C라 하면, 구하고자 하는 확률은 $P(A \cap B \cap C)$이다. 한편 처음에 흰 공이 나올 확률은 $P(A) = \dfrac{5}{10}$이고, 처음에 흰 공이 나왔다면 비복원 추출을 하므로 주머니 안에는 흰 공 4개, 빨간 공 3개 그리고 검은 공 2개가 남는다. 따라서 처음에 흰 공이 나왔다는 조건 아래서 두 번째 검은 공이 나올 확률은 $P(B \mid A) = \dfrac{2}{9}$이다. 또한 처음 두 번의 시행에서 각각 흰 공과 검은 공이 나왔다면 역시 주머니에는 흰 공 4개, 빨간 공 3개 그리고 검은 공 1개가 들어 있으며, 이 조건 아래

서 세 번째 빨간 공이 나올 확률은 $P(C|A\cap B)=\frac{3}{8}$이다. 따라서 구하고자 하는 확률은 아래와 같다.

$$\begin{aligned} P(A\cap B\cap C) &= P(A)P(B|A)P(C|A\cap B) \\ &= \frac{5}{10}\frac{2}{9}\frac{3}{8}=\frac{1}{24}=0.0417 \end{aligned}$$

(2) 처음에 흰 공이 나올 확률은 $P(A)=\frac{5}{10}$이고, 처음에 흰 공이 나왔다면 복원 추출을 하므로 주머니 안에 이 공을 다시 주머니에 넣는다. 따라서 주머니 안에 흰 공 5개, 빨간 공 3개 그리고 검은 공 2개가 들어 있다. 그러므로 처음에 흰 공이 나왔다는 조건 아래서 두 번째 검은 공이 나올 확률은 $P(B|A)=\frac{2}{10}$이다. 그리고 이 검은 공을 다시 주머니에 넣으므로 주머니에는 흰 공 5개, 빨간 공 3개 그리고 검은 공 2개가 들어 있으며, 이 조건 아래서 세 번째 빨간 공이 나올 확률은 $P(C|A\cap B)=\frac{3}{10}$이다. 따라서 구하고자 하는 확률은 아래와 같다.

$$\begin{aligned} P(A\cap B\cap C) &= P(A)P(B|A)P(C|A\cap B) \\ &= \frac{5}{10}\frac{2}{10}\frac{3}{10}=\frac{3}{100}=0.03 \end{aligned}$$

■

생명표는 어느 주어진 해의 사망에 대한 확률을 제공한다. 예를 들어, 바우어(Bowers) 등은 그의 저서 《Actuarial Mathematics》에서 미국 전체 인구에 대한 생명표를 제시하였다. 이 생명표는 나이가 x 인 사람이 다음 해 이전에 사망할 확률을

$$p_x=P(\text{나이 } x\text{인 사람이 } x+1 \text{ 이전에 사망})$$

으로 표현하고 있다. 예를 들어, 이 생명표에 따르면,

$$p_{25}=P(\text{25세인 사람이 26세 이전에 사망})=0.00132$$

이며, $p_{25}=0.00132$이라 함은 어떤 사람이 25세까지 생존했다는 조건 아래서 26세 이전에 사망할 확률을 나타낸다. 이러한 생명표는 보험가격 또는 기대수명을 결정하는 문제를 비롯하여 보험관련 분야의 응용에 매우 유용하게 사용되고 있으며, 이러한 생명표는 조건부 확률을 기초로 작성된 것이다.

한편 $P(A)>0$인 사건 A가 주어진 경우에 사건 B의 조건부 확률 $P(B|A)$가 사건 A가 주어지지 않은 조건에서 사건 B의 확률 $P(B)$와 동일하다면, 즉

$$P(B|A)=P(B)$$

이면, 사건 A는 사건 B의 발생여부에 영향을 미치지 않음을 알 수 있다. 이와

같은 경우에 두 사건 A와 B는 **독립**(independent)이라 하고, 독립이 아닌 두 사건을 **종속**(dependent)이라 한다. 그러면 조건부 확률의 정의로부터 사건 A와 B가 독립이면

$$P(A\cap B)=P(A)\cdot P(B)$$

인 것을 알 수 있으며, 특히 $P(A)>0$, $P(B)>0$인 두 사건 A, B가 독립이면

$$P(A\cap B^c)=P(A)\cdot P(B^c)$$
$$P(A^c\cap B)=P(A^c)\cdot P(B)$$
$$P(A^c\cap B^c)=P(A^c)\cdot P(B^c)$$

가 성립하고, 또한 역도 성립한다. 이러한 사실을 n개의 사건 $A_1, A_2, \cdots, A_n$으로 확장하여

$$P(A_1\cap A_2\cap\cdots\cap A_n)=P(A_1)P(A_2)\cdots P(A_n)$$

이 성립하면, 사건 $A_1, A_2, \cdots, A_n$을 독립사건이라 한다.

예제 4 주머니 A에는 빨간 공 4개와 파란 공 6개가 들어 있고, 주머니 B에는 빨간 공 16개와 몇 개인지 모르는 파란 공이 들어 있다고 한다. 이때 두 주머니에서 각각 하나씩 꺼낸 공의 색이 동일할 확률은 0.44라고 한다. 주머니 B에 들어 있는 파란 공의 수를 구하여라.

풀이 주머니 A와 주머니 B에서 꺼낸 공이 빨간 공인 사건을 각각 R_a, R_b라 하고, 파란 공인 사건을 각각 B_a, B_b라 하자. 그리고 주머니 B에 들어 있는 파란 공의 수를 x라 하자. 그러면 문제 조건으로부터

$$\begin{aligned}0.44&=P[(R_a\cap R_b)\cup(B_a\cap B_b)]=P(R_a\cap R_b)+P(B_a\cap B_b)\\&=P(R_a)P(R_b)+P(B_a)P(B_b)\\&=\frac{4}{10}\cdot\frac{16}{x+16}+\frac{6}{10}\cdot\frac{x}{x+16}\end{aligned}$$

이다. 그러므로 주머니 B에 들어 있는 파란 공의 수는

$$4.4(x+16)=4\cdot 16+6\cdot x\ ;\ (1.6)x=6.4\ ;\ x=4$$

이다. ■

예제 5 자동차 소유자의 보험 선호도에 대하여 보험계리인은 다음과 같은 결론을 얻었다.

(a) 자동차 소유자는 무자격 운전자 보험보다는 접촉사고 보험에 두 배 정도 더 가입한다.
(b) 자동차 소유자가 어떤 보험에 가입하느냐는 것은 독립이다.
(c) 자동차 소유자가 무자격 운전자 보험과 접촉사고 보험에 모두 가입할 확률은 0.15이다.

이때 두 보험에 모두 가입하지 않을 확률을 구하여라.

풀이 A와 B를 각각 접촉사고와 무자격 운전자 보험에 가입하는 사건이라 하자. 그러면 조건 (a)와 (c)에 의하여

$$P(A) = 2P(B), \quad P(A \cap B) = 0.15$$

이고, 특히 조건 (b)에 의하여 A와 B가 독립이므로 $P(A)\,P(B) = 0.15$이다. 따라서

$$P(A)\,P(B) = 2\,[P(B)]^2 = 0.15\,;$$
$$P(B) = \sqrt{0.075} = 0.2739,\ P(A) = 2\sqrt{0.075} = 0.5478$$

그러므로

$$\begin{aligned} P(A^c \cap B^c) &= P(A^c)\,P(B^c) = [1 - P(A)]\,[1 - P(B)] \\ &= (1 - 0.5478)\,(1 - 0.2739) = 0.3283 \end{aligned}$$

이다. ■

한편 두 사건 A와 B에 대하여 그림 1.10과 같이 사건 A를

$$A = (A \cap B) \cup (A \cap B^c)$$

으로 나타낼 수 있으며, 두 사건 $A \cap B$와 $A \cap B^c$은 서로 배반이므로

$$P(A) = P(A \cap B) + P(A \cap B^c)$$

이다.

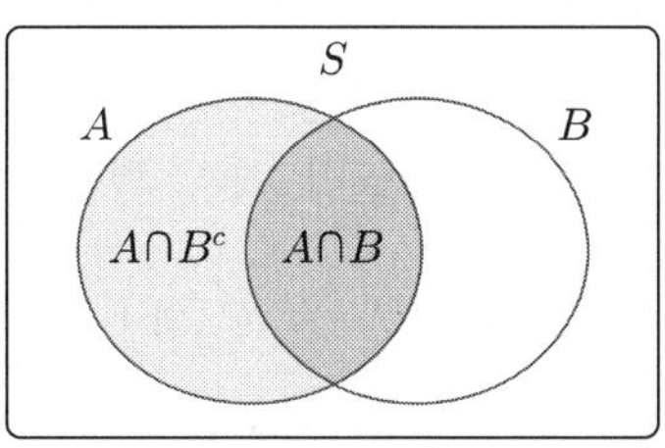

그림 1.10

또한 표본공간 S의 분할 사건 B와 B^c에 대하여 $P(B)>0$와 $P(B^c)>0$일 때,

$$P(A\cap B)=P(B)P(A|B),\quad P(A\cap B^c)=P(B^c)P(A|B^c)$$

이므로

$$P(A)=P(B)P(A|B)+P(B^c)P(A|B^c)$$

이 성립한다. 다시 말해서, 사건 A의 확률은 사건 B가 발생했을 때 A의 조건부 확률과 사건 B가 발생하지 않았을 때 A의 조건부 확률의 가중된 평균이다. 이러한 사실을 확장하여 사건 $B_1, B_2, \cdots, B_n$을 표본공간 S의 분할이라 하고, $P(B_i)>0$ $(i=1, 2, \cdots, n)$이라 하자. 그러면 임의의 사건 A에 대하여

$$A=A\cap S=B\cap\left(\bigcup_{i=1}^{n}B_i\right)=\bigcup_{i=1}^{n}(B\cap B_i)$$

이고, B_i $(i=1, 2, \cdots, n)$가 배반이므로 $A\cap B_i$들도 역시 배반이며 따라서 A의 분할이다. 그러므로 $P(A)=\sum_{i=1}^{n}P(A\cap B_i)$이고, 또한 $P(A\cap B_i)=P(B_i)P(A|B_i)$이므로 확률 $P(A)$에 대한 다음 **전확률 공식**(formula of total probability)을 얻는다.

$$P(A)=\sum_{i=1}^{n}P(B_i)P(A|B_i)$$

예제 6 자동차보험증권만을 가지고 있는 보험 가입자의 40% 그리고 가계종합보험증권만을 소지한 사람의 60%가 내년에 재계약을 할 것으로 보험회사는 추정한다. 그리고 이 보험회사는 두 증권을 모두 갖고 있는 사람의 80%가 두 증권 중에서 적어도 어느 하나를 재계약한다고 추정한다. 한편 이 보험회사의 기록을 살펴보면, 자동차보험과 가계종합보험을 갖고 있는 보험 가입자는 각각 65%와 50%이며, 두 증권을 모두 갖고 있는 사람은 15%이었다. 이 보험회사의 추정에 따라서 내년에 적어도 한 증권을 구입할 보험 가입자의 백분율을 구하여라.

풀이 자동차보험증권을 가질 사건을 A, 가계종합보험증권을 가질 사건을 B라고 하자. 그러면 $P(A)=0.65$, $P(B)=0.50$ 그리고 $P(A\cap B)=0.15$이다. 따라서 자동차보험증권만 가질 확률은

$$P(A\cap B^c)=P(A)-P(A\cap B)=0.65-0.15=0.50$$

가계종합보험증권만 가질 확률은

$$P(A^c \cap B) = P(B) - P(A \cap B) = 0.50 - 0.15 = 0.35$$

이다. 한편 자동차보험증권만을 가지고 있는 보험 가입자$(A \cap B^c)$의 40%, 가계 종합보험증권만을 소지한 보험 가입자$(A^c \cap B)$의 60% 그리고 두 증권을 모두 갖고 있는 보험 가입자$(A \cap B)$의 80%가 적어도 하나의 증권에 재계약(D)하므로 구하고자 하는 확률은

$$\begin{aligned} P(D) &= P(D|A \cap B^c)P(A \cap B^c) + P(D|A^c \cap B)P(A^c \cap B) \\ &\quad + P(D|A \cap B)P(A \cap B) \\ &= (0.4)(0.50) + (0.6)(0.35) + (0.8)(0.15) = 0.53 \end{aligned}$$

이다. 따라서 내년에 적어도 한 증권을 구입할 보험 가입자는 53%이다. ■

특히 $P(B_i) > 0\ (i = 1, 2, \cdots, n)$과 $P(A) > 0$에 대하여, 사건 A가 주어졌다는 조건 아래서 사건 B_i의 조건부 확률

$$P(B_i | A) = \frac{P(B_i \cap A)}{P(A)}$$

에 곱의 법칙과 전확률 공식을 적용하면

$$P(B_i | A) = \frac{P(B_i)P(A | B_i)}{\sum_{j=1}^{n} P(B_j)P(A | B_j)}$$

가 성립하고, 이것을 **베이즈 정리**(Bayes' theorem)라 한다. 이때, 이 정리에서 $P(B_i)$는 **사전확률**(prior probability), $P(B_i | A)$는 **사후확률**(posterior probability)이라 한다.

예제 7 생명보험증권을 구입하고자 하는 고객에게 요구되는 질문 중의 하나는 "고객이 흡연을 하는가?"라는 것이다. 그리고 보험회사는 전체 인구의 30%가 흡연을 한다는 것을 알고 있으며, 이 비율이 보험을 구입하고자 하는 고객에도 적용된다고 추측하고 있다. 또한 보험회사는 보험 구매자의 정직성에서 흡연가의 40%가 지원서에 비흡연가로 작성하며, 비흡연가인 구매자는 그 누구도 지원서에 거짓으로 작성하지 않는다는 것을 알고 있다. 비흡연가로 작성한 지원자가 실제로 비흡연가일 확률을 구하여라.

풀이 지원서에 비흡연가로 작성하는 사건을 A 그리고 실제로 비흡연가인 사건을 B라 하면, $P(B) = 0.7$, $P(B^c) = 0.3$이다. 또한 비흡연가는 실제로 지원서

에 비흡연가로 작성하므로 $P(A|B)=1.0$이고, 흡연가인 지원자가 비흡연가로 작성할 확률은 $P(A|B^c)=0.4$이므로

$$\begin{aligned} P(A) &= P(B)P(A|B)+P(B^c)P(A|B^c) \\ &= (0.7)(1.0)+(0.3)(0.4)=0.82 \end{aligned}$$

이다. 비흡연가로 작성한 지원자가 실제로 비흡연가일 확률은 다음과 같다.

$$\begin{aligned} P(B|A) &= \frac{P(A\cap B)}{P(A)} = \frac{P(A|B)\,P(B)}{P(A)} \\ &= \frac{(0.7)(1.0)}{0.82} = 0.854 \end{aligned}$$

■

연습문제 1.3 Exercises

1. 8명의 남학생과 7명의 여학생이 들어 있는 교실에서 한 교사가 비복원추출에 의하여 3명의 학생을 무작위로 선정할 때, 남학생의 수가 여학생의 수보다 많을 확률을 구하여라.

2. 치의료보험증권은 치열교정, 치아 이식 그리고 치아 뽑기 등 세 가지에 대하여 보장해준다. 이 증권이 유효한 기간에 보험 가입자는 다음과 같은 치료에 대한 확률이 있다.

(a) 치열교정 : $\frac{1}{2}$　　(b) 치열교정 또는 치아 이식 : $\frac{2}{3}$

(c) 치열교정 또는 치아 뽑기 : $\frac{3}{4}$　　(d) 치아 이식 및 치아 뽑기 : $\frac{1}{8}$

치열교정에 대한 필요성은 치아 이식 및 치아 뽑기와 독립이다. 이 증권이 유효한 기간에 보험 가입자가 치아를 보충하거나 치아를 뽑을 필요가 있을 확률을 구하여라.

3. 생산라인 공정은 서로 독립적인 두 부분의 기계장치로 구성되어 있으며, 두 기계장치가 고장 나면 그 즉시 교체된다고 한다. 기계장치 A와 B가 고장 날 확률은 각각 17%와 12%이다. 이때 두 기계장치 가운데 적어도 한 기계장치가 고장 날 확률을 구하여라.

4. 대중 건강에 대한 연구가가 1999년에 사망한 937명의 남자에 대한 의료기록을 관찰한 결과 심장병에 관련된 원인에 의하여 210명이 사망한 것을 발견하였다. 더욱이 937명 가운데 312명은 어느 한 부모가 심장병으로 고통을 받았으며, 그 312명 중 102명이 심장병과 관련되어 사망한 것으로 나타났다. 937명의 남자 중에서 임의로 선정한 한 사람의 두 부모가 결코 심

장병과 관련이 없다는 조건 아래서, 이 사람이 심장병과 관련된 원인에 의하여 사망했을 확률을 구하여라.

5. 보험회사에서는 남편과 아내를 위하여 두 종류의 보험증권을 판매한다. 증권 A는 금년 안에 남편과 아내가 모두 사망할 경우에 사망한 부부의 자녀에게 10,000$를 지급한다. 그리고 증권 B는 남편과 아내 중 어느 한 사람이 사망하면, 생존해 있는 배우자에게 100,000$를 지불한다. 남편이 금년 안에 사망할 확률은 0.021이고, 아내가 사망할 확률은 0.009이다. 이때 각 보험증권이 금년 안에 보험금을 지급할 확률을 구하여라. 남편과 아내의 사망은 서로 독립이라고 가정한다.

6. 보험회사는 자동차보험 고객에 대하여 다음과 같은 정보를 수집하였다.

(a) 모든 고객은 적어도 한 대 이상의 자동차에 대하여 보험에 가입하였다.
(b) 고객의 70%는 2대 이상의 자동차에 대하여 보험에 가입하였다.
(c) 고객의 20%는 스포츠카보험에 가입하였다.
(d) 두 대 이상의 자동차보험에 가입한 고객 중에서, 15%는 스포츠카보험에 가입하였다.

이제 임의로 선정한 고객이 스포츠카가 아닌 자동차를 꼭 한 대만 가지고 있을 확률을 구하여라.

7. 보험회사는 의료보험에 의한 보험금 지급요구에 따라 보험금을 지급한다. 이때 응급실 또는 수술실 비용을 포함하는 지급요구 건수는 전체 요구의 85%이며, 응급실 비용을 포함하지 않는 지급 건수는 전체의 25%라고 한다. 그리고 응급실과 수술실을 사용하는 것은 서로 독립이라고 한다. 이때 보험회사에 제출된 수술실 비용에 대한 보험금 지급요구 건수가 차지하는 확률을 구하여라.

8. 자동차 사고를 분석한 결과 4건 중 한 건의 비율로 보험청구가 있었다. 최근 일련의 독립적인 자동차 사고에 대하여, 처음 3건의 사고 중에서 한 건이 보험금을 청구할 확률을 구하여라.

9. 보험회사는 여성이 병에 걸리는 세 종류의 건강위험 원인 A, B 그리고 C에 대한 비율을 연구하고 있다. 그리고 여성이 세 가지 원인 각각에 의하여 병에 걸릴 확률은 0.1이고, 이러한 원인 중 어느 두 가지 원인에 의한 확률은 각각 0.12이다. 한 여성이 A와 B를 가지고 있다는 조건 아래서 이 여성이 세 가지 원인을 모두 갖고 있을 확률이 $\frac{1}{3}$이다. 이 여성이 위험 원인 A를 가지고 있지 않다는 조건 아래서, 세 가지 위험 원인을 모두 갖지 않을 확률을 구하여라.

10. 어떤 보험회사의 생명보험 가입자 가운데 10%는 흡연가이고, 나머지는 비흡연가이다. 그리고 비흡연가가 올해 안에 사망할 확률은 0.01이고, 흡연가가 사망할 확률은 0.05라고 한다. 보험 가입자가 사망했다고 할 때, 이 가입자가 흡연가일 확률을 구하여라.

11. 병원 응급실에 도착하면 환자들은 위독한 환자, 중환자, 안정적인 환자로 구분된다. 이 병원의 응급실에 들어온 환자에 대한 과거의 자료에 의하여 다음 6가지 경우로 분류되었다.

(a) 응급실 환자의 10%는 위독한 환자이다.
(b) 응급실 환자의 30%는 중환자이다.
(c) 응급실의 나머지 환자는 안정적인 환자이다.
(d) 위독한 환자의 40%가 사망했다.
(e) 중환자의 10%가 사망했다.
(f) 안정적인 환자의 1%가 사망했다.

어떤 한 환자가 생존했다고 할 때, 이 환자가 응급실에 도착할 당시 중환자로 분류될 확률은 얼마인가?

12. 보험회사는 생명보험증권을 표준, 선호 그리고 최선호 등 세 가지로 구분하여 판매하고 있다. 이 회사의 보험 계약자는 표준 50%, 선호 40% 그리고 최선호 10%로 구성되어 있으며, 각 보험증권별로 가입자가 내년 안에 사망할 확률은 각각 표준 생명보험 0.010, 선호 생명보험 0.005 그리고 최선호 생명보험 0.001이라고 한다. 어느 보험 가입자가 내년 안에 죽는다고 할 때, 그 사람이 최선호 생명보험에 가입했을 확률을 구하여라.

13. 초보운전자의 60%가 운전교육을 받았고, 처음 1년간 운전교육을 받지 않은 초보운전자가 사고를 낼 확률이 0.08이지만 운전교육을 받은 초보운전자가 사고를 낼 확률은 0.05라고 한다. 처음 1년간 초보운전자가 사고를 냈지 않았다고 했을 때, 이 운전자가 운전교육을 받았을 확률을 구하여라.

14. 어느 병원에서 인프루엔자 백신의 $\frac{1}{5}$을 회사 X로부터 공급받고, 나머지는 다른 회사로부터 공급을 받는다. 한편 회사 X에서 제공되는 약병의 10%가 비효과적이고, 다른 회사 제품은 2%가 효과가 없다고 한다. 이 병원에서 임의로 30개의 약병을 선정하여, 약병 한 개에서 비효과적으로 조사되었다. 이 약병이 회사 X에서 공급되었을 확률을 구하여라.

15. 자동차 사고에 대한 연구 결과 다음과 같은 결과를 얻었다.

출고년도	자동차의 비율	사고에 관련될 확률
1997	0.16	0.05
1998	0.18	0.02
1999	0.20	0.03
다른 년도	0.46	0.04

1997, 1998, 1999년 모델 중 하나인 자동차가 사고를 냈다고 한다. 이때 이 자동차가 1997년도에 출고되었을 확률을 구하여라.

16. 어떤 질병의 증상이 나타나는 시기에 그 질병을 보유한 사람 중에서 95%가 혈액검사에서 양성반응을 보였으며, 동일한 검사에서 질병을 보유하지 않은 사람 중에서 0.5%가 양성반응을 보였다고 한다. 그리고 전체 국민 중에서 질병을 보유한 사람이 1%라고 한다. 한 사람이 양성반응을 보였다는 조건 아래서 그 질병을 보유할 확률을 구하여라.

17. 임의로 선정된 남자가 혈액순환에 문제를 가질 확률은 0.25이다. 그리고 이러한 문제를 가진 남자는 그렇지 않은 남자에 비하여 2배 정도 흡연을 즐긴다. 어떤 흡연가가 임의로 선정되었다는 조건 아래서 이 남자가 혈액순환에 문제가 있을 확률을 구하여라.

18. 지난 5년 동안 어떤 단체에 가입한 사람을 대상으로 건강에 대한 연구가 이루어져 왔다. 이 연구의 초기에 흡연의 정도에 따라 담배를 많이 피우는 사람과 적당히 피우는 사람 그리고 전혀 담배를 피우지 않는 사람의 비율이 각각 20%, 30% 그리고 50%이었다. 연구가 끝난 5년 동안에, 담배를 적당히 피우는 사람은 전혀 피우지 않는 사람의 두 배가 사망하였고 많이 피우는 사람에 비하여 $\frac{1}{2}$만이 사망하였다는 결과를 얻었다. 이 연구의 대상인 회원을 임의로 선정하였을 때, 이 회원이 연구 기간 안에 사망하였다. 이 회원이 담배를 많이 피우는 사람이었을 확률을 구하여라.

19. 보험계리인이 운전자의 연령에 따라 일년간 적어도 한 번 접촉사고를 유발하는 경향을 조사하여, 다음 표의 결과를 얻었다. 어떤 운전자가 지난해에 적어도 한 번 접촉사고 경험을 가졌다는 조건 아래서, 이 운전자의 연령이 20~30대일 확률을 구하여라.

운전자 형태	전체 운전자에 대한 비율	적어도 한 번 접촉사고를 낼 확률
10대	8%	0.15
20 ~ 30대	16%	0.08
40 ~ 50대	45%	0.04
60대 이상	31%	0.05

20. 자동차 보험회사는 16세 이상 모든 연령의 운전자에 대하여 보험 가입을 허용한다. 보험계리인이 이 회사에서 보험 가입한 운전자들에 대한 통계자료를 분석한 결과 다음과 같이 얻었다. 이 보험회사에 가입한 운전자를 임의로 선정하였을 때, 이 운전자가 사고 경험이 있다고 한다. 이 사람의 나이가 16세~20세일 확률을 구하여라.

운전자의 연령	사고율	보험 가입비율
16 ~ 20	0.06	0.08
21 ~ 30	0.03	0.15
31 ~ 65	0.02	0.49
66 ~ 99	0.04	0.28

Chapter 02

확률변수

2.1 확률변수

확률변수를 설명하기 위하여 동전을 두 번 던지는 실험을 먼저 생각하자. 공정한 동전을 두 번 던진다면, 나타날 수 있는 모든 경우는 나오는 순서대로 (앞면, 앞면), (앞면, 뒷면), (뒷면, 앞면), (뒷면, 뒷면) 등 네 가지뿐이다. 따라서 앞면을 H, 뒷면을 T라 하면 표본공간은 $S=\{HH, HT, TH, TT\}$이고, 동전을 두 번 던져서 나온 앞면의 수에 관심을 갖는다면 다음과 같은 세 가지 사건을 생각할 수 있다.

$$A=\{TT\}, \quad B=\{HT, TH\}, \quad C=\{HH\}$$

즉 동전을 두 번 던져서 앞면이 하나도 나오지 않는 사건 A, 꼭 한 번만 나오는 사건 B 그리고 두 번 모두 앞면이 나오는 사건 C를 생각할 수 있다. 이때 그림 2.1과 같이 사건 A, B 그리고 C에 각각 실수 0, 1 그리고 2로 대응시키는 함수 X를 생각하자.

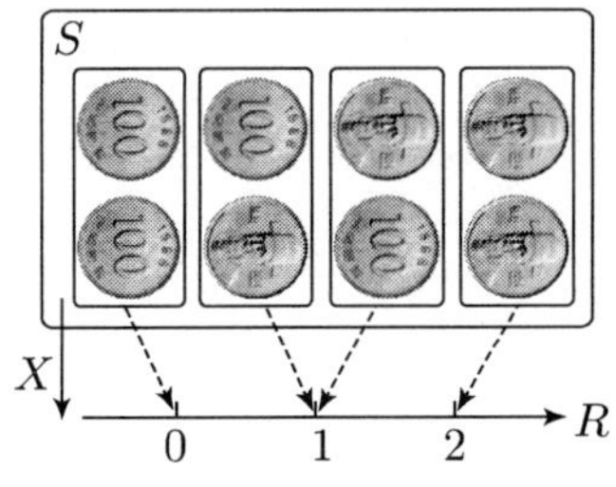

그림 2.1

그러면 함수 X는 동전을 두 번 던져서 앞면이 나온 횟수를 의미하며, 따라서 다음 사건들은 각각 동치임을 알 수 있다.

$$[X=0] \Longleftrightarrow A=\{TT\}$$
$$[X=1] \Longleftrightarrow B=\{HT,\ TH\}$$
$$[X=2] \Longleftrightarrow C=\{HH\}$$

이와 같이 어떤 통계실험에서 나타날 수 있는 모든 결과들의 집합인 표본공간 S에서 실수로 대응되는 함수 X를 **확률변수**(random variable)라 한다. 또한 확률변수가 취할 수 있는 모든 수들의 집합, 즉 X의 치역을 **서포트**(support)라 하고 S_X로 나타낸다. 따라서 동전 두 번 던지는 통계실험에서 앞면이 나온 횟수 X의 서포트는 $S_X=\{0,\ 1,\ 2\}$이며, 이것은 동전을 두 번 던지는 실험에서 앞면이 나올 수 있는 모든 경우를 숫자로 표현한 또 다른 방법을 나타낸다. 한편 '1'의 눈이 나올 때까지 반복하여 주사위를 던지는 게임을 생각할 때, '1'의 눈이 나오면 성공(S) 그리고 '1'이 아닌 다른 눈이 나오면 실패(F)로 나타낸다면, 표본공간은

$$S=\{S,\ FS,\ FFS,\ FFFS,\ FFFFS,\ \cdots\}$$

이다. 이때 '1'의 눈이 나올 때까지 반복하여 주사위를 던진 횟수를 X라 하면, X의 상태공간은

$$S_X=\{1,\ 2,\ 3,\ 4,\ 5,\ \cdots\}$$

와 같이 셈을 할 수 있는 무한집합이다. 이와 같이 확률변수 X의 상태공간이 유한집합이거나 셈을 할 수 있는 무한집합이면, 확률변수 X를 **이산확률변수**(discrete random variable)라 한다. 한편, 오늘 하루 동안 측정된 온도계의 눈금이나 교체한 휴대폰의 건전지 수명과 같이 확률변수 X의 상태공간이 유한구간 $[a,\ b]$ 또는 무한구간 $[0,\ \infty)$, $(-\infty,\ \infty)$인 경우에 확률변수 X를 **연속확률변수**(continuous random variable)라 한다. 그리고 확률변수 X가 서포트 안의 특정한 x에서 이산형으로 나타나고, 다른 x에서 연속형인 경우, 예를 들어 $P(X=0)=0.9$이고, $(0,\ 10)$에서 연속적으로 분포를 이루는 경우를 생각할 수 있다. 이와 같이 확률변수 X가 유한 개의 값에서 이산형이고 그 외에서 연속형인 경우, 이 확률변수를 **혼합확률변수**(mixed random variable)라 한다.

특히 동전 두 번 던지는 게임에서 앞면이 나온 횟수를 확률변수 X라 하면, 앞면이 하나도 나오지 않는 사건 A, 꼭 한 번만 나오는 사건 B 그리고 두 번 모두 앞면이 나오는 사건 C에 대하여

$$A=\{TT\}=\{X=0\},\ B=\{HT,\ TH\}=\{X=1\},\ C=\{HH\}=\{X=2\}$$

이므로

$$P(\{TT\}) = P(\{X=0\}) = \frac{1}{4}$$
$$P(\{HT,\ TH\}) = P(\{X=1\}) = \frac{1}{2}$$
$$P(\{HH\}) = P(\{X=2\}) = \frac{1}{4}$$

이 성립한다. 즉, 확률변수 X가 취하는 값 0, 1, 2에 대하여 각 경우의 확률을 나타내는 **확률표**(probability table)를 작성할 수 있다.

X	0	1	2
$P(X=x)$	0.25	0.50	0.25

그러면 이 확률변수 X의 서포트 $\{0, 1, 2\}$와 각 경우의 확률 $P(X=x)$에 대하여, 다음과 같이 정의되는 함수를 생각할 수 있다.

$$f(x) = \begin{cases} P(X=x), & x=0, 1, 2 \\ 0 & , \text{다른 곳에서} \end{cases} = \begin{cases} \frac{1}{4}, & x=0, 2 \\ \frac{1}{2}, & x=1 \\ 0, & \text{다른 곳에서} \end{cases}$$

이와 같이 정의된 함수 $f(x)$를 동전 두 번 던져서 앞면이 나온 횟수를 나타내는 확률변수 X의 확률질량함수라 하며, 일반적으로 이산확률변수 X에 대한 확률질량함수를 다음과 같이 정의한다.

정의 1

이산확률변수 X의 상태공간 S_X와 $x_i \in S_X$에 대하여 $P(X=x_i)=p_i$라 할 때, 상태공간 안의 x_i에 확률 p_i를 대응시키고 상태공간에 속하지 않는 모든 실수에 0을 대응시키는 함수

$$f(x) = \begin{cases} P(X=x), & x \in S_X \\ 0 & , \text{다른 곳에서} \end{cases} = \begin{cases} p_i, & x_i \in S_X \\ 0, & x_i \notin S_X \end{cases}$$

를 이산확률변수 X의 **확률질량함수**(probability mass function; p.m.f)라 한다.

그러면 확률질량함수 $f(x)$는 다음의 성질을 갖는다.

(1) 임의의 실수 x에 대하여, $f(x) \ge 0$이다.

(2) $\sum_{x \in S_X} f(x) = 1$

(3) 임의의 두 실수 $a< b$에 대하여, $P(a< X\le b)=\sum_{a< x\le b} f(x)$이다.

여기서 $f(x)\ge 0$은 확률변수가 어떠한 실수를 취하더라도, 그에 대응하는 확률은 음수가 될 수 없음을 의미한다. 또한 $\sum_{x\in S_X} f(x)=1$은 X의 서포트 S_X 안의 모든 경우에 대한 확률의 합은 1임을 나타낸다.

예제 1 확률변수 X가 취할 수 있는 값 1, 2, 3에 대하여 $f(1)=0.4$, $f(3)=0.3$일 때, $P(X=2)$를 구하여라.

풀이 확률질량함수 $f(x)$의 정의에 의하여, $f(2)=P(X=2)$이고 확률변수 X의 서포트가 $S_X=\{1, 2, 3\}$이므로

$$f(1)+f(2)+f(3)=0.4+f(2)+0.3=1$$

이다. 그러므로 구하고자 하는 확률은 $P(X=2)=f(2)=1-(0.4+0.3)=0.3$이다. ■

예제 2 X의 확률질량함수 $f(x)$가 다음과 같이 정의될 때,

$$f(x)=\begin{cases}\frac{1}{8}, & x=0, 3\\ \frac{3}{8}, & x=1, 2\\ 0, & \text{다른 곳에서}\end{cases}$$

(1) 확률 $P(X=1)$과 $P(X=2.5)$를 구하여라.

(2) $P(X\le 2.5)$을 구하여라.

(3) 임의의 실수 x에 대하여 함수 $F(x)=P(X\le x)$를 정의하여라.

풀이 (1) 확률질량함수 $f(x)$의 정의에 의하여, $f(x)=P(X=x)$이고 또한 확률변수 X의 서포트가 $S_X=\{0, 1, 2, 3\}$이므로 구하고자 하는 확률은

$$P(X=1)=f(1)=\frac{3}{8},\quad P(X=2.5)=f(2.5)=0$$

이다.

(2) $X\le 2.5$를 만족하는 확률변수 X가 취할 수 있는 모든 가능한 값은 0, 1, 2뿐이므로

$$P(X \leq 2.5) = \sum_{x=0}^{2} f(x) = f(0) + f(1) + f(2)$$

$$= \frac{1}{8} + \frac{3}{8} + \frac{3}{8} = \frac{7}{8}$$

이다.

(3) 확률질량함수의 성질 (3)으로부터 임의의 실수 x 에 대하여

$$F(x) = P(X \leq x) = \sum_{u \leq x} f(u)$$

로 다시 정의할 수 있다. 한편 X가 취할 수 있는 값 x가 0, 1, 2, 3인 경우에만 $f(x) > 0$이고, 다른 모든 경우에는 $f(x) = 0$이다. 따라서 x의 범위에 따라 다음과 같이 $F(x)$의 값을 구할 수 있다.

(i) $x < 0$인 모든 x 에 대하여 $f(x) = 0$이고

$$F(x) = \sum_{u \leq x} f(u) = 0$$

(ii) $0 \leq x < 1$이면, 확률변수 X가 취할 수 있는 모든 가능한 값은 0뿐이고 따라서

$$F(x) = \sum_{u \leq x} f(u) = f(0) = \frac{1}{8}$$

(iii) $1 \leq x < 2$이면, 확률변수 X가 취할 수 있는 모든 가능한 값은 0과 1뿐이므로

$$F(x) = \sum_{u \leq x} f(u) = f(0) + f(1) = \frac{1}{8} + \frac{3}{8} = \frac{1}{2}$$

(iv) $2 \leq x < 3$이면, 확률변수 X가 취할 수 있는 모든 가능한 값은 0, 1, 2뿐이므로

$$F(x) = \sum_{u \leq x} f(u) = f(0) + f(1) + f(2) = \frac{1}{8} + \frac{3}{8} + \frac{3}{8} = \frac{7}{8}$$

(v) $x \geq 3$이면, 확률변수 X가 취할 수 있는 모든 가능한 값은 0, 1, 2, 3이므로

$$F(x) = \sum_{u \leq x} f(u) = f(0) + f(1) + f(2) + f(3)$$

$$= \frac{1}{8} + \frac{3}{8} + \frac{3}{8} + \frac{1}{8} = 1$$

그러므로 함수 $F(x)=P(X\le x)$는 다음과 같다.

$$F(x)=\begin{cases} 0\ , & x<0 \\ \dfrac{1}{8}, & 0\le x<1 \\ \dfrac{1}{2}, & 1\le x<2 \\ \dfrac{7}{8}, & 2\le x<3 \\ 1\ , & x\ge 3 \end{cases}$$

■

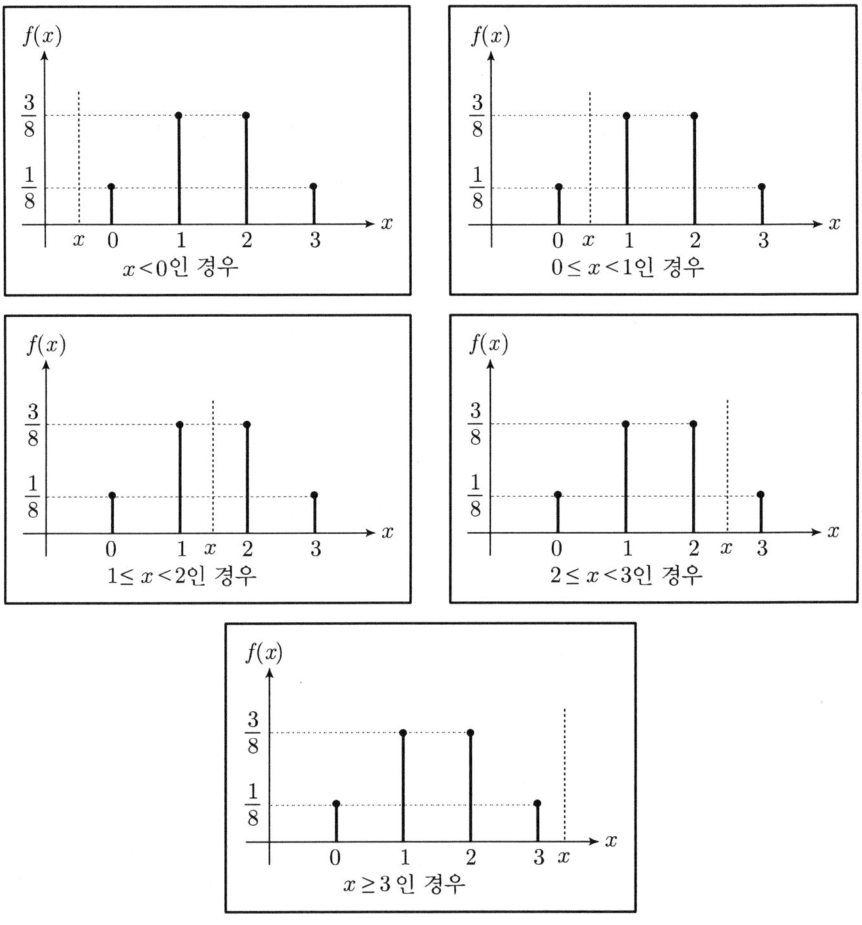

그림 2.2

예제 2와 같이 확률변수 X에 대하여 확률 $P(X\le x)$를 실수 x의 함수로 생각할 수 있으며, 이와 같이 정의되는 확률 $P(X\le x)$를 X의 **분포함수**(distribution function)라 하고 $F(x)$로 나타낸다. 그러면 이산확률변수 X에 대한 분포함수는

$$F(x) = P(X \le x) = \sum_{u \le x} f(u)$$

이며, 확률변수 X의 분포함수 $F(x)$는 다음 네 가지 성질을 만족한다.

(1) 모든 실수 x에 대하여, $0 \le F(x) \le 1$이다.

(2) $F(x)$는 감소하지 않는다. 즉, $a < b$이면 $F(a) \le F(b)$이다.

(3) $F(x)$는 우측연속이다. 즉, 임의의 실수 a에 대하여 $F(a) = \lim_{x \to a+} F(x)$이다.

(4) $F(-\infty) = \lim_{x \to -\infty} F(x) = 0$, $F(+\infty) = \lim_{x \to +\infty} F(x) = 1$

더욱이 어떤 함수 $F(x)$가 위의 성질 (1) ~ (4)를 만족한다면, 이 함수는 분포함수이다. 특히 이산확률변수에 대한 분포함수 $F(x)$는 그림 2.3과 같이 X가 취하는 값 x에서 점프 불연속이고, 그에 대응하는 확률

$$f(x) = P(X = x) = F(x) - F(x-)$$

를 **점프 크기**(jump size)로 갖는 계단 모양을 가지면서 단조증가한다.

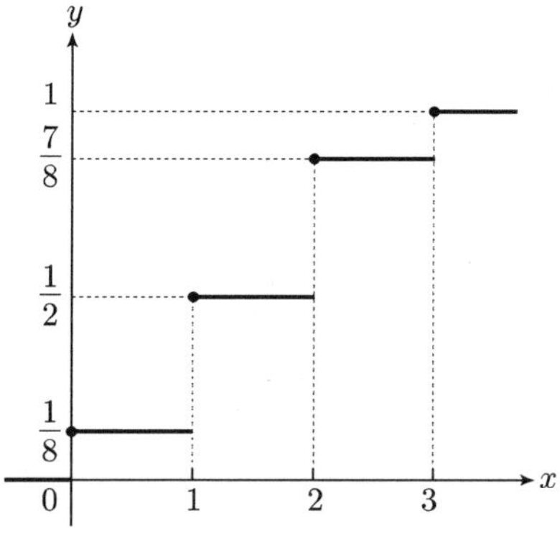

그림 2.3 예제 2의 분포함수 $F(x)$

불연속 점	점프크기
$x=0$	$\frac{1}{8}$
$x=1$	$\frac{3}{8}$
$x=2$	$\frac{3}{8}$
$x=3$	$\frac{1}{8}$

⇨

확률변수 X의 값	확률 $P(X=x)$
$x=0$	$\frac{1}{8}$
$x=1$	$\frac{3}{8}$
$x=2$	$\frac{3}{8}$
$x=3$	$\frac{1}{8}$

그러므로 이산확률변수 X의 분포함수 $F(x)$를 알고 있다면, $F(x)$가 불연속인 점에서 확률변수 X가 값을 취하게 되며 또한 그 경우의 확률은 점프 크기가 된다.

한편 이산확률변수에 대한 확률질량함수와 같이, 연속확률변수 X에 대하여 확률을 계산하기 위하여 사용되는 확률밀도함수를 가지며 다음과 같이 정의된다.

정의 2

분포함수 $F(x)$가 절대연속이면, 다시 말해서

$$F(x) = \int_{-\infty}^{x} f(u)du$$

를 만족하는 음이 아닌 함수 $f(x)$가 존재하면, 함수 $f(x)$를 연속확률변수 X의 **확률밀도함수**(probability density function; p.d.f)라 한다.

그러면 확률밀도함수는 확률질량함수와 동일하게 다음 성질을 갖는다.

(1) 모든 실수 x에 대하여, $f(x) \geq 0$ 이고 연속함수이다.

(2) $\displaystyle\int_{-\infty}^{\infty} f(x)dx = 1$

(3) 임의의 구간에 대하여 $P(a < X \leq b) = \displaystyle\int_{a}^{b} f(x)dx$이고, 그림 2.4와 같이 $x = a$와 $x = b$ 그리고 $f(x)$와 x축으로 둘러싸인 부분의 면적이다.

또한 성질 (1)과 (2)를 만족하는 함수 $f(x)$는 어떤 연속확률변수 X의 밀도함수가 된다.

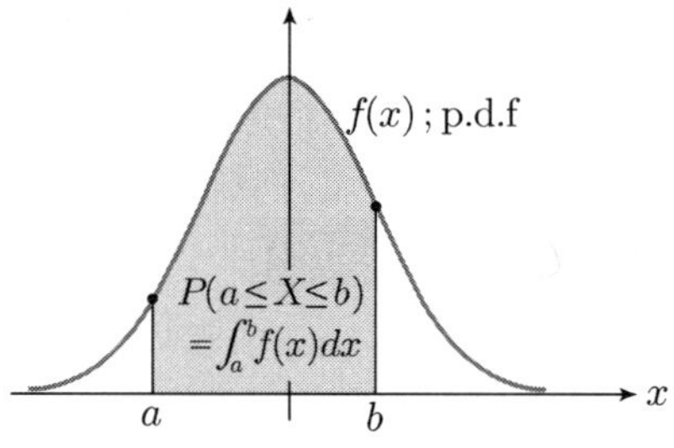

그림 2.4 $P(a < X \leq b)$의 기하학적 의미

이때 임의의 확률변수 X와 분포함수 $F(x)$에 대하여

$$P(a < X \leq b) = P(X \leq b) - P(X \leq a) = F(b) - F(a)$$

가 성립하며, 특히 임의의 실수 a에 대하여 연속확률변수가 $X=a$일 확률은

$$P(X=a)=F(a)-F(a-)=0$$

이다. 따라서 연속확률변수 X에 대하여

$$P(a<X\le b)=P(a\le X<b)=P(a<X<b)=P(a\le X\le b)$$

이고, 또한 확률밀도함수 $f(x)$와 분포함수 $F(x)$ 사이에

$$\frac{d}{dx}F(x)=f(x)$$

가 성립한다.

예제 3 일반인들의 단기간에 걸친 주식 투자는 200%의 이익을 남기는 것에서 모든 투자액을 손해 보는 것(−100%)으로 나타난다. 이때 이익을 남기는 비율 X의 확률밀도함수가

$$f(x)=\begin{cases}\frac{2}{9}(2+x-x^2), & -1\le x\le 2\\ 0 & , \text{다른 곳에서}\end{cases}$$

이라 할 때,

(1) 50% 이상의 이익을 남길 확률을 구하여라. 여기서, 손실을 음의 이익으로 생각한다.

(2) 주식 투자로 이익을 남기지 못하고, 최대한 50%까지 손해 볼 확률을 구하여라.

풀이 (1) 투자액에 대한 이익금의 비율 X에 대하여, 50% 이상의 이익을 남길 확률은 다음과 같다.

$$\begin{aligned}P(X\ge 0.5)&=\int_{0.5}^{2}\frac{2}{9}(2+x-x^2)\,dx\\&=\frac{2}{9}\left[2x+\frac{1}{2}x^2-\frac{1}{3}x^3\right]_{0.5}^{2}=0.5\end{aligned}$$

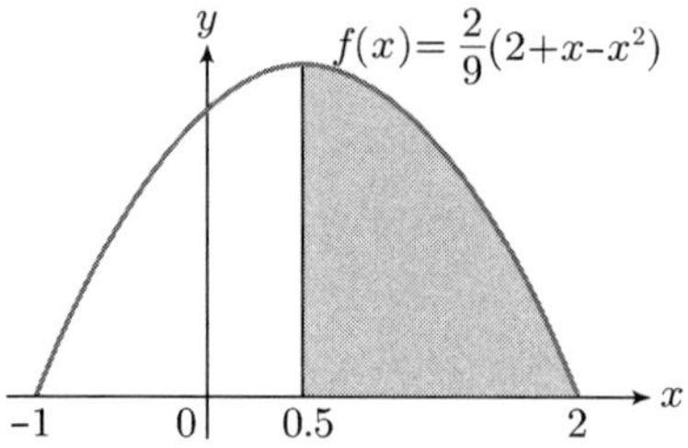

그림 2.5

(2) 최대 손실액이 50% 이하이므로 구하고자 하는 확률은

$$P(-0.5 \le X \le 0) = \int_{-0.5}^{0} \frac{2}{9}(2+x-x^2)\,dx$$

$$= \frac{2}{9}\left[2x + \frac{1}{2}x^2 - \frac{1}{3}x^3\right]_{0.5}^{0} = \frac{10}{54} = 0.1852$$

이다. ■

한편 확률변수 X의 확률함수가 다음과 같이 정의되는 경우를 생각하자.

$$f(x) = \begin{cases} 0.95 & , \ x = 0 \\ \dfrac{1}{2000} & , \ 0 < x \le 100 \\ 0 & , \ \text{다른 곳에서} \end{cases}$$

그러면 그림 2.6과 같이 이 함수는 $x = 0$에서 크기 0.95인 불연속을 가지고, 구간 $(0, 100)$에서 연속이며 이 구간에서 넓이는 0.05이다. 따라서 이 함수는 확률함수의 조건을 만족하며, 이와 같은 함수는 이산형과 연속형으로 구성된 혼합확률변수 X의 확률함수이다.

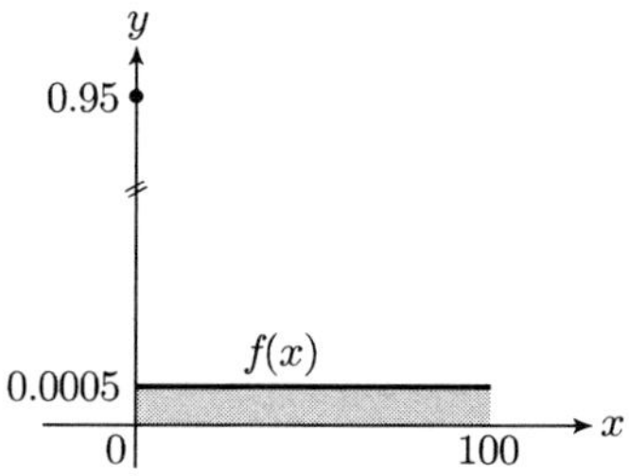

그림 2.6 혼합확률함수

예제 4 그림 2.6에 주어진 확률함수에 대하여

(1) 분포함수 $F(x)$를 구하여라.

(2) 확률 $P(X \le 10)$, $P(0 < X \le 10)$을 구하여라.

풀이 (1) 확률변수 X의 확률함수가

$$f(x) = \begin{cases} 0.95 & , \ x = 0 \\ \dfrac{1}{2000} & , \ 0 < x \le 100 \\ 0 & , \ \text{다른 곳에서} \end{cases}$$

이므로 $x < 0$이면, 명백히 $F(x) = P(X \le x) = 0$이다. 또한 $0 \le x < 100$이면,

$$F(x) = 0.95 + \int_0^x \frac{1}{2000} du = 0.95 + \frac{x}{2000} = \frac{x + 1900}{2000}$$

그리고 $x \ge 100$이면,

$$F(x) = 0.95 + \int_0^{100} \frac{1}{2000} du + \int_{100}^x 0 du = 0.95 + 0.05 = 1$$

이므로 분포함수는 다음과 같다.

$$F(x) = \begin{cases} 0 & , \ x < 0 \\ \dfrac{x + 1900}{2000} & , \ 0 \le x \le 100 \\ 1 & , \ x \ge 100 \end{cases}$$

(2) $P(X \le 10) = F(10) = \dfrac{10 + 1900}{2000} = 0.955$

$$P(0 < X \le 10) = F(10) - P(X = 0) = 0.955 - 0.95 = 0.005$$

이다. ■

예제 5 설비기구의 보수를 위하여 보험회사에서 보증보험을 판매하였다. 보험 가입자 가운데 95%는 보험금을 청구하지 않았고, 5%만이 한 번의 보험금을 청구하였다고 한다. 그리고 보험금을 청구한 사람들의 보수를 위하여 지불된 보험금은 구간 $(0, 100]$에서 일정한 모양의 밀도함수를 갖는다.

(1) 보험금 청구 횟수 N에 대한 확률함수 $p(n)$을 구하여라.

(2) 보험금이 한 번 청구되었을 때, 지불된 보험금 X에 대한 밀도함수를 구하여라.

(3) 보험금이 한 번 청구되었을 때, 지불된 보험금 X에 대한 분포함수를 구하여라.

(4) 보험회사로부터 지급되는 보험금 Y의 분포함수를 구하여라.

풀이 (1) 95%의 보험 가입자가 보험금을 청구하지 않았고, 5%의 보험 가입자가 한 번의 보험금을 청구하였으므로, 보험금 청구 횟수 N에 대한 확률함수 $p(n)$은 다음 표와 같다.

N	0	1
$p(n)$	0.95	0.05

(2) 보험금이 한 번 청구되었다는 조건 아래서 지불된 보험금 X는 구간 (0, 00]에서 앞의 그림 2.6과 같이 일정한 모양을 가지므로 $f(x)=\dfrac{1}{2000}$이다. 즉, X에 대한 밀도함수는 다음과 같다.

$$f(x)=\begin{cases}\dfrac{1}{100}, & 0< x\le 100\\ 0, & \text{다른 곳에서}\end{cases}$$

(3) 보험금이 한 번 청구되었을 때, 즉 $N=1$일 때 지불된 보험금 X에 대한 분포함수는 다음과 같다.

$$P(X\le x)=\int_0^x \frac{1}{2000}du=\frac{x}{2000}, \quad 0< x\le 100$$

(4) 확률변수 Y의 분포함수 $F_Y(y)$를 구하기 위하여, y에 따라서 다음과 같이 구분한다.

(i) $y<0$인 경우: 지불된 보험금이 음수일 수 없다. 따라서

$$F_Y(y)=P(Y\le y)=0$$

(ii) $y=0$인 경우: 지불된 보험금이 0이므로 $N=0$이고, 이 경우의 확률은 0.95이다. 그러므로 $F_Y(0)=P(Y\le 0)=P(Y=0)=0.95$이다.

(iii) $0< y\le 100$인 경우:

$$\begin{aligned}F_Y(y)=P(Y\le y)&=P(Y\le 0 \text{ 또는 } 0<Y\le y)\\&=P[(N=0)\text{ 또는}(N=1\text{이고 } Y\le y)]\\&=P(N=0)+P(X\le y\,|\,N=1)\\&=0.95+\frac{y}{2000}\end{aligned}$$

(iv) $y>100$인 경우: 지불된 모든 보험금은 100 이하이므로, $F_Y(y)=P(Y\le y)=1$이다. 그러므로 이 결과들을 종합하면 지불된 보험금에 대한 분포함수를 다음과 같다.

$$F_Y(y)=\begin{cases}0 & , \ y<0 \\ 0.95+\dfrac{y}{2000} & , \ 0\le y\le 100 \\ 1 & , \ y>100\end{cases}$$ ■

특히 확률변수 X가 어떤 주어진 실수 x보다 크게 나타날 확률

$$P(X>x)=1-P(X\le x)=1-F(x)$$

를 **꼬리확률**(tailed probability) 또는 **생존함수**(survival function)라 하고 $S(x)$로 나타낸다. 그러면 생존함수는 분포함수와 비교하여 다음과 같은 성질을 갖는다.

(1) 모든 실수 x에 대하여, $0\le S(x)\le 1$이다.
(2) $S(x)$는 증가하지 않는다. 즉, $a<b$이면 $S(a)\ge S(b)$이다.
(3) $S(x)$는 우측연속이다.
(4) $S(-\infty)=\lim_{x\to-\infty}S(x)=1$, $S(\infty)=\lim_{x\to\infty}S(x)=0$
(5) $P(a<X\le b)=F(b)-F(a)=S(a)-S(b)$
(6) $P(X=a)=F(a)-F(a-)=S(a-)-S(a)$

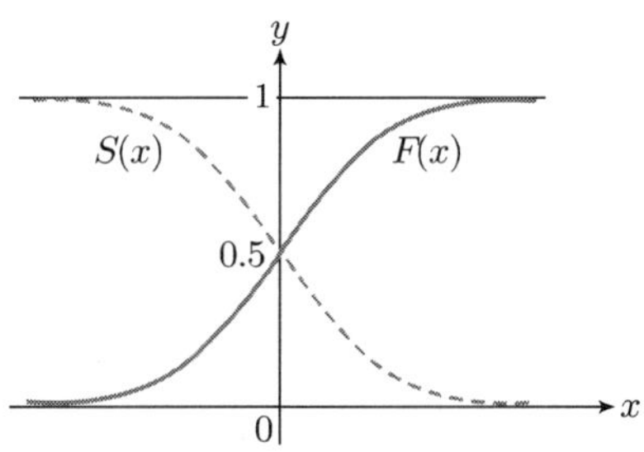

그림 2.7 분포함수 $F(x)$와 생존함수 $S(x)$

또한 확률변수 X의 밀도함수가 정의되는 곳에서 밀도함수와 생존함수의 비율, 즉

$$h(x)=\frac{f(x)}{S(x)}$$

를 **위험률**(hazard rate) 또는 **사망력**(force of mortality) 또는 **실패율**(failure rate)이라 한다. 특히 위험률 $h(x)$의 표기 방법으로, 사망력을 나타내는 경우에 $\mu(x)$, 실패율을 나타낼 경우 $\lambda(x)$를 주로 사용한다. 그러면 위험률과 생존함수 사이에 다음이 성립한다.

(7) $h(x) = \dfrac{f(x)}{S(x)} = -\dfrac{S'(x)}{S(x)} = -\dfrac{d}{dx}\ln S(x)$

(8) $S(x) = \exp\left[-\int_{-\infty}^{x} h(u)\,du\right]$

예제 6 연속확률변수 X의 밀도함수가

$$f(x) = \begin{cases} \lambda e^{-\lambda x}, & x > 0 \\ 0, & \text{다른 곳에서} \end{cases}$$

일 때,

(1) 분포함수 $F(x)$를 구하여라.

(2) 생존함수 $S(x)$를 구하여라.

(3) 위험률 함수 $h(x)$를 구하여라.

풀이

(1) $F(x) = \int_{-\infty}^{x} f(u)\,du = \int_{0}^{x} \lambda e^{-\lambda u}\,du = -e^{-\lambda u}\Big|_0^x = 1 - e^{-\lambda x},\ x > 0$

(2) $S(x) = 1 - F(x) = 1 - \left(1 - e^{-\lambda x}\right) = e^{-\lambda x},\ x > 0$

(3) $S'(x) = -\lambda e^{-\lambda x}$ 이므로 위험률 함수는 다음과 같다.

$$h(x) = \frac{f(x)}{S(x)} = \frac{\lambda e^{-\lambda x}}{e^{-\lambda x}} = \lambda$$

■

예제 7 생명보험에 가입한 어떤 가입자는 의사로부터 평균 100일 정도 살 수 있다는 통보를 받았다. 그리고 이 환자가 사망할 때까지 걸리는 시간을 X라 하면, X는 밀도함수

$$f(x) = \begin{cases} \dfrac{1}{100} e^{-x/100}, & x > 0 \\ 0, & \text{다른 곳에서} \end{cases}$$

를 갖는다고 한다.

(1) 이 환자가 150일 이내에 사망할 확률을 구하여라.

(2) 이 환자가 200일 이상 생존할 확률을 구하여라.

풀이 예제 3에서 $\lambda = 0.01$ 이므로 분포함수와 생존함수는 각각 다음과 같다.

$$F(x) = 1 - e^{-0.01x},\quad S(x) = e^{-0.01x}$$

따라서 환자가 150일 이내에 사망할 확률은

$$P(X < 150) = F(150) = 1 - e^{-1.5} = 1 - 0.2231 = 0.7769$$

환자가 200일 이상 생존할 확률은

$$P(X \geq 200) = S(200) = e^{-2} = 0.1353$$

이다. ■

연습문제 2.1 Exercises

1. 확률변수 X의 확률밀도함수가 다음과 같다.

$$f(x) = \begin{cases} \dfrac{4x^3}{k^4}, & 0 < x < k \\ 0, & \text{다른 곳에서} \end{cases}$$

$P(X > 1) = \dfrac{3}{4}$일 때, 상수 k를 구하여라.

2. 확률변수 X의 분포함수가 다음과 같다.

$$F(x) = \begin{cases} 0, & x < 0 \\ A + Be^{-x}, & 0 \leq x < \infty \end{cases}$$

(1) 상수 A와 B를 구하여라.
(2) $P(2 \leq X \leq 5)$를 구하여라.
(3) 확률밀도함수를 구하여라.

3. 확률변수 X의 분포함수가 다음과 같다.

$$F(x) = \begin{cases} 0, & x < 0 \\ 1 - \displaystyle\sum_{n=0}^{4} \frac{e^{-x} x^n}{n!}, & x \geq 0 \end{cases}$$

이때 $x \geq 0$에서 X의 확률밀도함수 $f(x)$를 구하여라.

4. 보험회사의 월 보험금 지급액 X는 연속인 양의 확률변수로 표현되며, X의 밀도함수는

$(1+x)^{-4}$ $(0 < x < \infty)$에 비례한다. 이때 $P(X \le 0.5)$를 구하여라.

5. 어떤 기계의 수명은 구간 $(0, 40)$에서 $(10+x)^{-2}$에 비례하는 밀도함수 $f(x)$를 갖는 연속 확률변수로 표현된다. 이때 이 기계의 수명이 6년 이하일 확률을 구하여라.

6. 다음 분포함수를 갖는 확률변수 X에 대하여

$$F(x) = \begin{cases} 0 & , \ x < 1 \\ \dfrac{x^2 - 2x + 2}{2} & , \ 1 \le x < 2 \\ 1 & , \ x \ge 2 \end{cases}$$

밀도함수 $f(x)$와 확률 $P(X=1)$, $P(X < 1.5)$을 구하여라.

7. 음이 아닌 확률변수 X가 $x > 0$에서 위험률 함수 $h(x) = a + e^{2x}$을 갖는다. X의 생존함수 $S(x)$에 대하여 $S(0.4) = 0.5$일 때, 상수 a를 결정하여라.

8. 구간 $[0, \infty)$에서 위험률이 $h(x) = \dfrac{1}{\sqrt{x}}$인 확률변수 X의 생존함수, 분포함수 그리고 밀도함수를 구하여라.

9. 확률변수 X의 분포함수가

$$F(x) = \begin{cases} 0 & , \ x < 0 \\ \dfrac{x^2}{4} & , \ 0 \le x < 1 \\ 1 & , \ x \ge 1 \end{cases}$$

일 때, X의 확률함수를 구하여라.

10. 확률밀도함수 $f(x)$가 다음 그림과 같이 이등변삼각형일 때,

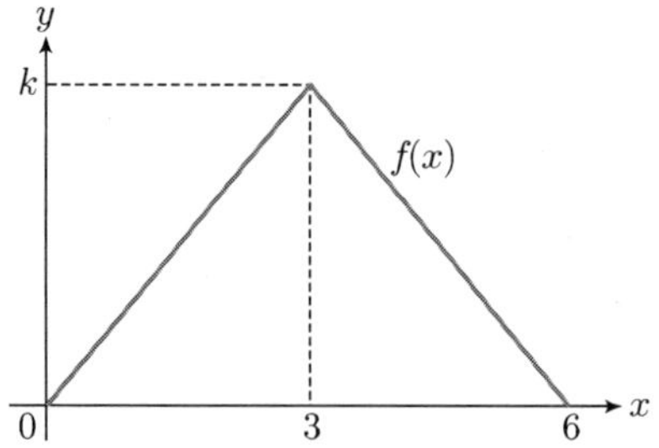

그림 2.8

(1) 밀도함수 $f(x)$를 구하여라.

(2) 분포함수 $F(x)$를 구하여라.

(3) 분포함수를 이용하여 확률 $P(2 < X \le 5)$를 구하여라.

11. 어느 보험회사는 내년에 새로운 설비로 수리하기 위하여 지급하는 보증보험증권을 판매한다. 한편 경험에 따르면 증권 하나에 대한 수리비용 X는 구간 $[0, 2000]$ 안에 들어 있으며, 가장 적은 비용에서 확률이 최대이고 수리비용이 2,000$에 도달할 때까지 확률은 경사진 직선을 따라 감소한다.

(1) X의 밀도함수를 구하여라.

(2) (1)에서 구한 밀도함수를 이용하여 $P(X > 1500)$을 구하여라.

(3) X의 분포함수와 생존함수를 구하여라.

2.2 보험 속의 확률변수

보험통계에서 부딪치는 확률변수의 경우를 다음과 같이 생각해 볼 수 있다.

① 생명보험에 가입한 사람이 사망할 때의 나이 [유형 1]
② 사고의 발생에서 복구까지 걸리는 시간
③ 보험금 청구에 대하여 보험회사로부터 보험금이 지급될 때까지 걸리는 시간
④ 자동차 파손에 대한 청구로 인하여 지급된 보험금액 [유형 2]
⑤ 보험금 청구에 대하여 지급된 보험금 또는 보험금 총액
⑥ 보험에 가입된 자동차로부터 발생한 보험금 지급요구 건수 [유형 3]
⑦ 의료사고로 인하여 지불된 의료 과실 보험금 총액 [유형 4]
⑧ 보험 가입자의 가계대출에 대한 선납 또는 채무 불이행까지 걸리는 시간
⑨ 고리 사채에 대한 만기에 지불해야 할 총 금액

이제 앞에서 살펴본 바와 같이 보험통계에서 부딪치는 대표적인 확률변수의 유형과 그에 대한 분포함수와 밀도함수 및 생존함수 그리고 위험률 함수 등에 대한 예를 살펴본다.

유형 1 사망할 때까지의 생존시간에 대한 모형

통상적으로 100세를 넘지 않는 범위에서 병이나 다른 요인에 의하지 않고 정상적으로 생활하는 사람의 생존시간을 다루며 또한 균등한 분포를 이룬다고 가정한다.

따라서 다음과 같은 함수들을 생각할 수 있다.

- 밀도함수 : $f(x) = \begin{cases} \dfrac{1}{100}, & 0 \le x < 100 \\ 0, & \text{다른 곳에서} \end{cases}$
- 분포함수 : $F(x) = \begin{cases} 0, & x < 0 \\ 0.01x, & 0 \le x < 100 \\ 1, & x \ge 100 \end{cases}$
- 생존함수 : $S(x) = 1 - 0.01x,\ 0 \le x < 100$
- 위험률 : $h(x) = \dfrac{1}{100 - x},\ 0 < x < 100$

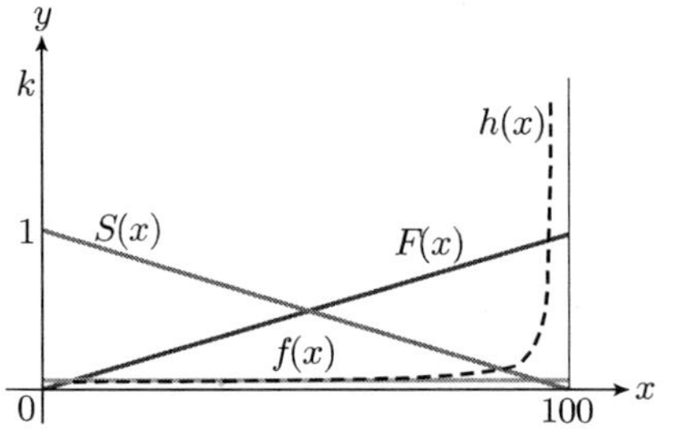

그림 2.9 생존시간과 같이 균등한 분포의 예

유형 2 **자동차보험 청구에 따라 지급된 보험금**

사람의 생명을 돈과 바꿀 수 없는 고귀한 것이다. 따라서 사람이 사망함에 따라 생명에 대하여 돈으로 보상할 수 없으므로 지급될 보험금에 한계를 정할 수 없으며, 보험금은 연속인 분포 모형을 갖는다. 그러나 현실적으로 이 모형은 무한정의 금전적 가치로 환원할 수 없으나, 다음과 같은 모형을 생각할 수 있다.

- 밀도함수 : $f(x) = \begin{cases} 0, & x \le 0 \\ \dfrac{3(2000)^3}{(x+2000)^4}, & x > 0 \end{cases}$
- 분포함수 : $F(x) = \begin{cases} 0, & x < 0 \\ 1 - \left(\dfrac{2000}{x+2000}\right)^3, & x \ge 0 \end{cases}$
- 생존함수 : $S(x) = \left(\dfrac{2000}{x+2000}\right)^3,\ x \ge 0$
- 위험률 : $h(x) = \dfrac{3}{x+2000},\ x > 0$

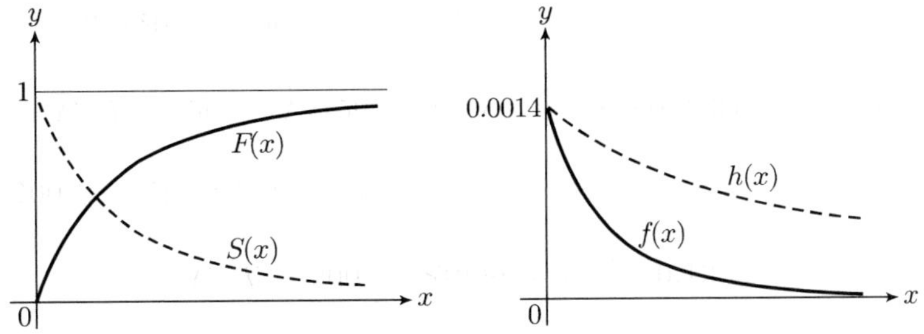

그림 2.10 지급 보험금과 같이 감소하는 연속분포의 예

유형 3 **1년간 한 보험증권에 대한 보험금 지급 요구 건수**

이 모형은 확률이 가산 개의 점에서 나타나는 이산형이고, 점프 불연속인 점에서 확률이 점프 크기로 주어지는 분포함수를 이룬다. 물론 이러한 모형은 유한개의 점을 취할 수 있다.

- 밀도함수 : $f(x) = \begin{cases} 0.5 & , x = 0 \\ 0.25 & , x = 1 \\ 0.1 & , x = 2 \\ 0.1 & , x = 3 \\ 0.05 & , x = 4 \end{cases}$

- 분포함수 : $F(x) = \begin{cases} 0 & , x < 0 \\ 0.5 & , 0 \le x < 1 \\ 0.75 & , 1 \le x < 2 \\ 0.85 & , 2 \le x < 3 \\ 0.95 & , 3 \le x < 4 \\ 1 & , x \ge 4 \end{cases}$

- 생존함수 : $S(x) = \begin{cases} 1.00 & , x < 0 \\ 0.5 & , 0 \le x < 1 \\ 0.25 & , 1 \le x < 2 \\ 0.15 & , 2 \le x < 3 \\ 0.05 & , 3 \le x < 4 \\ 0.00 & , x \ge 4 \end{cases}$

- 위험률 : 정의되지 않음

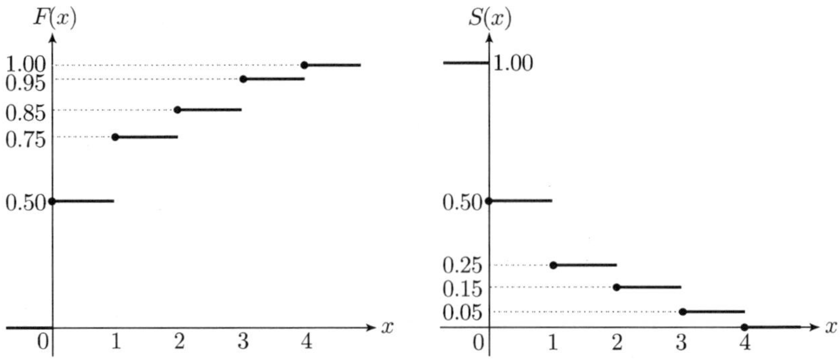

그림 2.11 보험금 지급 건수와 같은 이산분포의 예

유형 4　의료 과실에 따른 보험금 총 지불 금액

이 모형은 앞 절의 예제 5와 같이 보험금이 지급되지 않을 확률이 0.95인 이산형과 구간 $(0, 100]$에서 연속으로 분포를 이룰 확률이 0.05인 연속형과의 혼합형으로 나타난다. 이때 위험률은 단지 연속인 부분에서만 정의된다.

- 밀도함수 : $f(x) = \begin{cases} 0.7 & , \ x = 0 \\ 0.000003e^{-0.00001x} & , \ x > 0 \end{cases}$
- 분포함수 : $F(x) = \begin{cases} 0 & , \ x < 0 \\ 1 - 0.3e^{-0.00001x} & , \ x \geq 0 \end{cases}$
- 생존함수 : $S(x) = 0.3e^{-0.00001x}, \ x \geq 0$
- 위험률 : $h(x) = 0.00001, \ x > 0$

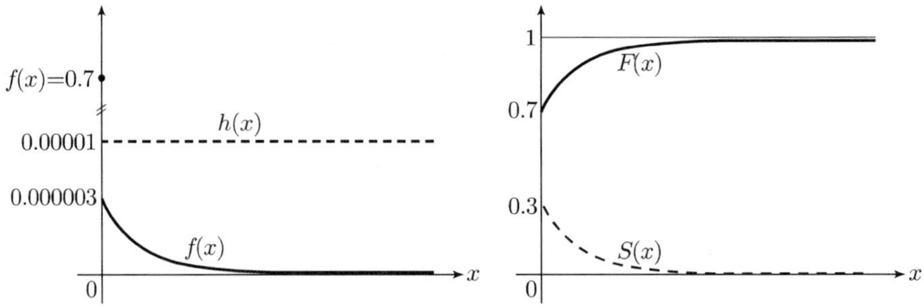

그림 2.12 혼합형 확률분포의 예

유형 5　유형 1의 개량 형태로 분포함수가 부분적으로 연속인 경우

아래에 예시된 분포함수 $F(x)$는 부분적으로 연속이고, 특히 $x = 50$에서 미분가능하지 않다. 따라서 이 점에서 밀도함수와 위험률이 존재하지 않는다. 그러나 유형 4와는 달리, 이 점에서 이산형 확률이 존재하지 않는다. $P(X = 50) = F(50) - F(50-) = 0$에서 확률이 0이므로 이 점에서 밀도 또는 위험률을, 이후의 계산에 영향을 주지 않는 한, 분포함수가 우측연속이 되도록 임의로 정의할 수 있다.

- 밀도함수 : $f(x) = \begin{cases} 0.01, & 0 \le x < 50 \\ 0.02, & 50 \le x < 75 \end{cases}$
- 분포함수 : $F(x) = \begin{cases} 0.01x, & 0 \le x < 50 \\ 0.02x - 0.5, & 50 \le x < 75 \end{cases}$
- 생존함수 : $S(x) = \begin{cases} 1 - 0.01x, & 0 \le x < 50 \\ 1.5 - 0.02x, & 50 \le x < 75 \end{cases}$
- 위험률 : $h(x) = \begin{cases} \dfrac{1}{100 - x}, & 0 < x < 50 \\ \dfrac{1}{75 - x}, & 50 \le x < 75 \end{cases}$

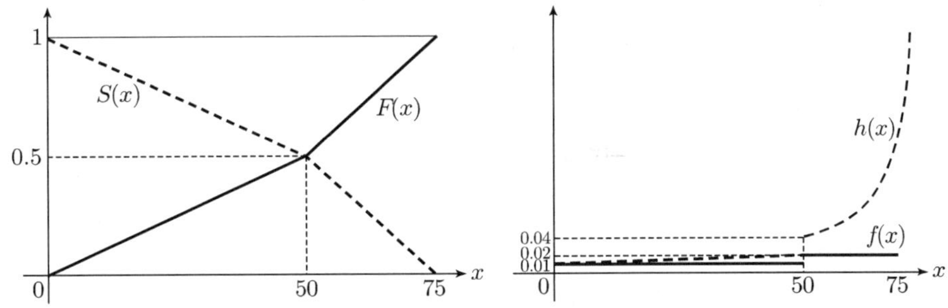

그림 2.13 부분적 연속인 확률분포의 예

2.3 분포의 중앙값과 백분위수

통계자료의 중심의 위치를 나타내는 대표적인 척도로 평균을 이용하듯이 확률분포의 중심을 나타내는 척도로 평균을 널리 이용한다. 그러나 코시(Cauchy) 분포와 같은 어떤 확률분포는 평균이 존재하지 않으며, 따라서 중심의 위치를 나타내는 다른 형태의 척도를 필요로 한다. 이와 같은 경우에 즐겨 사용하는 중심의 위치를 나타내는 척도로 중앙값 그리고 최빈값 등을 생각할 수 있다. 물론 기초통계학에서 이미 살펴보았을 것으로 생각되는 이러한 척도들은 확률분포에서도 그대로 적용된다. 다시 말해서, 중앙값은 주어진 확률분포에 따르는 자료를 크기순으로 나열하여 중앙에 놓이는 확률변수값을 의미하며, 최빈값은 확률분포에서 가장 많은 빈도를 가지는 확률변수값을 의미한다. 그리고 평균은 기대값이라고도 하며 제4장에서 살펴보기로 하고, 여기서는 확률분포에 대한 중앙값과 최빈값 그리고 100분위수와 사분위수 등에 대하여 살펴본다.

예를 들어, 자동차보험증권을 소지하고 있는 100명의 보험 가입자가 1년 후에 보험금을 청구한 횟수에 대한 다음 도수분포표를 갖고 있다고 하자.

보험금 청구 횟수	0	1	2	3
보험 가입자 수	82	12	5	1

이제 보험금 청구 횟수를 X라 하고 X의 확률함수 $f(x)$를 보험금 청구 횟수에 관한 상대도수 확률로 정의하면, 다음과 같은 이산확률분포를 얻는다.

X	0	1	2	3
$f(x)$	0.82	0.12	0.05	0.01

100개의 보험증권에 대하여 보험금 청구 횟수가 가장 많은 빈도를 차지하는 것은 82명의 가입자를 갖는 청구 횟수 0이다. 또한 이 경우, 즉 $X=0$에서 상대도수에 의한 확률이 0.82이며 가장 큰 확률을 갖는다. 이와 같이 이산확률변수 X의 확률함수를 $f(x)$라 할 때, 다음과 같이 가장 큰 확률함수값을 갖는 $x=x_{mo}$를 확률변수 X의 **최빈값**(mode)이라 한다.

$$f(x_{mo}) = \max\{f(x) \mid x \in S_X\}$$

동일한 방법으로 연속확률변수 X의 밀도함수 $f(x)$가 최대값을 갖는 $x=x_{mo}$를 연속확률변수 X의 최빈값이라 한다. 그러면 다음 그림 2.14와 같이 최빈값이 존재하지 않는 경우(a)와 두 개 이상이 존재하는 경우(b)가 있다.

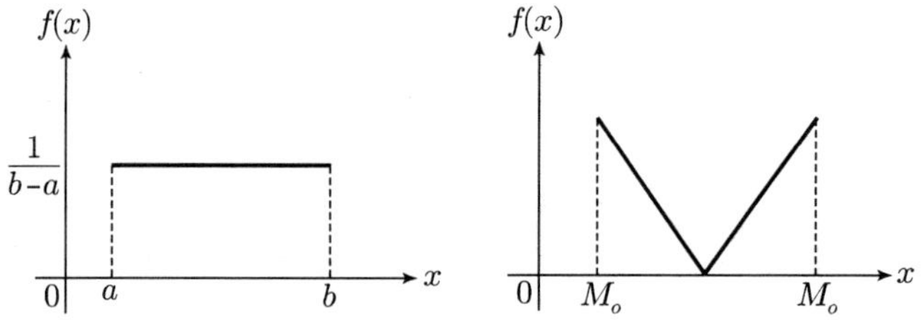

(a) 최빈값이 없는 경우 (b) 최빈값이 두 개인 경우

그림 2.14

2.2절에서 살펴본 유형 1 ~ 유형 5에 대한 최빈값을 구하면 다음과 같다.

유형 1 구간 $[0, 100]$에서 밀도함수 $f(x) = \frac{1}{100}$은 일정하므로, $[0, 100]$ 안의 모든 실수가 최빈값이라 할 수 있으며 또한 최빈값이 없다고 말 할 수도 있다.

유형 2 $x \geq 0$에서 함수 $f(x) = \frac{3(2000)^3}{(x+2000)^4}$은 감소하므로 $x=0$에서 $f(x)$가 최대이고, 따라서 최빈값은 $x_{mo}=0$이다.

유형 3 $x=0$에서 확률변수 X는 최대 확률 $f(0)=0.5$를 가지므로 최빈값은 $x_{mo}=0$이다.

유형 4 혼합 유형에 대하여는 최빈값을 정의할 수 없다.

유형 5 $50 \le x < 75$에서 $f(x)$가 0.01보다 큰 0.02를 가지므로 $[50, 75)$ 안의 모든 실수가 최빈값이다.

그러면 위의 유형에서 알 수 있듯이 최빈값은 분포에 따라 여러 개가 존재할 수도 있고 없을 수도 있다는 단점을 갖는다.

예제 1 다음과 같은 확률함수를 가지는 확률분포의 최빈값을 구하여라.

(1) $P(X=0)=0.1,\ P(X=1)=0.3,\ P(X=2)=0.3,\ P(X=3)=0.1,$ $P(X=4)=0.2$

(2) $F(x)=\dfrac{1}{9}\left(2x^2-\dfrac{x^3}{3}\right),\quad 0\le x\le 3$

풀이 (1) 확률변수 X에 대한 확률함수 값이 가장 큰 경우는

$$P(X=1)=P(X=2)=0.3$$

이므로 최빈값은 $x_{mo}=1$과 $x_{mo}=2$이다.

(2) 우선 밀도함수를 먼저 구한다.

$$f(x)=\frac{1}{9}\frac{d}{dx}\left(2x^2-\frac{x^3}{3}\right)=\frac{1}{9}(4x-x^2),\quad 0\le x\le 3$$

한편 $f'(x)=\dfrac{1}{9}(4-2x)$이므로 $f'(2)=0$, 또한 $f''(2)=-\dfrac{2}{9}<0$이므로 $x=2$에서 극대이다. 특히 구간 $0\le x\le 3$에서

$$f(0)=0,\ f(3)=\frac{1}{3},\ f(2)=\frac{4}{9}$$

이므로 $f(x)$는 $x=2$에서 최대값을 갖고, 따라서 최빈값은 $x_{mo}=2$이다. ■

한편 임의의 확률변수 X에 대하여

$$P(X\le m)\ge\frac{1}{2},\ P(X\ge m)\ge\frac{1}{2}$$

을 만족하는 $x=m$을 X의 **중앙값**(median)이라 하고, $x=x_{me}$로 나타낸다. 그러면 모든 분포는 적어도 하나의 중앙값을 가지며, 무수히 많은 중앙값을 가지는

경우도 있다. 특히 연속확률변수 X에 대하여 분포함수 $F(x)$는 연속이므로 중앙값은

$$F(m)=\frac{1}{2}$$

을 만족하는 $x=m$이 중앙값이 된다.

예제 2 다음 확률함수를 갖는 확률변수 X의 중앙값을 구하여라.

$$f(x)=\begin{cases} 0.05 & , \ -5 \le x < 1 \\ 0.45 & , \ x=1 \\ \dfrac{1}{\pi(1+x^2)} & , \ x>1 \end{cases}$$

풀이 확률변수 X에 대하여

$$P(X>1)=\int_1^{\infty}\frac{1}{\pi}\frac{1}{1+x^2}\,dx=\frac{1}{\pi}\tan^{-1}x\Big|_1^{\infty}=\frac{1}{4}=0.25$$

이므로

$$P(X\le 1)=P(X<1)+P(X=1)=0.3+0.45=0.75$$
$$P(X\ge 1)=P(X>1)+P(X=1)=0.25+0.45=0.7$$

이다. 그러므로 확률변수 X에 대한 중앙값은 $x_{me}=1$이다. ■

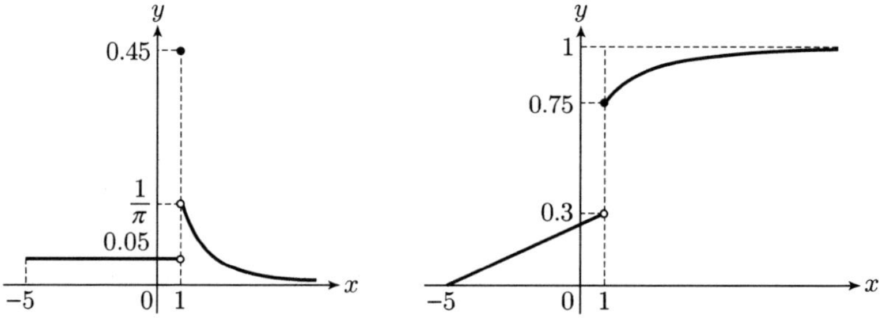

(a) 확률함수 $f(x)$　(b) 분포함수 $F(x)$

그림 2.15

또한 $0<p<1$에 대하여

$$P(X\le x_p)\ge p,\ P(X\ge x_p)\le 1-p$$

를 만족하는 $x=x_p$ 를 확률변수 X 의 $100p$ -**백분위수**(percentile)라 한다. 그리고 확률분포를 사등분하는 값 Q_1, Q_2 그리고 Q_3을 확률변수 X 의 **사분위수**(quartiles), 제3사분위수와 제1사분위수의 차이 I.Q.R= $Q_3 - Q_1$을 **사분위수 범위**(interquartile range)라 한다. 그러면 50-백분위수 $x_{0.5}$ 는 X 의 중앙값(Q_2)과 일치하며, 25-백분위수와 75-백분위수는 각각 사분위수 Q_1, Q_3과 일치한다. 더욱이 밀도함수가 그림 2.16과 같이 $x=m$ 을 중심으로 대칭이면, $P(X\le m)=0.5$ 이고 또한 이 함수는 $x=m$ 에서 최대값 $f(m)$을 갖는다. 그러므로 대칭인 밀도함수는 대칭축인 $x=m$ 에서 중앙값과 최빈값이 된다.

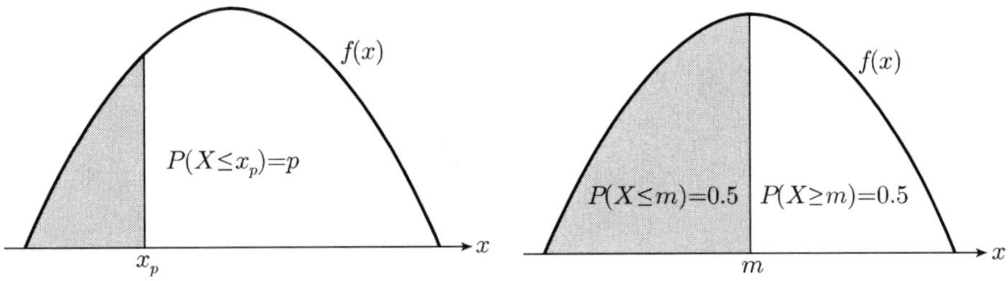

그림 2.16 $100p$ –백분위수와 중앙값

그러나 그림 2.17과 같이 어느 특정 구간에서 분포함수가 증가하지 않고 수평을 이루는 경우, 이 구간 안의 모든 점이 중앙값이 된다.

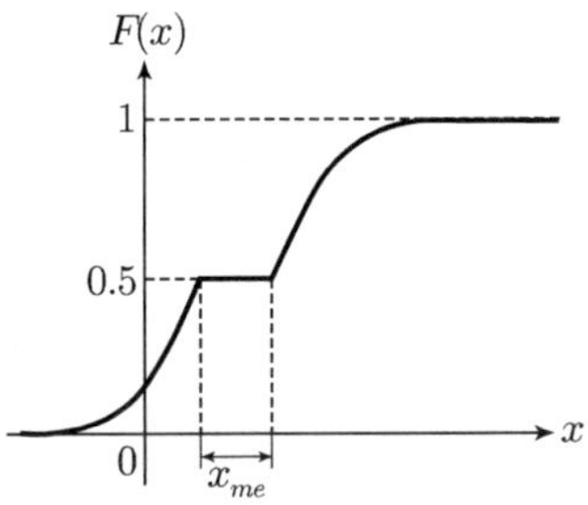

그림 2.17 중앙값이 무수히 많은 경우

예제 3 다음과 같은 확률함수를 가지는 확률분포의 중앙값을 구하여라.

(1) $P(X=0)=0.1,\ P(X=1)=0.3,\ P(X=2)=0.3,$
$P(X=3)=0.1,\ P(X=4)=0.2$

(2) $P(X=0)=0.1,\ P(X=1)=0.1,\ P(X=2)=0.3,$
$P(X=3)=0.4,\ P(X=4)=0.1$

풀이

(1) $P(X\le 2)=P(X=0)+P(X=1)+P(X=2)=0.1+0.3+0.3=0.7$

$P(X \geq 2) = P(X=2) + P(X=3) + P(X=4) = 0.3 + 0.1 + 0.2 = 0.6$

이므로 X의 중앙값은 $x_{me} = 2$이다.

(2) $P(X \leq 2) = P(X=0) + P(X=1) + P(X=2) = 0.1 + 0.1 + 0.3 = 0.5$

$P(X \geq 3) = P(X=3) + P(X=4) = 0.4 + 0.1 = 0.5$

이므로 $2 \leq x \leq 3$ 사이의 모든 실수가 중앙값이다. ■

그러면 앞에서 살펴본 유형에 따른 중앙값은 다음과 같다.

유형 1 구간 $[0, 100]$에서 분포함수가 $F(x) = 0.01x$이고, $0.5 = F(x_{0.5}) = 0.01x_{0.5}$이므로 50-백분위수(중앙값)는 $x_{me} = 50$이다.

유형 2 $x \geq 0$에서 분포함수가 $F(x) = 1 - \left(\frac{2000}{x + 2000}\right)^3$이므로

$$0.5 = F(x_{0.5}) = 1 - \left(\frac{2000}{x_{0.5} + 2000}\right)^3$$

따라서 50-백분위수(중앙값)는 $x_{me} = \frac{2000}{\sqrt[3]{0.5}} - 2000 = 519.8421$이다.

유형 3 확률변수 X의 분포함수는 $0 \leq x < 1$에서 $F(x) = 0.5$이므로 구간 $[0, 1)$ 안의 모든 실수가 중앙값이다.

유형 4 $P(X \leq 0) = 0.7$이고 $P(X \geq 0) = 1$이므로 $x_{me} = 0$이다.

유형 5 $f(x)$가 $x = 50$에서 불연속이지만, $P(X \leq 50) = 0.5$이고 $P(X \geq 50) = 0.5$이므로 중앙값은 $x_{me} = 50$이다.

예제 4 다음 밀도함수에 대한 사분위수를 구하여라.

$$f(x) = \frac{1}{\pi} \frac{1}{1 + x^2}, \quad -\infty < x < \infty$$

풀이 밀도함수 $f(x)$를 갖는 확률변수 X의 분포함수를 먼저 구한다.

$$F(x) = \int_{-\infty}^{x} \frac{1}{\pi} \frac{1}{1 + u^2} du = \frac{1}{\pi} \tan^{-1} x + \frac{1}{2}$$

한편 밀도함수 $f(x)$는 $x = 0$에 관하여 대칭이므로 중앙값은 $x_{me} = 0$이다. 또는 다음과 같이 50-백분위수를 구할 수도 있다.

$$0.25 = F(x_{0.25}) = \frac{1}{\pi} \tan^{-1}(x_{0.25}) + \frac{1}{2}; \quad -\frac{\pi}{4} = \tan^{-1}(x_{0.25}); \quad x_{0.25} = -1$$

$$0.50 = F(x_{0.50}) = \frac{1}{\pi}\tan^{-1}(x_{0.50}) + \frac{1}{2};\ \ 0 = \tan^{-1}(x_{0.50});\ \ x_{0.50} = 0$$

$$0.75 = F(x_{0.75}) = \frac{1}{\pi}\tan^{-1}(x_{0.75}) + \frac{1}{2};\ \ \frac{\pi}{4} = \tan^{-1}(x_{0.75});\ \ x_{0.75} = 1$$ ■

연습문제 2.3 Exercises

1. 확률변수 X가 $x > 0$에서 다음과 같은 밀도함수를 가질 때, X의 최빈값과 중앙값을 구하여라.

(1) $f(x) = 3x^2\exp(-x^3)$ (2) $f(x) = 4x(1+x^2)^{-3}$

2. 다음과 같은 확률밀도함수를 갖는 연속확률변수 X의 중앙값이 $\frac{1}{4}$이라 할 때, 상수 λ를 구하여라.

$$f(x) = \begin{cases} \lambda e^{-\lambda x}, & x > 0 \\ 0, & \text{다른 곳에서} \end{cases}$$

3. 어떤 전기장치에서 하나의 부속품이 고장 날 때까지 걸리는 시간은 중앙값이 4시간이고, 어떤 양의 상수 λ에 대하여 다음의 분포함수를 갖는다.

$$F(x) = 1 - e^{-x/\lambda}, \quad x > 0$$

이 부속품이 고장 나지 않고 적어도 5시간 동안 작동할 확률을 구하여라.

4. 확률변수 X의 확률밀도함수가 $f(x) = ke^{-0.004x}$, $x \ge 0$일 때, 중앙값과 최빈값을 구하여라. 여기서 k는 상수이다.

5. 확률변수 X의 분포함수가 $F(x) = \frac{x^2}{16}$, $0 \le x \le 4$일 때, 중앙값과 최빈값을 구하여라.

6. 날씨와 관련하여 발생하는 보험회사의 연간 손실 X은 다음 밀도함수를 갖는 확률변수로 나타난다.

$$f(x)=\begin{cases}\dfrac{2.5(200)^{2.5}}{x^{3.5}}, & x>200\\ 0, & \text{다른 곳에서}\end{cases}$$

(1) X의 30-백분위수와 70-백분위수의 차이를 구하여라.

(2) 사분위수 범위를 구하여라.

7. 구간 $\left(0, \dfrac{\ln 3}{2}\right)$에서 밀도함수 $f(x)=e^{2x}$에 대한 중앙값과 75-백분위수를 구하여라. 그리고 이 분포에 대한 최빈값을 구하여라.

8. 구간 $(0, \infty)$에서 밀도함수 $f(x)=xe^{-x}$에 대한 최빈값을 구하여라.

9. 의료보험에 대한 손실 X는 다음과 같은 분포함수를 갖는다고 한다. 이때 이 분포의 최빈값을 구하여라.

$$F(x)=\begin{cases}0, & x<0\\ \dfrac{1}{9}\left(2x^2-\dfrac{x^3}{3}\right), & 0\le x\le 3\\ 1, & x>3\end{cases}$$

10. 확률변수 X는 구간 $(0, \infty)$에서 $f(x)=3e^{-4x}$이고, $P(X=0)=\dfrac{1}{4}$인 확률함수를 갖는다. 이 분포에 대한 중앙값을 구하여라.

2.4 확률변수의 함수에 대한 분포

X가 확률변수이고 $Y=g(X)$라 할 때, Y가 확률변수인가? 그리고 만일 확률변수라 하면 Y의 확률분포는 어떻게 되는가? 하는 문제에 대하여 다룬다. 예를 들어, 확률변수 X와 확률함수

$$f(x)=\frac{1}{5}, \quad x=-2, -1, 0, 1, 2$$

에 대하여 함수 $Y=X+2$를 생각하자. 그러면 함수 $Y=g(X)$는 일대일 대응함수이고, 이 함수에 의한 X의 서포트에 대하여 대응하는 Y의 값은 $\{0, 1, 2, 3, 4\}$

이다. 따라서 사건 $\{Y=0\}$은 사건 $\{X=-2\}$와 동치이고, 마찬 가지로 다음과 같은 사건들도 동치이다.

$$Y=1 \Leftrightarrow X=-1, \quad Y=2 \Leftrightarrow X=0$$
$$Y=3 \Leftrightarrow X=1, \quad Y=4 \Leftrightarrow X=2$$

따라서 변수 Y는 확률변수 X에 의하여 결정되는 확률변수이고, 두 확률변수 X와 Y에 대한 확률표는 다음과 같다.

X	−2	−1	0	1	2
Y	0	1	2	3	4
확률	0.2	0.2	0.2	0.2	0.2

즉 확률변수 $Y=X+2$의 확률함수는

$$f_Y(y)=\begin{cases}0.2\,, & y=0,\,1,\,2,\,3,\,4\\ 0\,, & \text{다른 곳에서}\end{cases}$$

이다. 한편 $Y=X^2$이라 하면, X의 서포트 $\{-2,-1,0,1,2\}$에 대하여 Y의 값 $\{0,1,4\}$만이 대응을 이룬다. 다시 말해서, 일대일 대응함수가 아닌 $Y=g(X)$는 하나의 y에 두 개의 x가 대응하는 경우가 생기며, 다음은 동치관계이다.

$$X=0 \quad \Leftrightarrow Y=0$$
$$X=-1,1 \Leftrightarrow Y=1$$
$$X=-2,2 \Leftrightarrow Y=4$$

따라서 Y 역시 확률변수이며, Y의 서포트 $\{0,1,4\}$에 대한 확률은 각각

$$P(Y=0)=P(X=1)=0.2$$
$$P(Y=1)=P(X=-1 \text{ 또는 } X=1)=P(X=-1)+P(X=1)=0.4$$
$$P(Y=4)=P(X=-2 \text{ 또는 } X=2)=P(X=-2)+P(X=2)=0.4$$

이다. 그러므로 Y의 확률함수는 다음과 같다.

$$f_Y(y)=\begin{cases}0.2\,, & y=0\\ 0.4\,, & y=1,\,4\\ 0\,, & \text{다른 곳에서}\end{cases}$$

이와 같이 표본공간 S에서 정의되는 확률변수 X에 대하여, $Y=g(X)$도 역시 S에서 정의되는 확률변수이고, $Y=g(X)$의 분포는 유일하게 결정된다. 그리고 이러한 개념은 연속확률변수에 대하여 그대로 적용될 수 있으며, 다음과 같은 결

과를 얻는다.

정리 1

S_X를 이산확률변수 X의 서포트라 하자. 함수 $Y=g(X)$가 S_X에서 어떤 집합 A 위로의 일대일이면, 역함수 $g^{-1}: A \to S$에 대하여 Y의 확률함수는 다음과 같다.

$$f_Y(y) = P[g(X)=y] = \begin{cases} P[X=g^{-1}(y)], & y \in A \\ 0 & , y \notin A \end{cases}$$

예제 1 X의 확률함수가 $f_X(x) = \dfrac{2^x e^{-2}}{x!}$ $(x=0, 1, 2, \cdots)$일 때, $Y=X^2+3$의 확률함수를 구하여라.

풀이 X가 음이 아닌 정수만을 취하므로 X의 서포트 $\{x \mid x \geq 0,\ x\text{는 정수}\}$에 대하여, 함수 $y=x^2+3$은 집합 $\{x^2+3 \mid x \geq 0,\ x\text{는 정수}\}$ 위로의 일대일 대응함수이다. 따라서 $x=\sqrt{y-3}$도 역시 일대일 대응이다. 그러므로 Y의 확률함수는 다음과 같다.

$$\begin{aligned} P(Y=y) &= P(X^2+3=y) = P(X=\sqrt{y-3}) \\ &= \frac{2^{\sqrt{y-3}} e^{-2}}{(\sqrt{y-3})!}, \quad y=3, 4, 7, 12, \cdots \end{aligned}$$

■

한편, 연속확률변수 X에 대한 $Y=g(X)$의 분포를 구하는 방법은 여러 가지 있으며, 특히 연속확률변수는 손실모델(loss model)에서 자주 등장하므로 좀 더 자세히 살펴볼 필요가 있다. 먼저 $Y=g(X)$의 분포를 구하기 위하여 분포함수를 이용하는 방법을 살펴본다. 확률변수 X의 분포함수 $F_X(x)$를 이용하여 함수 $Y=g(X)$의 분포함수를 구한다. 함수 $Y=g(X)$의 분포함수는

$$F_Y(y) = P(Y \leq y) = P(g(X) \leq y)$$

이다. 이때 증가함수 $y=g(x)$에 대하여 그림 2.18과 같이 $g(X) \leq y$이면 $X \leq g^{-1}(y)$이다.

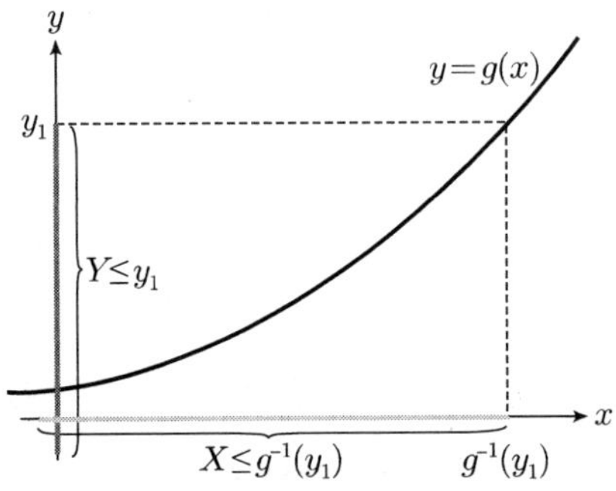

그림 2.18 $y = g(x)$가 증가함수

그러므로

$$P(g(X) \le y) = P\left[X \le g^{-1}(y)\right] = F_X\left[g^{-1}(y)\right]$$

즉 $F_Y(y) = F_X\left[g^{-1}(y)\right]$ 이다. 그리고 감소함수 $y = g(x)$에 대하여 그림 2.19와 같이 $g(X) \le y$ 이면 $X \ge g^{-1}(y)$ 이다.

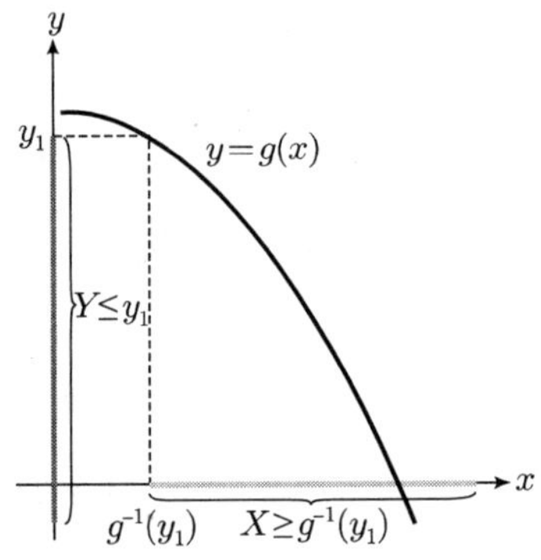

그림 2.19 $y = g(x)$가 감소함수

따라서

$$\begin{aligned} P(g(X) \le y) &= P\left[X \ge g^{-1}(y)\right] = 1 - P\left[X < g^{-1}(y)\right] \\ &= 1 - P\left[X \le g^{-1}(y)\right] + P\left[X = g^{-1}(y)\right] \end{aligned}$$

즉 $F_Y(y) = 1 - F_X\left[g^{-1}(y)\right] + P\left[X = g^{-1}(y)\right]$ 이다. 특히 연속확률변수 X에 대하여

$$P\left[X = g^{-1}(y)\right] = 0$$

이므로 Y의 분포함수는 $F_Y(y)=1-F_X[g^{-1}(y)]$이고, 따라서 Y의 밀도함수는

$$f_Y(y)=\frac{d}{dy}F_Y(y)=\frac{d}{dy}\left(1-F_X\left[g^{-1}(y)\right]\right)$$
$$=\frac{d}{dx}\left(1-F_X(x)\right)\frac{d}{dy}g^{-1}(y)$$

이다. 한편 $y=g(x)$가 증가와 감소부분을 모두 갖는 경우, 예를 들어 $Y=X^2$ 인 경우 그림 2.20과 같이 $g(X)\le y$ 이면 $-\sqrt{y}\le X\le\sqrt{y}$ 이다. 그러므로 Y의 분포함수는

$$F_Y(y)=P(Y\le y)=P(X^2\le y)$$
$$=P\left[-\sqrt{y}\le X\le\sqrt{y}\right]=F_X(\sqrt{y})-F_X(-\sqrt{y})$$

이다.

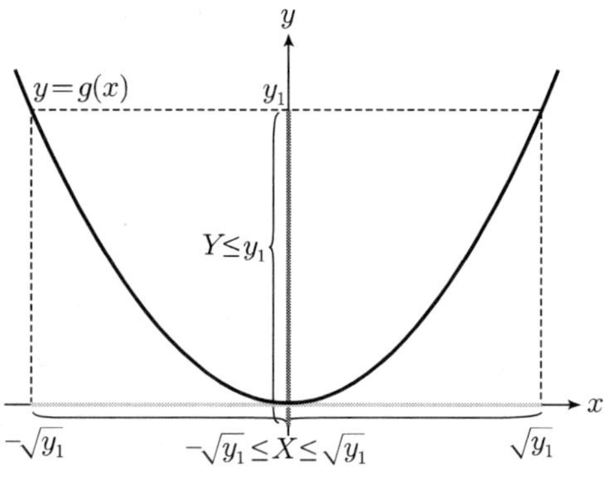

그림 2.20 $y=x^2$인 경우

예제 2 어떤 기계장치의 한 달 유지비 X는 $f_X(x)=0.02e^{-0.02x}$, $x>0$인 밀도함수를 갖는다. 내년도 경제는 금년에 비하여 6%의 물가상승이 예고된다.

(1) 내년도 한 달 유지비에 대한 밀도함수를 구하여라.
(2) 내년도 한 달 유지비가 100$ 이하일 확률을 구하여라.

풀이 (1) 확률변수 X가 밀도함수 $f_X(x)=0.02e^{-0.02x}$, $x>0$을 가지므로, X의 분포함수는

$$F_X(x)=\int_0^x 0.02e^{-0.02u}\,du=1-e^{-0.02x},\ x\ge 0$$

이다. 이제 내년도 한 달 유지비를 확률변수 Y라 하면, 금년도에 비하여 6%

의 물가상승이 있으므로 $Y = 1.06X$이다. 그러므로 Y의 분포함수는

$$F_Y(y) = P(1.06X \le y) = P\left(X \le \frac{y}{1.06}\right)$$
$$= F_X\left(\frac{y}{1.06}\right) = 1 - \exp\left(-\frac{0.02}{1.06}y\right)$$
$$= 1 - e^{-0.0189y}$$

따라서 Y의 밀도함수는

$$f_Y(y) = \frac{d}{dy}F_Y(y) = 0.0189\,e^{-0.0189y}, \quad y > 0$$

이다.

(2) $P(Y \le 100) = F_Y(100) = 1 - e^{-(0.0189)(100)} = 0.8489$ ■

예제 3 예제 2의 밀도함수에 대하여, $Y = 1 - 2X$의 밀도함수를 구하여라.

풀이 이제 $y = 1 - 2x$라 하면, $x > 0$이므로 $y < 1$이고 $Y = 1 - 2X$의 분포함수는

$$F_Y(y) = P(1 - 2X \le y) = P\left(X \ge \frac{1-y}{2}\right)$$
$$= 1 - F_X\left(\frac{1-y}{2}\right) = 1 - \left[1 - e^{-0.01(1-y)}\right]$$
$$= e^{-0.01(1-y)}$$

이다. 따라서 Y의 밀도함수는

$$f_Y(y) = \frac{d}{dy}F_Y(y) = 0.01\,e^{-0.01(1-y)}, \quad y < 1$$

이다. ■

예제 4 $-\infty < x < \infty$에서 밀도함수 $f_X(x) = \dfrac{1}{\pi(1+x^2)}$을 갖는 확률변수에 대하여, $Y = X^2$의 밀도함수를 구하여라.

풀이 X의 분포함수는

$$F(x) = \int_{-\infty}^{x} \frac{1}{\pi(1+u^2)}du = \frac{1}{\pi}\tan^{-1}x + \frac{1}{2}$$

이다. 한편 $y = x^2$이라 하면, $y \ge 0$이고 Y의 분포함수는

$$\begin{aligned}F_Y(y) &= P(X^2 \le y) = P(-\sqrt{y} \le X \le \sqrt{y}) \\ &= P(X \le \sqrt{y}) - P(X \le -\sqrt{y}) \\ &= F_X(\sqrt{y}) - F_X(-\sqrt{y}) \\ &= \frac{1}{\pi}\left[\tan^{-1}\sqrt{y} - \tan^{-1}(-\sqrt{y})\right] \\ &= \frac{2}{\pi}\tan^{-1}\sqrt{y}\end{aligned}$$

이다. 따라서 Y의 밀도함수는

$$f_Y(y) = \frac{d}{dy}F_Y(y) = \frac{1}{\pi}\frac{1}{(1+y)\sqrt{y}}, \quad y > 0$$

이다. ■

정리 2

밀도함수 $f_X(x)$를 갖는 연속확률변수 X에 대하여, $y = g(x)$가 모든 x에서 미분가능하고 $g'(x) > 0$ 또는 $g'(x) < 0$이라 하자. 그러면 $Y = g(X)$의 밀도함수는

$$f_Y(y) = \begin{cases} f_X\left[g^{-1}(y)\right] \cdot \left|\dfrac{d}{dy}g^{-1}(y)\right|, & \alpha < y < \beta \\ 0 & , \text{다른 곳에서} \end{cases}$$

이다. 이때, $\alpha = \min\{g(-\infty), g(+\infty)\}$, $\beta = \max\{g(-\infty), g(+\infty)\}$ 이다.

증명 $y = g(x)$가 임의의 실수 x에서 미분가능하다고 하자.

(1) $g'(x) > 0$인 경우에 먼저 증명을 한다. 만일 $g'(x) > 0$이면, $g(x)$는 증가함수이고 연속이다. 따라서 $\alpha = \min\{g(-\infty), g(+\infty)\}$, $\beta = \max\{g(-\infty), g(+\infty)\}$에 대하여 $\alpha < y < \beta$에서 역함수 $x = g^{-1}(y)$가 존재한다. 더욱이 이 역함수는 $\alpha < y < \beta$에서 연속이고 미분가능하다. 그러므로 Y의 분포함수는

$$F_Y(y) = P(Y \le y) = P\left[X \le g^{-1}(y)\right]$$

이고, Y의 밀도함수 $f_Y(y)$는 다음과 같다.

$$f_Y(y) = \frac{d}{dy}P\left[X \le g^{-1}(y)\right] = \frac{d}{dy}F_X\left[g^{-1}(y)\right]$$

$$= \frac{d}{dx} F_X[g^{-1}(y)] \frac{dx}{dy}$$

$$= f_X[g^{-1}(y)] \frac{d}{dy} g^{-1}(y)$$

(2) $g'(x) < 0$이면, $g(x)$는 감소함수이므로

$$F_Y(y) = P[g(X) \leq (y)]$$
$$= P[X \geq g^{-1}(y)] = 1 - F_X[g^{-1}(y)]$$

이고, Y의 밀도함수 $f_Y(y)$는 다음과 같다.

$$f_Y(y) = \frac{d}{dy}\left(1 - F_X[g^{-1}(y)]\right)$$
$$= -\frac{d}{dx} F_X(x) \frac{dx}{dy}$$
$$= f_X[g^{-1}(y)]\ (-1) \frac{d}{dy}[g^{-1}(y)]$$

한편 $x = g^{-1}(y)$가 감소하므로 $\frac{dx}{dy} < 0$ 이고, $-\frac{d}{dy} g^{-1}(y) > 0$이다. 따라서 Y의 밀도함수 $f_Y(y)$는

$$f_Y(y) = f_X[g^{-1}(y)] \cdot \left| \frac{d}{dy} g^{-1}(y) \right|$$

이다. ■

예제 5 X의 확률밀도함수가

$$f_X(x) = \begin{cases} 1, & 0 < x < 1 \\ 0, & \text{다른 곳에서} \end{cases}$$

일 때, $Y = e^X$의 밀도함수 $f_Y(y)$를 구하여라.

풀이 $y = e^x$이라 하면, 역함수는 $x = \ln y$이고 $0 < x < 1$이므로 $1 < y < e$이다. 한편

$$\left| \frac{d}{dy} \ln y \right| = \left| \frac{1}{y} \right| = \frac{1}{y}$$

이므로 Y의 밀도함수는

$$f_Y(y) = f_X(\ln y) \cdot \left| \frac{dx}{dy} \right| = \frac{1}{y}, \quad 1 < y < e$$

이다. ■

한편 연속확률변수 X의 함수 $y = g(x)$가 특정한 $x = x_0$에서 $g'(x_0) = 0$이고, 이 점을 경계로 $x < x_0$이면 $g'(x) > 0$(또는 $g'(x) < 0$)이고 $x > x_0$이면 $g'(x) < 0$(또는 $g'(x) > 0$)이라 하자. 그러면 함수 $y = g(x)$는 $x < x_0$에서 역함수 $x = g_1(y)$를 가지며 또한 $x > x_0$에서 역함수 $x = g_2(y)$를 갖는다. 그러므로 두 영역에서 정리 2를 적용하면, 각각

$$f_X\left[g_1^{-1}(y)\right] \cdot \left| \frac{d}{dy} g_1^{-1}(y) \right|, \quad f_X\left[g_2^{-1}(y)\right] \cdot \left| \frac{d}{dy} g_2^{-1}(y) \right|$$

를 얻는다. 이때 $Y = g(X)$의 밀도함수는

$$f_Y(y) = f_X\left[g_1^{-1}(y)\right] \cdot \left| \frac{d}{dy} g_1^{-1}(y) \right| + f_X\left[g_2^{-1}(y)\right] \cdot \left| \frac{d}{dy} g_2^{-1}(y) \right|$$

이다.

예제 6 예제 4의 밀도함수 $f_X(x)$를 갖는 확률변수 X에 대하여 $Y = X^2$의 밀도함수를 구하여라.

풀이 $y = g(x) = x^2$이라 하면 $g'(0) = 0$이고, 더욱이 $x < 0$이면 $g'(x) < 0$이고, $x > 0$이면 $g'(x) > 0$이다. 특히 $x < 0$이면 $x = g_1^{-1}(y) = -\sqrt{y}$이므로

$$\left| \frac{d}{dy} g_1^{-1}(y) \right| = \left| -\frac{1}{2\sqrt{y}} \right| = \frac{1}{2\sqrt{y}}$$

이다. 또한 $x > 0$이면 $x = g_2^{-1}(y) = \sqrt{y}$이므로

$$\left| \frac{d}{dy} g_2^{-1}(y) \right| = \left| \frac{1}{2\sqrt{y}} \right| = \frac{1}{2\sqrt{y}}$$

이다. 그러므로 Y의 밀도함수는 $y > 0$에 대하여 다음과 같다.

$$\begin{aligned} f_Y(y) &= f_X\left[g_1^{-1}(y)\right] \cdot \left| \frac{d}{dy} g_1^{-1}(y) \right| + f_X\left[g_2^{-1}(y)\right] \cdot \left| \frac{d}{dy} g_2^{-1}(y) \right| \\ &= \frac{1}{\pi} \frac{1}{1+(-\sqrt{y})^2} \frac{1}{2\sqrt{y}} + \frac{1}{\pi} \frac{1}{1+(\sqrt{y})^2} \frac{1}{2\sqrt{y}} \end{aligned}$$

$$= \frac{1}{\pi} \frac{1}{(1+y)\sqrt{y}}$$ ■

연습문제 2.4 Exercises

1. 회사 A의 월 수익은 밀도함수 $f(x) = \dfrac{1}{x\sqrt{2\pi}} e^{-(\ln x - 1)^2/2}$, $x > 0$인 연속확률변수 X에 의하여 나타난다고 한다. 한편 회사 B의 월 수익은 회사 A의 두 배라 할 때, 회사 B의 월 수익에 대한 밀도함수를 구하여라.

2. 보험증권은 최대 보험 지급금으로 250$까지 치과비용으로 X를 보상하며, X의 밀도함수는

$$f(x) = \begin{cases} ke^{-0.004x}, & x \ge 0 \\ 0, & \text{다른 곳에서} \end{cases}$$

이다. 이 증권에 대한 보험 지급금의 중앙값을 구하여라.

3. 보험회사는 구간 $(0, \infty)$에서 밀도함수 $f(x) = e^{-x}$를 갖는 확률손실 X에 대하여, $X < 1$이면 보험금을 지불하지 않고 $X \ge 1$이면 보험금 $X-1$을 지불한다. 이때 보험회사의 보험 지급액에 대한 확률함수를 구하여라.

4. 회사 A의 월 소득은 밀도함수 $f(x)$인 연속확률변수로 나타나고, 회사 B의 월 소득은 회사 A의 두 배라고 한다. 회사 B의 월 소득을 나타내는 확률밀도함수를 구하여라.

5. 제조 시스템의 작동이 멈출 때까지 걸리는 시간 T는 분포함수

$$F(t) = \begin{cases} 1 - \dfrac{4}{t^2}, & t > 2 \\ 0, & \text{다른 곳에서} \end{cases}$$

를 갖는다. 그리고 이때 이 회사에 미치는 손실비용은 $Y = T^2$이라 한다. $y > 4$에 대하여 확률변수 Y의 밀도함수를 구하여라.

6. 연속확률변수 X는 밀도함수

$$f(x) = \begin{cases} 2x^{-2}, & x > 2 \\ 0 & , \text{다른 곳에서} \end{cases}$$

를 갖는다. 이때 $Y = \dfrac{1}{X-1}$의 밀도함수를 구하여라.

7. 보험 약관에 의하여 상수 $0 < C < 1$에 대하여 자기부담금 C인 확률손실 X를 지불한다. 이때 손실금액 X는 다음 밀도함수를 갖는 연속확률변수로 나타난다고 한다.

$$f(x) = \begin{cases} 2x, & 0 < x < 1 \\ 0 & , \text{다른 곳에서} \end{cases}$$

손실 X가 주어졌을 때, 보험회사가 지급한 보험금이 0.5보다 작을 확률이 0.64일 때, 자기부담금 C를 구하여라.

8. 투자금에 대한 연이자율 X는 4%에서 8% 사이에서 일정한 분포를 갖는다고 한다. 초기 투자액 10,000$에 대한 1년 후의 원리금은 $Y = 10000e^X$이라 할 때,

(1) Y의 분포함수를 구하여라.

(2) Y의 밀도함수를 구하여라.

9. 밀도함수가 $f(x) = e^{-x}$, $x > 0$인 확률변수 X에 대하여, 어떤 장치의 수명은 $Y = 10X^{0.8}$ 이으로 보험회사는 생각한다. 단, 수명의 기본 단위는 1년이다.

(1) Y 의 밀도함수를 구하여라.

(2) 이 장치의 수명이 10년 이하일 확률을 구하여라.

Chapter 03

결합분포

3.1 결합분포

지금까지는 하나의 확률변수에 대한 문제들을 살펴보았다. 그러나 일반적으로 많은 통계실험에서 두 개 이상의 확률변수를 필요로 하는 경우가 있으며, 보험 또는 금융에서도 예외는 아니다. 예를 들어, 한 주식 투자가가 투자위험을 줄이기 위하여 두 회사 A와 B의 주식을 구입한 후, 1년 후의 투자가치에 관심을 갖는다고 하자. 이때 두 회사에 대한 투자액(단위: 1,000$) X와 Y의 비율은 다음 표와 같다고 하자.

Y \ X	1	2	3	4
1	0.02	0.04	0.08	0.15
2	0.04	0.05	0.06	0.10
3	0.08	0.06	0.05	0.01
4	0.15	0.10	0.01	0.00

다시 말해서, 두 회사 A와 B에 각각 1,000$씩 투자할 비율은 0.02이고 회사 A와 B에 각각 3,000$와 2,000$를 투자할 비율은 0.06, 그리고 두 회사에 동시에 4,000$씩 투자하지는 않는다고 하자. 그러면 투자액 X와 Y의 상대도수에 의한 확률은

$$P(X=1,\ Y=1)=0.02,\ \ P(X=3,\ Y=2)=0.06,\ \ P(X=4,\ Y=4)=0.00$$

이다. 이와 같이 두 개 이상의 확률변수가 결합되는 사건에 대한 확률을 나타내는 함수를 정의할 수 있다.

정의 1

이산확률변수 X와 Y의 서포트 S_X, S_Y에 대하여 확률 $P(X=x,\ Y=y)$를 대응하는 함수

$$f(x,\ y)=\begin{cases} P(X=x,\ Y=y), & x\in S_X,\ y\in S_Y \\ 0 & ,\ \text{다른 곳에서} \end{cases}$$

를 X와 Y의 **결합확률질량함수**(joint probability mass function)라 한다.

그러면 결합확률질량함수 $f(x,\ y)$는 확률질량함수와 동일하게 다음 성질을 갖는다.

(1) 모든 $x,\ y$에 대하여 $0\le f(x,\ y)\le 1$이다.

(2) $\displaystyle\sum_{x\in S_X}\sum_{y\in S_Y} f(x,\ y)=1$

한편 위의 성질을 만족하는 함수 $f(x,\ y)$는 어떤 이산확률변수 X와 Y의 결합확률질량함수가 된다. 이때 $[a<X\le b]$이면서 동시에 $[c<Y\le d]$일 확률은 다음과 같다.

(3) $\displaystyle P(a<X\le b,\ c<Y\le d)=\sum_{a<x\le b}\sum_{c<y\le d} f(x,\ y)$, $a,\ b,\ c,\ d$는 실수

예제 1 확률변수 X와 Y가 다음 결합확률질량함수를 갖는다고 한다.

$$f(x,\ y)=\begin{cases} \dfrac{2x+y}{12}, & (x,y)=(0,1),\ (0,2),\ (1,2),\ (1,3) \\ 0 & ,\ \text{다른 곳에서} \end{cases}$$

이때 $P(X=1,\ Y=2)$과 $P(X\le 1,\ Y<3)$을 구하여라.

풀이 $P(X=1,\ Y=2)=f(1,2)=\dfrac{(2)(1)+2}{12}=\dfrac{1}{3}=0.3333$이다. 또한 X와 Y의 서포트에 대하여 $\{(x,\ y)|x\le 1,\ y<3\}=\{(0,\ 1),\ (0,\ 2),\ (1,\ 2)\}$이므로

$$\begin{aligned} P(X\le 1, Y<3) &= P[(X,\ Y)\in\{(0,\ 1),\ (0,\ 2),\ (1,\ 2)\}] \\ &= P(X=0, Y=1)+P(X=0, Y=2)+P(X=1, Y=2) \\ &= f(0,1)+f(0,2)+f(1,2) \\ &= \frac{(2)(0)+1}{12}+\frac{(2)(0)+2}{12}+\frac{(2)(1)+2}{12} \end{aligned}$$

$$= \frac{7}{12} = 0.5833$$

이다. ■

한편 연속확률변수 X와 Y에 대하여 다음 두 조건을 만족하는 함수 $f(x, y)$를 가질 때, 이 함수를 연속확률변수 X와 Y의 **결합확률밀도함수**(joint probability density function)라 한다.

(1) 모든 x, y에 대하여 $0 \le f(x, y) \le 1$이다.

(2) $\int_{-\infty}^{\infty} \int_{-\infty}^{\infty} f(x, y)\, dx\, dy = 1$

한편 위의 조건을 만족하는 하는 함수는 어떤 연속확률변수 X와 Y의 결합확률밀도함수가 된다. 또한 $[a < X \le b]$이면서 동시에 $[c < Y \le d]$일 확률은 다음과 같다.

(3) $P[(X, Y) \in A] = \int \int_A f(x, y)\, dy\, dx$,

$A = \{(x, y) :\ a < x \le b,\ c < y \le d\}$

이때 식 (3)의 확률은 그림 3.1과 같이 xy 평면의 영역 A와 함수 $f(x, y)$에 의하여 둘러싸인 입체의 부피를 의미한다.

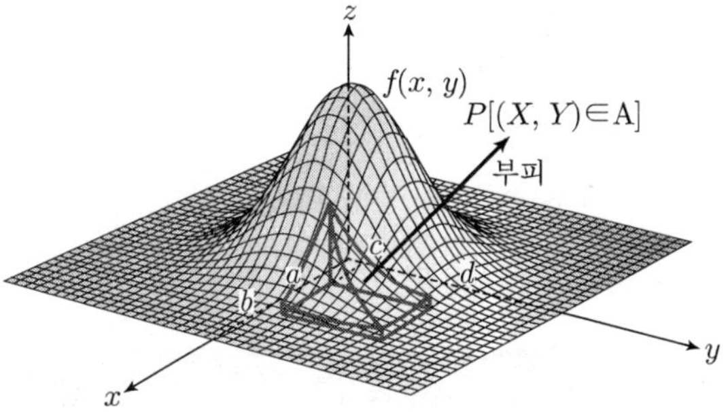

그림 3.1 $P[(X, Y) \in A]$의 의미

예제 2 어떤 기계장치는 두 부품 중 어느 하나가 고장 날 때까지 작동한다. 그리고 두 부품의 수명에 대한 결합밀도함수는

$$f(x, y) = \begin{cases} \dfrac{x+y}{27}, & 0 < x < 3,\ 0 < y < 3 \\ 0, & \text{다른 곳에서} \end{cases}$$

이다. 이 장치가 1시간 안에 작동이 멈출 확률을 구하여라.

풀이 이 장치가 1시간 안에 멈출 사건은 아래 그림과 같다.

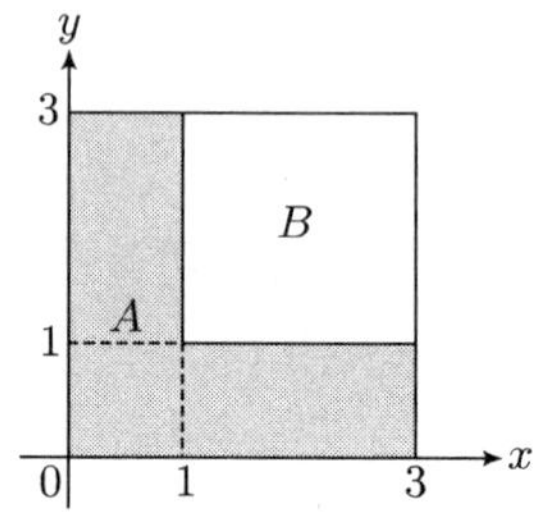

따라서 구하고자 하는 확률은 다음과 같다.

$$P(A) = 1 - P(B)$$
$$= 1 - \int_1^3 \int_1^3 \frac{x+y}{27}\, dx\, dy = 1 - \frac{32}{54} = 0.41$$ ■

두 확률변수 X와 Y의 결합분포를 알고 있다면, 각각의 확률분포를 얻을 수 있다. 이것을 살펴보기 위하여 이미 앞에서 다룬 두 회사 A와 B에 대한 투자비율을 다시 다루어 본다.

Y \ X	1	2	3	4	합계
1	0.02	0.04	0.08	0.15	0.29
2	0.04	0.05	0.06	0.10	0.25
3	0.08	0.06	0.05	0.01	0.20
4	0.15	0.10	0.01	0.00	0.26
합계	0.29	0.25	0.20	0.26	1.00

그러면 사건 $[X=1]$은 서로 배반인 사건들 $[Y=1]$, $[Y=2]$, $[Y=3]$, $[Y=4]$로 분할할 수 있으며, 각 경우에 대한 확률표는 다음과 같다.

X \ Y	1	2	3	4	합계
1	0.02	0.04	0.08	0.15	0.29

따라서

$$P(X=1) = P(X=1,\ Y=1) + P(X=1,\ Y=2)$$
$$+ P(X=1,\ Y=3) + P(X=1,\ Y=4)$$
$$= 0.02 + 0.04 + 0.08 + 0.15 = 0.29$$

이다. 다시 말해서, 확률변수 X의 확률함수를 $f_X(x)$라 하면

$$f_X(1) = P(X=1) = f(1,\ 1) + f(1,\ 2) + f(1,\ 3) + f(1,\ 4) = 0.29$$

이다. 같은 방법으로 사건 $[X=2]$, $[X=3]$, $[X=4]$에 대한 확률은 각각 다음과 같이 분할된다.

X \ Y	1	2	3	4	합계
2	0.04	0.05	0.06	0.10	0.25

X \ Y	1	2	3	4	합계
3	0.08	0.06	0.05	0.01	0.20

X \ Y	1	2	3	4	합계
4	0.15	0.10	0.01	0.00	0.26

그러므로 이 투자가가 회사 A에 투자한 투자액 대비 비율, 즉 투자액 X에 대한 확률분포는

X	1	2	3	4
$f_X(x)$	0.29	0.25	0.20	0.26

이다. 또한 동일한 방법에 의하여, 이 투자가의 회사 B에 대한 투자액 대비 비율, 즉 투자액 Y에 대한 확률분포는

Y	1	2	3	4
$f_Y(y)$	0.29	0.25	0.20	0.26

이다. 그러면 이산확률변수 X와 Y의 결합확률함수 $f(x,\ y)$가 주어지면, X와 Y의 확률분포를 각각 다음과 같이 유도할 수 있다.

$$f_X(x) = \sum_y f(x,\ y),\quad x = 1,\ 2,\ 3,\ 4$$

$$f_Y(y) = \sum_x f(x,\ y),\quad y = 1,\ 2,\ 3,\ 4$$

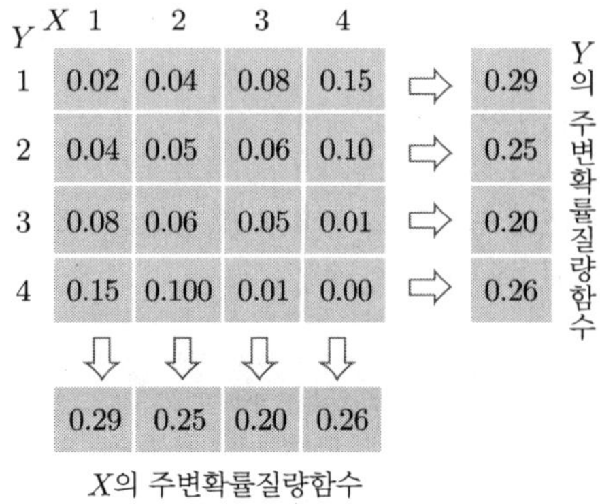

그림 3.3 주변확률질량함수

정의 2

이산확률변수 X와 Y의 결합확률질량함수 $f(x, y)$에 대하여,

$$f_X(x) = P(X = x) = \sum_{\text{모든 } y} f(x, y), \quad x \in S_X$$

를 X의 **주변확률질량함수**(marginal probability mass function)라 한다. 또한 연속확률변수 X와 Y의 결합확률밀도함수 $f(x, y)$에 대하여,

$$f_X(x) = \int_{-\infty}^{\infty} f(x, y)\,dy, \quad f_Y(y) = \int_{-\infty}^{\infty} f(x, y)\,dx$$

를 각각 X와 Y의 **주변확률밀도함수**(marginal probability density function)라 한다.

예제 3 하루 동안에 0, 1 또는 2대의 럭셔리 승용차를 판매하는 판매원은 승용차를 판매할 때, 특정한 옵션을 구비한 승용차를 사도록 권유한다. 이때 판매원이 하루 동안에 판매한 승용차의 수를 X, 특정한 옵션을 구비한 승용차를 판매한 수를 Y라 할 때, X와 Y의 결합확률은 다음과 같다.

$$P(X=0, Y=0) = \frac{1}{6}, \quad P(X=1, Y=0) = \frac{1}{12}, \quad P(X=1, Y=1) = \frac{1}{6}$$

$$P(X=2, Y=0) = \frac{1}{12}, \quad P(X=2, Y=1) = \frac{1}{3}, \quad P(X=2, Y=2) = \frac{1}{6}$$

이때 X와 Y의 주변확률질량함수를 구하여라.

풀이 우선 X와 Y의 결합확률표를 먼저 작성한다.

Y ＼ X	0	1	2	$f_Y(y)$
0	$\frac{1}{6}$	$\frac{1}{12}$	$\frac{1}{12}$	$\frac{1}{3}$
1	0	$\frac{1}{6}$	$\frac{1}{3}$	$\frac{1}{2}$
2	0	0	$\frac{1}{6}$	$\frac{1}{6}$
$f_X(x)$	$\frac{1}{6}$	$\frac{3}{12}$	$\frac{7}{12}$	1

그러면 X와 Y의 주변확률질량함수는 각각 다음과 같다.

$$f_X(x) = \begin{cases} \frac{1}{3}, & x=0 \\ \frac{1}{2}, & x=1 \\ \frac{1}{6}, & x=2 \\ 0, & \text{다른 곳에서} \end{cases}, \qquad f_Y(y) = \begin{cases} \frac{1}{6}, & y=0 \\ \frac{3}{12}, & y=1 \\ \frac{7}{12}, & y=2 \\ 0, & \text{다른 곳에서} \end{cases}$$ ■

예제 4 연속확률변수 X와 Y의 결합확률밀도함수가

$$f(x, y) = \begin{cases} x+y, & 0 \le x \le 1, 0 \le y \le 1 \\ 0, & \text{다른 곳에서} \end{cases}$$

일 때,

(1) X와 Y의 주변확률밀도함수를 구하여라.

(2) 확률 $P\left(0 \le X \le \frac{1}{2}, \frac{1}{2} \le Y \le 1\right)$을 구하여라.

풀이 (1) 확률변수 X와 Y의 주변확률밀도함수는 각각 다음과 같다.

$$f_X(x) = \int_{-\infty}^{\infty} f(x, y)\,dy = \int_0^1 (x+y)\,dy$$

$$= \left[xy + \frac{1}{2}y^2\right]_0^1 = x + \frac{1}{2}, \quad 0 \le x \le 1$$

$$f_Y(y) = \int_{-\infty}^{\infty} f(x, y)\,dx = \int_0^1 (x+y)\,dx$$

$$= \left[\frac{1}{2}x^2 + xy\right]_0^1 = y + \frac{1}{2}, \quad 0 \le y \le 1$$

(2) $P\left(0 \leq X \leq \frac{1}{2}, \frac{1}{2} \leq Y \leq 1\right) = \int_0^{1/2}\int_{1/2}^1 (x+y)\,dy\,dx$

$$= \int_0^{1/2}\left[xy + \frac{1}{2}y^2\right]_{y=1/2}^1 dx$$

$$= \int_0^{1/2}\left(\frac{1}{2}x + \frac{3}{8}\right)dx$$

$$= \left[\frac{1}{4}x^2 + \frac{3}{8}x\right]_0^{1/2} = \frac{1}{4}$$ ■

또한 임의의 실수 x와 y에 대하여

$$F(x, y) = P(X \leq x,\ Y \leq y)$$
$$= \begin{cases} \sum_{u \leq x}\sum_{v \leq y} f(u, v) & ,\ X\text{와 } Y\text{가 이산확률변수인 경우} \\ \int_{-\infty}^{x}\int_{-\infty}^{y} f(u, v)\,dv\,du & ,\ X\text{와 } Y\text{가 연속확률변수인 경우} \end{cases}$$

로 정의되는 함수를 X와 Y의 **결합분포함수**(joint distribution function)라 하고,

$$F_X(x) = P(X \leq x), \quad F_Y(y) = P(Y \leq y)$$

를 각각 X와 Y의 **주변분포함수**(marginal distribution function)라 한다. 따라서 X의 주변분포함수는 다음과 같이 정의된다.

$$F_X(x) = \lim_{y \to \infty} F(x, y)$$
$$= \begin{cases} \sum_{u \leq x} f_X(u) & ,\ X\text{가 이산확률변수인 경우} \\ \int_{-\infty}^{x} f_X(u)\,du & ,\ X\text{가 연속확률변수인 경우} \end{cases}$$

또는

$$F_X(x) = \begin{cases} \sum_{u \leq x}\sum_{\text{모든 } y} f(u, y) & ,\ X\text{가 이산확률변수인 경우} \\ \int_{-\infty}^{x}\int_{-\infty}^{\infty} f(u, y)\,dy\,du & ,\ X\text{가 연속확률변수인 경우} \end{cases}$$

한편 결합분포함수는 분포함수와 마찬가지로 다음의 성질이 성립한다.

(1) 모든 실수 x와 y에 대하여 $0 \leq F(x, y) \leq 1$이다.
(2) $F(x, y)$는 x와 y 각각에 대하여 감소하지 않는다. 즉

$a< b$이면 $F(a, y) \le F(b, y)$이고, $c< d$이면 $F(x, c) \le F(x, d)$이다.

(3) $F(x,y)$는 x와 y 각각에 대하여 우측연속이다. 즉

$$F(a,y) = \lim_{x \to a+} F(x,y), \ F(x,b) = \lim_{x \to b+} F(x,y)$$

(4) $F(-\infty, y) = \lim_{x \to -\infty} F(x, y) = 0$, $F(x, -\infty) = \lim_{y \to -\infty} F(x, y) = 0$

$$F(\infty, \infty) = \lim_{x,y \to \infty} F(x, y) = 1$$

그러나 이 성질을 갖는 함수가 항상 분포함수인 것은 아니다. 다시 말해서, 이 성질들을 갖는 함수가 분포함수가 되기 위하여 다음의 조건을 추가적으로 요구한다.

(5) 임의의 실수 $a< b$와 $c< d$에 대하여,

$$P(a< X \le b, c< Y \le d) = F(b,d) - F(b,c) - F(a,d) + F(a,c) \ge 0$$

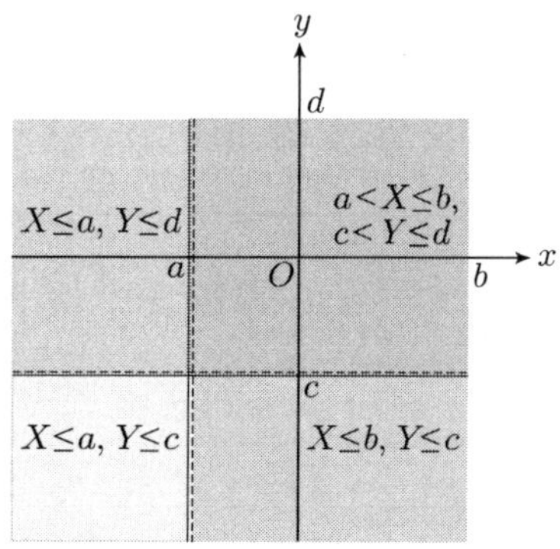

그림 3.4

특히 연속확률변수 X와 Y에 대하여 결합분포 $F(x, y)$와 결합밀도함수 $f(x,y)$의 정의로부터 다음이 성립한다.

(6) $f(x, y) = \dfrac{\partial^2}{\partial x \partial y} F(x, y)$

(7) $f_X(x) = \dfrac{d}{dx} F_X(x)$, $f_Y(y) = \dfrac{d}{dy} F_Y(y)$

예제 5 연속확률변수 X와 Y의 결합분포함수가

$$F(x, y) = (1 - e^{-2x})(1 - e^{-3y}), \quad 0 \le x < \infty, \ 0 \le y < \infty$$

일 때,

(1) X와 Y의 결합밀도함수를 구하여라.

(2) X의 주변분포함수와 주변밀도함수를 구하여라.

(3) 확률 $P(1 < X \le 2,\, 0 < Y \le 1)$을 구하여라.

풀이 (1) X와 Y의 결합밀도함수는 다음과 같다.

$$\begin{aligned} f(x, y) &= \frac{\partial^2}{\partial x\,\partial y}F(x, y) = \frac{\partial^2}{\partial x\,\partial y}(1-e^{-2x})(1-e^{-3y}) \\ &= (2e^{-2x})(3e^{-3y}) = 6e^{-(2x+3y)}, \quad 0 < x < \infty,\ 0 < y < \infty \end{aligned}$$

(2) X의 주변분포함수를 구하면, $0 \le x < \infty$에서

$$\begin{aligned} F_X(x) &= \lim_{y \to \infty} F(x, y) \\ &= \lim_{y \to \infty} (1-e^{-2x})(1-e^{-3y}) = 1-e^{-2x} \end{aligned}$$

이다. 그러므로

$$f_X(x) = \frac{d}{dx}F_X(x) = \frac{d}{dx}(1-e^{-2x}) = 2e^{-2x}, \quad 0 < x < \infty$$

이다.

(3) $$\begin{aligned} P(1 < X \le 2,\, 0 < Y \le 1) &= F(2,1) - F(2,0) - F(1,1) + F(1,0) \\ &= (1-e^{-4})(1-e^{-3}) - (1-e^{-4})(1-e^{0}) \\ &\quad - (1-e^{-2})(1-e^{-3}) + (1-e^{-4})(1-e^{0}) \\ &= (0.9817)(0.9502) - (0.8647)(0.9502) = 0.1112 \end{aligned}$$ ■

연습문제 3.1 Exercises

1. 다음 결합확률질량함수

$$f(x, y) = \begin{cases} \dfrac{2x+y}{12}, & (x, y) = (0, 1), (0, 2), (1, 2), (1, 3) \\ 0, & \text{다른 곳에서} \end{cases}$$

를 갖는 이산확률변수 X와 Y의 주변확률질량함수를 구하여라.

2. 다음 결합확률질량함수

$$f(x, y) = \begin{cases} \dfrac{2^{x+1-y}}{9}, & (x, y) = (1, 1), (1, 2), (2, 1), (2, 2) \\ 0 & , \text{다른 곳에서} \end{cases}$$

를 갖는 이산확률변수 X와 Y의 주변확률질량함수를 구하여라.

3. 연속확률변수 X와 Y의 분포함수가 다음과 같을 때,

$$F(x, y) = \frac{1}{250}(20xy - x^2y - xy^2),\ 0 < x < 5,\ 0 < y < 5$$

(1) X와 Y의 결합밀도함수를 구하여라.
(2) X의 주변분포함수를 구하여라.
(3) X의 주변밀도함수를 구하여라.
(4) $P(X > 2)$를 구하여라.

4. 어떤 기계장치는 두 개의 대단위 구성요소로 이루어져 있으며, 이 두 요소 중에서 어느 하나가 고장이 나면 이 기계장치는 자동으로 멈춘다. 그리고 두 구성요소의 수명에 대한 결합밀도함수는 $0 < x < 1, 0 < y < 1$에서 일정하다고 한다. 단, 측정 단위는 시간이다. 이때, 처음 30분 동안 사용 중에 이 기계장치가 멈추게 될 확률을 구하여라.

5. 어떤 기계장치는 두 개의 스위치로 이루어져 있으며, 두 스위치 모두 고장이 날 때 이 기계장치는 자동으로 멈춘다. 그리고 두 구성요소의 수명에 대한 결합밀도함수는 다음과 같다.

$$f(x, y) = \begin{cases} \dfrac{x+y}{8}, & 0 < x < 2, 0 < y < 2 \\ 0 & , \text{다른 곳에서} \end{cases}$$

이때, 이 기계장치가 처음 30분 안에 멈추게 될 확률을 구하여라.

6. 보험회사는 대단히 많은 운전자를 가입자로 가지고 있다. 자동차 충돌에 의한 보험회사의 손실을 확률변수 X라 하고, 책임보험에 의한 손실을 Y라고 하자. 그러면 두 확률변수의 결합밀도함수는

$$f(x) = \begin{cases} \dfrac{2x+2-y}{4}, & 0 < x < 1, 0 < y < 2 \\ 0 & , \text{다른 곳에서} \end{cases}$$

라고 한다. 두 손실의 총액이 적어도 1일 확률을 구하여라.

7. 보험회사는 농장보험증권에 가입한 피보험자를 대상으로 토네이도로 인한 손실을 조사 중이다. 가옥에 대한 손실액을 X, 농장을 비롯한 나머지 재산에 대한 손실액을 Y로 나타낸다고 하자. 이때 X와 Y는 다음과 같은 결합밀도함수를 갖는다.

$$f(x,y) = \begin{cases} 6(1-x-y), & x>0,\ y>0,\ x+y<1 \\ 0 & ,\ \text{다른 곳에서} \end{cases}$$

가옥에 대한 손실의 비중이 0.2 이하일 확률을 구하여라.

8. 두 확률변수 X와 Y의 결합확률밀도함수가 다음과 같을 때,

$$f(x,y) = \begin{cases} xy, & 0<x<2,\ 0<y<1 \\ 0 & ,\ \text{다른 곳에서} \end{cases}$$

다음 확률을 구하여라.

(1) $P\left(\frac{X}{4} \le Y \le \frac{X}{2}\right)$

(2) $P\left(\frac{X}{4} \le Y \le X\right)$

9. 매일 인접한 두 도시 A와 B의 교통사고 건수를 조사한 결과, 두 도시의 교통사고 건수를 각각 X와 Y라 할 때, 다음 결합확률함수를 갖는다고 한다.

$$f(x,y) = \frac{2^x\ 3^y}{(x!)(y!)}e^{-5}, \qquad x=0,1,2,\cdots,\ y=0,1,2,\cdots$$

(1) $f(x,y)$가 결합확률함수인 것을 보여라.
(2) 두 도시의 교통사고 건수가 각각 1과 2일 확률을 구하여라.
(3) 두 도시의 교통사고 건수가 각각 1을 초과하지 못할 확률을 구하여라.

10. 매일 인접한 두 도시 A와 B의 교통사고 발생 시간을 조사한 결과, 두 도시의 교통사고 발생 시간을 각각 X와 Y라 할 때, 다음 결합밀도함수를 갖는다고 한다.

$$f(x,y) = \begin{cases} e^{-x-y}, & x>0,\ y>0 \\ 0 & ,\ \text{다른 곳에서} \end{cases}$$

(1) $f(x,y)$가 결합밀도함수인 것을 보여라.
(2) 두 도시의 교통사고 발생 시간이 모두 1을 초과할 확률을 구하여라.

11. 자동차 보험회사는 보험금을 유리창 파손과 다른 부위의 파손에 의한 손실로 분리한다. 유리창 파손에 의한 손실을 X 그리고 다른 부위의 파손에 의한 손실을 Y라 하면, 다음 결합밀

도함수를 갖는다. 단위는 100$이다.

$$f(x, y) = \begin{cases} \frac{1}{1875}(30 - x - y), & 0 < x < 5, 0 < y < 25 \\ 0 & , \text{다른 곳에서} \end{cases}$$

(1) X와 Y의 결합분포함수를 구하여라.

(2) X와 Y의 주변밀도함수를 구하여라.

(3) $P(2 < X \le 4, 20 < Y \le 25)$을 구하여라.

(4) $P(2X \ge Y)$를 구하여라.

12. 연속확률변수 X와 Y가 다음의 결합밀도함수를 갖는다.

$$f(x, y) = \begin{cases} 15y, & x^2 \le y \le x \\ 0 & , \text{다른 곳에서} \end{cases}$$

Y의 주변밀도함수 $f_Y(y)$를 구하여라.

13. 어떤 기계의 두 부품의 수명은 다음의 결합밀도함수를 갖는다.

$$f(x) = \begin{cases} \frac{6}{125000}(50 - x - y), & 0 < x < 50 - y < 50 \\ 0 & , \text{다른 곳에서} \end{cases}$$

두 부품이 현재로부터 20개월 이상 작동할 확률을 구하여라. 단, 단위는 월이다.

14. 어느 가정은 동일한 보험회사에서 자기부담금이 1인 보험증권과 자기부담금이 2인 보험증권을 구입하였으며, 두 증권에 대한 손실은 각각 0과 10 사이에서 일정하다고 한다. 이 가정은 각 증권에 대하여 정확히 손실 1을 경험하였다. 이때, 이 가정에 지급된 총 보험금이 5를 넘지 않을 확률을 구하여라.

15. 자동차 사고가 일어난 시점에서 보험회사에 보험금의 지급 청구가 보고될 때까지 걸리는 시간을 X, 보험금 청구가 보고된 이후로 보험금이 지급될 때까지 걸리는 시간을 Y라 하자. 이때 X와 Y의 결합밀도함수 $f(x, y)$는 영역 $0 < x < 6$, $0 < y < 6$, $x + y < 10$에서 일정하다고 한다.

(1) 결합밀도함수 $f(x, y)$를 구하여라.

(2) 확률 $P(|X - Y| \le 2)$를 구하여라.

3.2 조건부 확률분포

우리는 1장에서 조건부 확률, 즉 사건 B가 주어졌을 때 사건 A의 조건부 확률을 다음과 같이 정의하였다.

$$P(A|B)=\frac{P(A\cap B)}{P(B)},\quad P(B)>0$$

이제 두 확률변수 X와 Y에 대하여 $A=[X=x]$ 그리고 $B=[Y=y]$라 하면, $A\cap B=[X=x,\ Y=y]$이다. 그러면 조건부 확률의 정의로부터 $P(Y=y)>0$일 때, 사건 $Y=y$가 주어졌다는 조건 아래서 $X=x$일 조건부 확률은

$$P(X=x\,|\,Y=y)=\frac{P(X=x,\ Y=y)}{P(Y=y)}$$

이다. 그러면 위의 조건부 확률을 결합질량함수 $f(x,y)$와 주변질량함수 $f_Y(y)$를 이용하여 다음과 같이 나타낼 수 있다.

$$P(X=x\,|\,Y=y)=\frac{f(x,y)}{f_Y(y)}$$

그리고 이 확률은 $Y=y$가 주어졌을 때, 확률변수 X의 확률분포를 나타낸다. 이와 같이 $f_Y(y)>0$인 확률변수 Y에 대하여 $Y=y$가 주어졌을 때, X의 확률분포를 **조건부 확률분포**(conditional probability distribution)라 한다. 그리고 이 조건부 확률에 대응하는 함수

$$f(x|y)=\begin{cases}\dfrac{P(X=x,\ Y=y)}{P(Y=y)}, & x\in S_X\\ 0 & ,\text{ 다른 곳에서}\end{cases}=\begin{cases}\dfrac{f(x,y)}{f_Y(y)}, & x\in S_X\\ 0 & ,\text{ 다른 곳에서}\end{cases}$$

를 $Y=y$일 때, X의 **조건부 확률질량함수**(conditional probability mass function)

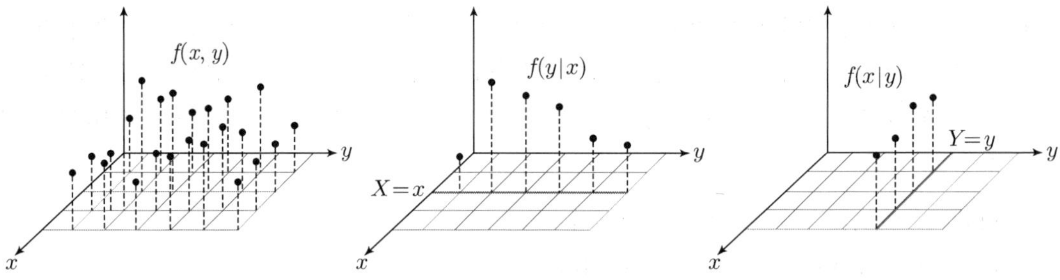

그림 3.5 조건부 확률질량함수

라 한다. 같은 방법으로 $f_X(x) = P(X=x) > 0$일 때, $X=x$가 주어졌다는 조건 아래서 Y의 조건부 확률질량함수를 다음과 같이 정의한다.

$$f(y|x) = \frac{P(X=x,\ Y=y)}{P(X=x)} = \frac{f(x,y)}{f_X(x)}, \qquad y \in S_Y$$

예를 들어, 3.1절 예제 3에서 살펴본 판매원이 하루 동안에 판매한 승용차의 수 X와 특정한 옵션을 구비한 승용차를 판매한 수 Y에 대한 다음 결합확률표를 생각하자.

Y \ X	0	1	2	$f_Y(y)$
0	$\frac{1}{6}$	$\frac{1}{12}$	$\frac{1}{12}$	$\frac{1}{3}$
1	0	$\frac{1}{6}$	$\frac{1}{3}$	$\frac{1}{2}$
2	0	0	$\frac{1}{6}$	$\frac{1}{6}$
$f_X(x)$	$\frac{1}{6}$	$\frac{1}{4}$	$\frac{7}{12}$	1

판매원이 승용차 두 대를 판매했다는 조건 아래서, 특정한 옵션을 구비한 승용차의 판매 대수에 대한 조건부 확률은 각각 다음과 같다.

$$P(Y=0|X=2) = \frac{P(X=2,\ Y=0)}{P(X=2)} = \frac{1/12}{7/12} = \frac{1}{7}$$

$$P(Y=1|X=2) = \frac{P(X=2,\ Y=1)}{P(X=2)} = \frac{1/3}{7/12} = \frac{4}{7}$$

$$P(Y=2|X=2) = \frac{P(X=2,\ Y=2)}{P(X=2)} = \frac{1/6}{7/12} = \frac{2}{7}$$

따라서 다음 표와 같은 확률표를 얻는다.

Y	0	1	2	합계
$f(y\|x=2)$	$\frac{1}{7}$	$\frac{4}{7}$	$\frac{2}{7}$	1

그러면 이 예에서 알 수 있듯이, 조건부 확률질량함수 $f(y|x)$는 다음과 같은 성질을 갖는다.

(1) 모든 y에 대하여 $f(y|x) > 0$이다.

(2) $\displaystyle\sum_{\text{모든 } y} f(y|x) = 1$

예제 1 이산확률변수 X와 Y의 결합확률함수가 다음과 같다고 하자. $X=0$일 때, Y의 조건부 확률함수를 구하여라.

$$f(x, y) = \frac{2x+y}{12}, \quad (x, y) = (0, 1), (0, 2), (1, 2), (1, 3)$$

풀이 우선 $f_X(0) = f(0, 1) + f(0, 2) = \frac{1}{4}$을 먼저 구한다. 그러면 $X=0$일 때, Y가 취할 수 있는 값 1과 2에 대하여

$$P(Y=1 | X=0) = \frac{P(X=0,\ Y=1)}{P(X=0)} = \frac{1/12}{1/4} = \frac{1}{3}$$

$$P(Y=2 | X=0) = \frac{P(X=0,\ Y=2)}{P(X=0)} = \frac{2/12}{1/4} = \frac{2}{3}$$

를 얻는다. 그러므로 $X=0$일 때, Y의 조건부 확률함수는

$$f(y | x=0) = \begin{cases} \frac{1}{3}, & y=1 \\ \frac{2}{3}, & y=2 \\ 0, & \text{다른 곳에서} \end{cases}$$

이다. ■

한편 $f_Y(y) > 0$이고 결합밀도함수 $f(x,\ y)$를 갖는 연속확률변수 X와 Y에 대하여 $Y=y$가 주어졌다는 조건 아래서, X의 **조건부 밀도함수**(conditional density function)를 역시 동일한 방법, 즉

$$f(x | y) = \frac{f(x,\ y)}{f_Y(y)}$$

로 정의한다. 또한 $Y=y$가 주어졌다는 조건 아래서 X의 **조건부 분포함수**(conditional distribution function)를 다음과 같이 정의한다.

$$F(x | y) = P(X \le x \,|\, Y=y) = \begin{cases} \sum_{u \le x} f(u | y) & , \text{ 이산형인 경우} \\ \int_{-\infty}^{x} f(u | y)\, du, & \text{연속형인 경우} \end{cases}$$

$$= \begin{cases} \sum_{u \le x} \frac{P(X=u\ ,\ Y=y)}{P(Y=y)}, & \text{이산형인 경우} \\ \int_{-\infty}^{x} \frac{f(u, y)}{f_Y(y)} du & , \text{ 연속형인 경우} \end{cases}$$

따라서 확률변수 X와 Y에 대하여 $Y=y$가 주어졌다는 조건 아래서 $a < X \leq b$일 조건부 확률은 다음과 같다.

$$P(a < X \leq b \mid Y=y) = \begin{cases} \displaystyle\sum_{a < x \leq b} f(x|y)\,, & \text{이산형인 경우} \\ \displaystyle\int_a^b f(x|y)\,dx\,, & \text{연속형인 경우} \end{cases}$$

$$= \begin{cases} \displaystyle\sum_{a < x \leq b} \frac{P(X=x\,,\,Y=y)}{P(Y=y)}, & \text{이산형인 경우} \\ \displaystyle\int_a^b \frac{f(x,y)}{f_Y(y)}dx & \text{, 연속형인 경우} \end{cases}$$

그리고 조건부 분포함수를 이용하여 다음과 같이 조건부 확률을 구할 수 있다.

$$P(a < X \leq b \mid Y=y) = F(b \mid Y=y) - F(a \mid Y=y)$$

다음 그림 3.6은 연속확률분포에 대한 조건부 확률을 나타내며, 이때 조건부 확률은 조건부 확률밀도함수와 확률변수의 경계로 둘러싸인 부분의 상대적인 넓이임을 보여준다.

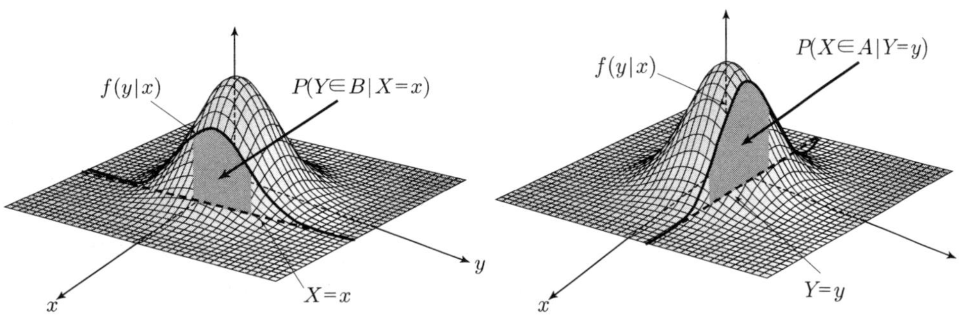

그림 3.6 조건부 확률의 기하학적 의미

예제 2 결합분포함수

$$F(x,y) = (1-e^{-2x})(1-e^{-3y})\,, \quad 0 \leq x < \infty,\ 0 \leq y < \infty$$

를 갖는 연속확률변수 X와 Y에 대하여

(1) $X=x$ 일 때, Y의 조건부 밀도함수를 구하여라.

(2) $X=x$ 일 때, Y의 조건부 분포함수를 구하여라.

(3) 조건부 확률 $P(1 < Y \leq 2 \mid X=2)$를 구하여라.

풀이 (1) X의 주변분포함수

$$F_X(x) = \lim_{y \to \infty} F(x, y) = 1 - e^{-2x}$$

로부터 X의 주변밀도함수

$$f_X(x) = \frac{d}{dx} F_X(x) = 2e^{-2x}, \quad 0 < x < \infty$$

와 X와 Y의 결합밀도함수

$$f(x, y) = \frac{\partial^2}{\partial x \partial y} F(x, y) = 6e^{-(2x+3y)}, \quad 0 < x < \infty, \ 0 < y < \infty$$

를 구하면, Y의 조건부 밀도함수는

$$f(y|x) = \frac{f(x, y)}{f_X(x)} = \frac{6e^{-(2x+3y)}}{2e^{-2x}} = 3e^{-3y}, \ 0 < y < \infty$$

이다.

(2) $F(y|x) = \int_{-\infty}^{y} \frac{f(x, u)}{f_X(x)} du = 3\int_0^y e^{-3u} du$

$= -e^{-3u}\Big|_0^y = 1 - e^{-3y}, \quad y > 0$

(3) $P(1 < Y \le 2 | X = 2) = F(2 | x = 2) - F(1 | x = 2)$

$= (1 - e^{-6}) - (1 - e^{-3}) = e^{-3} - e^{-6} = 0.0473$ ■

한편, 제1장에서 $P(A) > 0$인 사건 A에 대하여 $P(B|A) = P(B)$이면, 두 사건 A와 B는 독립이라 정의하였다. 이와 같은 개념을 이산확률변수에 적용하기 위하여, $A = [X = x]$ 그리고 $B = [Y = y]$라 하자. 그러면 $X = x$가 주어졌을 때, $Y = y$의 조건부 확률에 대하여

$$P(B|A) = P(B) \Rightarrow P(Y = y | X = x) = P(Y = y), \quad P(X = x) > 0$$

또는 Y의 주변확률함수 $f_Y(y)$와 조건부 확률함수 $f(y|x)$에 대하여

$$f(y|x) = f_Y(y)$$

을 생각할 수 있다. 이와 같이 $f_X(x) > 0$일 때, 모든 y에 대하여 $f(y|x) = f_Y(y)$을 만족하면 두 확률변수 X와 Y는 **독립**(independent)이라 하고, 독립이 아닌 경우에 **종속**(dependent)이라 한다. 그러면 조건부 확률함수의 정의로부터 두 확률변수 X와 Y가 독립이면 모든 실수 x와 y에 대하여

$$f(y|x) = \frac{f(x, y)}{f_X(x)} = f_Y(y) \ ; \ f(x, y) = f_X(x) f_Y(y)$$

임을 알 수 있다. 또한 모든 실수 x와 y에 대하여 $f(x, y) = f_X(x) f_Y(y)$이 성립하면, 확률변수 X와 Y는 독립이다. 예를 들어, 예제 1에서 주어진 결합확률함수

$$f(x, y) = \frac{2x + y}{12}, \quad (x, y) = (0, 1), (0, 2), (1, 2), (1, 3)$$

을 갖는 두 확률변수 X와 Y에 대하여,

$$f_X(0) = P(X = 0) = \frac{1}{4}, \quad f_Y(2) = P(Y = 2) = \frac{1}{2}$$

이고

$$f(0, 2) = P(X = 0, Y = 2) = \frac{1}{6}$$

이므로, $f(0, 2) \neq f_X(0) f_Y(2)$이고 따라서 X와 Y는 독립이 아니다. 그러나 예제 2의 결합밀도함수

$$f(x, y) = 6e^{-(2x + 3y)}, \quad 0 < x < \infty, \ 0 < y < \infty$$

를 갖는 확률변수 X와 Y에 대하여, X와 Y의 주변밀도함수는 각각

$$f_X(x) = 2e^{-2x}, \quad 0 < x < \infty$$
$$f_Y(y) = 3e^{-3y}, \quad 0 < y < \infty$$

이다. 그러므로 모든 $x > 0$, $y > 0$에 대하여

$$f(x, y) = 6e^{-(2x + 3y)} = f_X(x) f_Y(y)$$

가 성립하고, 따라서 확률변수 X와 Y는 독립이다.

그리고 확률변수 X, Y 그리고 Z의 확률질량(밀도)함수를 각각 $f_X(x)$, $f_Y(y)$ 그리고 $f_Z(z)$라 할 때, 결합확률질량(밀도)함수 $f(x, y, z)$에 대하여

$$f(x, y, z) = f_X(x) f_Y(y) f_Z(z)$$

가 성립하면, 확률변수 X, Y 그리고 Z는 독립이라 한다. 한편 세 확률변수 X, Y 그리고 Z 중에서 어느 두 확률변수를 택해도 독립이면, 즉

$$f(x, y) = f_X(x) f_Y(y), \quad f(x, z) = f_X(x) f_Z(z), \quad f(y, z) = f_Y(y) f_Z(z)$$

이면, 확률변수 X, Y 그리고 Z는 **쌍마다 독립**(pairwisely independent)이라 한다. 특히 두 확률변수의 독립성에 대하여 다음 성질이 성립한다.

정리 1

다음 (1) ~ (3)은 서로 동치이다.

(1) X와 Y가 독립이다.
(2) 모든 실수 x, y에 대하여 $F(x, y) = F_X(x) F_Y(y)$
(3) $P(a < X \le b,\ c < Y \le d) = P(a < X \le b) P(c < Y \le d)$

예제 3 어느 하나가 고장이 나면 자동으로 멈추는 두 개의 부품으로 이루어진 장치에서 두 부품의 수명은 결합밀도함수

$$f(x, y) = 1,\ 0 < x < 1,\ 0 < y < 1$$

을 갖는다고 한다.

(1) 두 부품의 수명을 각각 확률변수 X와 Y라 할 때, 결합분포함수와 주변분포함수를 구하여라.
(2) X와 Y의 독립성을 조사하여라.
(3) $P(X \le 0.5$ 또는 $Y \le 0.5)$를 구하여라.

풀이 (1) X와 Y의 결합분포함수와 각각의 주변분포함수는 다음과 같다.

$$F(x, y) = \int_0^x \int_0^y dv\, du = xy,\ 0 \le x < 1,\ 0 \le y < 1$$

$$F_X(x) = \lim_{y \to \infty} F(x, y) = \lim_{y \to 1} xy = x,\quad 0 \le x < 1$$

$$F_Y(y) = \lim_{x \to \infty} F(x, y) = \lim_{x \to 1} xy = y,\quad 0 \le y < 1$$

(2) $0 \le x < 1,\ 0 \le y < 1$에 대하여

$$F(x, y) = xy = F_X(x)\, F_Y(y)$$

이므로 X와 Y는 독립이다.

(3) 확률공식과 독립성에 의하여

$$\begin{aligned} P(X \le 0.5 \text{ 또는 } Y \le 0.5) &= P(X \le 0.5) + P(Y \le 0.5) \\ &\quad - P(X \le 0.5 \text{ 그리고 } Y \le 0.5) \\ &= P(X \le 0.5) + P(Y \le 0.5) - P(X \le 0.5)\, P(Y \le 0.5) \end{aligned}$$

$$= F_X(0.5) + F_Y(0.5) - F_X(0.5)\, F_Y(0.5)$$
$$= 0.5 + 0.5 - (0.5)(0.5) = 0.75$$ ■

예제 4 매일 인접한 두 도시 A와 B의 교통사고 건수를 조사한 결과, 각각의 교통사고 건수 X와 Y는 다음 결합확률함수를 갖는다.

$$f(x, y) = \frac{2^x\ 3^y}{(x!)(y!)} e^{-5}\ , \quad x = 0, 1, 2, \cdots,\ y = 0, 1, 2, \cdots$$

(1) X와 Y의 주변확률함수를 구하여라.
(2) X와 Y의 독립성을 조사하여라.
(3) 두 도시의 교통사고 건수가 각각 1을 초과하지 못할 확률을 구하여라.

풀이 (1) X와 Y의 주변확률함수는 각각 서포트 $x = 0, 1, 2, \cdots,\ y = 0, 1, 2, \cdots$에 대하여 다음과 같다.

$$f_X(x) = \sum_{y=0}^{\infty} f(x, y) = \sum_{y=0}^{\infty} \frac{2^x\ 3^y}{(x!)(y!)} e^{-5} = \frac{2^x}{x!} e^{-5} \left(\sum_{y=0}^{\infty} \frac{3^y}{y!} \right)$$
$$= \frac{2^x}{x!} e^{-5} (e^3) = \frac{2^x}{x!} e^{-2}$$
$$f_Y(y) = \sum_{x=0}^{\infty} f(x, y) = \sum_{x=0}^{\infty} \frac{2^x\ 3^y}{(x!)(y!)} e^{-5} = \frac{3^y}{y!} e^{-5} \left(\sum_{x=0}^{\infty} \frac{2^x}{x!} \right)$$
$$= \frac{3^y}{y!} e^{-5} (e^2) = \frac{3^y}{y!} e^{-3}$$

(2) 모든 $x = 0, 1, 2, \cdots,\ y = 0, 1, 2, \cdots$에 대하여

$$f(x, y) = \frac{2^x\ 3^y}{(x!)(y!)} e^{-5} = f_X(x)\, f_Y(y)$$

이므로 X와 Y는 독립이다.

(3) $P(X \le 1, Y \le 1) = P(X \le 1)\, P(Y \le 1)$이고,

$$P(X \le 1) = \frac{2^0}{0!} e^{-2} + \frac{2^1}{1!} e^{-2} = 0.4060$$
$$P(Y \le 1) = \frac{3^0}{0!} e^{-3} + \frac{3^1}{1!} e^{-3} = 0.1991$$

이므로 $P(X \le 1, Y \le 1) = (0.4060)(0.1991) = 0.0808$이다. ■

특히 두 확률변수 X와 Y가 항등적인 확률분포를 가지는 경우, 즉 모든 실수

x에 대하여

$$f_X(x) = f_Y(x)$$

이면, X와 Y는 **항등분포**(identically distributed)를 이룬다고 한다. 예를 들어, 결합확률밀도함수가

$$f(x, y) = e^{-x-y}, \quad 0 < x < \infty, \ 0 < y < \infty$$

이면, 각각의 주변확률밀도함수는

$$f_X(x) = e^{-x}, \quad 0 < x < \infty$$
$$f_Y(y) = e^{-y}, \quad 0 < y < \infty$$

이고, 따라서 X와 Y는 독립이다. 특히,

$$f_Y(x) = e^{-x} = f_X(x), \quad 0 < x < \infty$$

즉, X와 Y는 항등분포를 이룬다. 이와 같이 두 개 이상의 확률변수가 독립이고 항등적인 분포(independent, identically distributed; i.i.d.)를 이루는 경우에 확률변수 X와 Y는 독립인 항등분포를 이룬다 하고 간단히 **i.i.d. 확률변수**라 한다.

연습문제 3.2 Exercises

1. 두 보험회사가 어떤 대기업에게 보험증권에 대하여 입찰에 참여한다. 입찰가는 2,000과 2,200 사이며, 이 기업은 입찰가가 20 이상 차이난다면 낮은 입찰가를 선정하기로 결정하였다. 그렇지 않다면, 이 기업은 두 입찰가를 좀더 고려할 것이다. 두 입찰가는 서로 독립이고, 2,000과 2,200 사이에서 동일한 밀도함수

$$f(x) = \frac{1}{200}, \quad 2000 < x < 2200$$

을 갖는다. 이때 이 회사가 입찰가를 좀더 고려할 확률을 구하여라.

2. 어떤 상업용 건물에 대하여 화재에 의한 손실은 밀도함수

$$f(x) = \begin{cases} 0.005(20-x), & 0 < x < 20 \\ 0 & , \text{다른 곳에서} \end{cases}$$

를 갖는 확률변수 X로 표현된다. 화재로 인한 손실이 8을 초과했다는 조건 아래서, 이 손실이 16을 초과할 확률을 구하여라.

3. 화재 발생에 대한 보고서가 화재보험회사에 신고되면, 이 회사는 화재로 손실을 입은 보험 가입자에게 지급해야 할 최초 가지급 보험금 X를 결정한다. 그리고 화재로 인한 사태가 완전히 수습되면, 이 회사는 보험 가입자에게 추가 보험금 Y를 지불한다. 이때 보험회사에서 지급되는 보험금 X와 Y는 다음과 같은 결합밀도함수를 갖는다고 한다.

$$f(x,\, y) = \frac{2}{(x-1)x^2}\, y^{-(2x-1)/(x-1)}, \quad x > 1,\, y > 1$$

이 보험회사로부터 최초에 추정된 보험금이 2이라 할 때, 수습 후에 지불할 보험금이 1과 3 사이일 확률을 구하여라.

4. 보험회사는 농장보험증권에 가입한 피보험자를 대상으로 토네이도로 인한 손실을 조사 중이다. 가옥에 대한 손실액을 X, 농장을 비롯한 나머지 재산에 대한 손실액을 Y로 나타낸다고 하자. 이때 X와 Y는 다음과 같은 결합밀도함수를 갖는다.

$$f(x,\, y) = \begin{cases} 6(1-x-y), & x > 0,\, y > 0,\, x+y < 1 \\ 0 & ,\ \text{다른 곳에서} \end{cases}$$

(1) X와 Y의 주변밀도함수를 구하여라.
(2) X와 Y의 독립성을 조사하여라.
(3) 가옥에 대한 손실액을 $\frac{1}{2}$라고 할 때, 나머지 재산에 대한 손실액이 $\frac{1}{3}$ 이하일 확률을 구하여라.

5. 어떤 기계장치는 두 개의 스위치로 이루어져 있으며, 두 스위치 모두 고장이 날 때 이 기계장치는 자동으로 멈춘다. 그리고 두 구성요소의 수명에 대한 결합밀도함수는 다음과 같다.

$$f(x, y) = \begin{cases} \dfrac{x+y}{8}, & 0 < x < 2,\, 0 < y < 2 \\ 0 & ,\ \text{다른 곳에서} \end{cases}$$

(1) X와 Y의 주변밀도함수를 구하여라.
(2) X와 Y의 독립성을 조사하여라.
(3) $Y = \frac{1}{2}$일 때, $X < \frac{1}{2}$일 조건부 확률을 구하여라.

6. 매월 상해보험에 대한 지급요구 건수는 확률함수

$$P(N=n)=\frac{1}{(n+1)(n+2)}, \quad n \geq 0$$

을 갖는 확률변수 N으로 정의된다. 특정한 어느 달에 많아야 4건의 지급요구가 있었다는 조건 아래서, 적어도 한 건의 지급요구가 있을 확률은 구하여라.

7. 자동차보험증권은 자동차보험 가입자가 사고에 대한 책임이 있는 경우에, 가입자와 상대방 운전자의 자동차 모두에 대한 손실을 보상하도록 계약되어 있다. 보험 가입자의 자동차 손실에 대한 지불금 X는

$$f_X(x)=1, \quad 0< x< 1$$

인 분포를 갖는다고 한다. 한편 $X=x$일 때, 상대방 자동차의 손실에 대한 지불금 Y는 $x< y< x+1$에서 조건부 밀도함수 1을 갖는다고 한다. 이 보험 가입자가 사고를 냈다면, 상대방 자동차의 손실에 대한 지불금이 0.5보다 클 확률을 구하여라.

8. 어떤 보험회사는 많은 가정과 가계보험을 계약한다. 임의로 선정된 가정의 보험 계약금은 다음의 밀도함수에 따라 분포를 이룬다고 한다.

$$f(x)=\begin{cases} 3x^{-4}, & x>1 \\ 0, & \text{다른 곳에서} \end{cases}$$

임의로 선정된 가정이 적어도 1.5 이상인 계약금을 갖는 보험에 가입했다는 조건 아래서, 이 가정이 2 이하로 보험에 가입했을 확률을 구하여라. 단위는 1,000$이다.

9. 매일 인접한 두 도시 A와 B에서 발생하는 교통사고의 발생 시간을 조사한 결과, 두 도시의 교통사고 발생 시간은 독립이고 다음과 같은 동일한 분포를 이룬다는 사실을 확인하였다.

$$f(x)=e^{-x}, \quad x>0$$

(1) X와 Y의 분포함수를 구하여라.

(2) 두 도시의 교통사고 발생 시간이 모두 1을 초과할 확률을 구하여라.

10. 어느 회사는 근로자에게 기초생활 보험증권뿐만 아니라 보조생활 보험증권을 제공하고 있다. 보조생활 보험증권을 구매하기 위하여 근로자는 먼저 기초생활 보험증권을 구입해야만 한다. X를 기초생활 보험증권을 구매한 근로자의 비율이라 하고, Y를 보조생활 보험증권을 구매한 근로자의 비율이라 하면, X와 Y의 결합밀도함수는

$$f(x,\ y) = 2(x+y),\ \ 0 < y < x < 1$$

이다. 이때 기초생활 보험증권을 구입한 근로자의 비율이 10%라는 조건 아래서, 보조생활 보험증권에 가입한 근로자의 비율이 5% 미만일 확률은 얼마인가?

11. 단체 보험증권은 소규모 회사의 종업원의 의료보험 지급요구를 포함한다. 1년간 이루어진 보험금 지급요구액 Y는 밀도함수

$$f(x) = k(1-x)^4, \quad 0 < x < 1$$

인 확률변수 X에 대하여, $Y = 100{,}000X$로 정의된다. 이때 Y가 10,000$를 초과했다는 조건 아래서, Y가 40,000$ 이상일 조건부 확률을 구하여라.

12. 두 확률변수 X와 Y가 결합밀도함수

$$f(x,y) = \begin{cases} 24xy, & 0 < y < 1-x,\ 0 < x < 1 \\ 0 & ,\ \text{다른 곳에서} \end{cases}$$

을 갖는다고 하자. 이때 $P\left(Y < X \mid X = \frac{1}{3}\right)$를 구하여라.

13. 보험증권은 밀도함수는

$$f(x) = \begin{cases} \frac{3}{8}x^2, & 0 \le x \le 2 \\ 0 & ,\ \text{다른 곳에서} \end{cases}$$

를 갖는 손실 X를 보상하도록 되어 있다. 그리고 보험금 지급액 x, $0 \le x \le 2$를 처리하는 시간은 구간 $(x,\ 2x)$에서 $\frac{1}{x}$인 분포를 이룬다고 한다. 이러한 증권에 의하여 무작위로 선정된 보험금이 지급되는데 소요되는 시간이 3시간 이상일 확률을 구하여라.

14. 어느 특정한 일주일 사이에 접수된 보험금 지급요구 건수 N은 다른 일주일 사이에 접수된 지급요구 건수와 독립적으로 다음과 같은 확률분포를 갖는 것으로 보험회사는 결정하였다.

$$P(N=n) = \frac{1}{2^{n+1}}, \quad n \ge 0$$

이때 어떤 두 주 동안에 돌아온 보험금 지급요구 건수가 정확히 7번일 확률을 구하여라.

15. 베스트 운전자로부터 첫 번째 보험금 지급청구가 들어올 때까지 걸리는 시간 X와 난폭한 운전자로부터 첫 번째 보험금 지급청구가 들어올 때까지 걸리는 시간 Y는 독립이고, 각각 다음과 같은 밀도함수를 갖는다고 한다.

$$f(x) = \frac{1}{6}e^{-x/6},\ x > 0,\quad g(y) = \frac{1}{3}e^{-y/3},\ y > 0$$

이때 베스트 운전자와 난폭 운전자로부터 보험금 지급청구가 각각 3년과 2년 안에 이루어질 확률을 구하여라.

16. 연간 보험금 지급청구 수 N은 다음과 같은 확률분포를 이룬다.

$$P(N=0) = \frac{1}{2},\ P(N=1) = \frac{1}{3},\ P(N>1) = \frac{1}{6}$$

그리고 연간 보험금 지급금액 S의 밀도함수는 $N=1$이면 $f_S(x) = \frac{1}{5}e^{-x/5},\ x>0$이고 $N>1$이면 $f_S(x) = \frac{1}{8}e^{-x/8},\ x>0$이라고 한다. 이때 확률 $P(4<S<8)$를 구하여라.

17. 확률변수 $X=x$가 주어졌을 때, 확률변수 Y는 구간 $[0, x]$에서 균등한 분포를 이루고, X의 주변밀도함수는 $f_X(x) = 2x,\ 0<x<1$이라고 한다. 확률변수 $Y=y$가 주어졌을 때, 확률변수 X의 조건부 밀도함수를 구하여라.

18. 국가의 새로운 의료정책은 내년도 근로자에게 치과와 내과 중 어느 하나를 지원할 것으로 알려졌다. 한 보험계리사는 치과에 대한 옵션을 선택할 비율 X와 내과를 선택할 비율 Y 사이에 다음과 같은 결합밀도함수를 사용할 계획이다. $X=0.75$일 때, Y의 조건부 밀도함수를 구하여라.

$$f(x, y) = \begin{cases} 0.50, & 0<x<0.5,\ 0<y<0.5 \\ 1.25, & 0<x<0.5,\ 0.5<y<1 \\ 1.50, & 0.5<x<1,\ 0<y<0.5 \\ 0.75, & 0.5<x<1,\ 0.5<y<1 \end{cases}$$

3.3 결합확률변수의 함수에 대한 분포

이제 두 개 이상의 확률변수가 결합된 확률분포에 대하여, 확률변수들의 함수에 대한 확률분포를 구하는 방법에 대하여 생각한다. 이를 위하여, 우선 이산확률변수들 $X_1, X_2, \cdots, X_n$의 결합확률함수를 $f(x_1, x_2, \cdots, x_n)$이라 하고, $X_1, X_2, \cdots, X_n$의 함수 $Y_1, Y_2, \cdots, Y_n$이 다음과 같이 일대일 대응관계로 정의된다고 하자.

$$Y_1 = g_1(X_1, X_2, \cdots, X_n),\ Y_2 = g_2(X_1, X_2, \cdots, X_n),\ \cdots,\ Y_n = g_n(X_1, X_2, \cdots, X_n)$$

이때 $Y_1, Y_2, \cdots, Y_n$의 역변환을

$$X_1 = r_1(Y_1, Y_2, \cdots, Y_n),\ X_2 = r_2(Y_1, Y_2, \cdots, Y_n),\ \cdots,\ X_n = r_n(Y_1, Y_2, \cdots, Y_n)$$

이라 하면 $Y_1, Y_2, \cdots, Y_n$의 결합확률함수는

$$h(y_1, y_2, \cdots, y_n) = \sum_A f(r_1, r_2, \cdots, r_n)$$

이다. 여기서 집합 A는 다음과 같이 정의된다.

$$A = \{(x_1, x_2, \cdots, x_n) \mid y_i = g_i(x_1, x_2, \cdots, x_n),\ i = 1, 2, \cdots, n\}$$

따라서 $Y_1, Y_2, \cdots, Y_n$의 주변확률함수는 다음과 같다.

$$h_j(y_j) = \sum_{\text{모든 } y_i,\ i \neq j} h(y_1, y_2, \cdots, y_n)$$

예제 1 이산확률변수 X와 Y의 결합확률함수가 다음과 같다고 하자.

$$f(x, y) = \left(\frac{2}{3}\right)^{x+y}\left(\frac{1}{3}\right)^{2-x-y}, \quad (x, y) = (0, 0), (0, 1), (1, 0), (1, 1)$$

이때 $U = \frac{1}{2}(X - Y)$와 $V = \frac{1}{2}(X + Y)$에 대하여

(1) U와 V의 결합확률함수를 구하여라.

(2) U와 V의 주변확률함수를 구하여라.

풀이 (1) 우선 $u = \dfrac{x-y}{2}$와 $v = \dfrac{x+y}{2}$라 하면, (u, v)가 취하는 모든 값들의 집합은

$$A = \left\{(u, v) \mid (u, v) = (0, 0), \left(-\frac{1}{2}, \frac{1}{2}\right), \left(\frac{1}{2}, \frac{1}{2}\right), (0, 1)\right\}$$

이다. 또한 역변환을 구하면, $x=u+v$, $y=v-u$이므로 U와 V의 결합확률함수는 다음과 같다.

$$g(u,v)=f(u+v,v-u)=\left(\frac{2}{3}\right)^{2v}\left(\frac{1}{3}\right)^{2-2v},$$
$$(u,v)=(0,0),\left(-\frac{1}{2},\frac{1}{2}\right),\left(\frac{1}{2},\frac{1}{2}\right),(0,1)$$

(2) 확률변수 U가 취하는 값 $-\frac{1}{2}, 0, \frac{1}{2}$에 대하여,

$$g_U\left(-\frac{1}{2}\right)=g\left(-\frac{1}{2},\frac{1}{2}\right)=\frac{2}{9}$$
$$g_U(0)=g(0,0)+g(0,1)=\frac{1}{9}+\frac{4}{9}=\frac{5}{9}$$
$$g_U\left(\frac{1}{2}\right)=g\left(\frac{1}{2},\frac{1}{2}\right)=\frac{2}{9}$$

이므로 U의 주변확률함수는 다음과 같다.

$$g_U(u)=\begin{cases}\frac{5}{9}, & u=0\\ \frac{2}{9}, & u=-\frac{1}{2},\frac{1}{2}\\ 0, & \text{다른 곳에서}\end{cases}$$

또한 확률변수 V가 취하는 값 $0, \frac{1}{2}, 1$에 대하여,

$$g_V(0)=g(0,0)=\frac{1}{9}$$
$$g_V\left(\frac{1}{2}\right)=g\left(-\frac{1}{2},\frac{1}{2}\right)+g\left(\frac{1}{2},\frac{1}{2}\right)=\frac{2}{9}+\frac{2}{9}=\frac{4}{9}$$
$$g_V(1)=g(0,1)=\frac{4}{9}$$

이므로 V의 주변확률함수는

$$g_V(v)=\begin{cases}\frac{1}{9}, & v=0\\ \frac{4}{9}, & v=\frac{1}{2},1\\ 0, & \text{다른 곳에서}\end{cases}$$

이다. ■

확률변수들의 변환 $Y_1, Y_2, \cdots, Y_n$이 일대일 대응관계가 아닌 경우, 이 변환들이 가질 수 있는 각 경우로 분할하여 구한다.

예제 2 두 확률변수 X와 Y의 결합확률이 다음 표와 같다고 하자.

Y \ X	−1	0	1
−1	1/6	1/12	1/6
1	1/6	1/12	1/6
2	1/12	0	1/12

(1) $U=|X|$와 $V=Y^2$의 결합확률함수를 구하여라.

(2) U의 주변확률함수를 구하여라.

풀이 (1) $u=|x|$와 $v=y^2$이라 하면, (u, v)가 취하는 모든 값들의 집합은

$$A=\{(u, v)\,|\,u=0, 1, v=1, 4\}$$

이다. 그러므로 U와 V의 결합확률은 다음과 같다.

$$\begin{aligned}P(U=0, V=1)&=P(X=0, Y=-1)+P(X=0, Y=1)\\&=\frac{1}{12}+\frac{1}{12}=\frac{1}{6}\\P(U=0, V=4)&=P(X=0, Y=2)=0\\P(U=1, V=1)&=P(X=-1, Y=-1)+P(X=-1, Y=1)\\&\quad+P(X=1, Y=-1)+P(X=1, Y=1)\\&=\frac{1}{6}+\frac{1}{6}+\frac{1}{6}+\frac{1}{6}=\frac{4}{6}\\P(U=1, V=4)&=P(X=-1, Y=2)+P(X=1, Y=2)\\&=\frac{1}{12}+\frac{1}{12}=\frac{1}{6}\end{aligned}$$

따라서 U와 V의 결합확률함수는 다음과 같다.

$$g(u, v)=\begin{cases}\dfrac{1}{6}, & (u, v)=(0, 1), (1, 4)\\ \dfrac{2}{3}, & (u, v)=(1, 1)\\ 0, & \text{다른 곳에서}\end{cases}$$

(2) 확률변수 U가 취하는 값 0, 1에 대하여

$$g_U(0)=g(0, 1)=\frac{1}{6}$$

$$g_U(1) = g(1,4) + g(1,1) = \frac{1}{6} + \frac{2}{3} = \frac{5}{6}$$

이므로 U의 주변확률함수는

$$g_U(u) = \begin{cases} \frac{1}{9}, & u = 0 \\ \frac{5}{6}, & u = 1 \\ 0, & \text{다른 곳에서} \end{cases}$$

이다. ■

한편 연속확률변수들 $X_1, X_2, \cdots, X_n$의 결합확률함수를 $f(x_1, x_2, \cdots, x_n)$이라 할 때, 다음과 같이 정의되는 $X_1, X_2, \cdots, X_n$의 함수 $Y_1, Y_2, \cdots, Y_n$이 편미분 가능한 일대일 대응함수라고 하자.

$$Y_1 = g_1(X_1, X_2, \cdots, X_n),\ Y_2 = g_2(X_1, X_2, \cdots, X_n),\ \cdots,$$
$$Y_n = g_n(X_1, X_2, \cdots, X_n)$$

이때 $Y_1, Y_2, \cdots, Y_n$의 역변환

$$X_1 = r_1(Y_1, Y_2, \cdots, Y_n),\ X_2 = r_2(Y_1, Y_2, \cdots, Y_n),\ \cdots,$$
$$X_n = r_n(Y_1, Y_2, \cdots, Y_n)$$

에 대하여 야코비안(Jacobian)으로 알려진 다음 $n \times n$ 행렬식이 성립한다고 하자.

$$J = \left| \frac{\partial x_i}{\partial y_j} \right|_{i,\, j = 1,\, 2,\, \cdots,\, n} \neq 0$$

그러면 $Y_1, Y_2, \cdots, Y_n$의 결합밀도함수는

$$h(y_1, y_2, \cdots, y_n) = f(r_1, r_2, \cdots, r_n)|J|$$

이다. 따라서 $Y_1, Y_2, \cdots, Y_n$의 주변밀도함수는 다음과 같다.

$$h_j(y_j) = \int_{-\infty}^{\infty} \cdots \int_{-\infty}^{\infty} h(y_1, y_2, \cdots, y_n) \prod_{\substack{i=1 \\ i \neq j}}^{n} dy_i$$

예를 들어, 결합밀도함수 $f(x, y)$를 갖는 확률변수 X와 Y에 대하여, 연속적으로 편미분가능한 xy 평면에서 uv 평면으로의 변환

$$u = g_1(x, y),\ v = g_2(x, y)$$

를 생각하자. 그리고 이 변환이 일대일 대응이고 역변환

$$x = r_1(u, v),\ \ y = r_2(u, v)$$

가 존재하고, 역변환 $x = r_1(u, v),\ y = r_2(u, v)$의 야코비안에 대하여

$$J = \frac{\partial(x, y)}{\partial(u, v)} = \begin{vmatrix} \frac{\partial x}{\partial u} & \frac{\partial x}{\partial v} \\ \frac{\partial y}{\partial u} & \frac{\partial y}{\partial v} \end{vmatrix} \neq 0$$

이면, 확률변수 U와 V의 결합밀도함수 $h(u, v)$는 다음과 같이 구할 수 있다.

$$h(u, v) = f(r_1(u, v), r_2(u, v))|J|$$

예제 3 확률변수 X와 Y가 다음 결합밀도함수를 갖는다고 하자.

$$f(x, y) = e^{-x-y},\ x > 0,\ y > 0$$

(1) $U = X + Y$와 $V = \dfrac{X}{X+Y}$의 결합밀도함수를 구하여라.

(2) X와 Y의 주변밀도함수를 구하여라.

풀이 (1) $u = x + y,\ v = \dfrac{x}{x+y}$라 하면, $x > 0,\ y > 0$이므로 $u > 0,\ 0 < v < 1$이고, 역변환은 $x = uv,\ y = u(1-v)$이다. 따라서

$$J = \frac{\partial(x, y)}{\partial(u, v)} = \begin{vmatrix} \frac{\partial x}{\partial u} & \frac{\partial x}{\partial v} \\ \frac{\partial y}{\partial u} & \frac{\partial y}{\partial v} \end{vmatrix} = \begin{vmatrix} v & u \\ 1-v & -u \end{vmatrix} = -u,\quad |J| = u$$

이다. 그러므로 U와 V의 결합밀도함수는 다음과 같다.

$$g(u, v) = f(uv, u - uv)|J| = ue^{-u},\quad u > 0,\ 0 < v < 1$$

(2) U의 주변밀도함수는

$$g_U(u, v) = \int_{-\infty}^{\infty} g(u, v)\,dv = \int_0^1 ue^{-u}\,dv = ue^{-u},\ u > 0$$

이고, V의 주변밀도함수는

$$g_V(u, v) = \int_{-\infty}^{\infty} g(u, v)\,du = \int_0^{\infty} ue^{-u}\,du = 1,\ 0 < v < 1$$

이다. ■

특히 확률변수 X와 Y가 결합밀도함수 $f(x,y)$를 가지는 경우에 이러한 변수변환을 이용하면, $X+Y$의 확률분포를 쉽게 얻을 수 있다. 즉 $U=X+Y$의 밀도함수를 구하기 위하여, $u=x+y$ 그리고 $v=x$라 하면 역변환은 $x=v$, $y=u-v$이다. 따라서

$$J=\frac{\partial(x,y)}{\partial(u,v)}=\begin{vmatrix}\frac{\partial x}{\partial u} & \frac{\partial x}{\partial v}\\ \frac{\partial y}{\partial u} & \frac{\partial y}{\partial v}\end{vmatrix}=\begin{vmatrix}0 & 1\\ 1 & -1\end{vmatrix}=-1,\ |J|=1$$

이므로 U와 V의 결합밀도함수는

$$g(u,v)=f(v,\ u-v)\,|J|=f(v,\ u-v)$$

이고, 따라서 $U=X+Y$의 밀도함수는

$$g_U(u)=\int_{-\infty}^{\infty}g(u,v)\,dv=\int_{-\infty}^{\infty}f(v,\ u-v)\,dv$$

또는

$$g_U(u)=\int_{-\infty}^{\infty}f(x,\ u-x)\,dx$$

이다. 동일한 방법에 의하여 다음 정리를 얻는다.

정리 2

두 확률변수 X와 Y가 결합밀도함수 $f(x,y)$를 갖는다면 다음이 성립한다.

(1) $U=X+Y$의 밀도함수는 $g(u)=\int_{-\infty}^{\infty}f(x,\ u-x)\,dx$ 이다.

(2) $U=X-Y$의 밀도함수는 $g(u)=\int_{-\infty}^{\infty}f(u+y,y)\,dy$ 이다.

(3) $U=XY$의 밀도함수는 $g(u)=\int_{-\infty}^{\infty}f\left(x,\ \frac{u}{x}\right)\left|\frac{1}{x}\right|dy$ 이다.

(4) $U=\frac{X}{Y}$의 밀도함수는 $g(u)=\int_{-\infty}^{\infty}f(uy,y)|y|\,dy$ 이다.
단, $P(Y=0)=0$이다.

특히 X와 Y가 독립이면, $f(x,y)=f_X(x)f_Y(y)$이므로 다음 성질이 성립한다.

정리 3

두 확률변수 X와 Y가 독립이고, 결합밀도함수 $f(x,y)$를 갖는다면 다음이 성립한다.

(1) $U=X+Y$의 밀도함수는 $g(u)=\int_{-\infty}^{\infty} f_X(x)f_Y(u-x)\,dx$이다.

(2) $U=X-Y$의 밀도함수는 $g(u)=\int_{-\infty}^{\infty} f_X(u+y)f_Y(y)\,dy$이다.

(3) $U=XY$의 밀도함수는 $g(u)=\int_{-\infty}^{\infty} f_X(x)f_Y\left(\frac{u}{x}\right)\left|\frac{1}{x}\right|dy$이다.

(4) $U=\dfrac{X}{Y}$의 밀도함수는 $g(u)=\int_{-\infty}^{\infty} f_X(uy)f_Y(y)|y|\,dy$이다.
단, $P(Y=0)=0$이다.

예제 4 다음 결합밀도함수를 갖는 i.i.d. 확률변수 X와 Y에 대하여 $U=X+Y$의 밀도함수를 구하여라.

$$f(x)=\frac{1}{2}e^{-x/2}, \quad x>0$$

풀이 $x>0,\ y>0$이므로 $u=x+y>0$이고, 특히 $y=u-x>0$이므로 $0<x<u$이다. 그러므로 U의 밀도함수는 다음과 같다.

$$\begin{aligned}g(u)&=\int_{-\infty}^{\infty} f_X(x)f_Y(u-x)\,dx\\&=\int_0^{y}\left(\frac{1}{2}e^{-x/2}\right)\left(\frac{1}{2}e^{-(u-x)/2}\right)dx\\&=\frac{1}{4}e^{-u/2}\int_0^u dx=\frac{u}{4}e^{-u/2}, \quad u>0\end{aligned}$$

■

예제 5 독립인 확률변수 X, Y 그리고 Z가 각각 다음 밀도함수를 갖는다.

$$f_X(x)=e^{-x}, \quad f_Y(y)=2e^{-2y}, \quad f_Z(z)=3e^{-3z}, \quad x,\ y,\ z>0$$

이때 $U=X+Y+Z$의 밀도함수를 구하여라.

풀이 $u=x+y+z$, $v=x+y$ 그리고 $w=x$라 하면, 역변환 $x=w$, $y=v-w$ 그리고 $z=u-v$를 가지며, 특히 $x,\ y,\ z>0$이므로 $0<w<v<u$이다. 한편 야코비안은

$$J = \frac{\partial(x, y, z)}{\partial(u, v, w)} = \begin{vmatrix} \frac{\partial x}{\partial u} & \frac{\partial x}{\partial v} & \frac{\partial x}{\partial w} \\ \frac{\partial y}{\partial u} & \frac{\partial y}{\partial v} & \frac{\partial y}{\partial w} \\ \frac{\partial z}{\partial u} & \frac{\partial z}{\partial v} & \frac{\partial z}{\partial w} \end{vmatrix} = \begin{vmatrix} 0 & 0 & 1 \\ 0 & 1 & -1 \\ 1 & -1 & 0 \end{vmatrix} = -1, \ |J| = 1$$

이므로 확률변수 U, V 그리고 W의 결합밀도함수는 다음과 같다.

$$g(u, v, w) = f(w, v-w, u-v)|J| = 6e^{-(3u-v-w)}, \ 0 < w < v < u$$

그러므로 U의 주변분포함수를 구하면, $0 < u < \infty$ 에서

$$\begin{aligned} g_u(u, v, w) &= \int_{-\infty}^{\infty} \int_{-\infty}^{\infty} g(u, v, w)\, dw\, dv, \ 0 < v < 1 \\ &= 6e^{-3u} \int_0^u \int_0^v e^v e^w\, dw\, dv \\ &= 6e^{-3u} \int_0^u (e^{2v} - e^v)\, dv \\ &= 3e^{-3u}(1 - 2e^u + e^{2u}) \end{aligned}$$

이다. ■

독립인 두 확률변수 X와 Y가 음이 아닌 값을 서포트로 가지면, $U = X + Y$의 밀도함수는

$$g(u) = \int_{-\infty}^{\infty} f_X(x) f_Y(u-x)\, dx = \int_{-\infty}^{\infty} f_X(u-y) f_Y(y)\, dy$$

이고, $Y \le U$이므로 U의 밀도함수와 분포함수는 각각

$$g_U(u) = \int_0^u f_X(u-y) f_Y(y)\, dy$$

$$G_U(u) = \int_0^u F_X(u-y) f_Y(y)\, dy$$

이다. 한편 독립인 이산확률변수 X와 Y의 확률함수와 분포함수도 동일한 방법으로 표현된다.

$$g_U(u) = \sum_{y \le u} f_X(u-y) f_Y(y)$$

$$G_U(u) = \sum_{y \le u} F_X(u-y) f_Y(y)$$

이때 독립 확률변수 X와 Y에 대하여 $U = X + Y$의 분포함수 $G_U(u)$와 밀도함수 $g_U(u)$를 두 분포함수 $F_X(x)$와 $F_Y(y)$ 또는 밀도함수 $f_X(x)$와 $f_Y(y)$의 **합성**(convolution)이라 하고,

$$G_U = F_X * F_Y, \quad g_U = f_X * f_Y$$

로 나타낸다. 이제 독립 확률변수들 $X_1, X_2, \cdots, X_n$에 대하여 X_i의 분포함수를 F_i 그리고 확률변수 $U = X_1 + \cdots + X_n$의 분포함수를 F^{*n}이라 하면, 다음과 같이 결합법칙이 성립한다.

$$\begin{aligned} F^{*2} &= F_2 * F_1 \\ F^{*3} &= F_3 * F^{*2} = F_3 * (F_2 * F_1) \\ &\vdots \\ F^{*n} &= F_n * F^{*n-1} \end{aligned}$$

이와 같은 독립 확률변수의 합에 대한 분포는 각각 위험모델의 합을 다룰 때 또는 보험에 가입한 단체의 보험금 지급 요구액 등과 같이 많은 피보험자 개개인의 보험금의 합을 다루는 모형으로 사용되며, 제7장에서 상세히 다룬다.

예제 6 독립 확률변수 X와 Y의 밀도함수가 각각 다음과 같을 때, $U = X + Y$의 분포함수와 밀도함수를 구하여라.

$$f_X(x) = \frac{1}{2}, \quad f_Y(y) = \frac{1}{3}, \quad 0 < x < 2, \ 0 < y < 3$$

풀이 확률변수 X의 분포함수는

$$F_X(x) = \begin{cases} 0 & , \ x < 0 \\ \frac{1}{2}x & , \ 0 \le x < 2 \\ 1 & , \ x \ge 2 \end{cases}$$

이고, $G_U(u) = \int_0^u F_X(u-y) f_Y(y)\,dy$이다. 한편 $u = x + y$, 즉 $y = -x + u$는 다음 그림과 같이 u의 값에 따라 $F_X(u-y)$가 구분된다.

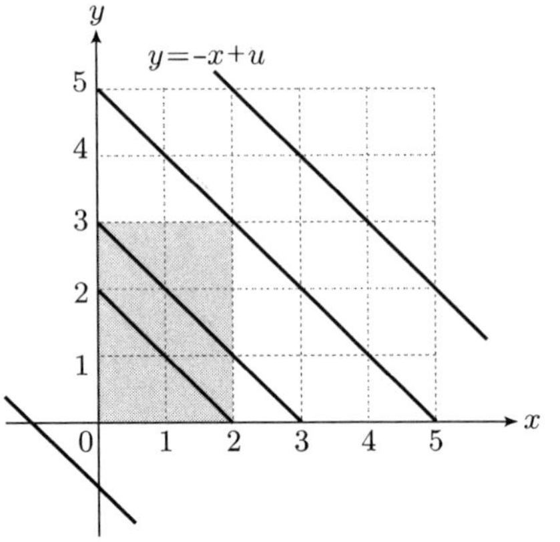

그림 3.7 변환 $u = x + y$

즉 $0 \le u < 2$이면 $F_X(u-y) = \dfrac{u-y}{2}$이고, $2 \le u < 3$이면

$$F_X(u-y) = \begin{cases} 1 & , \ 0 \le y < u-2 \\ \dfrac{u-y}{2} & , \ u-2 \le y < u \end{cases}$$

$3 \le u < 5$이면

$$F_X(u-y) = \begin{cases} 1 & , \ 0 \le y < u-2 \\ \dfrac{u-y}{2} & , \ u-2 \le y < 3 \end{cases}$$

이다. 따라서 $0 \le u < 2$이면

$$F_U(u) = \int_0^u \frac{u-y}{2}\frac{1}{3}\,dy = \frac{u^2}{12}$$

$2 \le u < 3$이면

$$F_U(u) = \int_0^{u-2} (1)\frac{1}{3}\,dy + \int_{u-2}^{u} \frac{u-y}{2}\frac{1}{3}\,dy = \frac{u-1}{3}$$

$3 \le u < 5$이면

$$F_U(u) = \int_0^{u-2} (1)\frac{1}{3}\,dy + \int_{u-2}^{3} \frac{u-y}{2}\frac{1}{3}\,dy = 1 - \frac{(5-u)^2}{12}$$

그리고

$$F_U(u) = \begin{cases} 0\ , & u < 0 \\ 1\ , & u \geq 5 \end{cases}$$

이므로 분포함수와 밀도함수는 각각

$$F_U(u) = \begin{cases} 0 & , u < 0 \\ \dfrac{u^2}{12} & , 0 \leq u < 2 \\ \dfrac{u-1}{3} & , 2 \leq u < 3 \\ 1 - \dfrac{(5-u)^2}{12} & , 3 \leq u < 5 \\ 1 & , u \geq 5 \end{cases} \qquad f_U(u) = \begin{cases} \dfrac{1}{6}u & , 0 < u < 2 \\ \dfrac{1}{3}u & , 2 < u < 3 \\ \dfrac{1}{6}(5-u) & , 3 < u < 5 \\ 0 & , \text{다른 곳에서} \end{cases}$$

이다. ■

예제 7 밀도함수의 합성을 이용하여 예제 5에서 $U = X + Y + Z$의 밀도함수를 구하여라.

풀이 먼저 확률변수 X와 Y의 합성을 먼저 구한다. 그러면 $x > 0$에 대하여

$$\begin{aligned} f^{*2}(x) &= \int_0^x f_X(x-y) f_Y(y)\, dy = \int_0^x e^{-(x-y)} \left(2e^{-2y}\right) dy \\ &= 2e^{-x} \int_0^x e^{-y}\, dy = 2e^{-x}(1 - e^{-x}) \\ &= 2e^{-x} - 2e^{-2x} \end{aligned}$$

이고, 따라서 U의 밀도함수는 $u > 0$에 대하여

$$\begin{aligned} f_U(u) = f^{*3}(u) &= \int_0^u f^{*2}(u-z) f_Z(z)\, dz \\ &= \int_0^x \left[2e^{-(u-z)} - 2e^{-2(u-z)}\right] \left(3e^{-3z}\right) dz \\ &= 6e^{-u} \int_0^u e^{-2z}\, dz - 6e^{-2u} \int_0^u e^{-z}\, dz \\ &= 3e^{-u}(1 - e^{-2u}) - 6e^{-2u}(1 - e^{-u}) \\ &= 3e^{-u} - 6e^{-2u} + 3e^{-3u} \end{aligned}$$

이다. ■

또한 독립 확률변수들 $X_1, X_2, \cdots, X_n$에 대하여 다음 두 확률변수를 정의하자.

$$M = \max\{X_1, X_2, \cdots, X_n\},\ L = \min\{X_1, X_2, \cdots, X_n\}$$

그러면 확률변수 M과 L의 분포함수는 각각 다음과 같이 구할 수 있다.

$$\begin{aligned}F_M(m) &= P(M \le m) = P(\max\{X_1, X_2, \cdots, X_n\} \le m) \\ &= P(X_1 \le m, \cdots, X_n \le m) \\ &= P(X_1 \le m) \cdots P(X_n \le m) \\ F_L(m) &= P(L \le m) = 1 - P(L > m) \\ &= 1 - P(\min\{X_1, X_2, \cdots, X_n\} > m) \\ &= 1 - P(X_1 > m, \cdots X_n > m) \\ &= 1 - P(X_1 > m) \cdots P(X_n > m)\end{aligned}$$

따라서 $X_1, X_2, \cdots, X_n$이 분포함수 $F(x)$와 밀도함수 $f(x)$를 갖는 i.i.d. 확률변수이면, 확률변수 M의 분포함수와 밀도함수는 각각 다음과 같다.

$$\begin{aligned}F_M(m) &= [F(m)]^n \\ f_M(m) &= n[F(m)]^{n-1} f(m)\end{aligned}$$

그리고 확률변수 L의 분포함수와 밀도함수는 각각 다음과 같다.

$$\begin{aligned}F_L(m) &= 1 - [1 - F(m)]^n \\ f_L(m) &= n[1 - F(m)]^{n-1} f(m)\end{aligned}$$

예제 8 예제 5의 확률변수 X, Y, Z에 대하여 $M = \max\{X, Y, Z\}$, $L = \min\{X, Y, Z\}$의 밀도함수를 구하여라.

풀이 우선 X, Y, Z의 분포함수를 먼저 구하면,

$$F_X(x) = 1 - e^{-x}, \quad F_Y(y) = 1 - e^{-2y}, \quad F_Z(z) = 1 - e^{-3z}$$

이고, 따라서 M의 분포함수와 밀도함수는 각각 $m > 0$에 대하여

$$\begin{aligned}F_M(m) &= P(M \le m) = P(\max\{X, Y, Z\} \le m) \\ &= P(X \le m) P(Y \le m) P(Z \le m) \\ &= (1 - e^{-m})(1 - e^{-2m})(1 - e^{-3m}) \\ f_M(m) &= \frac{d}{dm}(1 - e^{-m})(1 - e^{-2m})(1 - e^{-3m}) \\ &= e^{-6m}(-1 + e^m)^2 (e^{3m} + 4e^{2m} + 7e^m + 6)\end{aligned}$$

이다. 또한 L의 분포함수와 밀도함수는 각각 $m > 0$에 대하여

$$F_L(m) = 1 - P(\min\{X, Y, Z\} > m)$$

$$= 1 - P(X > m)\, P(Y > m)\, P(Z > m)$$
$$= 1 - e^{-m} e^{-2m} e^{-3m} = 1 - e^{-6m}$$
$$f_L(m) = \frac{d}{dm}\left(1 - e^{-6m}\right) = 6\, e^{-6m}$$

이다. ■

연습문제 3.3 Exercises

1. 독립인 두 확률변수 X와 Y의 확률함수가 각각 다음과 같다고 한다.

$$f_X(x) = \binom{n}{x} p^x (1-p)^{n-x}, \quad x = 0, 1, 2, \cdots, n$$
$$f_Y(y) = \binom{m}{y} p^y (1-p)^{m-y}, \quad y = 0, 1, 2, \cdots, m$$

이때 $Z = X + Y$의 확률함수를 구하여라.

2. 두 개의 주요 부품으로 이루어진 어떤 기계장치는 두 부품이 모두 고장 날 때에 한하여 멈춘다고 한다. 그리고 두 부품의 수명 X와 Y는 독립이고 동일한 밀도함수 $f(x) = e^{-x}$, $x > 0$을 갖는다. 한편 기계가 멈출 때까지 기계를 작동시키는 비용은 $Z = 2X + Y$라 할 때, Z의 밀도함수를 구하여라.

3. 어떤 보험회사는 지진에 대한 대비책으로 보험을 권하고 있다. 연납 보험료 X의 밀도함수는 $f_1(x) = \frac{1}{2} e^{-x/2}$, $x > 0$이고 연납 보험료와 독립인 연 지급청구 Y의 밀도함수는 $f_2(y) = e^{-y}$, $y > 0$이다. 이때 연납 보험료에 대한 지급청구의 비율 $Z = \frac{Y}{X}$의 밀도함수를 구하여라.

4. X와 Y의 결합밀도함수가 $f(x, y) = e^{-(x+y)}$, $x, y > 0$일 때,

(1) $U = X + Y$의 밀도함수를 구하여라.
(2) $U = X + Y$의 분포함수를 구하여라.
(3) $U = X + Y$의 확률분포에 대한 근사 중앙값을 구하여라. 단, $e^u \fallingdotseq 1 + u + \frac{u^2}{2}$이다.
(4) 확률 $P(U \le 3)$을 구하여라.

5. 이산확률변수 X, Y 그리고 Z의 확률함수가 다음과 같다.

$$f_X(x)=\begin{cases}\frac{1}{4}, & x=0\\ \frac{1}{2}, & x=1\\ \frac{1}{4}, & x=2\end{cases},\quad f_Y(y)=\begin{cases}\frac{1}{2}, & x=0\\ \frac{1}{2}, & x=2\end{cases},\quad f_Z(z)=\begin{cases}\frac{1}{4}, & x=0\\ \frac{1}{2}, & x=2\\ \frac{1}{4}, & x=4\end{cases}$$

(1) X, Y 그리고 Z의 확률함수의 합성을 구하여라.

(2) X, Y 그리고 Z의 분포함수의 합성을 구하여라.

6. 중소도시 지역에서 폭풍, 화재 그리고 도난으로 인한 연간 손실을 각각 X, Y 그리고 Z라 하면, 다음과 같은 밀도함수를 갖는다.

$$f_X(x)=e^{-x},\quad f_Y(y)=\frac{1}{1.5}e^{-y/1.5},\quad f_Z(z)=\frac{1}{2.4}e^{-z/2.4},\quad x,\ y,\ z>0$$

이들 손실의 최대 금액이 3을 초과할 확률과 최소 금액이 1을 넘지 못할 확률을 구하여라.

7. 회사는 4개의 소유물에 대한 매매 입찰에서 최고가를 수락할 것을 동의한다. 그리고 4개의 매물은 다음과 같은 분포함수를 가지는 독립확률변수라 한다.

$$F(x)=\frac{1}{2}(1+\sin\pi x),\quad \frac{3}{2}\le x\le\frac{5}{2}$$

(1) 수락된 매물의 분포함수와 밀도함수를 구하여라.

(2) 최고 입찰가액이 2를 넘지 않을 확률을 구하여라.

8. 강풍으로 인한 손해에 대하여 보험에 가입한 가정의 보험청구액은 독립이고 동일한 밀도함수

$$f(x)=\begin{cases}\frac{3}{x^4}, & x>1\\ 0, & \text{다른 곳에서}\end{cases}$$

이라고 한다. 이제 3건의 보험금청구가 들어왔다고 할 때, 가장 많은 청구액과 가장 적은 청구액에 대한 밀도함수를 구하여라.

Chapter 04

적률

4.1 기댓값

제2장에서 확률변수의 중심위치를 나타내는 척도인 중앙값과 최빈값에 대하여 살펴보았다. 그러나 이와 같은 척도들은 직접 다루기에 많은 어려움이 있고, 수리적으로 다루기 어렵다는 한계가 있다. 이와 같은 한계를 극복하기 위한 척도로써 평균을 생각할 수 있다. 중심위치를 나타내는 평균은 계산이 용이할 뿐만 아니라 수리적으로 다루기도 편리하다는 장점이 있다. 더욱이 평균은 불편성과 일치성을 갖는다는 이유에서 중심위치를 나타내는 척도로 가장 널리 사용한다. 이러한 평균은 관찰된 모든 측정값을 더하여 전체 도수로 나눈 것으로 정의되며, 확률분포에 대한 평균도 동일하게 정의된다. 이것을 살펴보기 위하여, 우선 1, 2, 3, 4, 5, 6에 대한 평균을 구하면

$$\begin{aligned}\overline{x_1} &= \frac{1+2+3+4+5+6}{6} \\ &= 1\cdot\frac{1}{6}+2\cdot\frac{1}{6}+3\cdot\frac{1}{6}+4\cdot\frac{1}{6}+5\cdot\frac{1}{6}+6\cdot\frac{1}{6} \\ &= 3.5\end{aligned}$$

이다. 그러면 숫자 1, 2, 3, 4, 5, 6은 6개의 숫자가 동등한 비율로 한 번씩 나왔으며, 따라서 1, 2, 3, 4, 5, 6을 취하는 이산확률변수 X와 각 경우에 대한 상대도수 확률을 이용하여 다음과 같이 확률변수 X의 확률표를 생각할 수 있다.

X	1	2	3	4	5	6
$f(x)$	$\frac{1}{6}$	$\frac{1}{6}$	$\frac{1}{6}$	$\frac{1}{6}$	$\frac{1}{6}$	$\frac{1}{6}$

이때 앞에서 구한 평균은 이산확률변수 X가 취하는 각각의 값에 그 경우의 확률을 곱하여 얻은 값을 모두 더한 것과 동일한 것을 알 수 있다. 또한 1, 2, 2, 4, 4, 6에 대한 평균은

$$\overline{x_2}=\frac{1+2+2+4+4+6}{6}=1\cdot\frac{1}{6}+2\cdot\frac{2}{6}+4\cdot\frac{2}{6}+6\cdot\frac{1}{6}=3.167$$

이고, 2와 4는 1과 6에 비하여 두 배의 가중치를 가지므로 다음의 확률표를 생각할 수 있으며, 역시 평균은 확률변수 X가 가질 수 있는 각 경우와 그 경우의 확률 $f(x)$를 곱한 결과를 모두 더한 것과 동일하다.

X	1	2	4	6
$f(x)$	$\frac{1}{6}$	$\frac{2}{6}$	$\frac{2}{6}$	$\frac{1}{6}$

다시 말해서, 확률변수 X에 대하여

$$\overline{x_1}=1\cdot f(1)+2\cdot f(2)+3\cdot f(3)+4\cdot f(4)+5\cdot f(5)+6\cdot f(6)=3.5$$
$$\overline{x_2}=1\cdot f(1)+2\cdot f(2)+4\cdot f(4)+6\cdot f(6)=3.167$$

이다. 따라서 이산확률변수 X의 평균을 다음과 같이 정의한다.

정의 1

확률함수 또는 확률밀도함수 $f(x)$를 갖는 확률변수 X에 대하여

$$\sum_{\text{모든 } x} xf(x)<\infty \quad \text{또는} \quad \int_{-\infty}^{\infty} xf(x)\,dx<\infty$$

일 때,

$$E(X)=\begin{cases}\displaystyle\sum_{\text{모든 } x} xf(x) & \text{, 이산확률변수인 경우}\\ \displaystyle\int_{-\infty}^{\infty} xf(x)\,dx & \text{, 연속확률변수인 경우}\end{cases}$$

로 정의되는 $E(X)$(또는 μ)를 확률변수 X의 **기댓값**(expected value)이라 한다.

그러나 확률변수 X에 대한 기댓값이 항상 존재하는 것은 아니다. 예를 들어, 밀도함수

$$f(x)=\frac{1}{\pi(1+x^2)}, \quad -\infty<x<\infty$$

를 갖는 연속확률변수 X는 기댓값을 갖지 않는다. 그러나 이 함수는 $x=0$에서 최대이고 또한 $x=0$을 중심으로 좌우대칭이므로 $x_{mo}=x_{me}=0$이다. 즉, 평균은 존재하지 않으나 중심위치로 최빈값과 중앙값이 동일한 $x=0$을 사용한다.

예제 1 다음 표는 지난 1년간 전국의 대형 할인점들의 화재로 인한 손실을 나타내는 분포표라 하자. 이때 연간 평균 손실액을 구하여라.

손실액	0	500	1,000	1,500	2,000
확률	0.900	0.050	0.030	0.013	0.007

풀이 손실액을 확률변수 X라 하면,

$$
\begin{aligned}
E(X) &= \sum_x x f(x) \\
&= (0)(0.9)+(500)(0.05)+(1000)(0.03)+(1500)(0.013)+(2000)(0.007) \\
&= 88.5
\end{aligned}
$$

이다. ■

예제 2 어떤 기계장치의 주요 부품이 고장 날 때까지 걸리는 시간 X는 다음의 분포함수를 갖는다고 한다. 이 부품이 고장 날 때까지 걸리는 평균 시간과 중앙값 그리고 최빈값을 구하여라.

$$F(x)=1-e^{-x/2}, \quad x>0$$

풀이 확률변수 X의 밀도함수를 먼저 구하자.

$$f(x)=\frac{d}{dy}(1-e^{-x/2})=\frac{1}{2}e^{-x/2}, \quad x>0$$

그러면 밀도함수 $f(x)$는 구간 $[0, \infty)$에서 감소하므로 $x=0$에서 최대값 $f(0)=0.5$를 가지고 따라서 최빈값은 $x_{mo}=0$이다. 또한 중앙값은

$$0.5=F(m)=1-e^{-m/2}$$

을 만족하므로

$$e^{-m/2}=0.5 \ ; \ -\frac{m}{2}=\ln(0.5)=-0.69314 \ ; \ x_{me}=m=1.3863$$

이다. 한편 X의 평균은

$$E(X) = \int_0^{\infty} x f(x)\,dx = \int_0^{\infty} \frac{x}{2} e^{-x/2}\,dx$$

$$= -(x+2)\,e^{-x/2}\Big|_0^{\infty} = 2$$

이다. ▪

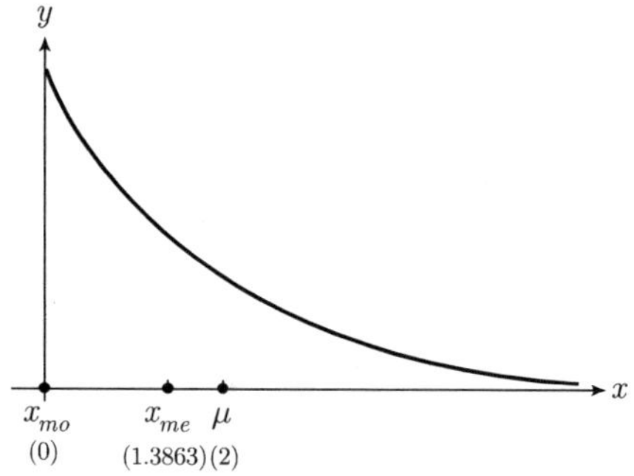

그림 4.1

예제 2에서 주어진 밀도함수는 그림 4.1과 같이 왼쪽으로 치우치고 오른쪽으로 긴 꼬리를 갖는 모양이고, 이 경우에 대한 중심위치 척도들의 관계는

$$x_{mo} < x_{me} < \mu$$

임을 알 수 있다.

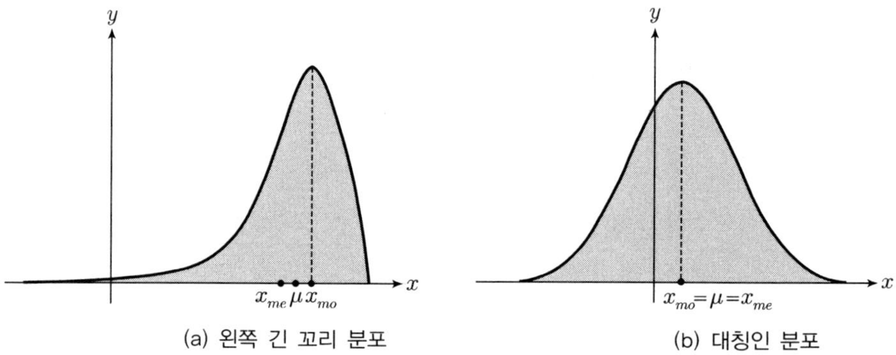

그림 4.2

또한 그림 4.2 (a)와 같이 밀도함수가 왼쪽으로 긴 꼬리를 가지고 오른쪽으로 치우치는 경우에 중심위치 척도들의 관계는

$$x_{me} < \mu < x_{mo}$$

이고, 그림 (b)와 같이 밀도함수가 좌우 대칭인 경우

$$x_{mo} = \mu = x_{me}$$

인 관계가 성립한다.

한편 예제 2에서 주어진 X의 확률분포에 대하여 $Y = \frac{X}{2}$라 하면, 확률변수 Y의 밀도함수는 2.4절에서 살펴본 방법에 의하여 $f_Y(y) = e^{-y}$, $y > 0$이므로 Y의 기댓값은

$$E(Y) = \int_0^\infty y f_Y(y) dy = \int_0^\infty y e^{-y} dy = -(1+y)e^{-y}\Big|_0^\infty = 1$$

이다. 그러면 X의 확률밀도함수 $f(x)$를 알고 있을 때, 이와 같이 함수 $Y = g(X)$의 기댓값을 구하기 위하여 Y의 밀도함수를 반드시 구해야 할 것인가? 이러한 사실을 알기 위하여 다음을 구해보자.

$$\int_0^\infty \frac{x}{2} f(x) dx = \frac{1}{4}\int_0^\infty x e^{-x/2} dx = -\frac{1}{2}(2+x)e^{-x/2}\Big|_0^\infty = 1$$

이때 $y = \frac{x}{2}$이므로 $E(Y) = \int_0^\infty y f(x) dx = 1$이 성립하는 것을 알 수 있으며, 이와 같은 성질은 이산확률변수에 대하여 그대로 적용된다. 그러므로 확률함수 또는 밀도함수 $f(x)$를 갖는 확률변수 X에 대하여 함수 $Y = g(X)$의 기댓값은

$$E(Y) = E[g(X)] = \begin{cases} \displaystyle\sum_{\text{모든 } x} g(x)f(x) & , \text{ 이산형인 경우} \\ \displaystyle\int_{-\infty}^{\infty} g(x)f(x)dx & , \text{ 연속형인 경우} \end{cases}$$

이다. 한편 확률변수 X가 혼합형 확률함수를 갖는다면, $E(X)$ 또는 $E[g(X)]$의 값은 연속인 부분과 이산인 부분의 기댓값을 구하여 합함으로써 정의된다.

예제 3 확률변수 X의 분포함수가

$$F(x) = \begin{cases} 0 & , x \le 0 \\ 1 - e^{-2x} & , 0 < x < 1 \\ 1 & , x \ge 1 \end{cases}$$

일 때, X와 $Y = 2X + 1$의 기댓값을 구하여라.

풀이 분포함수가 $x = 1$에서 불연속이므로 X의 확률함수를 먼저 구하면, $0 < x < 1$에서 $f(x) = 2e^{-2x}$이고 $P(X=1) = F(1) - F(1-) = e^{-2}$이다. 즉 X

의 확률함수는

$$f(x)=\begin{cases}2e^{-2x}, & 0< x< 1\\ e^{-2}, & x=1\\ 0, & \text{다른 곳에서}\end{cases}$$

이다. 따라서 X와 Y의 기댓값은 각각

$$\begin{aligned}E(X)&=\int_0^1 xf(x)dx+(1)P(X=1)\\&=\int_0^1 2xe^{-2x}dx+(1)e^{-2}\\&=\frac{1}{2}(1-3e^{-2})+e^{-2}=0.4323\\E(Y)&=\int_0^1(2x+1)f(x)dx+(2\cdot 1+1)P(X=1)\\&=\int_0^1 2(2x+1)e^{-2x}dx+(3)e^{-2}\\&=2(1-2e^{-2})+3e^{-2}=2-e^{-2}=1.8646\end{aligned}$$

이다. ■

그러면 예제 3으로부터

$$E(2X+1)=1.8646=2E(X)+1$$

임을 확인할 수 있다. 이와 같이 임의의 상수 a, b에 대하여

$$\begin{aligned}E(aX+b)&=\sum_x(ax+b)f(x)=a\sum_x xf(x)+b\sum_x f(x)\\&=aE(X)+b\end{aligned}$$

이고, 또한 확률변수 X의 함수 $u(X)$, $v(X)$에 대하여, 두 함수의 합 $u(X)+v(X)$의 기댓값은 정의에 의하여

$$\begin{aligned}E[u(X)+v(X)]&=\sum_x[u(x)+v(x)]f(x)=\sum_x[u(x)f(x)+v(x)f(x)]\\&=\sum_x u(x)f(x)+\sum_x v(x)f(x)\\&=E[u(X)]+E[v(X)]\end{aligned}$$

이다. 따라서 기댓값은 임의의 상수 a, b와 X의 함수 $u(X)$, $v(X)$에 대하여 다음의 성질을 갖는다.

정리 1

(1) $E(a)=a$

(2) $E(aX)=aE(X)$

(3) $E(aX+b)=aE(X)+b$

(4) $E[au(X)+bv(X)]=aE[u(X)]+bE[v(X)]$

예제 4 다음 표는 어느 보험회사에 개개인의 자동차보험 가입자가 1년간 보험금 지급을 요구한 건수 X에 대한 상대도수확률 $f(x)$를 나타낸다.

X	0	1	2	3
$f(x)$	0.80	0.15	0.03	0.02

(1) 이 보험회사의 연평균 보험금 지급건수를 구하여라.

(2) 만일 보험증권이 지급요구당 1,000$의 고정된 보험금을 지급하도록 계약이 되어 있다면, 보험금으로 이 회사가 지불해야 할 연평균은 얼마인가?

풀이 (1) $E(X)=(0)(0.80)+(1)(0.15)+(2)(0.03)+(3)(0.02)=0.27$

(2) 지급요구당 지불할 보험금을 Y라 하면, 지급요구당 1,000$의 고정된 보험금을 지급하므로 $Y=1000X$이다. 따라서 연평균 지불액은

$$E(Y)=E(1000X)=1000\,E(X)=(1000)(0.27)=270$$

이다. ■

확률변수 X가 음이 아닌 값을 갖는다면, 다음과 같이 분포함수를 이용하여 기댓값을 구할 수 있다. 즉 확률변수 X의 분포함수를 안다면, X가 연속형이든 이산형이든 또는 혼합형이든 분포함수를 이용하여 X의 기댓값을 구할 수 있다.

정리 2

음이 아닌 확률변수 X에 대하여, 다음 등식이 성립한다.

$$E(X)=\int_0^\infty [1-F(x)]\,dx$$

증명 $f(x)$를 X의 확률밀도함수라 하고, $E(X)<\infty$라고 하자. 그러면

$$E(X)=\int_0^\infty xf(x)\,dx=\lim_{n\to\infty}\int_0^n xf(x)\,dx$$

이고, 이제 부분적분법을 이용하여 우변을 적분하면

$$\begin{aligned}\int_0^n x f(x)\,dx &= [x F(x)]_0^n - \int_0^n F(x)\,dx \\ &= n F(n) - \int_0^n F(x)\,dx \\ &= n F(n) + \int_0^n [1 - F(x) - 1]\,dx \\ &= -n[1 - F(n)] + \int_0^n [1 - F(x)]\,dx\end{aligned}$$

이다. 한편

$$n[1 - F(n)] = n\int_n^\infty f(x)\,dx < \int_n^\infty x f(x)\,dx$$

이고, $E(X) < \infty$ 이므로 $\lim_{n \to \infty} n[1 - F(n)] = 0$ 이다. 따라서

$$\begin{aligned}E(X) &= \lim_{n \to \infty}\int_0^n x f(x)\,dx \\ &= \lim_{n \to \infty}[-n(1 - F(n))] + \lim_{n \to \infty}\int_0^n [1 - F(x)]\,dx \\ &= \int_0^\infty [1 - F(x)]\,dx\end{aligned}$$

이다. ■

예제 5 분포함수를 이용하여 예제 3과 예제 4에 주어진 확률변수 X의 기댓값을 구하여라.

풀이 예제 3의 확률변수 X에 대한 분포함수 $F(x)$와 $1 - F(x)$는 각각

$$F(x) = \begin{cases} 0 & , x < 0 \\ 1 - e^{-2x} & , 0 \le x < 1 \\ 1 & , x \ge 1 \end{cases}, \quad 1 - F(x) = \begin{cases} 1 & , x < 0 \\ e^{-2x} & , 0 \le x < 1 \\ 0 & , x \ge 1 \end{cases}$$

이다. 따라서 X의 기댓값은

$$\begin{aligned}E(X) &= \int_0^\infty [1 - F(x)]\,dx = \int_0^1 e^{-2x}\,dx \\ &= \frac{1}{2}e^{-2x}\Big|_0^1 = \frac{1}{2}(1 - e^{-2}) = 0.4323\end{aligned}$$

한편 예제 4의 분포함수 $F(x)$와 $1-F(x)$를 구하면

$$F(x)=\begin{cases}0 &, x<0\\ 0.8 &, 0\le x<1\\ 0.95 &, 1\le x<2\\ 0.98 &, 2\le x<3\\ 1 &, x\ge 3\end{cases}, \quad 1-F(x)=\begin{cases}1 &, x<0\\ 0.2 &, 0\le x<1\\ 0.05 &, 1\le x<2\\ 0.02 &, 2\le x<3\\ 0 &, x\ge 3\end{cases}$$

따라서 X의 기댓값은

$$\begin{aligned}E(X)&=\int_0^\infty [1-F(x)]\,dx\\ &=\int_0^1 0.2\,dx+\int_1^2 0.05\,dx+\int_2^3 0.02\,dx\\ &=0.2+0.05+0.02=0.27\end{aligned}$$

이다. ■

특히 양의 정수를 취하는 이산확률변수 X의 기댓값을 구하는 또 다른 방법으로 다음의 성질을 생각할 수 있다.

정리 3

양의 정수를 취하는 이산확률변수 X에 대하여, 다음 등식이 성립한다.

$$E(X)=\sum_{n=1}^{\infty}P(X\ge n)$$

증명 이산확률변수 X의 확률함수를 $f(x)=P(X=x)$라 하면, X의 기댓값은 다음과 같다.

$$\begin{aligned}&E(X)\\ &=\sum_{x=1}^{\infty}x\,P(X=x)\\ &=1\,P(X=1)+2\,P(X=2)+3\,P(X=3)+4\,P(X=4)+\cdots\\ &=P(X=1)+P(X=2)+P(X=3)+P(X=4)+P(X=5)+\cdots=P(X\ge 1)\\ &\qquad\qquad\;\;+P(X=2)+P(X=3)+P(X=4)+P(X=5)+\cdots=P(X\ge 2)\\ &\qquad\qquad\qquad\qquad\;\;+P(X=3)+P(X=4)+P(X=5)+\cdots=P(X\ge 3)\\ &\qquad\qquad\qquad\qquad\qquad\qquad\;\;+P(X=4)+P(X=5)+\cdots=P(X\ge 4)\\ &\qquad\qquad\;\;\vdots\qquad\qquad\vdots\qquad\qquad\vdots\qquad\qquad\qquad\qquad\qquad\vdots\end{aligned}$$

이다. 따라서 X의 기댓값은 우변의 합과 같으며, 그 결과는

$$E(X) = \sum_{n=1}^{\infty} P(X \geq n)$$

이다. ■

예제 6 공정한 주사위를 처음으로 1의 눈이 나올 때까지 독립적으로 반복하여 던진 횟수를 X라 할 때, $E(X)$를 구하여라.

풀이 확률변수 X는 처음 1의 눈이 나올 때까지 반복하여 주사위를 던진 횟수이므로 X가 취하는 값은 1, 2, 3, …이다. 최소한 n번 이상 던져야 처음으로 1의 눈이 나올 사건은 $n-1$번 반복하여 1의 눈이 아닌 다른 눈이 나오는 사건과 동등하다. 또한 $n-1$번 반복하여 1의 눈이 아닌 다른 눈이 나올 확률은 $\left(\frac{5}{6}\right)^{n-1}$이므로 구하고자 하는 기댓값은

$$E(X) = \sum_{n=1}^{\infty} P(X \geq n) = \sum_{n=1}^{\infty} \left(\frac{5}{6}\right)^{n-1} = \frac{1}{1-(5/6)} = 6$$

이다. ■

연습문제 4.1 Exercises

1. 어느 보험회사에 지난 1년간 보험에 가입한 가입자들 중에서 임의로 추출하여, 보험금 지급 횟수와 그에 대한 보험 가입자 수에 대한 다음 표본으로 얻었다고 하자. 이 보험회사에서 연평균 몇 건의 보험금을 지급하였는지 구하여라.

계약자 수의 상대도수	0	1	2	3	4	5	합계
가입자 수	18,253	2,055	984	36	9	3	21,340

2. 입원기간 최초 3일간은 매일 100$를 지급하고, 그 이후로는 매일 50$를 지급하는 보험약관에 대하여, 입원한 날짜 수 X는 다음과 같은 확률함수를 갖는다. 이때 이 보험에 가입한 사람에게 지급될 평균 보험금을 구하여라.

$$f(x) = \begin{cases} \dfrac{6-x}{15}, & x = 1, 2, 3, 4, 5 \\ 0, & \text{다른 곳에서} \end{cases}$$

3. 보험회사는 면책금액 2인 1년 기간의 자동차 보험증권을 판매한다. 이때 피보험자가 손해를 입을 확률은 0.05이고, 이 경우에 손실금액 N의 확률은 $\frac{k}{n}$, $n=1, 2, 3, 4, 5$이고, k는 상수이다. 이때 순보험료를 구하여라.

4. 연속확률변수 X가 다음의 밀도함수를 가질 때, X의 기댓값을 구하여라.

$$f(x)=\begin{cases}\dfrac{|x|}{10}, & -2\le x\le 4\\ 0, & \text{다른 곳에서}\end{cases}$$

5. 보험회사는 32가지의 서로 독립적인 위험요소에 대한 보험증권을 판매하였으며, 각 요소별로 보험청구가 들어올 확률은 $\frac{1}{5}$이라 한다. 그리고 보험청구가 들어올 때, 지불되는 보험금은 다음 밀도함수를 갖는다고 한다. 이때 지불된 전체 보험금의 평균을 구하여라.

$$f(x)=\begin{cases}2(1-x), & 0<x<1\\ 0, & \text{다른 곳에서}\end{cases}$$

6. 어떤 회사는 4개의 회사 소유물에 대하여 매매 입찰을 하여 최고가액의 소유물을 팔려고 한다. 이때 회사에서 매매하고자 하는 매물 가액은 다음 분포함수를 가지는 독립확률변수이다.

$$F(x)=\frac{1}{2}(1+\sin\pi x),\ \frac{3}{2}\le x\le\frac{5}{2}$$

다음 중 이 회사에서 수락된 매물 가액의 기댓값을 나타내는 식은 어느 것인가?

① $\pi\int_{3/2}^{5/2} x\cos\pi x\,dx$

② $\frac{1}{16}\int_{3/2}^{5/2}(1+\sin\pi x)^4\,dx$

③ $\frac{1}{16}\int_{3/2}^{5/2} x(1+\sin\pi x)^4\,dx$

④ $\frac{\pi}{4}\int_{3/2}^{5/2}\cos\pi x(1+\sin\pi x)^3\,dx$

⑤ $\frac{\pi}{4}\int_{3/2}^{5/2} x\cos\pi x(1+\sin\pi x)^3\,dx$

7. 지진활동을 연속적으로 측정과 기록하는 장치가 외딴 곳에 놓여 있다. 이 장치가 고장 날 때까지 걸리는 시간 X는 확률밀도함수

$$f(x)=\frac{1}{3}e^{-x/3},\ x>0$$

를 갖는다. 처음 2년간은 이 장치를 관리하지 않는다 할 때, 이 장치의 고장이 발견된 시간은

$Y = \max\{X, 2\}$ 이다. 이 장치의 고장이 발견될 평균시간을 구하여라.

8. 보험에 가입한 각 가정에 대하여 태풍으로 인한 손해 청구액(X)은 독립적이고 동일한 밀도함수

$$f(x) = \begin{cases} \dfrac{3}{x^4}, & x > 1 \\ 0, & \text{다른 곳에서} \end{cases}$$

을 갖는다. 여기서 x는 1,000$ 단위의 보험 청구액이며, 세 건의 보험 청구가 있었다고 하자. 이때 세 건의 청구 중에서 가장 많은 청구액의 기댓값을 구하여라.

9. 보험회사의 월 보험금 지급요구액은 연속이고 양의 확률변수 X에 의하여 표현되며, 이때 밀도함수는 $(1+x)^{-4}$, $0 < x < \infty$ 에 비례한다. 이 회사의 월 평균 지급요구액을 구하여라.

10. 어떤 기계의 수명은 구간 $(0, 40)$에서 $(10+x)^{-2}$에 비례하는 밀도함수 $f(x)$를 갖는 연속확률변수로 표현된다. 이때 이 기계의 평균수명과 중앙값을 구하여라.

11. 확률변수 X의 밀도함수가 다음과 같을 때, 기댓값 $E(X)$를 구하여라.

$$f(x) = \begin{cases} 1.4e^{-2x} + 0.9e^{-3x}, & x > 0 \\ 0, & \text{다른 곳에서} \end{cases}$$

12. 단체 보험증권에 대하여 보험회사는 올해 소기업의 종업원에 의하여 초래된 1백만 달러 한도 내에서 의료 청구서의 100%를 지급하기로 동의하였다. 그리고 전체 청구금액 X(백만 달러)는 밀도함수

$$f(x) = \frac{x(4-x)}{9}, \quad 0 < x < 3$$

을 갖는다. 이 보험회사가 판매한 증권에 대하여 지불할 것으로 기대되는 총액을 구하여라.

13. 자동차보험 지급금액은 다음 밀도함수를 갖는 확률변수로 모형화되며, 자기부담금이 없다면 이 회사는 100건의 청구를 지불할 것으로 기대한다.

$$f(x) = xe^{-x}, \quad x > 0 \text{ (단위는 1,000\$)}$$

이 회사가 1,000$의 자기부담금을 도입하기로 결정한다면, 이 회사는 평균 얼마나 많은 지급

요구에 대하여 지불해야 하는가?

14. 전기장치에 대한 보험증권은 처음 1년 동안 이 장치가 고장이 나면 4,000$의 자기부담금을 지불하도록 되어 있다. 이 자기부담금은 0$가 될 때까지 매년 1,000$씩 감소한다. 이 장치가 어떤 지정된 년도의 초기에 고장 나지 않았다면, 그 해에 고장 날 확률은 0.4라고 한다. 이 증권에 대한 기대 자기부담금을 구하여라.

15. 보험회사는 보상한도액이 10인 보험증권을 판매하였으며, 이 보험증권 소지자의 손실 X는 밀도함수

$$f(x)=\begin{cases}\dfrac{2}{x^3}, & x>1\\ 0, & \text{다른 곳에서}\end{cases}$$

이다. 이러한 보험증권에 대하여 지급된 보험금의 평균을 구하여라.

16. 제조업자의 연간 손실액은 밀도함수

$$f(x)=\begin{cases}\dfrac{(2.5)(0.6)^{2.5}}{x^{3.5}}, & x>0.6\\ 0, & \text{다른 곳에서}\end{cases}$$

를 갖는다. 손실을 만회하기 위하여 이 제조업자는 공제액이 2인 보험증권을 구입하였다. 이때 보험회사로부터 지급되지 않는 제조업자의 연간 손실액의 평균을 구하여라.

17. 자동차 보험회사는 면책금액 1,000$인 증권으로 연간 15,000$ 가치의 자동차를 보증한다. 보험에 가입한 기간 동안에 부분적인 손해를 입을 확률이 0.04이고 자동차가 완전하게 손해를 입을 확률이 0.02라고 한다. 자동차가 부분적인 손해를 입었을 때, 손해액 X(단위 : 1,000$)는 다음 밀도함수를 갖는다고 할 때, 보험회사로부터 기대되는 보험금을 구하여라.

$$f(x)=\begin{cases}0.5003e^{-x/2}, & 0<x<15\\ 0, & \text{다른 곳에서}\end{cases}$$

4.2 적률

확률변수 X의 확률분포에 대한 중심의 위치를 나타내는 평균을 정의하였다. 그러면 두 확률분포의 평균이 동일하면, 두 확률분포는 동일한 성질을 갖는다고 할 수 있을까? 이것에 대한 답으로 다음 두 그룹 A와 B의 자료를 생각해보자.

그룹	자 료														
A	20	45	95	80	70	85	95	87	21	95	90	39	28	86	84
B	57	60	68	71	75	71	55	71	81	71	65	65	78	71	61

그러면 두 그룹의 평균은 68.0으로 동일하지만, 그룹 A는 최하 20에서 최고 95까지 폭넓게 분포하고 그룹 B는 최하 55에서 최고 81까지 그룹 A에 비하여 분포 폭이 좁다. 그리고 두 그룹에 대한 확률히스토그램을 살펴보면, 두 그룹의 자료는 명확히 다른 성질을 나타내고 있는 것을 알 수 있다.

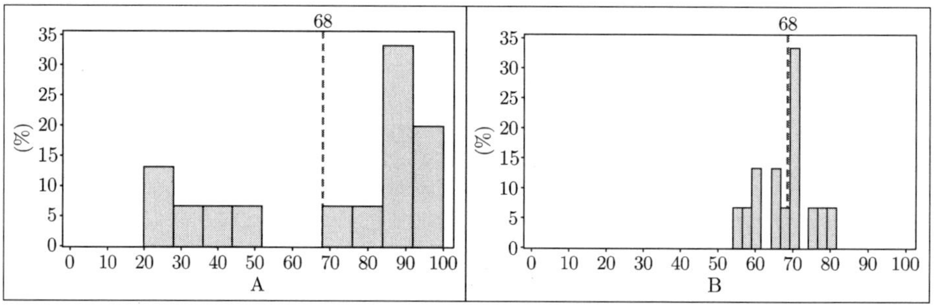

그림 4.3 두 그룹의 확률히스토그램 비교

따라서 확률분포의 특성을 분석하기 위하여, 평균 이외에 확률분포가 평균을 중심으로 어느 정도 가깝게 밀집되는지를 나타내는 척도가 필요하다. 이를 위하여, 확률변수에 대한 적률과 중심적률을 다음과 같이 정의한다.

양의 정수 k에 대하여 X^k의 기댓값

$$E(X^k) = \begin{cases} \displaystyle\sum_{\text{모든 } x} x^k f(x) & , \text{ 이산형인 경우} \\ \displaystyle\int_{-\infty}^{\infty} x^k f(x)\,dx & , \text{ 연속형인 경우} \end{cases}$$

를 확률변수 X의 k차 **적률**(moment)이라 하며, $(X-\mu)^k$의 기댓값

$$\mu_k = E[(X-\mu)^k] = \begin{cases} \displaystyle\sum_{\text{모든 } x} (x-\mu)^k f(x) & , \text{ 이산형인 경우} \\ \displaystyle\int_{-\infty}^{\infty} (x-\mu)^k f(x)\,dx & , \text{ 연속형인 경우} \end{cases}$$

를 확률변수 X의 k차 **중심적률**(central moment)이라 한다. 이때 2차 중심적률을 확률변수 X의 **분산**(variance)이라 하고, $Var(X)$ 또는 σ^2으로 나타낸다. 그리고 분산은 평균을 중심으로 한 확률분포의 흩어진 정도를 나타내는 척도로 사용된다.

$$\sigma^2 = Var(X) = E[(X-\mu)^2]$$
$$= \begin{cases} \displaystyle\sum_{\text{모든 } x} (x-\mu)^2 f(x) & , \text{ 이산형인 경우,} \\ \displaystyle\int_{-\infty}^{\infty} (x-\mu)^2 f(x)\,dx & , \text{ 연속형인 경우} \end{cases}$$

그러면 기댓값의 성질로부터 다음과 같이 간편한 공식을 얻을 수 있다.

$$\sigma^2 = Var(X) = E(X^2) - \mu^2$$

그리고 확률변수 X의 **표준편차**(standard deviation)는 다음과 같이 정의된다.

$$\sigma = SD(X) = \sqrt{E[(X-\mu)^2]}$$

그러면 임의의 상수 a, b에 대하여 분산과 표준편차에 대한 다음 성질들을 쉽게 얻을 수 있다.

(1) $Var(a) = 0$　　　　$SD(a) = 0$
(2) $Var(aX) = a^2\, Var(X)$　　　　$SD(aX) = |a|\, SD(X)$
(3) $Var(aX+b) = a^2\, Var(X)$　　　　$SD(aX+b) = |a|\, SD(X)$

예제 1 연간 보험금 지급 건수 X에 대한 다음 표본에 대하여 X와 $2X-1$의 표준편차를 구하여라.

계약자 수의 상대도수	0	1	2	3	4	5	합계
X	0.8553	0.0963	0.0462	0.0017	0.0004	0.0001	1.0000

풀이 보험금 지급 건수 X에 대응하는 상대도수에 의한 확률을 $f(x)$라 하면,

x	0	1	2	3	4	5
x^2	0	1	4	9	16	25
$f(x)$	0.8553	0.0963	0.0462	0.0017	0.0004	0.0001
$xf(x)$	0	0.0963	0.0924	0.0051	0.0016	0.0005
$x^2f(x)$	0	0.0963	0.1848	0.0153	0.0064	0.0025

이고, 따라서

$$\mu = E(X) = 0.0963 + 0.0924 + 0.0051 + 0.0016 + 0.0005 = 0.1959$$
$$E(X^2) = 0.0963 + 0.1848 + 0.0153 + 0.0064 + 0.0025 = 0.3053$$

이다. 그러므로 X의 분산과 표준편차는 각각 다음과 같다.

$$\sigma_X^2 = E(X^2) - \mu^2 = 0.3053 - (0.1959)^2 = 0.2670$$
$$\sigma_X = \sqrt{0.2670} = 0.5167$$

따라서 $SD(2X-1) = 2SD(X) = 2 \cdot (0.5167) = 1.0334$이다. ■

또한 일반적으로 보험에서 사용되는 많은 확률분포는 오른쪽으로 긴 꼬리모양을 가지며, 이와 같은 분포의 꼬리모양을 나타내거나 분포의 비대칭성을 나타내는 척도로 **왜도**(skewness)를 사용한다. 왜도는

$$\alpha = \frac{E[(X-\mu)^3]}{\sigma^3} = \frac{E(X^3) - 3\mu E(X^2) + 2\mu^3}{\sigma^3}$$

으로 정의되며, 대칭인 분포에 대한 왜도는 0이고 평균으로부터 오른쪽으로 치우친 모양의 분포를 갖는 경우에 왜도는 양수가 된다. 그리고 분포의 봉우리를 정규분포와 비교하는 척도로 **첨도**(kurtosis)를 사용하며, 이 척도는

$$\beta = \frac{E[(X-\mu)^4]}{\sigma^4} = \frac{E(X^4) - 4\mu E(X^3) + 6\mu^2 E(X^2) - 3\mu^4}{\sigma^4}$$

으로 정의된다. 이때 정규분포의 첨도는 3이고, 분포의 첨도가 3보다 작으면 봉우리 부분이 정규분포에 비하여 편평하게 나타난다.

예제 2 예제 1에 대한 자료의 왜도를 구하여라.

풀이 예제 1에서 $\mu = 0.1959$, $\sigma = 0.5167$, $E(X^2) = 0.3053$인 것을 살펴보았다. 따라서 3차와 4차 적률을 구하면, 다음 표로부터

x	0	1	2	3	4	5
x^3	0	1	8	27	64	125
x^4	0	1	16	81	256	625
$f(x)$	0.8553	0.0963	0.0462	0.0017	0.0004	0.0001
$x^3 f(x)$	0	0.0963	0.3696	0.0459	0.0256	0.0125
$x^4 f(x)$	0	0.0963	0.7392	0.1377	0.1024	0.0625

$E(X^3) = 0.5499$, $E(X^4) = 1.1381$이다. 그러므로 구하고자 하는 왜도와 첨도

는 각각 다음과 같다.

$$\alpha = \frac{0.5499-(3)(0.1959)(0.3053)+(2)(0.1959)^3}{(0.5167)^3} = \frac{0.3855}{0.1379} = 2.7955$$

$$\beta = \frac{1.1381-(4)(0.1959)(0.5499)+(6)(0.1959)^2(0.3053)-(3)(0.1959)^4}{(0.267)^2}$$

$$= \frac{0.7731}{0.0713} = 10.843$$

■

앞에서 확률변수 X의 기댓값을 정의하였고, 함수 $Y=g(X)$의 확률분포를 조사하지 않고 Y의 기댓값을 알 수 있음을 살펴보았다. 이제 결합분포의 기댓값을 정의하고, 그에 대한 여러 가지 성질들을 살펴보도록 한다.

정의 2

두 확률변수 X와 Y의 확률함수를 $f(x, y)$라 할 때, 함수 $g(X, Y)$의 기댓값이 존재한다면, 이 기댓값을 다음과 같이 정의한다.

$$E[g(X,Y)] = \begin{cases} \displaystyle\sum_x \sum_y g(x, y) f(x, y) & , X, Y \text{가 이산확률변수} \\ \displaystyle\int_{-\infty}^{\infty} \int_{-\infty}^{\infty} g(x, y) f(x, y)\, dy\, dx & , X, Y \text{가 연속확률변수} \end{cases}$$

특히, 임의의 음이 아닌 정수 j와 k에 대하여 $E(X^j Y^k)$가 존재한다면, 이것을 두 확률변수 X와 Y의 $j+k$차 **결합적률**(joint moment)이라 한다.

그러면 결합분포의 기댓값은 선형적 성질을 갖는다. 즉, 임의의 상수 a, b 그리고 X, Y의 함수 $u(X, Y)$, $v(X, Y)$에 대하여 다음 정리 4가 성립한다.

정리 4

(1) $E[au(X,Y)+bv(X,Y)] = aE[u(X,Y)]+bE[v(X,Y)]$

(2) $E(X+Y) = E(X)+E(Y)$

(3) X와 Y가 독립이면, $E(XY) = E(X)E(Y)$

증명 (1) 이산확률변수 X와 Y에 대하여 증명한다.

$$E[au(X,Y)+bv(X,Y)] = \sum_x \sum_y [au(x, y)+bv(x, y)] f(x, y)$$

$$= a\sum_x \sum_y u(x, y) f(x, y) + b\sum_x \sum_y v(x, y) f(x, y)$$

$$= aE[u(X,Y)] + bE[v(X,Y)]$$

(2) $a=b=1$ 그리고 $u(X,Y)=X$, $E[v(X,Y)]=Y$라 하면 (1)에 의하여 명백히 성립한다.

(3) X와 Y가 독립이면 $f(x,y)=f_X(x)f_Y(y)$이므로

$$\begin{aligned} E(XY) &= \sum_x \sum_y (xy) f(x,y) = \sum_x \sum_y [x f_X(x)][y f_Y(y)] \\ &= \left(\sum_x x f_X(x)\right)\left(\sum_y y f_Y(y)\right) = E(X)E(Y) \end{aligned}$$

이다. ■

예제 3 자동차보험에 가입된 자동차와 운전자의 특성을 조사하여 다음과 같은 결과를 얻었다. 사고 발생할 당시 자동차의 수명 X와 사고 당시 운전자가 보험에 가입한 기간 Y에 대하여, 이 두 확률변수는 다음의 결합밀도함수를 갖는다고 한다.

$$f(x,y) = \begin{cases} \dfrac{1}{64}(10 - xy^2), & 2 \le x \le 10,\ 0 \le y \le 1 \\ 0 & , \text{다른 곳에서} \end{cases}$$

이때 기댓값 $E(X+Y)$와 $E(XY)$를 구하여라.

풀이

$$\begin{aligned} E(X+Y) &= \frac{1}{64}\int_2^{10}\int_0^1 (x+y)(10-xy^2)\,dy\,dx \\ &= \frac{1}{64}\int_2^{10}\left(5 + \frac{39}{4}x - \frac{1}{3}x^2\right)dx \\ &= \frac{1}{64}\left[5x + \frac{39}{8}x^2 - \frac{1}{9}x^3\right]_2^{10} = \frac{895}{144} = 6.2153 \end{aligned}$$

$$\begin{aligned} E(XY) &= \frac{1}{64}\int_2^{10}\int_0^1 xy(10-xy^2)\,dy\,dx \\ &= \frac{1}{64}\int_2^{10}\left(5x - \frac{1}{4}x^2\right)dx \\ &= \frac{1}{64}\left[\frac{5}{2}x^2 - \frac{1}{12}x^3\right]_2^{10} = \frac{59}{24} = 2.4583 \end{aligned}$$

■

또한 X와 Y의 결합분포로부터 X의 주변분포를 구하는 방법을 살펴보았다. 따라서 X의 기댓값을 구하기 위하여 주변분포를 먼저 구했으나, 그러한 번거로움 없이 주변분포의 기댓값과 분산을 쉽게 얻을 수 있다. 즉 이산확률변수 X와 Y에 대하여 X의 평균은

$$\mu_X = E(X) = \sum_x \sum_y x\, f(x,\ y) = \sum_x \left(\sum_y f(x,\ y) \right) = \sum_x x\, f_X(x)$$

이고, X의 분산

$$\begin{aligned}
\sigma_X^2 = E[(X-\mu_X)^2] &= \sum_x \sum_y (x-\mu_X)^2 f(x,\ y) \\
&= \sum_x (x-\mu_X)^2 \left(\sum_y f(x,\ y) \right) = \sum_x (x-\mu_X)^2 f_X(x) \\
&= \sum_x x^2 f_X(x) - \mu_X^2
\end{aligned}$$

이다. 같은 방법으로 연속확률변수 X와 Y에 대하여 X의 평균 μ_X와 분산 σ_X^2은 각각

$$\mu_X = \int_{-\infty}^{\infty} \int_{-\infty}^{\infty} x\, f(x,\ y)\, dy\, dx = \int_{-\infty}^{\infty} x\, f_X(x)\, dx$$

$$\sigma_X^2 = \int_{-\infty}^{\infty} \int_{-\infty}^{\infty} (x-\mu_X)^2 f(x,\ y)\, dy\, dx = \int_{-\infty}^{\infty} x^2 f_X(x)\, dx - \mu_X^2$$

이다.

예제 4 예제 3에서 사고가 발생할 당시의 자동차의 수명에 대하여

(1) X의 밀도함수를 이용하지 않고, 평균수명과 분산을 구하여라.
(2) X의 밀도함수 $f_X(x)$를 구하고, 평균수명과 분산을 구하여라.

풀이 (1) $$\mu_X = \int_{-\infty}^{\infty} \int_{-\infty}^{\infty} x\, f(x,\ y)\, dy\, dx = \int_2^{10} \int_0^1 \frac{x}{64}(10 - xy^2)\, dy\, dx$$

$$= \int_2^{10} \frac{x}{64}\left(10 - \frac{1}{3}x\right) dx = \frac{1}{64}\left(5x^2 - \frac{x^3}{9}\right)\Bigg|_2^{10} = \frac{52}{9} = 5.7778$$

$$\begin{aligned}
\sigma_X^2 &= \int_{-\infty}^{\infty} \int_{-\infty}^{\infty} (x-\mu_X)^2 f(x,\ y)\, dy\, dx \\
&= \frac{1}{64} \int_2^{10} \int_0^1 \left(x - \frac{52}{9}\right)^2 (10 - xy^2)\, dy\, dx \\
&= \frac{1}{64} \int_2^{10} \left(\frac{27040}{81} - \frac{30784}{243}x + \frac{374}{27}x^2 - \frac{1}{3}x^3 \right) dx \\
&= \frac{428}{81} = 5.2840
\end{aligned}$$

(2) X의 밀도함수는

$$f_X(x) = \int_0^1 \frac{1}{64}(10 - xy^2)\,dy = \frac{1}{192}(30 - x), \qquad 2 \le x \le 10$$

이므로 평균과 2차 적률은

$$\mu_X = \frac{1}{192}\int_2^{10}(30x - x^2)\,dx = \frac{1}{192}\left[15x^2 - \frac{1}{3}x^3\right]_2^{10} = \frac{52}{9} = 5.7778$$

$$E(X^2) = \frac{1}{192}\int_2^{10}(30x^2 - x^3)\,dx = \frac{1}{192}\left[10x^3 - \frac{1}{4}x^4\right]_2^{10} = \frac{1162}{3}$$

이다. 그러므로 분산은

$$\sigma_X^2 = E(X^2) - \mu_X^2 = \frac{116}{3} - \left(\frac{52}{9}\right)^2 = \frac{428}{81} = 5.2840$$

이다. ■

특히 두 확률변수의 평균편차의 곱 $u(X, Y) = (X - \mu_X)(Y - \mu_Y)$에 대한 기댓값

$$E[(X - \mu_X)(Y - \mu_Y)] = \begin{cases} \sum_x \sum_y (x - \mu_X)(y - \mu_Y) f(x, y) \\ \int_{-\infty}^{\infty}\int_{-\infty}^{\infty}(x - \mu_X)(y - \mu_Y) f(x, y)\,dy\,dx \end{cases}$$

를 확률변수 X와 Y의 **공분산**(covariance)이라 하며, $Cov(X, Y)$로 나타낸다. 이러한 공분산은 두 확률변수의 선형결합의 정도를 나타내는 척도로 사용되며, 다음의 성질을 갖는다.

정리 5

(1) $Cov(X, Y) = E(XY) - \mu_X \mu_Y$

(2) $Cov(X, a) = 0$, a는 상수

(3) $Cov(X, Y) = Cov(Y, X)$

(4) $Cov(X, X) = Var(X)$

(5) $Cov(aX + b, cY + d) = ac\, Cov(X, Y)$

(6) $Cov(aX + bY, cX + dY)$
$= ac\, Var(X) + bd\, Var(Y) + (bc + ad)\, Cov(X, Y)$

(7) X, Y가 독립이면, $Cov(X, Y) = 0$이다. 그러나 역은 성립하지 않는다.

증명 (5)에 대하여 증명한다. 기댓값의 성질에 의하여

$$E(aX+b)=aE(X)+b,\ E(cY+d)=cE(Y)+d$$

이므로

$$(aX+b)-E(aX+b)=a(X-\mu_X),\ (cY+d)-E(cY+d)=c(Y-\mu_Y)$$

이다. 따라서 $U=aX+b$, $V=cY+d$ 라 하면

$$U-\mu_U=a(X-\mu_X),\ V-\mu_V=c(Y-\mu_Y)$$

이고, U와 V의 공분산은

$$Cov(U,V)=acE[(X-\mu_X)(Y-\mu_Y)]=ac\,Cov(X,Y)$$

이다. ■

이러한 공분산의 응용으로 확률변수의 합에 대한 분산을 쉽게 얻을 수 있다.

정리 6

(1) $Var(X\pm Y)=Var(X)+Var(Y)\pm 2Cov(X,Y)$

(2) X와 Y가 독립이면, $Var(aX\pm bY)=a^2 Var(X)+b^2 Var(Y)$

(3) $X_1, X_2, \cdots, X_n$ 이 독립이면,

$$Var\left(\sum_{k=1}^{n} X_k\right)=\sum_{k=1}^{n} Var(X_k)$$

(4) $X_1, X_2, \cdots, X_n$ 이 평균 μ, 분산 σ^2 인 독립이고 동일한 확률분포를 갖는다면,

$$E\left(\frac{1}{n}\sum_{k=1}^{n} X_k\right)=\mu,\quad Var\left(\frac{1}{n}\sum_{k=1}^{n} X_k\right)=\frac{1}{n}\sigma^2$$

증명 (1) $U=X+Y$라 하면, $\mu_U=E(X+Y)=\mu_X+\mu_Y$이므로

$$\begin{aligned}(U-\mu_U)^2&=[(X-\mu_X)+(Y-\mu_Y)]^2\\&=(X-\mu_X)^2+(Y-\mu_Y)^2+2(X-\mu_X)(Y-\mu_Y)\end{aligned}$$

이다. 따라서 U의 분산은 다음과 같다.

$$\begin{aligned} Var(U) &= E\left[(U-\mu_U)^2\right] \\ &= E\left[(X-\mu_X)^2+(Y-\mu_Y)^2+2(X-\mu_X)(Y-\mu_Y)\right] \\ &= E\left[(X-\mu_X)^2\right]+E\left[(Y-\mu_Y)^2\right]+2E\left[(X-\mu_X)(Y-\mu_Y)\right] \\ &= Var(X)+Var(Y)+2Cov(X,\ Y) \end{aligned}$$

(2) X와 Y가 독립이면, $Cov(X, Y)=0$이므로 명백히 성립한다. ■

예제 5 외과수술 청구액을 X 그리고 병원의 청구액을 Y라 하면, 보험계리인은 다음과 같은 모델을 사용한다.

$$E(X)=5,\ E(X^2)=27.4,\ E(Y)=7,\ E(Y^2)=51.4,\ Var(X+Y)=8$$

$C_1=X+Y$는 청구액의 병원 몫으로 20%의 추가금액을 산정하기 전의 청구액 합계이고, C_2는 병원의 청구액에 20%의 추가금액을 산정한 후의 청구액 합이라 한다.

(1) 공분산 $Cov(X, Y)$를 구하여라.
(2) 공분산 $Cov(C_1, C_2)$를 구하여라.

풀이 (1)

$$Var(X)=E(X^2)-E^2(X)=27.4-25=2.4$$
$$Var(Y)=E(Y^2)-E^2(Y)=51.4-49=2.4$$

이고, 또한

$$Var(X+Y)=Var(X)+Var(Y)+2Cov(X,\ Y)$$

이므로

$$\begin{aligned} 2Cov(X,\ Y) &= Var(X+Y)-Var(X)-Var(Y) \\ &= 8-2.4-2.4=3.2 \end{aligned}$$

즉 $Cov(X,\ Y)=1.6$이다.

(2) $$\begin{aligned} Cov(C_1,\ C_2) &= Cov(X+Y,\ X+1.2Y) \\ &= Var(X)+2.2Cov(X, Y)+1.2Var(Y) \\ &= 2.4+2.2(1.6)+1.2(2.4)=8.8 \end{aligned}$$ ■

예제 6 어떤 보험증권은 의료보험금 지급요구에 대하여 수술비용으로 지불될 보험금 X와 그 외의 부대비용으로 지불될 보험금 Y인 두 부분으로 구성된 전체 의료보험금을 지급한다. 이때 X의 분산은 5,000$이고 Y의 분산은 10,000$ 그리고 전체 보험금 $X+Y$의 분산은 17,000$ 이라고 한다. 의료비용이 증가함에 따라 증권을 발행한 보험회사는 지급요구 때마다 일률적으로 100$ 씩 X를 증가시키고, Y는 10% 씩 증가시키도록 결정하였다. 이러한 결정 이후 만들어진 전체 보험금의 분산을 구하여라.

풀이 $Var(X)=5000,\ \ Var(Y)=10000,\ \ Var(X+Y)=17000$ 이므로

$$17000 = Var(X+Y) = 5000 + 10000 + 2\,Cov(X,Y)$$

이다. 따라서 $Cov(X,Y)=1000$ 이므로 구하고자 하는 분산은

$$\begin{aligned}Var[(X+100)+(1.1)Y] &= Var[(X+1.1Y)+100] = Var(X+1.1Y)\\ &= Var(X)+Var(1.1Y)+2\,Cov[X,(1.1)Y]\\ &= Var(X)+(1.1)^2\,Var(Y)+2(1.1)\,Cov(X,Y)\\ &= 5000+(1.1)^2(10000)+(2.2)(1000)=19300\end{aligned}$$

이다. ■

그러나 공분산은 확률변수의 단위에 따라 그 크기가 다르게 나타나고, 따라서 공분산을 이용하여 두 자료를 비교하기 곤란할 수 있다. 이와 같은 문제점을 보완하기 위하여 단위에 무관하게 두 자료를 비교하기 위한 척도로 **상관계수**(correlation coefficient)를 사용하며, 상관계수는 다음과 같이 정의한다.

$$\rho_{XY} = Corr(X,Y) = \frac{Cov(X,Y)}{\sigma_X\,\sigma_Y}$$

이때 상관계수는 $-1 \le \rho_{XY} \le 1$ 안에서 값을 취하며, 특히 X와 Y가 독립이면 공분산이 $Cov(X,Y)=0$ 이므로 $\rho_{XY}=0$ 이다. 그리고 그림 4.4와 같이 $\rho_{XY}>0$ 이면 두 확률변수의 증감이 동일하게 양의 방향으로 분포를 이루는 양의 상관관계가 있다고 한다. 또한 $\rho_{XY}<0$ 인 경우에, 즉 X가 증가함에 따라 Y가 감소하는 두 확률변수는 음의 상관관계가 있다고 한다.

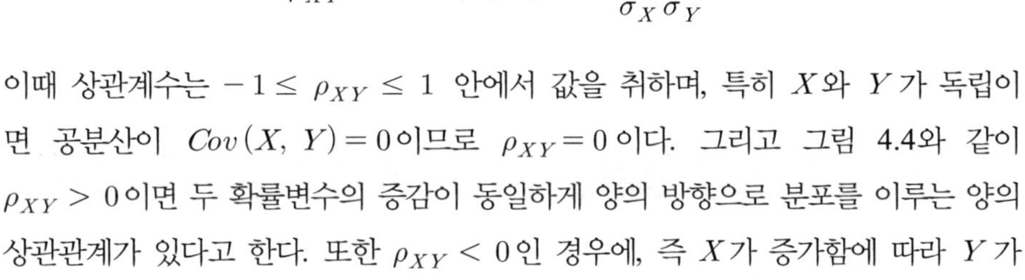

그림 4.4 상관관계

또한 $Y = aX + b$ 라 하면, $\sigma_Y = |a|\sigma_X$ 이므로

$$\rho_{XY} = \frac{Cov(X, Y)}{\sigma_X \sigma_Y} = \frac{a}{|a|} = \begin{cases} +1 \ , & a > 0 \\ -1 \ , & a < 0 \end{cases}$$

따라서 X와 Y가 선형적 관계가 있을 때, 기울기가 양수이면 양의 관계가 있고 기울기가 음이면 음의 관계가 있다. 그리고 상관계수는 다음 성질을 갖는다.

$$Corr(aX + b, cY + d) = \begin{cases} Corr(X, Y) \ , & ac > 0 \\ -Corr(X, Y) \ , & ac < 0 \end{cases}$$

예제 7 예제 5에서 C_1과 C_2의 상관계수를 구하여라.

풀이 예제 5에서 $Cov(C_1, C_2) = 8.8$을 구했다. 한편 C_1과 C_2의 분산을 구하면,

$$Var(C_1) = Var(X + Y) = 8$$
$$Var(C_2) = Var(X + 1.2Y) = Var(X) + 2.4Cov(X, Y) + Var(1.2Y)$$
$$= (2.4)(1 + 1.6 + 1.44) = 9.696$$

따라서 C_1과 C_2의 상관계수는

$$\rho = \frac{Cov(C_1, C_2)}{\sigma_{C_1} \sigma_{C_2}} = \frac{8.8}{\sqrt{8}\sqrt{9.696}} = 0.9992$$

이다. ■

연습문제 4.2 Exercises

1. 자동차보험증권에 대한 보험금 지급요구 건수의 확률분포가 아래 표와 같다고 하자.

요구 건수	20	30	40	50	60	70	80
확률	0.15	0.10	0.05	0.20	0.10	0.10	0.30

지급요구 건수가 평균으로부터 1표준편차, 즉 $\mu \pm \sigma$ 안에 있을 확률을 구하여라.

2. 주식거래 분석가는 지난 한 해 동안 두 회사의 일일 판매 총액을 기록해 왔으며, 그 결과에 대한 히스토그램은 아래와 같다.

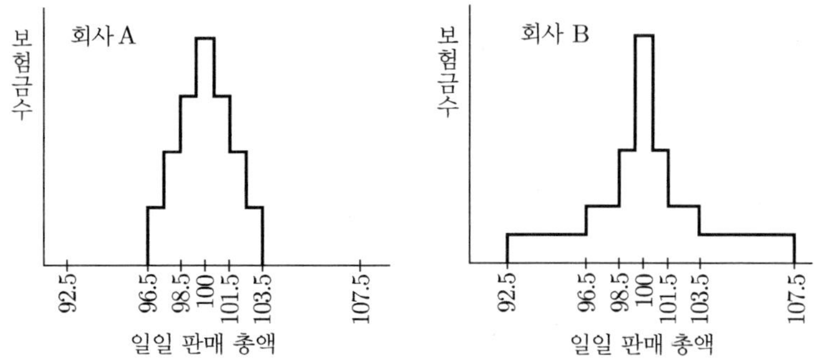

이 주식 분석가는 회사 A의 100 이상의 일일 판매 총액은 회사 B의 일일 판매 총액을 100 이하로 떨어뜨렸고, 역시 그 반대의 현상이 항상 나타났다는 것을 알려 주었다. 이제 어느 날 회사 A와 B에서 판매된 총액을 각각 X와 Y라고 하자. 각 회사에서의 일일 판매 총액은 독립이고 동일한 분포를 이룬다고 하면, 다음 중 옳은 것은?

① $Var(X) > Var(Y)$, $Var(X+Y) > Var(X) + Var(Y)$
② $Var(X) > Var(Y)$, $Var(X+Y) < Var(X) + Var(Y)$
③ $Var(X) > Var(Y)$, $Var(X+Y) = Var(X) + Var(Y)$
④ $Var(X) < Var(Y)$, $Var(X+Y) > Var(X) + Var(Y)$
⑤ $Var(X) < Var(Y)$, $Var(X+Y) < Var(X) + Var(Y)$

3. 다음과 같은 보험금 손실분포를 갖는 보험회사는 손실이 2 이하이면 보험금을 지급하지 않고, 그 이상이면 손실액보다 2만큼 작은 보험금을 지급한다. 그러나 최대 지급 보험금은 4라고 할 때, 지불 금액의 분산을 구하여라.

손실액	0	1	2	3	4	5	6	7	8	9
확률	0.500	0.100	0.100	0.100	0.050	0.050	0.050	0.025	0.020	0.005

4. 관광버스 기사는 20명의 관광객을 수용할 수 있는 버스를 가지고 있다. 이 기사는 여행객이 관광을 취소할 수도 있다는 것을 알고 21장의 버스표를 판매하였다. 개개인의 여행객이 관광을 취소할 확률은 0.02이고 이들은 독립이라고 한다. 관광비용은 50$이며, 관광을 취소할 경우 반환되지 않는다. 만일 여행객이 나왔을 때 버스에 빈 좌석이 없다면, 버스 기사는 그 여행객에게 관광비용과 위약금을 합쳐서 100$를 지급해야 한다. 버스 기사의 평균수입은 얼마인가?

5. 자동차 소유주는 손해에 대비하여 자기부담금 250인 보험에 가입한다. 자동차에 손해를 입는 사고를 당했을 때, 수리비는 구간 $(0, 1500)$에서 일정한 분포를 갖는다고 한다. 자동차에 손해를 입는 사고를 당했을 때, 지급된 보험금의 표준편차를 구하여라.

6. 이산확률변수 X와 Y의 결합확률함수가 다음과 같을 때, $E\left(\frac{X}{Y}\right)$를 구하여라.

$$f(x, y) = \begin{cases} \dfrac{2^{x+1-y}}{9}, & x = 1,\ 2,\ y = 1,\ 2 \\ 0, & \text{다른 곳에서} \end{cases}$$

7. 어떤 특별한 위험에 대한 보험금의 확률분포가 $f(x) = 0.001e^{-0.001x}$, $x \geq 0$일 때, 평균 보험금과 이 보험금의 분산을 구하여라.

8. 확률변수 X의 밀도함수가 다음과 같을 때, X의 분산이 2가 되기 위한 상수 k를 구하여라.

$$f(x) = \begin{cases} \dfrac{2x}{k^2}, & 0 \leq x \leq k \\ 0, & \text{다른 곳에서} \end{cases}$$

9. 다음 분포함수를 갖는 확률변수 X의 분산을 구하여라.

$$F(x) = \begin{cases} 0, & x < 1 \\ \dfrac{x-2x+2}{2}, & 1 \leq x < 2 \\ 1, & x \geq 2 \end{cases}$$

10. 확률변수 X는 사고 당시 보험에 가입된 자동차의 수명, 확률변수 Y는 사고 당시 소유주가 보험에 가입된 기간을 나타내며, 다음의 결합밀도함수를 갖는다고 한다. 보험에 가입된 자동차의 사고 당시 평균 수명을 구하여라.

$$f(x, y) = \begin{cases} \dfrac{1}{64}(10 - xy^2), & 2 \leq x \leq 10,\ 0 \leq y \leq 1 \\ 0, & \text{다른 곳에서} \end{cases}$$

11. 연속확률변수 X와 Y의 결합밀도함수가 다음과 같다. 이때 X의 분산을 구하여라.

$$f(x, y) = \begin{cases} 1, & 0 < y < 1 - |x|,\ -1 \leq x \leq 1 \\ 0, & \text{다른 곳에서} \end{cases}$$

12. 어떤 전기장치는 두 개의 회로로 구성되어 있다. 두 번째 회로는 첫 번째 회로의 저장장치이고 두 번째 회로는 첫 번째 회로가 멈춘 후에만 작동한다. 그리고 이 장치는 두 번째 회로가 고장 날 때에만 멈추게 된다. X와 Y는 각각 첫 번째와 두 번째 회로가 멈출 때의 시간이

고, 결합밀도함수

$$f(x,y)=\begin{cases}6e^{-x-2y}, & 0<x<y<\infty \\ 0 & , \text{다른 곳에서}\end{cases}$$

를 갖는다. 이 전기장치가 멈출 기대시간을 구하여라.

13. 독립인 확률변수 X와 Y의 분산이 $Var(X)=1$, $Var(Y)=2$일 때, $Z=3X-Y-5$의 분산을 구하여라.

14. 자동차 판매 대리점은 고급 승용차를 하루에 0, 1대 또는 2대를 팔고 있다. 또한 자동차를 판매할 때, 판매상은 손님이 추가로 자동차에 대한 특정한 선택사항을 사도록 권장한다. 어느 날 팔린 고급 승용차의 수를 X라 하고, 선택사항을 추가한 승용차의 수를 Y라 하자. 그러면 X와 Y의 결합확률은 다음 표와 같다. 이때 X의 분산을 구하여라.

X \ Y	0	1	2
0	$\frac{1}{6}$	0	0
1	$\frac{1}{12}$	$\frac{1}{6}$	0
2	$\frac{1}{12}$	$\frac{1}{3}$	$\frac{1}{6}$

15. 두 대의 발전기를 가지고 있는 어떤 회사는 첫 번째 발전기가 고장 나는 즉시, 두 번째 발전기를 가동시킨다. 그리고 두 발전기의 수명은 $f(x)=\frac{1}{10}e^{-x/10}$, $x>0$인 확률밀도함수를 갖는다고 할 때, 발전기가 전기를 생산하는 총 시간에 대한 분산을 구하여라.

16. 자동차 사고 시각과 보험회사에 보험금 지급을 요구한 시각 사이의 간격을 T_1이라 하고, 보험금 지급을 요구한 때로부터 보험금이 지급된 시각까지의 간격을 T_2라고 하자. 그리고 확률변수의 결합밀도함수 $f(t_1, t_2)$는 영역 $0<t_1<6$, $0<t_2<6$, $t_1+t_2<10$에서 일정하고, 다른 곳에서 0이라고 하자. 이때 자동차 사고로부터 보험금이 지급될 때까지 걸리는 시간에 대한 기댓값 $E(T_1+T_2)$를 구하여라.

17. 온타리오에 있는 한 마을에서 연간 자동차를 유지 및 보수하는데 필요한 순수비용이 평균 200$이고 분산이 260$라는 연구 결과가 있다. 자동차의 유지 및 보수에 필요한 모든 항목에서 20%의 세금이 부여된다면, 연간 유지 및 보수에 대한 비용의 분산은 얼마인가?

18. 두 확률변수 X와 Y는 매년 말에 두 주식의 가격을 나타내며, 또한 X는 구간 $(0, 12)$에서 일정한 분포를 이룬다고 하자. 한편 $X=x$ 일 때, Y는 $(0, x)$에서 일정한 분포를 이룬다고 할 때, 공분산 $Cov(X, Y)$를 구하여라.

19. 어떤 상수 k에 대하여 결합밀도함수

$$f(x, y) = \begin{cases} kx, & 0 < x < 1, 0 < y < 1 \\ 0, & \text{다른 곳에서} \end{cases}$$

일 때, X와 Y의 공분산 $Cov(X, Y)$를 구하여라.

20. 확률변수 X와 Y가 결합밀도함수

$$f(x, y) = \begin{cases} \frac{8}{3}xy, & x \le y \le 2x, \ 0 \le x \le 1 \\ 0, & \text{다른 곳에서} \end{cases}$$

를 갖는다. X와 Y의 공분산을 구하여라.

4.3 조건부 기댓값

우리는 이미 3.2절에서 조건부 확률함수를 정의하였다. 이제 조건부 기댓값을 알아보기 위하여, 다음 표와 같은 확률변수 X와 Y의 결합확률을 살펴보도록 한다.

$Y \backslash X$	1	2	3	4	$f_Y(y)$
1	0.02	0.04	0.08	0.15	0.29
2	0.04	0.05	0.06	0.10	0.25
3	0.08	0.06	0.05	0.01	0.20
4	0.15	0.10	0.01	0.00	0.26
$f_X(x)$	0.29	0.25	0.20	0.26	1.00

그러면 $Y=3$일 때, X의 조건부 확률은

$$P(X=1 \mid Y=3) = \frac{P(X=1, Y=3)}{P(Y=3)} = \frac{0.08}{0.20} = 0.40$$

$$P(X=2 \mid Y=3) = \frac{P(X=2, Y=3)}{P(Y=3)} = \frac{0.06}{0.20} = 0.30$$

$$P(X=3 \mid Y=3) = \frac{P(X=3,\ Y=3)}{P(Y=3)} = \frac{0.05}{0.20} = 0.25$$

$$P(X=4 \mid Y=3) = \frac{P(X=4,\ Y=3)}{P(Y=3)} = \frac{0.01}{0.20} = 0.05$$

이므로 X의 조건부 확률함수는 다음 표와 같다.

X	1	2	3	4
$f(x\|y=3)$	0.40	0.30	0.25	0.05

따라서 $Y=3$이라는 조건 아래서 X의 기댓값을 구하면

$$\sum_x x f(x \mid y=3) = (1)(0.4) + (2)(0.3) + (3)(0.25) + (4)(0.05) = 1.95$$

를 얻게 되며, 이 기댓값을 $Y=3$이라는 조건 아래서 X의 조건부 기댓값이라 한다. 즉 조건 $Y=y$가 주어졌을 때, X의 조건부 기댓값을 다음과 같이 정의한다.

정의 3

두 확률변수 X와 Y에 대하여, $Y=y$가 주어졌다는 조건 아래서 X의 조건부 확률함수를 $f_{X|Y}(x|y)$라 하자. 그러면 이 조건 아래서 확률변수 X의 **조건부 기댓값**(conditional expectation)을 다음과 같이 정의한다.

$$\mu_{X|Y} = E(X \mid Y=y) = \begin{cases} \displaystyle\sum_{\text{모든 } x} x\, f_{X|Y}(x|y) & \text{, 이산확률변수인 경우} \\ \displaystyle\int_{-\infty}^{\infty} x\, f_{X|Y}(x|y)\, dx & \text{, 연속확률변수인 경우} \end{cases}$$

동일한 방법으로 X의 **조건부 분산**(conditional variance)을 다음과 같이 정의한다.

$$\begin{aligned} \sigma^2_{X|Y} &= Var(X \mid Y=y) \\ &= \begin{cases} \displaystyle\sum_x (x-\mu_{X|Y})^2 f_{X|Y}(x|y) & \text{, 이산확률변수인 경우} \\ \displaystyle\int_{-\infty}^{\infty} (x-\mu_{X|Y})^2 f_{X|Y}(x|y)\, dx & \text{, 연속확률변수인 경우} \end{cases} \end{aligned}$$

그러면 분산에 대한 간편 계산 방법과 같이 조건부 분산을 쉽게 구할 수 있다.

$$\sigma^2_{X|Y} = E(X^2 \mid Y=y) - \mu^2_{X|Y}$$
$$= \begin{cases} \sum_x x^2 f_{X|Y}(x|y) - \mu^2_{X|Y} & ,\ \text{이산확률변수인 경우} \\ \int_{-\infty}^{\infty} x^2 f_{X|Y}(x|y) - \mu^2_{X|Y} & ,\ \text{연속확률변수인 경우} \end{cases}$$

따라서 위에서 살펴본 $Y=3$ 인 조건 아래서 X의 조건부 기댓값은 $\mu_{X|Y=3} = 1.95$ 이고,

$$E(X^2|Y=3) = 1^2 \cdot (0.40) + 2^2 \cdot (0.30) + 3^2 \cdot (0.25) + 4^2 \cdot (0.05) = 4.65$$

이므로 $Y=3$ 인 조건 아래서 X의 조건부 분산은

$$\sigma^2_{X|Y} = E(X^2|Y=3) - \mu^2_{X|Y} = 4.65 - (1.95)^2 = 0.8475$$

이다. 이와 같은 조건부 기댓값은 다음 성질을 갖는다.

정리 7

임의의 상수 a와 b 그리고 함수 $g(x)$, $h(x)$에 대하여 다음이 성립한다.

(1) $E(a|Y=y) = a$
(2) $E(aX+b|Y=y) = aE(X|Y=y) + b$
(3) $E[g(X)+h(X)|Y=y] = E[g(X)|Y=y] + E[h(X)|Y=y]$
(4) $X \geq 0$ 이면 $E(X|Y=y) \geq 0$
(5) $X \geq Z$이면 $E(X|Y=y) \geq E(Z|Y=y)$

예제 1 이산확률변수 X와 Y의 결합확률함수가 다음과 같다고 하자. $X=0$일 때, Y의 조건부 기댓값과 조건부 분산을 구하여라.

$$f(x,y) = \frac{2x+y}{12}, \quad (x,y) = (0,1), (0,2), (1,2), (1,3)$$

풀이 $f_X(0) = f(0,1) + f(0,2) = \frac{1}{4}$ 이므로 $X=0$일 때, Y의 조건부 확률은

$$P(Y=1|X=0) = \frac{P(X=0,\ Y=1)}{P(X=0)} = \frac{1/12}{1/4} = \frac{1}{3}$$
$$P(Y=2|X=0) = \frac{P(X=0,\ Y=2)}{P(X=0)} = \frac{2/12}{1/4} = \frac{2}{3}$$

이다. 그러므로 $X=0$일 때, Y의 조건부 확률함수

$$f(y|x=0)=\begin{cases}\frac{1}{3}, & y=1\\ \frac{2}{3}, & y=2\\ 0, & \text{다른 곳에서}\end{cases}$$

를 얻는다. 따라서 Y의 조건부 기댓값은

$$\mu_{Y|X}=E(Y|X=0)=1\cdot\frac{1}{3}+2\cdot\frac{2}{3}=\frac{5}{3}$$

이고,

$$E(Y^2|X=0)=1^2\cdot\frac{1}{3}+2^2\cdot\frac{2}{3}=3$$

이므로 조건부 분산은

$$\sigma^2_{Y|X}=E(Y^2|X=0)-\mu^2_{Y|X}=3-\left(\frac{5}{3}\right)^2=\frac{2}{9}$$

이다. ■

서두에서 언급한 X와 Y의 결합분포에서 동일한 방법으로 $y=1, 2, 4$에 대하여 $Y=y$라는 조건 아래서 X의 조건부 확률과 조건부 기댓값을 구하면 다음 표와 같다.

X	1	2	3	4	$\mu_{X\|Y}$
$f_{X\|Y}(x\|1)$	0.069	0.138	0.276	0.517	3.241
$f_{X\|Y}(x\|2)$	0.160	0.200	0.240	0.400	2.880
$f_{X\|Y}(x\|3)$	0.400	0.300	0.250	0.050	1.950
$f_{X\|Y}(x\|4)$	0.577	0.385	0.038	0.000	1.461

그러면 $Y=y$의 값에 따라 X의 조건부 기댓값이 변하게 되므로, 이 기댓값 $\mu_{X|Y}$는 확률변수 Y에 의존하는 확률변수가 되며 $\mu_{X|Y}$에 대한 확률분포를 얻는다.

Y	1	2	3	4
$\mu_{X\|Y}$	3.241	2.88	1.95	1.461
$f_Y(y)$	0.29	0.25	0.20	0.26

그러므로 $\mu_{X|Y}$에 대한 기댓값은

$$E(\mu_{X|Y}) = \sum \mu_{X|Y} f_Y(y) = 2.4298$$

이다. 또한 $\mu_{X|Y}$의 분산은

$$\begin{aligned} Var(\mu_{X|Y}) &= \sum \{\mu_{X|Y} - E(\mu_{X|Y})\}^2 f_Y(y) \\ &= (3.241 - 2.4298)^2 (0.29) + (2.88 - 2.4298)^2 (0.25) \\ &\quad + (1.95 - 2.4298)^2 (0.20) + (1.461 - 2.4298)^2 (0.26) \\ &= 0.5315 \end{aligned}$$

이다. 한편 $y = 1, 2, 4$에 대하여 $Y = y$라는 조건 아래서 X의 조건부 분산을 구하면, 다음 표와 같다.

X	1	2	3	4	$\sigma^2_{X\|Y}$
$f_{X\|Y}(x\|1)$	0.069	0.138	0.276	0.517	0.8728
$f_{X\|Y}(x\|2)$	0.16	0.20	0.24	0.40	1.2257
$f_{X\|Y}(x\|3)$	0.40	0.30	0.25	0.05	0.8475
$f_{X\|Y}(x\|4)$	0.577	0.385	0.038	0.00	0.3245

그러면 역시 Y의 값에 따라 조건부 분산 $\sigma^2_{X|Y}$이 변하며, 이 조건부 분산은 Y에 의존하는 확률변수로 다음과 같은 확률분포를 갖는다.

Y	1	2	3	4
$\sigma^2_{X\|Y}$	0.8728	1.2257	0.8475	0.3245
$f_Y(y)$	0.29	0.25	0.20	0.26

이제 위의 확률함수표로부터 $Var(X|Y)$의 기댓값을 구하면,

$$\begin{aligned} E[Var(X|Y)] &= \sum \sigma^2_{X|Y} f_Y(y) \\ &= (0.8728)(0.29) + (1.2257)(0.25) \\ &\quad + (0.8475)(0.20) + (0.3245)(0.26) \\ &= 0.8134 \end{aligned}$$

이다. 따라서

$$E[E(X|Y)] = 2.43$$
$$E[Var(X|Y)] + Var[E(X|Y)] = 0.8134 + 0.5315 = 1.3449$$

를 얻는다. 한편 X의 주변분포는

X	1	2	3	4
$f_X(x)$	0.29	0.25	0.20	0.26

이고, 따라서 X의 기댓값과 분산은

$$E(X) = (1)(0.29) + (2)(0.25) + (3)(0.20) + (4)(0.26) = 2.43$$

$$\begin{aligned} Var(X) &= (1-2.43)^2(0.29) + (2-2.43)^2(0.25) \\ &\quad + (3-2.43)^2(0.20) + (4-2.43)^2(0.26) \\ &= 1.3449 \end{aligned}$$

이다. 그러면 확률변수 X의 기댓값과 분산은 조건부 기댓값과 조건부 분산을 이용하여 표현할 수 있으며, 이러한 성질들은 보험에서 종종 응용된다.

정리 8

(1) $E(X) = E[E(X \mid Y)]$

(2) $E[h(X)]$가 존재한다면 $E[h(X)] = E[E[h(X) \mid Y]]$이다.

(3) $Var(X) = E[Var(X \mid Y)] + Var[E(X \mid Y)]$

증명 (1) $f(x, y)$를 이산확률변수 X와 Y의 결합확률함수라 하면 다음이 성립한다.

$$\begin{aligned} E[E(X \mid Y)] &= \sum_{\text{모든 } y} E(X \mid Y) f_Y(y) \\ &= \sum_{\text{모든 } y} \left[\sum_{\text{모든 } x} x f_{X \mid Y}(x \mid y) \right] f_Y(y) \\ &= \sum_{\text{모든 } y} \sum_{\text{모든 } x} x \frac{f(x, y)}{f_Y(y)} f_Y(y) \\ &= \sum_{\text{모든 } y} \sum_{\text{모든 } x} x f(x, y) = E(X) \end{aligned}$$

(2) (1)과 동일한 방법에 의하여 명백히 성립한다.

(3) $Var(X \mid Y) = E(X^2 \mid Y) - E(X \mid Y)^2$이므로

$$\begin{aligned} E[Var(X \mid Y)] &= E\left[E(X^2 \mid Y) - E(X \mid Y)^2\right] \\ &= E\left[E(X^2 \mid Y)\right] - E\left[E(X \mid Y)^2\right] \\ &= E(X^2) - E\left[E(X \mid Y)^2\right] \\ &= E(X^2) - E(X)^2 + E(X)^2 - E\left[E(X \mid Y)^2\right] \\ &= E(X^2) - E(X)^2 + E[E(X \mid Y)]^2 - E\left[E(X \mid Y)^2\right] \end{aligned}$$

$$= Var(X) - \{E[E(X|Y)^2] - E[E(X|Y)]^2\}$$
$$= Var(X) - Var[E(X|Y)]$$

이다. 그러므로 $Var(X) = E[Var(X|Y)] + Var[E(X|Y)]$이 성립한다. ■

예제 2 보험금 지급요청을 최대 두 번까지 신청할 수 있는 보험증권에 대하여, 보험 가입자가 보험금 지급요청을 한 번 신청할 확률이 0.15이고 두 번 신청할 확률은 0.05라고 한다. 한편 각 지급요청에 대하여 한 번 신청할 경우에 지급되는 평균 보험지급금은 1,000$, 두 번 신청할 경우의 평균 지급금은 2,000$이며, 각각의 경우에 지급된 보험금의 분산은 25,000$와 10,000$라는 정보를 갖고 있다.

(1) 임의로 선정된 보험 가입자에게 지급될 평균 보험금을 구하여라.
(2) 보험 가입자에게 지급될 보험금의 표준편차를 구하여라.

풀이 (1) 지급될 보험금액을 X라 하고, 보험 가입자에 의하여 신청된 보험금 지급요구 건수를 Y라 하자. 그러면 보험금 지급요청은 많아야 두 번이므로 다음과 같은 Y의 확률분포를 얻는다.

Y	0	1	2
$f_Y(y)$	0.80	0.15	0.05

그리고 한 번 지급요청이 있을 때 평균 지급금이 1,000$이고, 두 번 요구가 있을 때의 평균 지급금이 2,000$ 그리고 보험금 지급요청이 없는 경우에 보험회사가 지급할 보험금은 0$이므로

$$E(X|Y=0) = 0, \quad E(X|Y=1) = 1000, \ E(X|Y=2) = 2000$$

이다. 따라서 보험금 지급요청에 따른 평균 지급금과 그에 대응하는 확률은

$E(X\|Y)$	0	1000	2000
$f_Y(y)$	0.80	0.15	0.05

이고, 지급금의 평균은

$$\begin{aligned} E(X) &= E[E(X|Y)] \\ &= E(X|Y=0)f_Y(0) + E(X|Y=1)f_Y(1) + E(X|Y=2)f_Y(2) \\ &= (0)(0.80) + (1000)(0.15) + (2000)(0.05) \\ &= 150 + 100 = 250 \end{aligned}$$

이다.

(2) 지급될 보험금 X의 분산을 알기 위하여, $Var[E(X|Y)]$와 $E[Var(X|Y)]$

를 각각 구한다. 우선 $E(X|Y)$의 확률분포로부터 $E[E(X|Y)]=250$이므로

$$\begin{aligned} Var[E(X|Y)] &= (0-250)^2(0.80)+(1000-250)^2(0.15) \\ &\quad +(2000-250)^2(0.05) \\ &= 287500 \end{aligned}$$

이다. 한편 보험금 지급요청이 없을 경우에 지급되는 보험금은 0\$이고, 한 번 지급요청이 있을 경우와 두 번 지급요청이 있을 경우에 대한 분산은 각각 25,000\$와 10,000\$이므로

$$Var(X|Y=0)=0,\ \ Var(X|Y=1)=25000,\ \ Var(X|Y=2)=10000$$

이고, 각 경우의 확률은 0.80, 0.15 그리고 0.05이므로

$$E[Var(X|Y)]=(0)(0.80)+(25000)(0.15)+(10000)(0.05)=4250$$

이다. 따라서 보험회사가 지급해야 할 보험금의 분산은

$$Var(X)=E[Var(X|Y)]+Var[E(X|Y)]=4250+287500=291750$$

이므로 표준편차는 $\sigma=\sqrt{291750}=540.1389$이다. ■

예제 3 다음 결합밀도함수를 갖는 확률변수 X와 Y에 대하여,

$$f(x,y)=\begin{cases} 2\ , & 0<x\le y<1 \\ 0\ , & \text{다른 곳에서} \end{cases}$$

(1) $E(X|Y=y)$와 $Var(X|Y=y)$를 구하여라.
(2) $E[Var(X|Y)]$와 $Var[E(X|Y)]$을 구하여라.
(3) 확률변수 X의 주변밀도함수를 구하고, $Var(X)$를 구하여라.
(4) (2)와 (3)을 이용하여 $Var(X)=E[Var(X|Y)]+Var[E(X|Y)]$임을 확인하여라.

풀이 (1) 결합밀도함수가 정의되는 영역(그림 4.5)에서 $Y=y$에 대한 조건부 밀도함수 $f_{X|Y}(x|y)$를 먼저 구한다.
우선 Y의 주변밀도함수를 구하면, 다음과 같다.

$$f_Y(y)=\int_0^y 2\,dx=2y,\quad 0<y<1$$

그러므로 $Y=y$일 때 X의 조건부 밀도함수는

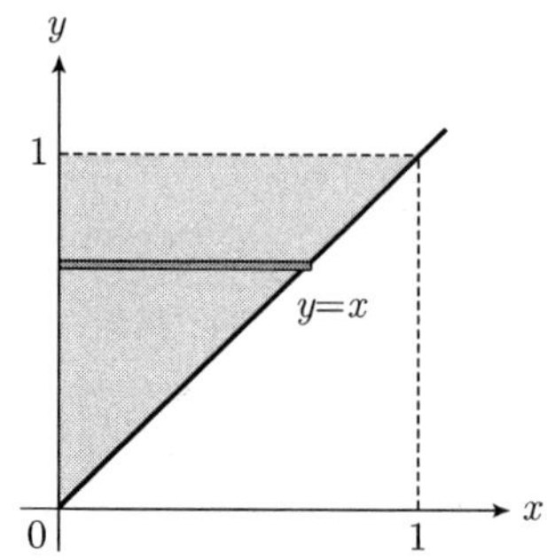

그림 4.5

$$f_{X|Y}(x|y) = \frac{f(x,y)}{f_Y(y)} = \frac{2}{2y} = \frac{1}{y}, \quad 0 < x < 1-y$$

이고, 조건부 기댓값 $E(X|Y=y)$는

$$E(X|Y=y) = \int_0^y x\, f_{X|Y}(x|y)\,dx = \int_0^y \frac{x}{y}\,dx = \frac{y}{2}$$

이다. 또한

$$E(X^2|Y=y) = \int_0^y x^2 f_{X|Y}(x|y)\,dx = \int_0^y \frac{x^2}{y}\,dx = \frac{y^2}{3}$$

이므로 조건부 분산은

$$\begin{aligned} Var(X|Y=y) &= E(X^2|Y=y) - E(X|Y=y)^2 \\ &= \frac{y^2}{3} - \left(\frac{y}{2}\right)^2 = \frac{y^2}{12} \end{aligned}$$

이다.

(2) $0 < y < 1$에서 $Var(X|Y=y) = \frac{y^2}{12}$이므로

$$\begin{aligned} E[Var(X|Y)] &= \int_0^1 Var(X|Y) f_Y(y)\,dy \\ &= \int_0^1 \frac{y^2}{12}(2y)\,dy = \frac{1}{6}\int_0^1 y^3\,dy \\ &= \frac{1}{24} \end{aligned}$$

이고 $E(X|Y=y) = \frac{y}{2}$이므로

$$E[E(X|Y)] = \int_0^1 E(X|Y) f_Y(y)\, dy$$

$$= \int_0^1 \frac{y}{2}(2y)\, dy = \int_0^1 y^2\, dy = \frac{1}{3}$$

$$E\left[E(X|Y)^2\right] = \int_0^1 E(X|Y)^2 f_Y(y)\, dy$$

$$= \int_0^1 \left(\frac{y}{2}\right)^2 (2y)\, dy = \frac{1}{2}\int_0^1 y^3\, dy = \frac{1}{8}$$

이다. 따라서 $E(X|Y)$의 분산은 다음과 같다.

$$Var[E(X|Y)] = E\left[E(X|Y)^2\right] - E[E(X|Y)]^2 = \frac{1}{8} - \frac{1}{9} = \frac{1}{72}$$

(3) X의 주변밀도함수는

$$f_X(x) = \int_x^1 2\, dy = 2(1-x), \quad 0 < x < 1$$

이므로

$$E(X) = \int_0^1 x f_X(x)\, dx = \int_0^1 2x(1-x)\, dx = \frac{1}{3}$$

$$E(X^2) = \int_0^1 x^2 f_X(x)\, dx = \int_0^1 2x^2(1-x)\, dx = \frac{1}{6}$$

이다. 따라서 X의 분산은

$$Var(X) = E(X^2) - E(X)^2 = \frac{1}{6} - \frac{1}{9} = \frac{1}{18}$$

이다.

(4) (2)로부터 $E[Var(X|Y)] + Var[E(X|Y)] = \frac{1}{24} + \frac{1}{72} = \frac{1}{18}$ 이므로

$$Var(X) = E[Var(X|Y)] + Var[E(X|Y)]$$

이 성립한다. ■

위의 예제 3으로부터 조건부 기댓값 $E(X|Y=y)$는 주어진 y의 함수이고, 이 함수를 Y에 대한 X의 **회귀함수**(regression function)라 한다. 이러한 회귀함수는 Y가 주어질 때, X에 대한 예측값을 구하는데 많이 사용한다. 이때 그림 4.6과 같이 X의 값이 $\widehat{X} = k$로 추정된다면, 실제 관측값과 추정값 사이의 오차 $X-k$

를 **예측오차**(prediction error)라 하고, 예측오차의 제곱에 대한 기댓값

$$\text{m.s.p.e} = E\left[(X-k)^2\right]$$

을 **평균제곱 예측오차**(mean squared prediction error)라 한다.

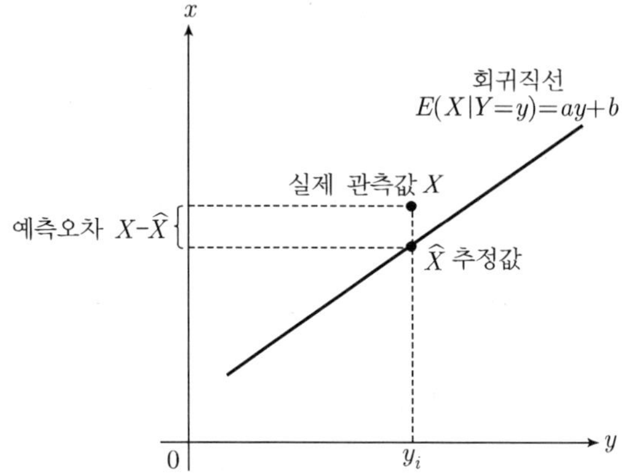

그림 4.6 회귀직선과 예측오차

그러면 X의 2차 중심적률은 $X=\mu_X$에서 최소이므로 $\widehat{X}=\mu_X$는 최상의 예측값이 되고, 이때 X의 분산 σ_X^2이 평균제곱 예측오차의 최솟값이다. 한편 X의 예측값이 $\widehat{X}=h(Y)$라 하면, 평균제곱 예측오차는

$$\text{m.s.p.e} = E\left[(X-h(Y))^2\right] = E\left\{E\left[(X-h(y))^2 \mid Y\right]\right\}$$

이다. 따라서 $Y=y$에서 $h(y)$가 X의 조건부 평균이 되도록 선정하면, 즉

$$h(y) = E(X \mid Y=y)$$

이면, m.s.p.e의 최솟값은

$$\begin{aligned}\text{m.s.p.e}_{\min} &= E\left\{E\left[(X-\mu_{X|Y})^2 \mid Y\right]\right\} = E\left[Var(X \mid Y)\right] \\ &= Var(X) - Var(E(X \mid Y)]\end{aligned}$$

이고, 특히 최상의 예측값은

$$\widehat{X} = E(X \mid y)$$

이다. 그러므로 $E(X \mid Y)$가 상수가 아니라면, 확률변수 Y를 이용하지 않고 X의 분산으로부터 m.s.p.e의 최솟값을 구할 수 있다. 특히

$$\widehat{X}=a+b(Y-\mu_Y)$$

형태의 선형예측함수를 많이 사용하며, 이 경우에 평균제곱 예측오차는

$$\begin{aligned}\text{m.s.p.e} &= E[\{X-a-b(Y-\mu_Y)\}^2] \\ &= a^2-2a\mu_X+b^2\sigma_Y^2-2b\,Cov(X,Y)+E(X^2) \\ &= (a-\mu_X)^2+\sigma_Y^2\left(b-\frac{\sigma_{XY}}{\sigma_Y^2}\right)^2+\sigma_X^2-\frac{Cov(X,Y)^2}{\sigma_Y^2}\end{aligned}$$

으로 변형할 수 있다. 따라서

$$a=\mu_X,\ b=\frac{Cov(X,Y)}{\sigma_Y^2}$$

일 때, m.s.p.e는 최솟값을 가지며, Y를 이용한 X의 최상의 선형예측은

$$\widehat{X}=\mu_X+\frac{Cov(X,Y)}{\sigma_Y^2}(Y-\mu_Y)$$

이고, 이 선형예측에 대응하는 m.s.p.e는

$$\text{m.s.p.e}_{\min}=\sigma_X^2(1-\rho^2),\ \rho \text{ 는 } X\text{와 } Y\text{의 상관계수}$$

이다.

예제 4 자동차 손상으로 인한 손실을 X 그리고 이 사고로 인하여 할당된 손실 비용을 Y라 하면, 다음과 같은 결합밀도함수를 갖는다.

$$f(x,y)=\frac{5}{10^6}e^{-x/1000},\quad 0<5y<x<\infty$$

(1) $Y=y$일 때, X의 최상의 선형 예측값과 최소 m.s.p.e를 구하여라.
(2) $Y=y$일 때, X의 조건부 밀도함수와 조건부 기댓값을 구하여라.

풀이 (1) X와 Y 각각의 주변밀도함수와 평균 그리고 분산을 구한다.

$$f_X(x)=\int_0^{x/5}\frac{5}{10^6}e^{-x/1000}\,dy=\frac{x}{10^6}e^{-x/1000},\ 0<x<\infty$$

$$f_Y(y)=\int_{5y}^{\infty}\frac{5}{10^6}e^{-x/1000}\,dx=\frac{1}{200}e^{-y/200},\ 0<y<\infty$$

이고, 따라서

$$\mu_X = 2000,\ \mu_Y = 200,\ \sigma_X^2 = 2000000,\ \sigma_Y^2 = 40000$$

을 얻는다. 또한

$$E(XY) = \int_0^\infty \left(\int_0^{x/5} x\, y\, \frac{5}{10^6} e^{-x/1000}\, dy \right) dx$$
$$= \frac{1}{10^7} \int_0^\infty x^3 e^{-x/1000}\, dx = 600000$$

이므로 X와 Y의 공분산과 상관계수는 각각

$$Cov(X, Y) = 600000 - (2000)(200) = 200000$$
$$\rho = \frac{Cov(X, Y)}{\sigma_X \sigma_Y} = \frac{200000}{\sqrt{2000000}\ \sqrt{40000}} = \frac{1}{\sqrt{2}} = 0.7071$$

이다. 그러므로 $Y = y$ 일 때, X의 선형 예측값은

$$\widehat{X} = \mu_X + \frac{Cov(X, Y)}{\sigma_Y^2}(Y - \mu_Y)$$
$$= 2000 + \frac{200000}{40000}(y - 200) = 5y + 1000$$

이고, 최소 평균제곱 예측오차는

$$\text{m.s.p.e}_{\min} = \sigma_X^2(1 - \rho^2) = (2)(10^6)\left(1 - \frac{1}{2}\right) = 10^6$$

이다.

(2) $Y = y$ 일 때, X의 조건부 밀도함수는

$$f_{X|Y}(x|y) = \frac{f(x,y)}{f_Y(y)} = \frac{\frac{5}{10^6} e^{-x/1000}}{\frac{1}{200} e^{-y/200}} = \frac{1}{1000} e^{-(x-5y)/1000},\ 0 < 5y < x$$

따라서 X의 조건부 기댓값은 다음과 같다.

$$E(X|Y = y) = \int_{5y}^\infty \frac{x}{1000} e^{-(x-5y)/1000}\, dx = 5y + 1000$$ ■

연습문제 4.3 Exercises

1. 한 사람당 보험료가 500$이고 사망보험금이 10,000$인 두 생명보험증권이 부부를 상대로 판매되었으며, 이 보험증권은 10년 후 만기가 된다. 아내와 남편이 적어도 10년간 생존할 확률은 각각 0.025와 0.01이고 부부가 모두 10년간 생존할 확률은 0.96이다. 남편이 적어도 10년간 생존했다는 조건 아래서, 판매한 증권에 대한 평균 이익금을 구하여라.

2. 이산확률변수 X와 Y의 결합확률함수가 다음과 같을 때, $E(Y|X=1)$을 구하여라.

$$f(x,y)=\begin{cases}\dfrac{(x+1)(y+2)}{54}, & x=0,1,2,\ y=0,1,2\\ 0, & \text{다른 곳에서}\end{cases}$$

3. 어느 주어진 해의 말에 두 회사의 주식가격은 다음과 같은 결합밀도함수를 가지는 확률변수 X와 Y로 평가된다.

$$f(x,y)=\begin{cases}2x, & 0<x<1,\ x<y<x+1\\ 0, & \text{다른 곳에서}\end{cases}$$

$X=x$일 때, Y의 조건부 분산을 구하여라.

4. 두 지역 P와 Q에 토네이도가 찾아온 횟수는 다음 표와 같은 결합분포를 이룬다. P 지역에 토네이도가 오지 않았다는 조건 아래서, Q 지역에 찾아온 토네이도의 횟수에 대한 조건부 분산을 구하여라.

		Q 지역의 횟수			
		0	1	2	3
P 지역의 횟수	0	0.12	0.06	0.05	0.02
	1	0.13	0.15	0.12	0.03
	2	0.05	0.15	0.10	0.02

5. 어떤 질병의 보유에 대한 진단검사는 질병 보유 1과 질병 미보유 0이라는 두 가지 결과를 갖는다. 이제 X와 Y를 각각 환자의 질병 보유 상태와 진단검사 결과라고 하자. 이때 두 확률변수의 결합확률은 다음과 같다.

$$P(X=0,Y=0)=0.800,\quad P(X=1,Y=0)=0.050$$
$$P(X=0,Y=1)=0.025,\quad P(X=1,Y=1)=0.125$$

$Var(Y|X=1)$을 구하여라.

6. 다음 표는 화재사고로 인한 보관창고에 대한 손실액의 분포이다.

손실액	0	500	1,000	10,000	50,000	100,000
확률	0.900	0.060	0.030	0.008	0.001	0.001

손실액이 0보다 크다는 조건 아래서, 이 손실에 대한 기댓값을 구하여라.

7. 한 해 동안 보험에 가입한 증권에 대하여 다음 표와 같은 표본을 얻었다고 하자. 그리고 개개인의 보험금 지급 요구액의 밀도함수가 $f(x) = 0.001e^{-0.001x}$, $x \geq 0$ 이라고 하자.

(1) 이 보험회사가 1년간 100개의 증권에 대하여 지불해야 할 평균 지급액을 구하여라.

(2) 100개의 증권에 대한 지급액의 표준편차를 구하여라.

보험료 지급 건수	0	1	2	3	4	5	계
1년간 계약자 수	18,253	2,055	984	36	9	3	21,340

8. 1년에 많아야 한 번 보험금을 신청할 수 있는 보험증권에 대하여, 보험금 청구가 들어올 확률이 0.07이라고 한다. 그리고 보험계약에 따르면 보험금 청구액은 500\$, 1,000\$ 그리고 2,000\$ 중에서 신청될 수 있으며, 각 청구액에 대한 확률은 0.6, 0.3 그리고 0.1이다.

(1) 무작위로 선정된 피보험자에게 지불될 평균 보험금액을 구하여라.

(2) 이 피보험자에게 지불될 보험금의 표준편차를 구하여라.

9. 다음 결합밀도함수를 갖는 확률변수 X와 Y에 대하여

$$f(x, y) = \begin{cases} 6(1-x-y), & x>0,\ 0<y<1-x \\ 0 & , \text{다른 곳에서} \end{cases}$$

이때 조건부 기댓값 $E(X|Y)$를 구하여라.

10. 임의로 지정된 해의 말에 두 회사의 주가는 다음과 같은 결합밀도함수를 갖는 확률변수 X와 Y에 의해 모형화된다고 한다.

$$f(x, y) = \begin{cases} 2x, & 0<x<1,\ x<y<x+1 \\ 0 & , \text{다른 곳에서} \end{cases}$$

이때 조건부 분산 $Var(Y|X)$를 구하여라.

11. 작업장에서 활동 정도에 의하여 결정되는 확률변수 Y는 $[0, 3]$에서 일정한 밀도함수를 갖는다고 할 때, 어느 날 작업장에서 발생한 상해사고 건수 X는 확률함수

$$f(x) = \frac{Y^x}{x!} e^{-Y}, \quad x = 0, 1, 2, \cdots$$

으로 나타난다. 이때 $Var(X)$를 구하여라.

12. 새로운 치의료 정책에 따라 내년부터 종업원들에게 두 가지 옵션 중에서 어느 하나를 선택하도록 하였다. 한편 보험계리인들은 내년에 치과 옵션을 선택하는 종업원의 비율 X와 의료 옵션을 선택하는 종업원의 비율 Y 사이에 다음과 관은 결합분포 모델을 예측하였다. 이때 $Var(Y|X = 0.75)$를 구하여라.

$$f(x, y) = \begin{cases} 0.50 \ , & 0 < x < 0.5, \ 0 < y < 0.5 \\ 1.25 \ , & 0 < x < 0.5, \ 0.5 < y < 1 \\ 1.50 \ , & 0.5 < x < 1, \ 0 < y < 0.5 \\ 0.75 \ , & 0.5 < x < 1, \ 0.5 < y < 1 \end{cases}$$

4.4 적률생성함수

보험회사에서 단 한 사람의 보험 가입자만을 보증하는 일은 거의 드물다. 따라서 보험회사는 수많은 피보험자를 가지고 있으며, 그들로부터 신청된 개개의 보험금 지급요구에 대한 전체 지급금액을 상세히 알 필요가 있다. 즉 독립인 개개의 보험금 지급액인 확률변수 $X_1, X_2, \cdots, X_n$에 대하여 보험회사에서 지불해야 할 전체 지불금액 $S = X_1 + \cdots + X_n$ 또는 처음부터 어느 불확실한 시점에서 지급된 총 보험지급금 $S = X_1 + \cdots + X_N$의 확률분포를 살펴볼 필요가 있으며, 적률생성함수는 S의 확률분포를 얻는데 매우 유용하게 사용된다. 뿐만 아니라 확률변수의 적률을 구하는데도 매우 유용하게 사용되는 적률생성함수는 다음과 같이 정의한다.

정의 4

기댓값 $E(e^{tX})$이 존재하는 모든 t에 대하여

$$E(e^{tX}) = \begin{cases} \displaystyle\sum_x e^{tx} f(x) & , \text{ 이산확률변수인 경우} \\ \displaystyle\int_{-\infty}^{\infty} e^{tx} f(x)\,dx & , \text{ 연속확률변수인 경우} \end{cases}$$

를 확률변수 X의 **적률생성함수**(moment generating function)라 하고, $M_X(t)$로 나타낸다.

그러면 확률변수의 확률함수와 그 확률변수의 적률생성함수 사이에는 일대일 대응관계가 성립한다. 다시 말해서, 서로 다른 확률함수를 가지는 두 확률변수의 적률생성함수는 서로 다르게 나타난다. 따라서 어떤 확률함수가 주어지면 그에 대응하는 적률생성함수는 유일하게 결정된다.

예제 1 다음의 확률함수를 가지는 확률변수 X의 적률생성함수 $M_X(t)$를 구하여라.

(1) $f(x)=\binom{n}{x}p^x(1-p)^{n-x},\quad x=0,1,\cdots,n,\ p>0$

(2) $f(x)=\dfrac{1}{\beta}e^{-x/\beta},\quad x>0,\ \beta>0$

풀이 (1) $$M_X(t)=\sum_{x=0}^{n}e^{tx}f(x)=\sum_{x=0}^{n}e^{tx}\binom{n}{x}p^x(1-p)^{n-x}$$
$$=\sum_{x=0}^{n}\binom{n}{x}(pe^t)^x(1-p)^{n-x}$$
$$=(1-p+pe^t)^n,\quad -\infty<t<\infty$$

(2) $$M_X(t)=\int_{-\infty}^{\infty}e^{tx}f(x)\,dx=\int_0^{\infty}e^{tx}\frac{1}{\beta}e^{-x/\beta}\,dx$$
$$=\frac{1}{\beta}\int_0^{\infty}e^{-(1-\beta t)x/\beta}\,dx$$
$$=\frac{1}{\beta}\left[-\frac{\beta}{1-\beta t}e^{-(1-\beta t)x/\beta}\right]_0^{\infty}=\frac{1}{1-\beta t},\quad 1-\beta t>0$$ ■

한편 적률생성함수가 정의되면 그에 대응하는 확률함수가 유일하게 정의된다. 따라서 위의 예제 1에서 $p=0.3$과 $\beta=2$라 하면, 확률함수와 적률생성함수 사이에 다음과 같은 대응 관계를 갖는다.

(1) $f(x)=\binom{n}{x}(0.3)^x(0.7)^{n-x}\Leftrightarrow M_X(t)=(0.7+0.3e^t)^n,\ -\infty<t<\infty$

(2) $f(x)=\dfrac{1}{2}e^{-x/2}\Leftrightarrow M_X(t)=\dfrac{1}{1-2t},\ t<\dfrac{1}{2}$

정리 9

(1) 확률변수 X의 적률생성함수를 $M_X(t)$라 하면, $Y = aX + b$의 적률생성함수는 $M_Y(t) = e^{bt} M_X(at)$이다.

(2) 독립확률변수 X_i $(i = 1, 2, \cdots, n)$의 적률생성함수를 $M_{X_i}(t)$라 하면, $S = X_1 + X_2 + \cdots + X_n$의 적률생성함수는 $M_S(t) = \prod_{i=1}^{n} M_{X_i}(t)$이다.

증명 (1) $M_Y(t) = E(e^{tY}) = E\left[e^{t(aX+b)}\right] = E\left[e^{bt} e^{(at)X}\right] = e^{bt} M_X(at)$

(2) $$M_S(t) = E(e^{tS}) = E\left[e^{t(X_1 + X_2 + \cdots + X_n)}\right]$$
$$= E\left(e^{tX_1} e^{tX_2} \cdots e^{tX_n}\right) = E\left(e^{tX_1}\right) E\left(e^{tX_2}\right) \cdots E\left(e^{tX_n}\right)$$
$$= M_{X_1}(t)\, M_{X_2}(t) \cdots M_{X_n}(t)$$ ■

예제 2 밀도함수 $f(x) = 0.5e^{-0.5x}$, $x > 0$를 가지는 확률변수 X에 대하여,

(1) 정의에 의하여 $Y = 2X + 3$의 적률생성함수 $M_Y(t)$를 구하여라.

(2) 정리 9를 이용하여, 적률생성함수 $M_Y(t)$를 구하여라.

풀이 (1) $y = 2x + 3$이라 하면, $y > 3$이고 $x = \dfrac{y-3}{2}$이므로 Y의 밀도함수는

$$f_Y(y) = f\left(\frac{y-3}{2}\right)\frac{dx}{dy} = 0.5e^{-(y-3)/4}\left(\frac{1}{2}\right)$$
$$= \frac{1}{4}e^{-(y-3)/4}, \quad y > 3$$

이다. 따라서 Y의 적률생성함수는 다음과 같다.

$$M_Y(t) = \frac{1}{4}\int_3^{\infty} e^{ty}\, e^{-(y-3)/4} dy$$
$$= \frac{1}{4}e^{3/4}\int_3^{\infty} e^{-(1-4t)y/4} dy$$
$$= \frac{1}{4}e^{3/4}\,\frac{4\,e^{3t-3/4}}{1-4t} = \frac{e^{3t}}{1-4t}, \quad t < \frac{1}{4}$$

(2) $Y = 2X + 3$의 적률생성함수는

$$M_Y(t) = M_{2X+3}(t) = e^{3t}\, M_X(2t)$$

이고 X의 적률생성함수는 앞에서 살펴본 바와 같이

$$M_X(t) = \frac{1}{1-2t}$$

이다. 따라서 Y의 적률생성함수는 다음과 같다.

$$M_Y(t) = M_{2X+3}(t) = e^{3t}\, M_X(2t)$$

$$= e^{3t}\, \frac{1}{1-2(2t)} = \frac{e^{3t}}{1-4t}, \quad t < \frac{1}{4}$$ ■

예제 3 독립확률변수 X와 Y가 다음과 같이 동일한 밀도함수를 갖는다.

$$f(x) = \frac{1}{4}e^{-x/4}, \quad x > 0$$

이때 $S = X + Y$의 적률생성함수 $M_S(t)$를 구하여라.

풀이 X의 적률생성함수는

$$M_X(t) = M_Y(t) = \frac{1}{4}\int_0^{\infty} e^{tx}\, e^{-x/4}\, dx$$

$$= \frac{1}{4}\int_0^{\infty} e^{-(1-4t)x/4}\, dx = \frac{1}{1-4t}, \quad t < \frac{1}{4}$$

$S = X + Y$의 적률생성함수 $M_S(t)$는

$$M_S(t) = M_X(t)\, M_Y(t)$$

$$= \frac{1}{1-4t}\,\frac{1}{1-4t} = \left(\frac{1}{1-4t}\right)^2, \quad t < \frac{1}{4}$$ ■

특히 확률함수 $f(x_i) = P(X = x_i)$, $i = 1, 2, \cdots$를 갖는 이산확률변수 X의 적률생성함수는

$$E(e^{tX}) = \sum_{i=1}^{\infty} e^{tx_i} f(x_i)$$

$$= e^{x_1 t} f(x_1) + e^{x_2 t} f(x_2) + \cdots + e^{x_n t} f(x_n) + \cdots$$

$$= e^{x_1 t} P(X = x_1) + e^{x_2 t} P(X = x_2) + \cdots + e^{x_n t} P(X = x_n) + \cdots$$

이고, 따라서 X의 적률생성함수 $M_X(t)$에서 $e^{x_n t}$의 계수가 $P(X = x_n)$, 즉 $X = x_n$에 대응하는 확률이다. 한편 매클로린(Maclaurin) 급수식

$$e^{tX} = 1 + tX + \frac{1}{2!}(tX)^2 + \cdots + \frac{1}{n!}(tX)^n + \cdots$$

으로부터

$$\begin{aligned}M_X(t) &= E(e^{tX}) = E\left[1 + tX + \frac{1}{2!}(tX)^2 + \cdots + \frac{1}{n!}(tX)^n + \cdots\right] \\ &= E\left[1 + tX + \frac{t^2}{2!}X^2 + \cdots + \frac{t^n}{n!}X^n + \cdots\right] \\ &= E(1) + E(tX) + E\left(\frac{t^2}{2!}X^2\right) + \cdots + E\left(\frac{t^n}{n!}X^n\right) + \cdots \\ &= 1 + tE(X) + \frac{t^2}{2!}E(X^2) + \cdots + \frac{t^n}{n!}E(X^n) + \cdots\end{aligned}$$

을 얻는다. 그러면 X의 n차 적률 $E(X^n)$은 적률생성함수 $M_X(t)$의 매클로린 급수식에서 $\frac{t^n}{n!}$의 계수임을 알 수 있다. 따라서

$$\left.\frac{d^n}{dt^n}M_X(t)\right|_{t=0} = E(X^n)$$

을 얻는다. 그러므로 X의 평균과 분산은 각각 다음과 같다.

$$\mu_X = E(X) = \left.\frac{d}{dt}M_X(t)\right|_{t=0} = M_X'(0)$$

$$\sigma_X^2 = E(X^2) - E^2(X) = M_X''(0) - [M_X'(0)]^2$$

예제 4 확률변수 X의 적률생성함수가 $M_X(t) = \frac{2}{3}\sum_{n=0}^{\infty}\left(\frac{e^t}{3}\right)^n$일 때, X의 확률함수와 평균 그리고 분산을 구하여라.

풀이
$$\begin{aligned}M_X(t) &= \frac{2}{3}\sum_{n=0}^{\infty}\left(\frac{e^t}{3}\right)^n \\ &= \frac{2}{3}\left[\left(\frac{e^t}{3}\right)^0 + \left(\frac{e^t}{3}\right)^1 + \left(\frac{e^t}{3}\right)^2 + \cdots + \left(\frac{e^t}{3}\right)^n + \cdots\right] \\ &= \frac{2}{3}\left(\frac{1}{3}\right)^0 e^{0t} + \frac{2}{3}\left(\frac{1}{3}\right)^1 e^{1t} + \frac{2}{3}\left(\frac{1}{3}\right)^2 e^{2t} + \cdots + \frac{2}{3}\left(\frac{1}{3}\right)^n e^{nt} + \cdots\end{aligned}$$

그러므로 X의 확률함수는

$$P(X = n) = \frac{2}{3}\left(\frac{1}{3}\right)^n, \quad n = 0, 1, 2, \cdots$$

이다. 한편 $M_X(t)$는 수렴하는 기하급수이므로, $e^t < 3$에서

$$M_X(t) = \frac{2}{3}\sum_{n=0}^{\infty}\left(\frac{e^t}{3}\right)^n = \frac{2}{3}\frac{1}{1-(e^t/3)} = \frac{2}{3-e^t}$$

이고, X의 평균과 2차 적률 그리고 분산은 각각 다음과 같다.

$$\mu_X = \frac{d}{dt}M_X(t)\Big|_{t=0} = 2e^t(3-e^t)^{-2}\Big|_{t=0} = \frac{1}{2}$$

$$E(X^2) = \frac{d^2}{dt^2}M_X(t)\Big|_{t=0} = 2e^t(3+e^t)(3-e^t)^{-3}\Big|_{t=0} = 1$$

$$\sigma^2 = E(X^2) - E^2(X) = 1 - \left(\frac{1}{2}\right)^2 = \frac{3}{4}$$

■

예제 5 연속확률변수 X의 적률생성함수가 $M_X(t) = e^{t^2/2},\ -\infty < t < \infty$일 때,

(1) $E(X^n)$과 평균 그리고 분산을 구하여라.

(2) $Y = \mu + \sigma X$의 적률생성함수 $M_Y(t)$와 평균 그리고 분산을 구하여라.

풀이 (1) 확률변수 X의 적률생성함수가 $M_X(t) = e^{t^2/2}$에 대한 매클로린 급수 전개식을 구하면, 다음과 같다.

$$\begin{aligned} M_X(t) &= e^{t^2/2} \\ &= 1 + \left(\frac{t^2}{2}\right) + \frac{1}{2!}\left(\frac{t^2}{2}\right)^2 + \frac{1}{3!}\left(\frac{t^2}{2}\right)^3 + \cdots + \frac{1}{n!}\left(\frac{t^2}{2}\right)^n + \cdots \\ &= 1 + \frac{1}{1\cdot 2}t^2 + \frac{1}{2!\cdot 2^2}t^4 + \cdots + \frac{1}{n!\cdot 2^n}t^{2n} + \cdots \\ &= 1 + \frac{2!}{1\cdot 2}\left(\frac{t^2}{2!}\right) + \frac{4!}{2!\cdot 2^2}\left(\frac{t^4}{4!}\right) + \cdots + \frac{(2n)!}{n!\cdot 2^n}\left(\frac{t^{2n}}{(2n)!}\right) + \cdots \end{aligned}$$

따라서 $n = 1, 2, \cdots$에 대하여 $E(X^{2n-1}) = 0$이고

$$E(X^{2n}) = \frac{(2n)!}{n!\cdot 2^n}$$

이다. 그러므로 $E(X) = 0$, $E(X^2) = 1$이고, 분산은 $\sigma^2 = E(X^2) - E(X)^2 = 1$이다.

(2) $Y = \mu + \sigma X$이므로

$$\begin{aligned} M_Y(t) &= M_{\sigma X + \mu}(t) = e^{\mu t}M_X(\sigma t) \\ &= e^{\mu t}e^{\sigma^2 t^2/2} = \exp\left(\mu t + \frac{\sigma^2 t^2}{2}\right),\ -\infty < t < \infty \end{aligned}$$

이다. 그러므로

$$M_Y'(t) = (\mu + \sigma^2 t)\exp\left(\mu t + \frac{\sigma^2 t^2}{2}\right);\ M_Y'(0) = \mu$$

$$M_Y''(t) = (\mu^2 + \sigma^2 + 2\mu\sigma^2 t + \sigma^4 t^2)\exp\left(\mu t + \frac{\sigma^2 t^2}{2}\right);\ M_Y''(0) = \mu^2 + \sigma^2$$

이므로 $E(Y) = \mu$, $Var(Y) = E(Y^2) - E(Y) = \sigma^2$이다. ■

예제 5의 적률생성함수 $M_X(t) = e^{t^2/2}$, $-\infty < t < \infty$은 제5장에서 살펴볼 표준정규분포에 대한 적률생생성함수이고, 또한

$$M_Y(t) = \exp\left(\mu t + \frac{\sigma^2 t^2}{2}\right),\ -\infty < t < \infty$$

는 평균 μ와 분산 σ^2을 갖는 정규분포의 적률생성함수이다.

정리 9는 고정된 n에 대하여 $S = X_1 + \cdots + X_n$의 적률생성함수가 각각의 확률변수에 대한 적률생성함수의 곱인 것을 보여준다. 그러나 어떤 임의의 시점에서 요구된 보험금 지급 건수는 고정된 값이라기보다는 확률변수로 나타난다. 따라서 이 시점에서 보험회사가 지불해야 할 총 보험금은 그 시점에서 청구된 보험금 지급요구 건수에 따라 다르게 나타날 것이다. 그러므로 어느 시점에서 청구된 지급요구 건수 N과 k번째 지급요구에 대하여 지불된 보험금액 X_k에 대하여, 보험회사로부터 지불된 총 보험금은

$$S = X_1 + X_2 + \cdots + X_N$$

이고, 이때 $N = 0$이면 $S = 0$이다. 또한 N과 X_k들은 독립이고, $X_1, X_2, \cdots, X_N$은 동일한 평균 μ와 분산 σ^2을 갖는 독립이고 항등분포를 이룬다고 가정한다. 그러면 확률변수 S에 대한 평균과 분산 그리고 적률생성함수는 다음과 같다.

정리 10

(1) $E(S) = \mu E(N)$, $\mu = E(X)$

(2) $Var(S) = E(N)\,Var(X) + \mu^2\,Var(N)$

(3) $M_S(t) = M_N(\log M_X(t))$

증명 (1) 음이 아닌 정수를 서포트로 가지는 확률변수 N에 대하여

$$E(N) = \sum_{n=0}^{\infty} n\,P(N = n)$$

이므로

$$
\begin{aligned}
E(S) = E[E(S|N)] &= \sum_{n=0}^{\infty} E(S|N=n)P(N=n) \\
&= \sum_{n=0}^{\infty} E(X_1 + X_2 + \cdots + X_N | N=n)P(N=n) \\
&= \sum_{n=0}^{\infty} E(X_1 + X_2 + \cdots + X_n)P(N=n) \\
&= \sum_{n=0}^{\infty} n\mu P(N=n) = \mu \sum_{n=0}^{\infty} n\, P(N=n) = \mu\, E(N)
\end{aligned}
$$

(2) $$
\begin{aligned}
Var(S) &= E[Var(S|N)] + Var[E(S|N)] \\
&= E[N\ Var(X)] + Var(\mu N) \\
&= E(N)\ Var(X) + \mu^2\ Var(N)
\end{aligned}
$$

(3) $$
\begin{aligned}
M_S(t) &= E(e^{tS}) = E\left[E(e^{tS}|N)\right] \\
&= \sum_{n=0}^{\infty} E[e^{t(X_1+X_2+\cdots+X_N)}|N=n]P(N=n) \\
&= \sum_{n=0}^{\infty} E[e^{t(X_1+X_2+\cdots+X_n)}]P(N=n) \\
&= \sum_{n=0}^{\infty} (M_X(t))^n\, P(N=n) = E\left[M_X(t)^N\right] \\
&= E\left\{\left[e^{\log M_X(t)}\right]^N\right\} = E\left[e^{N(\log M_X(t))}\right] \\
&= M_N(\log M_X(t))
\end{aligned}
$$

■

예제 6 확률변수 N의 확률함수 $P(N=k) = \binom{3}{k}(0.25)^k(0.75)^{3-k}$, $k=0, 1, 2, 3$과 독립인 X_i, $i=1, 2, \cdots, k$의 밀도함수 $f(x) = e^{-x}$, $x > 0$에 대하여 $S = X_1 + X_2 + \cdots + X_N$의 적률생성함수와 평균 그리고 분산을 구하여라.

풀이 N과 X의 적률생성함수는 각각

$$
M_N(t) = \left(\frac{3}{4} + \frac{1}{4}e^t\right)^3, \quad -\infty < t < \infty
$$

$$
M_X(t) = \frac{1}{1-t}, \quad t < 1
$$

이므로

$$
M_N'(0) = \frac{3}{4}e^t\left(\frac{3}{4} + \frac{1}{4}e^t\right)^2\Bigg|_{t=0} = \frac{3}{4}
$$

$$M_N''(0) = \left(\frac{3}{4}\right)^2 e^t \left(\frac{3}{4} + \frac{1}{4}e^t\right)(1 + e^t)\Big|_{t=0} = \frac{9}{8}$$

$$M_X'(0) = \frac{1}{(1-t)^2}\Big|_{t=0} = 1, \quad M_X''(0) = \frac{2}{(1-t)^3}\Big|_{t=0} = 2$$

를 얻는다. 따라서

$$E(N) = M_N'(0) = \frac{3}{4}, \quad E(X) = M_X'(0) = 1$$
$$Var(N) = M_N''(0) - [M_N'(0)]^2 = \frac{9}{16}$$
$$Var(N) = M_N''(0) - [M_N'(0)]^2 = \frac{9}{16}$$
$$Var(X) = M_X''(0) - [M_X'(0)]^2 = 1$$

이다. 그러면 S의 평균과 분산은 각각

$$E(S) = \mu\, E(N) = (1)(0.75) = 0.75$$
$$Var(S) = E(N)\ Var(X) + \mu^2\ Var(N)$$
$$= \frac{3}{4}(1) + (1)^2\ \frac{9}{16} = \frac{21}{16}$$

이다. 한편

$$\exp[\log M_X(t)] = M_X(t) = \frac{1}{1-t}$$

이므로

$$M_S(t) = M_N(\log M_X(t))$$
$$= \left[0.75 + 0.25\exp\left(\log\frac{1}{1-t}\right)\right]^3 = \left(\frac{3}{4} + \frac{1}{4(1-t)}\right)^3, \quad t < 1$$

이다. ■

이제 끝으로 결합적률생성함수에 대하여 살펴본다. 두 확률변수 X와 Y의 결합확률함수 또는 결합밀도함수 $f(x, y)$에 대하여 기댓값 $E\left(e^{t_1X + t_2Y}\right)$가 적당한 t_1, t_2의 범위에서 존재한다면, 이 기댓값을 X와 Y의 **결합적률생성함수**(joint moment generating function)라 하고,

$$M(t_1, t_2) = E\left(e^{t_1X + t_2Y}\right)$$

로 나타낸다. 그러면 적률생성함수와 동일하게 X와 Y의 결합분포와 결합적률생

성함수는 일대일 대응관계가 있으며, 이 생성함수를 이용하여 다음과 같이 X와 Y의 결합적률을 구할 수 있다.

정리 11

X와 Y의 결합적률생성함수 $M(t_1, t_2)$이 존재한다면, 다음이 성립한다.

$$E(X^m Y^n) = \left. \frac{\partial^{m+n} M(t_1, t_2)}{\partial t_1^m \, \partial t_2^n} \right|_{t_1 = t_2 = 0}$$

그러므로 X와 Y의 기댓값 및 2차 적률 등은 다음과 같다.

$$E(X) = \left. \frac{\partial M(t_1, t_2)}{\partial t_1} \right|_{t_1 = t_2 = 0}, \qquad E(Y) = \left. \frac{\partial M(t_1, t_2)}{\partial t_2} \right|_{t_1 = t_2 = 0}$$

$$E(X^2) = \left. \frac{\partial^2 M(t_1, t_2)}{\partial t_1^2} \right|_{t_1 = t_2 = 0}, \qquad E(Y^2) = \left. \frac{\partial^2 M(t_1, t_2)}{\partial t_2^2} \right|_{t_1 = t_2 = 0}$$

$$E(XY) = \left. \frac{\partial^2 M(t_1, t_2)}{\partial t_1 \, \partial t_2} \right|_{t_1 = t_2 = 0}$$

예제 7 확률변수 X와 Y의 결합밀도함수가

$$f(x, y) = \begin{cases} e^{-x-y}, & 0 < x < \infty,\ 0 < y < \infty \\ 0 & , \text{다른 곳에서} \end{cases}$$

일 때,

(1) 결합적률생성함수 $M(t_1, t_2)$를 구하여라.

(2) $E(X)$, $E(Y)$ 그리고 $Cov(X, Y)$를 구하여라.

풀이 (1) $M(t_1, t_2) = E\left(e^{t_1 X + t_2 Y}\right)$

$$= \int_0^\infty \int_0^\infty e^{t_1 x + t_2 y} e^{-x-y} \, dy dx$$

$$= \int_0^\infty \int_0^\infty e^{-(1-t_1)x} e^{-(1-t_2)y} \, dy dx$$

$$= \left(\int_0^\infty e^{-(1-t_1)x} \, dx \right) \left(\int_0^\infty e^{-(1-t_2)y} \, dy \right)$$

$$= \frac{1}{1-t_1} \frac{1}{1-t_2}, \quad t_1 < 1, \ t_2 < 1$$

$$(2)\ E(X) = \left.\frac{\partial M(t_1, t_2)}{\partial t_1}\right|_{t_1 = t_2 = 0} = \frac{1}{1-t_2}\left(\frac{d}{dt_1}\frac{1}{1-t_1}\right)\bigg|_{t_1 = t_2 = 0} = 1$$

$$E(Y) = \left.\frac{\partial M(t_1, t_2)}{\partial t_2}\right|_{t_1 = t_2 = 0} = \frac{1}{1-t_1}\left(\frac{d}{dt_2}\frac{1}{1-t_2}\right)\bigg|_{t_1 = t_2 = 0} = 1$$

$$E(XY) = \left.\frac{\partial M(t_1, t_2)}{\partial t_1 \partial t_2}\right|_{t_1 = t_2 = 0} = \left(\frac{d}{dt_1}\frac{1}{1-t_1}\right)\left(\frac{d}{dt_2}\frac{1}{1-t_2}\right)\bigg|_{t_1 = t_2 = 0} = 1$$

그러므로 $Cov(X, Y) = E(XY) - E(X)E(Y) = 0$이다. ■

특히 결합적률생성함수 $M(t_1, t_2)$는 X와 Y의 주변밀도함수를 결정한다. 다시 말해서,

$$M_X(t_1) = M(t_1, 0), \quad M_Y(t_2) = M(0, t_2)$$

이다. 예제 7에서 X의 주변적률생성함수는

$$M_X(t_1) = M(t_1, 0) = \left.\frac{1}{1-t_1}\frac{1}{1-t_2}\right|_{t_2 = 0} = \frac{1}{1-t_1}$$

이고, X의 주변밀도함수는 $f_X(x) = e^{-x}$, $x > 0$이다. 같은 방법으로

$$M_Y(t_2) = M(0, t_2) = \frac{1}{1-t_2}, \quad f_Y(y) = e^{-y}, \ y > 0$$

이다. 한편 X와 Y가 독립이면,

$$M(t_1, t_2) = M(t_1, 0)\, M(0, t_2) = M_X(t_1)\, M_Y(t_2)$$

가 성립하고, 역도 역시 성립한다. 따라서 앞의 예제 7에서 주어진 두 확률변수 X와 Y는 독립이다.

연습문제 4.4 Exercises

1. 어떤 사고에 대한 보험금 지급요구액은 적률생성함수가

$$M_X(t) = \frac{1}{(1-2500t)^4}$$

인 확률변수 X라는 사실을 보험계리인이 주장한다. 이러한 사고에 대한 지급요구액의 표준

편차를 구하여라.

2. 확률변수 X가 다음 적률생성함수를 가질 때, 3년 후 장비의 가격은 $100(0.5)^X$으로 나타난다고 한다. 이때 3년 후, 이 장비의 평균가를 구하여라.

$$M_X(t) = \frac{1}{1-2t}, \quad t < \frac{1}{2}$$

3. X의 적률생성함수가 $M_X(t) = \left(\frac{2+e^t}{3}\right)^9$일 때, X의 평균과 분산을 구하여라.

4. i.i.d 확률변수 X와 Y에 대하여 $S = X + Y$의 적률생성함수가

$$M_S(t) = 0.09e^{-2t} + 0.24e^{-t} + 0.34 + 0.24e^t + 0.09e^{2t}, \quad -\infty < x < \infty$$

일 때, $P(X \le 0)$을 구하여라.

5. 서로 독립인 두 확률변수 X와 Y의 확률함수가 각각

$$f_X(x) = \binom{n}{x} p^x (1-p)^{n-x}, \ x = 0, 1, 2, \cdots, n$$
$$f_Y(y) = \binom{m}{y} p^y (1-p)^{n-y}, \ y = 0, 1, 2, \cdots, m$$

일 때, $S = X + Y$의 확률함수를 구하여라.

6. 보험회사가 세 도시 J, K 그리고 L에 있는 가정과 보험을 체결하였으며, 이 도시들은 충분히 멀리 떨어져 있어 각 도시에서 발생하는 손실은 독립이라고 가정한다. 한편 이 도시들의 손실분포에 대한 적률생성함수가 각각 다음과 같다고 하자.

$$M_J(t) = (1-2t)^{-3}, \ M_K(t) = (1-2t)^{-2.5}, \ M_J(t) = (1-2t)^{-4.5}$$

세 도시에서 발생하는 손실의 합을 X라 할 때, 기댓값 $E(X^3)$을 구하여라.

7. X_1, X_2, X_3은 확률함수

$$f(x) = \begin{cases} \dfrac{1}{3}, & x = 0 \\ \dfrac{2}{3}, & x = 1 \\ 0, & \text{다른 곳에서} \end{cases}$$

로부터 얻은 확률표본이라 하자. $Y = X_1 X_2 X_3$의 적률생성함수 $M_Y(t)$를 구하여라.

8. 확률변수 N의 확률함수가 $P(N=n) = p(1-p)^n$, $n = 0, 1, 2, \cdots$와 독립인 X_i, $i = 1, 2, \cdots, k$의 밀도함수 $f(x) = e^{-x}$, $x > 0$에 대하여 $S = X_1 + X_2 + \cdots + X_N$의 적률생성함수와 평균 그리고 분산을 구하여라.

9. 독립확률변수 X와 Y가 동일한 적률생성함수 $M(t) = e^{t^2/2}$을 갖는다. $W = X + Y$, $Z = Y - X$라 할 때, 확률변수 W와 Z의 결합적률생성함수를 구하여라.

10. 확률변수 X와 Y의 결합밀도함수가

$$f(x, y) = \begin{cases} 6e^{-2x-3y}, & 0 < x < \infty,\ 0 < y < \infty \\ 0, & \text{다른 곳에서} \end{cases}$$

일 때,

(1) 결합적률생성함수 $M(t_1, t_2)$를 구하여라.

(2) $E(X)$, $E(Y)$ 그리고 $Cov(X, Y)$를 구하여라.

Chapter 05

보험 속의 확률분포

대부분의 보험에 관련된 현장에서 나타나는 특성은 재정적인 이득과 손실에 관한 것으로 돈이나 시간 등과 같이 음이 아닌 측정값들을 다룬다. 보험 가입자에게 나타난 손실의 횟수나 보험회사에 청구된 보험금 지급요청 건수 등과 같이 이산확률분포를 나타내는 경우도 있으나, 보험현장에서 사용되는 대부분의 확률분포는 연속형으로 나타난다. 제5장에서는 보험과 관련하여 나타나는 여러 가지 확률분포에 대하여 살펴보도록 한다.

5.1 이산확률분포

5.1.1 이산균등분포

공정한 주사위를 던질 때 나타난 주사위 눈의 수를 확률변수 X라 하면, X의 서포트는 $\{1, 2, 3, 4, 5, 6\}$이고, 이들의 출현 가능성은 동등하게 $\frac{1}{6}$이다. 이와 같이 서포트가 $\{1, 2, \cdots, n\}$이고 각각의 값이 나올 가능성이 동등하게 $P(X=x) = \frac{1}{n}$인 확률모형을 **이산균등분포**(discrete uniform distribution)라 하고, $X \sim DU(n)$으로 나타낸다. 그러면 X의 확률함수와 분포모양은 다음과 같다.

$$f(x) = \begin{cases} \frac{1}{n}, & x = 1, 2, \cdots, n \\ 0, & \text{다른 곳에서} \end{cases}$$

따라서 X의 기댓값 $E(X)$는

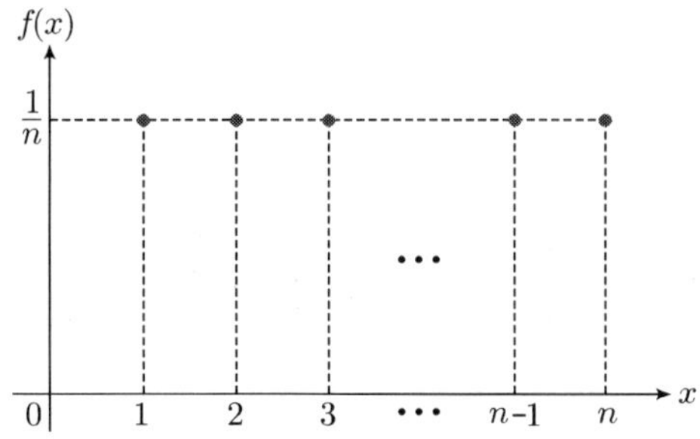

그림 5.1 이산균등분포

$$E(X) = \sum_{x=1}^{n} x\, f(x) = \frac{1}{n} \sum_{x=1}^{n} x$$

$$= \frac{1}{n} \frac{n(n+1)}{2} = \frac{n+1}{2}$$

이고 같은 방법으로 $E(X^2) = \dfrac{(n+1)(2n+1)}{6}$ 이므로 분산 $Var(X)$는 다음과 같다.

$$Var(X) = E(X^2) - E(X)^2 = \frac{n^2-1}{12}$$

예제 1 주사위 하나를 던져서 나온 눈의 수를 X라 할 때, 이 확률변수의 확률함수와 기댓값 그리고 분산을 구하여라.

풀이 명백히 확률함수는

$$f(x) = \begin{cases} \dfrac{1}{6}, & x = 1,\, 2,\, 3,\, 4,\, 5,\, 6 \\ 0, & \text{다른 곳에서} \end{cases}$$

이고, 기댓값과 분산은 각각 다음과 같다.

$$E(X) = \frac{6+1}{2} = 3.5, \quad Var(X) = \frac{6^2-1}{12} = 2.9167$$ ■

5.1.2 이항분포

보험회사의 가장 큰 관심 중의 하나가 보험에 가입한 가입자가 보험 급부금을 청구하느냐, 그렇지 않으냐일 것이다. 이와 같이 서로 상반되는 두 가지 결과로 구성된 확률분포를 생각하자. 이때 피보험자가 확률 p를 가지고 보험금을 청구하면 확률변수를 $I = 1$, 그렇지 않으면 확률변수를 $I = 0$이라 하면, I의 확률함수는 다음과 같다.

$$f_I(i) = \begin{cases} 1-p, & i=0 \\ p & , i=1 \\ 0 & , \text{다른 곳에서} \end{cases}$$

이와 같은 확률분포를 성공률 p 인 **베르누이 분포**(Bernoulli distribution)라 한다. 한편 나타날 가능성이 오직 두 가지 경우뿐이며, 따라서 서로 다른 두 점에서만 0이 아닌 확률을 가지는 확률분포를 **두 점 분포**(Two point distribution)라 한다. 그러면 두 점 분포의 확률함수는 다음과 같으며, 또한 베르누이 분포는 두 점 분포의 특수한 경우임을 알 수 있다.

$$f_X(x) = \begin{cases} 1-p, & x=a \\ p & , x=b \\ 0 & , \text{다른 곳에서} \end{cases}$$

그러면 성공률 p 인 베르누이 분포를 이루는 확률변수 I의 적률생성함수는

$$M_I(t) = E(e^{tI}) = 1-p+pe^t, \quad -\infty < t < \infty$$

이고, 이때

$$E(I) = M_I'(0) = pe^t\Big|_{t=0} = p$$

$$E(I^2) = M_I''(0) = pe^{bt}\Big|_{t=0} = p$$

이므로 $E(I) = p$, $Var(I) = p(1-p)$ 이다. 또한 두 점 분포에 대한 적률생성함수는

$$M_I(t) = E(e^{tI}) = (1-p)e^{ta} + pe^{tb}, \quad -\infty < t < \infty$$

이다. 그러므로

$$E(X) = M_X'(0) = a(1-p)e^{ta} + bpe^{bt}\Big|_{t=0} = a(1-p) + bp$$

$$E(X^2) = M_X''(0) = a^2(1-p)e^{ta} + b^2pe^{bt}\Big|_{t=0} = a^2(1-p) + b^2p$$

이다. 예를 들어, 보험회사가 1년 단위 생명보험을 발행하여, 이 보험에 가입한 피보험자가 그 해에 사망하면 사망보험금 b 를 지급하고, 그렇지 않으면 보험금을 지급하지 않는다고 하자. 이때 피보험자가 보험에 가입한 후 1년 안에 사망함으로써 보험금 지급을 요구할 확률을 p 라 하면, 보험회사가 지불할 보험 급부금 X는 다음과 같은 확률함수를 갖는다.

$$f_X(x) = \begin{cases} 1-p\,, & x=0 \\ p\,, & x=b \\ 0\,, & \text{다른 곳에서} \end{cases}$$

그러므로 생명보험에 가입한 피보험자가 가입기간 안에 사망함으로써 보험회사가 지급해야 할 보험 급부금 X의 적률생성함수와 1차 그리고 2차 적률은 각각

$$M_X(t) = E(e^{tX}) = 1-p+pe^{bt}, \quad -\infty < t < \infty$$
$$E(X) = M_X{}'(0) = bpe^{bt}\Big|_{t=0} = bp$$
$$E(X^2) = M_X{}''(0) = b^2pe^{bt}\Big|_{t=0} = b^2p$$

이고, 보험회사가 지불할 보험 급부금 X의 평균과 분산은 각각 다음과 같다.

$$\mu_X = E(X) = bp,$$
$$\sigma_X^2 = Var(X) = b^2p - (bp)^2 = b^2p(1-p)$$

이때 피보험자가 사망하면 $I=1$, 그렇지 않으면 $I=0$인 확률변수 I에 대하여, 피보험자가 사망함으로써 보험회사가 지불해야 할 보험금을 b라 하면, 보험 급부금 X는 $X=bI$로 표현할 수 있으며, 따라서 보험 급부금 X의 평균과 분산은 다음과 같다.

$$E(X) = E(bI) = b\,E(I) = bp$$
$$Var(X) = Var(bI) = b^2\,Var(I) = b^2p(1-p)$$

한편 베르누이 분포를 이루는 통계실험을 독립적으로 반복하여 실행하는 것을 **베르누이 시행**(Bernoulli trial)이라 하며, 성공률이 p인 베르누이 시행을 n번 반복하여 성공한 횟수를 나타내는 확률변수를 **이항확률변수**(binomial random variable)라 한다. 이러한 이항확률변수 X의 확률함수를 알아보기 위하여 주사위를 독립적으로 반복하여 세 번 던져서 '1'의 눈이 나온 횟수(X)에 대하여 생각한다. 처음 주사위를 던져서 '1'의 눈이 나오면 $I_1=1$ 그리고 두 번째와 세 번째에 나온 주사위의 눈이 '1'이면 각각 $I_2=1$과 $I_3=1$이라 하자. 물론 각 시행에서 '1'이 아닌 다른 눈이 나오면 $I_1=0$, $I_2=0$ 그리고 $I_3=0$이라 한다. 그러면 확률변수 I_k의 확률함수는 다음과 같다.

$$P(I_k=1) = \frac{1}{6},\ P(I_k=0) = \frac{5}{6}, \quad k=1,2,3$$

이제 확률변수 X를

$$X = I_1 + I_2 + I_3$$

이라 하면, 베르누이 확률변수들 I_1, I_2, I_3 은 0 또는 1인 값만을 취하므로 X의 서포트는 $\{0, 1, 2, 3\}$이다. 한편

$$\{X=0\} \quad \Leftrightarrow \quad \{I_1 = 0,\ I_2 = 0,\ I_3 = 0\}$$

이므로 사건 $\{X=0\}$은 세 번 모두 실패한 경우, 다시 말해서 세 번의 반복된 실험에서 성공을 한 번도 하지 못한 경우를 의미하며, 이 경우의 확률은

$$\begin{aligned} P(X=0) &= P(I_1 = 0,\ I_2 = 0,\ I_3 = 0) \\ &= P(I_1 = 0)\, P(I_2 = 0)\, P(I_3 = 0) = \left(\frac{5}{6}\right)^3 \end{aligned}$$

이다. 또한 세 번 중에서 꼭 한 번만 성공하는 경우는 첫 번째 성공하고 두 번째와 세 번째 모두 실패하는 경우 $\{I_1 = 1, I_2 = 0, I_3 = 0\}$, 두 번째 성공하고 첫 번째와 세 번째 실패하는 경우 $\{I_1 = 0, I_2 = 1, I_3 = 0\}$ 그리고 처음 두 번 연속으로 실패하고 세 번째 성공하는 경우 $\{I_1 = 0, I_2 = 0, I_3 = 1\}$로 구분할 수 있으며, 이 경우에 I_1, I_2, I_3 의 합은 $X=1$이다. 따라서 사건 $\{X=1\}$은 세 번의 반복된 실험에서 꼭 한 번만 성공하는 사건을 의미하고, 분할된 각 사건의 확률이

$$\frac{1}{6}\left(\frac{5}{6}\right)^2$$

이므로

$$P(X=1) = 3\left(\frac{1}{6}\right)\left(\frac{5}{6}\right)^2$$

이다. 또한 사건 $\{X=2\}$의 경우도 각각의 확률이 $\frac{1}{6}\left(\frac{5}{6}\right)^2$ 인 세 개의 배반사건

$$\{I_1 = 1, I_2 = 1, I_3 = 0\},\ \{I_1 = 1, I_2 = 0, I_3 = 1\},\ \{I_1 = 0, I_2 = 1, I_3 = 1\}$$

으로 분할되며, 역시 세 번의 시행 중에서 꼭 두 번만 성공하는 사건을 의미한다. 그러므로

$$P(X=2) = 3\left(\frac{1}{6}\right)^2\left(\frac{5}{6}\right)$$

이다. 끝으로 사건 $\{X=3\}$은 세 번 모두 1의 눈이 나오는 경우이므로

$$\{X=3\} \;\Leftrightarrow\; \{I_1=1,\; I_2=1,\; I_3=1\}$$

이고, 따라서

$$\begin{aligned} P(X=3) &= P(I_1=1,\, I_2=1,\, I_3=1) \\ &= P(I_1=1)\,P(I_2=1)\,P(I_3=1) = \left(\frac{1}{6}\right)^3 \end{aligned}$$

이다. 그러므로 확률변수 X는 성공률 $\frac{1}{6}$인 베르누이 시행을 3번 독립적으로 반복하여 성공한 횟수를 나타내며, 다음과 같은 확률표를 얻는다.

X	0	1	2	3
$P(X=x)$	$\left(\frac{5}{6}\right)^3$	$3\left(\frac{1}{6}\right)\left(\frac{5}{6}\right)^2$	$3\left(\frac{1}{6}\right)^2\left(\frac{5}{6}\right)$	$\left(\frac{1}{6}\right)^3$

한편 조합의 수

$$\binom{3}{0}=\frac{3!}{0!\,3!}=1,\;\; \binom{3}{1}=\frac{3!}{1!\,2!}=3,\;\; \binom{3}{2}=\frac{3!}{2!\,1!}=3,\;\; \binom{3}{3}=\frac{3!}{3!\,0!}=1$$

을 이용하면, 위의 확률함수는 다음과 같이 변형할 수 있다.

$$f(x)=P(X=x)=\begin{cases} \binom{3}{x}\left(\frac{1}{6}\right)^x\left(\frac{5}{6}\right)^{3-x} &,\; x=0,\,1,\,2,\,3 \\ 0 &,\; \text{다른 곳에서} \end{cases}$$

이와 같이 성공률 p인 베르누이 실험을 독립적으로 n번 반복하여 나타난 성공의 횟수에 관한 확률분포를 생각할 수 있다.

정의 1

확률변수 X가 확률함수

$$f(x)=\binom{n}{x}p^x\,(1-p)^{n-x},\quad x=0,\,1,\,2,\,\cdots,\,n$$

을 가질 때, X는 모수 n과 p인 **이항분포**(binomial distribution)를 이룬다고 하고 $X \sim B(n,\,p)$로 나타낸다.

모수 n과 p인 이항확률변수 X는 성공률이 p인 베르누이 시행을 n번 독립적으로 반복하여 나타난 성공의 횟수에 관한 확률변수이다. 따라서 I_k, $k=1,\,2,$

$\cdots, n$을 성공률 p를 갖는 독립인 베르누이 확률변수들이라 하면,

$$X = I_1 + I_2 + \cdots + I_n$$

으로 나타낼 수 있으며, $E(I_k) = p$, $Var(I_k) = p(1-p)$이므로 다음 정리를 쉽게 얻는다.

정리 1

$X \sim B(n, p)$이면, $E(X) = np$, $Var(X) = np(1-p)$이고, 적률생성함수는

$$M_X(t) = \left[(1-p) + pe^t\right]^n, \quad -\infty < t < \infty$$

이다.

한편 이항분포에 대한 확률질량함수는 다음 성질을 갖는다.

(1) $P(X \geq a) = \sum_{x=a}^{n} f(x)$

(2) $P(X = a) = P(X \leq a) - P(X \leq a-1) = P(X \geq a) - P(X \geq a+1)$

(3) $P(a \leq X \leq b) = P(X \leq b) - P(X \leq a-1)$
$\qquad\qquad\qquad = P(X \geq a) - P(X \geq b+1)$

(4) $P(X \leq a) = 1 - P(X \geq a+1)$

예제 2 미국 보험계리인 협회에서 작성한 1979~1981년 미국 국민 생명표에는 57세 이상의 사람이 1년 안에 사망할 확률은 0.01059라고 보고하였다. 57세에 다다른 10명의 보험 가입자를 갖고 있는 보험회사에 대하여

(1) 보험 가입자 10명이 내년에 모두 생존할 확률을 구하여라.

(2) 내년에 보험 가입자 10명 가운데 8명 이상 생존할 확률을 구하여라. 단, 개개의 보험 가입자에 대한 사망은 서로 독립이라고 한다.

(3) 이 보험증권을 갖고 있는 10,000명의 가입자 중에서 내년까지 생존할 것으로 기대되는 인원수를 구하여라.

풀이 (1) 내년까지 생존한 보험 가입자의 수를 X라 하면, 사망률이 0.01059이므로 생존율 $p = 1 - 0.01059 = 0.98941$이고 따라서 $X \sim B(10, 0.98941)$이다. 그러므로 보험 가입자 10명이 내년에 모두 생존할 확률은 다음과 같다.

$$P(X = 10) = \binom{10}{10}(0.98941)^{10} = 0.8990$$

(2) $P(X \geq 8) = P(X=8) + P(X=9) + P(X=10)$

$$= \binom{10}{8}(0.98941)^8(0.01059)^2 + \binom{10}{9}(0.98941)^9(0.01059) + \binom{10}{10}(0.98941)^{10}$$

$$= 0.0046 + 0.0962 + 0.8990 = 0.9998$$

(3) $E(X) = (10)(0.98941) = 9.8941$, 즉 10명당 9.8941명이 생존하므로, 10,000명 중에서 평균 9,894명이 생존할 것이다. ■

이항분포에 대한 확률을 계산하기 위하여 부록(표 1)에 제시된 누적이항분포표를 이용할 수 있으며, 이 분포표를 사용하는 방법을 알아본다. 이 표에서 n과 x는 각각 시행 횟수와 성공 횟수를 나타내며, p 아래의 숫자들은 매 시행에서 성공률을 나타낸다. 그러면 소수점 이하 네 자리 숫자들은 매회 성공률 p인 이항분포에 대하여 x번 성공할 때까지 누적한 확률을 나타낸다. 예를 들어, 그림 5.2와 같이 $n=8$에 대하여 $x=4$인 행과 $p=0.5$인 열이 만난 위치의 수 0.6367은 $P(X \leq 4) = 0.6367$을 의미한다. 따라서 $X \sim B(8, 0.5)$에 대하여 확률 $P(X=1)$은 다음과 같이 구할 수 있다.

$$P(X=1) = P(X \leq 1) - P(X=0) = 0.0352 - 0.0039 = 0.0313$$

시행 횟수 → n, 성공의 횟수 → x, 매 시행 성공률 → p

n	x	0.30	0.35	0.40	0.45	0.50	0.55	0.60	0.65	0.70
8	0	0.0576	0.0319	0.0168	0.0084	0.0039	0.0017	0.0007	0.0002	0.0001
	1	0.2553	0.1691	0.1064	0.0632	0.0352	0.0181	0.0085	0.0036	0.0013
	2	0.5528	0.4278	0.3154	0.2201	0.1445	0.0885	0.0498	0.0253	0.0013
	3	0.8059	0.7064	0.5941	0.4770	0.3633	0.2604	0.1737	0.1061	0.0580
	4	0.9420	0.8939	0.8263	0.7396	0.6367	0.5230	0.4059	0.2936	0.1941
	5	0.9887	0.9747	0.9502	0.9115	0.8555	0.7799	0.6846	0.5722	0.4482
	6	0.9887	0.9964	0.9819	0.9819	0.9648	0.9368	0.8936	0.8309	0.7447
	7	0.0999	0.998	0.9983	0.9983	0.9961	0.9916	0.9832	0.9681	0.9424

$P(x \leq 4)$

그림 5.2 누적이항분포표

예제 3 자동차보험증권을 판매한 보험회사는 운전자의 성향이 연간 0.6의 확률을 가지고 추돌사고가 발생한다는 정보를 가지고 있다. 이 보험회사의 자동차보험에 가입한 10명의 피보험자를 무작위로 선정할 경우,

(1) 추돌사고를 일으킨 피보험자 수에 대한 확률질량함수를 구하여라.

(2) 평균과 분산을 구하여라.

(3) 꼭 두 명의 피보험자가 사고를 낼 확률을 구하여라.

(4) 적어도 4명 이상의 피보험자가 사고를 낼 확률을 구하여라.

풀이 (1) 각 피보험자가 사고를 낼 가능성은 0.6이므로 10명 중에서 사고를 낸 피보험자 수를 확률변수 X라 하면 $X \sim B(10,\ 0.6)$인 이항분포를 이룬다. 따라서 X의 확률질량함수는 다음과 같다.

$$f(x) = \begin{cases} \binom{10}{x}(0.6)^x(0.4)^{10-x}, & x = 0,\ 1,\ 2,\ \cdots,\ 10 \\ 0, & \text{다른 곳에서} \end{cases}$$

(2) $X \sim B(10,\ 0.6)$이므로 평균과 분산은 각각 다음과 같다.

$$\mu = 10(0.6) = 6, \quad \sigma^2 = 10(0.6)(0.4) = 2.4$$

(3) 부록(표 1)의 이항누적분포표에 의하여

$$P(X \le 1) = 0.0017, \quad P(X \le 2) = 0.0123$$

이므로 구하고자 하는 확률은 다음과 같다.

$$P(X = 2) = P(X \le 2) - P(X \le 1) = 0.0123 - 0.0017 = 0.0106$$

(4) $P(X \ge 4) = 1 - P(X \le 3) = 1 - 0.0548 = 0.9452$ ■

정리 2

독립인 두 확률변수 X와 Y에 대하여 $X \sim B(n,\ p)$, $Y \sim B(m,\ p)$이면, 다음이 성립한다.

$$X + Y \sim B(n+m,\ p)$$

증명 $X \sim B(n,\ p)$, $Y \sim B(m,\ p)$이므로 X와 Y의 적률생성함수는 각각 다음과 같다.

$$M_X(t) = \left[(1-p) + pe^t\right]^n, \quad M_Y(t) = \left[(1-p) + pe^t\right]^m$$

한편 X와 Y가 독립이므로 $X + Y$의 적률생성함수는

$$\begin{aligned} M_{X+Y}(t) &= E\left[e^{t(X+Y)}\right] = E\left[e^{tX}\right]E\left[e^{tY}\right] \\ &= M_X(t)M_Y(t) \\ &= \left[(1-p) + pe^t\right]^n \left[(1-p) + pe^t\right]^m \end{aligned}$$

$$= \left[(1-p) + pe^t \right]^{n+m}$$

이다. 즉 $M_{X+Y}(t)$은 모수 $n+m$과 p를 갖는 이항분포의 적률생성함수이고, 따라서 $X+Y \sim B(n+m,\, p)$이다. ■

5.1.3 초기하분포

다음 그림 5.3과 같이 크기가 N인 유한 모집단 안에 관심의 대상이 되는 특정한 아이템이 M개 들어 있다고 하자. 그리고 이 모집단으로부터 크기 n인 표본을 임의로 추출할 때, 이 표본 안에 들어 있는 특정한 아이템의 수를 X라 하자. 이때 선정된 표본 안에 들어 있는 특정한 아이템의 수에 관한 확률분포를 모수 M, N, n인 **초기하분포**(hypergeometric distribution)라 하고, 간단히 $X \sim H(M, N, n)$으로 나타낸다.

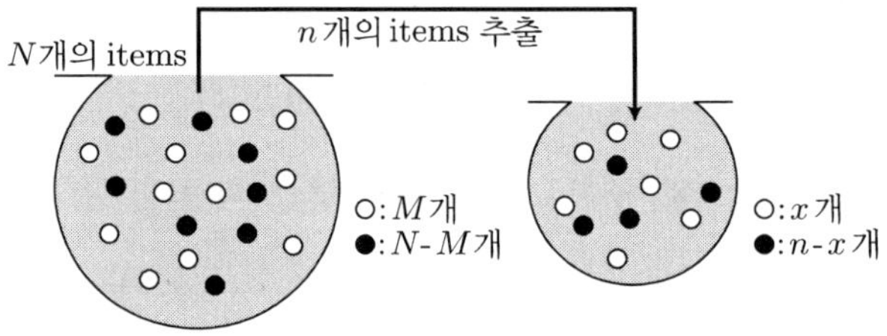

그림 5.3

그러면 X의 서포트는

$$\max\{0,\, n-(N-M)\} \le x \le \min\{M,\, n\}$$

인 자연수이다. 그러나 일반적으로 $n-(N-M) \le 0$, $n \le M$인 경우를 다루므로 X의 서포트를 $\{0, 1, \cdots, n\}$으로 제한한다. 한편 크기가 N인 유한 모집단에서 크기 n인 표본을 선택할 수 있는 방법의 수는 $\binom{N}{n}$이고, 크기 n인 표본 안에 특정한 아이템이 x개 포함될 방법의 수가 $\binom{M}{x}\binom{N-M}{n-x}$이므로 X의 확률함수는

$$f(x) = P(X=x) = \begin{cases} \dfrac{\binom{M}{x}\binom{N-M}{n-x}}{\binom{N}{n}}, & x = 0, 1, 2, \cdots, n \\ 0, & \text{다른 곳에서} \end{cases}$$

이다. 한편

$$E(X) = \sum_{x=0}^{n} x f(x) = \sum_{x=0}^{n} \frac{x\binom{M}{x}\binom{N-M}{n-x}}{\binom{N}{n}}$$

$$= \sum_{x=1}^{n} \frac{\dfrac{M!}{(x-1)!(M-x)!}\,\dfrac{(N-M)!}{(n-x)!(N-M-n+x)!}}{\dfrac{N!}{n!(N-n)!}}$$

이고, 이때 $x-1=t$ 라 하면

$$E(X) = \sum_{t=0}^{n-1} \frac{\dfrac{M!}{t!(M-t-1)!} \cdot \dfrac{(N-M)!}{(n-t-1)!(N-M-n+t+1)!}}{\dfrac{N!}{n!(N-n)!}}$$

$$= n\frac{M}{N} \sum_{t=0}^{n-1} \frac{\binom{M-1}{t}\binom{N-M}{n-t-1}}{\binom{N-1}{n-1}}$$

이다. 특히 마지막 식에서 Σ 안의 식은 $H(N-1,\ M-1, n-1)$인 초기하분포의 확률함수를 나타내며, 따라서

$$\sum_{t=0}^{n-1} \frac{\binom{M-1}{t}\binom{N-M}{n-t-1}}{\binom{N-1}{n-1}} = 1$$

이므로 $E(X) = n\dfrac{M}{N}$ 이다. 또한 같은 방법으로

$$E(X^2) = E[X(X-1)] + E(X) = n(n-1)\frac{M(M-1)}{N(N-1)} + n\frac{M}{N}$$

을 구할 수 있으며, 이러한 사실로부터 X의 분산은 다음과 같다.

$$Var(X) = E(X^2) - E^2(X) = n\frac{M}{N}\frac{N-M}{N}\frac{N-n}{N-1}$$

이때 $\dfrac{M}{N} = p$ 라 하고 N을 충분히 크다고 하면, 평균과 분산은 각각 이항분포의 평균과 분산으로 수렴한다. 즉

$$E(X) = np, \quad Var(X) = n\frac{M}{N}\frac{N-M}{N}\frac{N-n}{N-1} \to np(1-p)$$

이다. 그러므로 $\frac{M}{N}=p$ 이고 모집단의 크기가 충분히 큰 초기하분포 $H(M, N, n)$ 은 점근적으로 이항분포 $B(n, p)$로 근사하는 것을 알 수 있다.

예제 4 30명의 환자가 들어 있는 병동에 5명의 AIDS 환자가 있다. 이들 중에서 임의로 10명을 선정하여 의사에게 진찰을 받게 하였다.

(1) 이 의사에게 진찰받은 환자 중에 AIDS 환자 2명이 포함될 확률을 구하여라.
(2) 임의로 선정된 10명 중에 AIDS 환자가 포함될 기댓값과 분산을 구하여라.

풀이 (1) 임의로 선정된 10명 중에 포함될 AIDS 환자 수를 X라 하면, $N=30$, $M=5$, $n=10$이므로 구하고자 하는 확률함수는

$$f(x)=\frac{\binom{5}{x}\binom{25}{10-x}}{\binom{30}{10}}, \quad x=0, 1, 2, \cdots, 5$$

이고, 구하고자 하는 확률은 다음과 같다.

$$f(2)=\frac{\binom{5}{2}\binom{25}{8}}{\binom{30}{10}}=\frac{(10)(1081575)}{30045015}=\frac{950}{2639}=0.36$$

(2) $N=30$, $M=5$, $n=10$이므로

$$E(X)=n\frac{M}{N}=\frac{50}{30}=1.6667$$

$$Var(X)=n\frac{M}{N}\frac{N-M}{N}\frac{N-n}{N-1}=\frac{25000}{26100}=0.9579$$

■

5.1.4 푸아송분포

교차로에서 하루 동안에 발생한 교통사고의 수 또는 보험 가입자로부터 보험회사에 1년 동안 신청된 보험금 지급요청 건수를 비롯하여 단위 시간당 일정한 비율로 발생하는 사건을 다루는 확률모형으로 푸아송분포를 많이 사용한다. 이와 같은 분포의 특성을 알기 위하여, $\mu=np$가 일정한 이항분포 $B(n, p)$를 생각하자. 이때, $n\to\infty$ 이면 이항확률함수는

$$\begin{aligned} f(x)&=\frac{n!}{x!(n-x)!}p^x(1-p)^{n-x} \\ &=\frac{n!}{x!(n-x)!}\left(\frac{\mu}{n}\right)^x\left(1-\frac{\mu}{n}\right)^{n-x} \end{aligned}$$

$$= \frac{\mu^x}{x!} \frac{n!}{(n-x)!} \frac{1}{n^x} \left[\left(1 - \frac{\mu}{n}\right)^{-n/\mu} \right]^{-\mu} \left(1 - \frac{\mu}{n}\right)^{-x}$$

$$\to \frac{\mu^x}{x!} e^{-\mu}$$

이다. 그러면 극한 함수는 $x = 0, 1, 2, \cdots$에 대하여 확률함수이며, 또한 $\mu = np$가 일정하고 n이 충분히 크면 p는 매우 작아지므로 어떤 사건이 발생할 가능성이 충분히 작은 확률분포가 된다. 이제 이와 같은 확률함수를 가지는 확률분포에 대하여 살펴본다.

정의 2

확률변수 X가 확률함수

$$f(x) = \frac{\mu^x e^{-\mu}}{x!}, \quad x = 0, 1, 2, \cdots, \quad \mu > 0$$

을 가질 때, X는 모수 μ인 **푸아송분포**(Poisson distribution)를 이룬다고 하며, $X \sim P(\mu)$로 나타낸다.

이제 $X \sim P(\mu)$의 평균과 분산을 구하기 위하여, X의 적률생성함수를 구하면,

$$\begin{aligned} M_X(t) &= \sum_{x=0}^{\infty} e^{tx} f(x) = \sum_{x=0}^{\infty} e^{tx} \frac{\mu^x}{x!} e^{-\mu} \\ &= e^{-\mu} \sum_{x=0}^{\infty} \frac{(e^t \mu)^x}{x!} = e^{-\mu} \exp(e^t \mu) \\ &= \exp[\mu(e^t - 1)], \quad -\infty < t < \infty \end{aligned}$$

이다. 따라서

$$M_X'(t) = \mu e^t \exp[\mu(e^t - 1)], \qquad E(X) = M_X'(0) = \mu$$

$$M_X''(t) = [\mu e^t + (\mu e^t)^2] \exp[\mu(e^t - 1)], \quad E(X^2) = M_X''(0) = \mu + \mu^2$$

이고, 평균과 분산은 각각 다음과 같다.

$$E(X) = M_X'(0) = \mu$$

$$Var(X) = E(X^2) - E(X)^2 = \mu + \mu^2 - (\mu^2) = \mu$$

예제 5 보험에 가입한 가입자들은 연간 평균 0.3의 비율로 보험금을 신청하며, 신청 건수는 푸아송분포에 따른다고 한다.

(1) 보험 가입자들이 1년에 적어도 2건 이상 보험금을 청구할 확률을 구하여라.

(2) 각 보험 신청금액이 일률적으로 1,000만 원이라 할 때, 연간 피보험자에게 지불해야 할 평균 보험금은 얼마인가?

(3) 보험증권을 소지한 사람이 500명이라 할 때, 연평균 보험금을 신청할 보험 가입자 수를 구하여라. 단, 각 보험 가입자는 서로 독립적으로 보험금을 신청한다.

풀이 (1) 보험증권을 소지한 사람들로부터 보험금이 청구된 횟수를 X라 하면, $X \sim P(0.3)$이다.

$$\begin{aligned} P(X \ge 2) &= 1 - P(X \le 1) = 1 - f(0) - f(1) \\ &= 1 - \frac{(0.3)^0 e^{-0.3}}{0!} - \frac{(0.3)^1 e^{-0.3}}{1!} \\ &= 1 - (0.741 + 0.222) = 0.037 \end{aligned}$$

(2) 보험회사는 보험증권당 일률적으로 1,000만 원의 보험금을 지급하므로, 보험회사가 지불해야 할 보험금 총액은 $Y = 1000X$이다. 따라서

$$E(Y) = E(1000X) = 1000\,E(X) = 1000(0.3) = 300 \ \text{(만 원)}$$

(3) 보험증권을 소지한 한 사람이 연간 보험금을 청구할 평균 횟수는 0.3건이고, 500명의 피보험자는 서로 독립이므로

$$E(500X) = 500\,E(X) = 500(0.3) = 150 \ \text{(명)}$$ ■

한편 푸아송분포에 대한 확률을 계산하기 부록(표 2)에 제시된 누적푸아송분포표를 이용할 수 있으며, 이 분포표를 사용하는 방법을 알아본다. 이 표에서 μ와 x는 각각 평균과 확률변수의 값을 나타내며, 소수점 이하 세 자리 숫자들은 $X \sim P(\mu)$에 대하여 $P(X \le x)$, 즉 x까지 누적한 확률을 나타낸다. 예를 들어, 그림 5.4에서 $x = 1$인 행과 $\mu = .30$인 열이 만난 위치의 수 0.963은 $P(X \le 1) = 0.963$을 의미한다. 따라서 $X \sim P(0.3)$에 대하여 확률 $P(X \ge 2)$은 다음과 같이 구할 수 있다.

$$P(X \ge 2) = 1 - P(X \le 1) = 1 - 0.963 = 0.037$$

그리고 이 확률은 예제 5에서 구한 값과 동일하다.

x	.10	.20	0.3	0.4	0.5	0.6	0.7	0.8	0.9	1.00
			$P(X \le 1)$			μ				
0	.905	.819	.741	.670	.607	.549	.497	.449	.407	.368
1	.995	.982	.963	.938	.910	.878	.844	.809	.772	.736
2	1.000	.999	.996	.992	.986	.977	.966	.953	.937	.920
3	1.000	1.000	1.000	.999	.998	.997	.994	.991	.987	.981
4	1.000	1.000	1.000	1.000	1.000	1.000	.999	.999	.998	.996
5	1.000	1.000	1.000	1.000	1.000	1.000	1.000	1.000	1.000	.999
6	1.000	1.000	1.000	1.000	1.000	1.000	1.000	1.000	1.000	1.000
7	1.000	1.000	1.000	1.000	1.000	1.000	1.000	1.000	1.000	1.000

그림 5.4 누적푸아송분포표

예제 6 $X \sim P(\mu)$에 대하여 $P(X=2) = 2P(X=3)$이라고 한다. 이때 $P(X=1)$을 구하여라.

풀이 $X \sim P(\mu)$이므로 조건에 의하여

$$\frac{\mu^2}{2!}e^{-\mu} = (2)\frac{\mu^3}{3!}e^{-\mu}$$

이므로 $\mu = 1.5$이다. 그러므로 X의 확률함수는

$$f(x) = \frac{(1.5)^x}{x!}e^{-1.5}, \quad x = 0, 1, 2, \cdots$$

이고, $P(X=1) = \dfrac{(1.5)^1}{1!}e^{-1.5} = 0.3347$이다. ■

한편 독립인 두 푸아송 확률변수에 대하여 다음의 성질을 갖는다.

정리 3

$X \sim P(\mu)$와 $Y \sim P(\lambda)$이고 X와 Y가 독립이면, $X+Y \sim P(\mu+\lambda)$이다.

증명 X와 Y가 각각 모수 μ와 λ인 푸아송 확률변수이므로, 각각의 적률생성함수는

$$M_X(t) = \exp[\mu(e^t - 1)], \quad M_Y(t) = \exp[\lambda(e^t - 1)], \quad -\infty < t < \infty$$

이다. 또한 X와 Y가 독립이므로, $X+Y$의 적률생성함수는 다음과 같다.

$$M_{X+Y}(t) = E[e^{t(X+Y)}]$$

$$= E(e^{tX})\, E(e^{tY}) = M_X(t)\, M_Y(t)$$
$$= \exp[(\mu+\lambda)(e^t - 1)]$$

따라서 $X+Y$의 적률생성함수는 모수 $\mu+\lambda$인 푸아송분포의 적률생성함수이므로 $X+Y \sim P(\mu+\lambda)$이다. ■

예제 7 개개의 보험금 청구 횟수는 매월 평균 μ인 푸아송분포를 따른다고 한다. 이때 어느 특정한 해에, 판매된 1,000개의 보험증권 중에서 120개의 증권에서 보험금 지급요구가 들어왔다고 한다.

(1) 특정한 보험 가입자가 10개월 동안 보험금 지급요구가 없을 확률을 구하여라.
(2) 한 보험 가입자가 1년 동안 3건 이상의 보험금 지급요구가 들어올 확률을 구하여라.
(3) 서로 독립인 두 명의 가입자에 의하여 1년 동안 꼭 한 번의 보험금 지급요가 있을 확률을 구하여라.

풀이 (1) 개개의 증권이 한 달 동안 보험금 지급요구 횟수가 평균 μ인 푸아송분포를 따른다고 하자. 그러면 1년 동안 한 증권에서 보험금 지급요구 횟수는 평균 12μ인 푸아송분포를 이룬다. 따라서 1,000개의 독립적인 증권에 대하여 전체 지급요구 횟수는 평균 12000μ인 푸아송분포를 이룬다. 한편 어느 한 해에 1,000개의 독립적인 증권 중에서 120개의 증권에서 보험금 지급요구가 있으므로

$$12000\mu = 120, \text{ 즉 } \mu = 0.01$$

이다. 즉 매월 보험금 지급요구 횟수는 평균 0.01이고, 따라서 10개월 동안에 청구된 보험금 지급요구 횟수는 평균 0.1인 푸아송분포를 이룬다. 따라서 특정한 보험 가입자가 10개월 동안 보험금 지급요구를 청구하지 않을 확률은

$$\frac{(0.1)^0}{0!} e^{-0.1} = e^{-0.1} = 0.9048$$

이다.

(2) 매월 보험금 청구 횟수는 평균 0.01이므로 1년간 한 보험 가입자에 의한 보험금 지급요구 평균 횟수는 $12(0.01) = 0.12$이고, 따라서 이 보험 가입자가 1년간 보험금 지급요구 횟수는 평균 0.12인 푸아송분포를 이룬다. 한편

$$P(X=0) = \frac{(0.12)^0}{0!} e^{-0.12} = e^{-0.12} = 0.8869$$

$$P(X=1)=\frac{(0.12)^1}{1!}e^{-0.12}=(0.12)e^{-0.12}=0.1064$$

$$P(X=2)=\frac{(0.12)^2}{2!}e^{-0.12}=(0.0072)e^{-0.12}=0.0064$$

이므로 구하고자 하는 확률은

$$P(X\geq 3)=1-(0.8869+0.1064+0.0064)=0.0003$$

이다.

(3) 두 명의 가입자 A와 B가 보험금 지급요구 횟수를 각각 X와 Y라 하면, $X\sim P(0.12)$와 $Y\sim P(0.12)$이고, X와 Y는 서로 독립이다. 따라서 두 명의 가입자에 의하여 청구된 횟수는 $X+Y$이고, $X+Y\sim P(0.24)$이고, 구하고자 하는 확률은 다음과 같다.

$$P(X+Y=1)=\frac{(0.24)^1}{1!}e^{-0.24}=0.1888$$ ■

예제 8 어느 한 해 동안 보험증권을 판매한 회사가 보험금 지급요구 횟수에 대하여 가입자 5,000명을 임의로 선정하여 표본조사를 실시한 결과 다음 표와 같이 얻었다. 각 증권당 보험금을 청구한 횟수는 푸아송분포 $P(0.5)$에 따른다고 할 때, 보험금 지급요구 횟수의 예측값을 구하여 표본과 비교하여라.

보험금 지급요구 횟수	0	1	2	3	4
증권의 관찰값	3,027	1,521	378	66	8

풀이 보험금 지급요구 횟수를 확률변수 X라 하면, $X\sim P(0.5)$이므로

$$P(X=0)=\frac{0.5^0\ e^{-0.5}}{0!}=0.6065,\quad P(X=1)=\frac{0.5^1\ e^{-0.5}}{1!}=0.3033$$

$$P(X=2)=\frac{0.5^2\ e^{-0.5}}{2!}=0.0758,\quad P(X=3)=\frac{0.5^3\ e^{-0.5}}{3!}=0.0126$$

$$P(X=4)=\frac{0.5^4\ e^{-0.5}}{4!}=0.0016$$

따라서 5,000개의 보험증권에 대한 보험금 지급요구 횟수에 대한 예측값과 표본과의 편차는 다음 표와 같다.

지급요구 횟수	예측값	예측값과 표본의 차이
0	$0.6065\times5000=3033$	-6
1	$0.3033\times5000=1517$	4
2	$0.0758\times5000=\ \ 379$	-1
3	$0.0126\times5000=\ \ \ \ 63$	3
4	$0.0016\times5000=\ \ \ \ \ \ 8$	0

■

지금까지 고정된 시구간에서 요구되는 보험금 총액의 분포를 살펴보았다. 그러나 일반적으로 미지급 보험금을 임의의 시점에서 산출한 누적보험금으로 생각할 수 있다. 이때 지정되지 않은 어느 시점에서 보험금 청구 수를 N, k번째 청구금액을 X_k라 하면, 실제 보험 청구금액은

$$S=X_1+X_2+\cdots+X_N$$

이다. 단, $N=0$이면 $S=0$이라고 한다. 한편 N은 지정되지 않은 임의의 시점에서 청구된 횟수이므로 확률변수이고 X_i는 독립이고 동일한 분포를 이룬다고 하자. 또한 N과 X_k는 독립이라고 가정한다. 이때 N이 푸아송분포를 이룬다면, S는 **복합 푸아송분포**(compound Poisson distribution)를 이룬다고 한다. 그러면 제4장의 정리 10에서 살펴본 바와 같이

(1) $E(S)=\mu_X E(N),\ \mu_X=E(X)$

(2) $Var(S)=E(N)\sigma_X^2+\mu_X^2 Var(N)$

(3) $M_S(t)=M_N\left[\log M_X(t)\right]$

가 성립한다. 그러므로 X가 밀도함수 $f(x)=\dfrac{1}{\beta}e^{-x/\beta},\ 0<x<\infty$인 분포를 가지고 $N\sim P(\lambda)$라 하면, X의 적률생성함수는

$$M_X(t)=(1-\beta t)^{-1},\ 1-\beta t>0$$

이다. 한편 확률변수 N의 적률생성함수는

$$M_N(t)=\exp[\lambda(e^t-1)],\ -\infty<t<\infty$$

이므로, 복합 푸아송 확률변수 S의 적률생성함수는

$$\begin{aligned}M_S(t)&=M_N\left[\log M_X(t)\right]=\exp\left[\lambda\{\exp(\log M_X(t))-1\}\right]\\&=\exp\left[\lambda\{M_X(t)-1\}\right]\end{aligned}$$

$$= \exp\left(\frac{\lambda\beta t}{1-\beta t}\right)$$

이다. 따라서

$$M_S'(t) = \frac{\lambda\beta}{(1-\beta t)^2}\exp\left(\frac{\lambda\beta t}{1-\beta t}\right), \qquad E(S) = M_S'(0) = \lambda\beta$$

$$M_S''(t) = \frac{\lambda\beta^2(2+\lambda-2\beta t)}{(1-\beta t)^4}\exp\left(\frac{\lambda\beta t}{1-\beta t}\right), \ E(S^2) = M_S''(0) = \lambda\beta^2(\lambda+2)$$

를 얻는다. 그러므로 S의 평균과 분산은 각각

$$E(S) = \mu_X\lambda = \beta\lambda, \ \ Var(S) = (\sigma_X^2 + \mu_X^2)\lambda = 2\beta^2\lambda$$

이다.

예제 9 앞으로 10년 안에 허리케인이 가옥을 강타할 횟수는 평균 4인 푸아송분포에 따르며, 각 허리케인에 의하여 입을 손실은 다음 밀도함수로 분석된다.

$$f(x) = \frac{1}{1000}e^{-x/1000}, \quad x > 0$$

한편 가옥의 손실은 서로 독립이고, 허리케인의 수와도 독립이라 할 때, 앞으로 10년 안에 허리케인이 가옥을 강타함으로써 발생하는 전체 손실의 평균과 분산을 구하여라.

풀이 허리케인의 수를 N이라 하면, $N \sim P(4)$이므로 $E(N) = 4$, $Var(N) = 4$이다. 또한 i번째 허리케인에 의한 손실을 X_i, $i = 1, 2, \cdots, N$이라 하면, X_i의 적률생성함수는 $M_X(t) = (1-1000t)^{-1}$, $1-1000t > 0$이므로 X_i의 평균과 분산은 각각 다음과 같다.

$$E(X_i) = M_X'(0) = 10^3, \ \ Var(X_i) = M_X''(0) - M_X'(0)^2 = 10^6$$

이제 N개의 허리케인에 의한 전체 손실을 S라 하면, S의 평균과 분산은 각각 다음과 같다.

$$E(S) = \mu_X\lambda = 10^3(4) = 4{,}000$$
$$Var(S) = 2\beta^2\lambda = (2)10^6\,4 = 8{,}000{,}000$$

■

한편 S의 분포함수 $F_S(x)$와 밀도함수 $f_S(x)$는 각각

$$F_S(x) = P(S \le x)$$
$$= \sum_{n=0}^{\infty} P(X_1 + X_2 + \cdots + X_N \le x \mid N = n) P(N = n)$$
$$= \sum_{n=0}^{\infty} F^{*n}(x) \frac{\lambda^n e^{-\lambda}}{n!}$$
$$f_S(x) = \sum_{n=0}^{\infty} f^{*n}(x) \frac{\lambda^n e^{-\lambda}}{n!}$$

이다. 여기서 $F^{*n}(x) = F(x) * \cdots * F(x)$, 즉 $F(x) = 1 - e^{-x}$의 n-합성이고, $f^{*n}(x)$는 $f(x) = e^{-x}$의 n-합성이다. 한편 푸아송 모수 λ_i를 갖는 독립인 복합 푸아송분포의 합은 복합 푸아송분포를 이루며, 모수들의 합 $\lambda = \lambda_1 + \lambda_2 + \cdots + \lambda_m$을 모수로 갖는다.

정리 4

$S_1, S_2, \cdots, S_m$을 각각 푸아송 모수 λ_i, $i = 1, 2, \cdots, m$을 가지는 독립인 복합 푸아송 확률변수라 하고, 각 청구금액의 분포함수를 F_i라 하자. 그러면 $S = S_1 + S_2 + \cdots + S_m$은 모수 $\lambda = \lambda_1 + \lambda_2 + \cdots + \lambda_m$인 복합 푸아송분포를 이루며, 누적 청구금액의 분포함수는 $F(x) = \sum_{i=1}^{m} \frac{\lambda_i}{\lambda} F_i(x)$이다.

증명 $m_i(t)$를 분포함수 $F_i(x)$의 적률생성함수라고 하자. 그러면 S의 적률생성함수는

$$M_S(t) = E\left[e^{(S_1 + S_2 + \cdots + S_m)t}\right] = \prod_{i=1}^{m} E\left(e^{S_i t}\right)$$

이고, 또한 S_i가 푸아송 모수 λ_i를 가지는 복합 푸아송 확률변수이므로 S_i의 적률생성함수는

$$M_{S_i}(t) = M_N\left[\log m_i(t)\right] = \exp\left[\lambda_i \left\{\exp(\log m_i(t)) - 1\right\}\right]$$
$$= \exp\left[\lambda_i \left\{m_i(t) - 1\right\}\right]$$

이다. 그러므로

$$M_S(t) = \prod_{i=1}^{m} E\left(e^{S_i t}\right) = \prod_{i=1}^{m} \exp\left[\lambda_i \left\{m_i(t) - 1\right\}\right]$$

$$= \exp\left[\sum_{i=1}^{m}(\lambda_i\{m_i(t)-1\})\right]$$

$$= \exp\left[\lambda\left(\sum_{i=1}^{m}\frac{\lambda_i}{\lambda}m_i(t)-1\right)\right]$$

이고, 이것은 $\lambda = \lambda_1 + \lambda_2 + \cdots + \lambda_m$ 인 복합 푸아송분포의 적률생성함수이다. 따라서 S는 복합 푸아송분포를 이루며, 또한 S의 적률생성함수로부터 누적 청구금액의 적률생성함수는 $\sum_{i=1}^{m}\frac{\lambda_i}{\lambda}m_i(t)$이므로 누적 청구금액의 분포함수는 $F(x) = \sum_{i=1}^{m}\frac{\lambda_i}{\lambda}F_i(x)$이다. ■

5.1.5 음이항분포와 기하분포

이제 자동차보험의 보험금 청구 횟수에 관한 확률모형으로 사용되며, 또한 푸아송분포의 대용으로 광범위하게 사용되는 음이항분포에 대하여 살펴본다. 예를 들어, 세 번째 성공을 얻기까지 반복 시행한 횟수와 그 경우의 확률을 구하여보자. 우선 그림 5.5와 같이 처음부터 세 번 계속 성공하는 경우를 생각할 수 있으며, 이 경우 매 시행은 독립이므로 확률은 p^3 이다. 즉, $P(X=3) = p^3$이다.

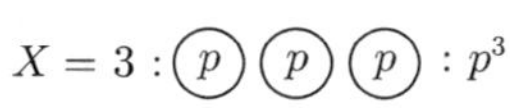

그림 5.5

그리고 세 번째 성공을 얻기 위하여 네 번을 반복 시행해야 하는 경우는 그림 5.6과 같이 처음 세 번의 시행 중에서 꼭 한 번만 실패하고, 네 번째 시행에서 세 번째로 성공하는 경우이다. 한편 처음 세 번의 시행 중에서 꼭 한 번의 실패를 가지는 경우의 수는 $\binom{3}{1} = 3$이며 각 경우의 확률은 qp^3 이므로 $P(X=4) = 3qp^3 = \binom{3}{1}qp^3$이다.

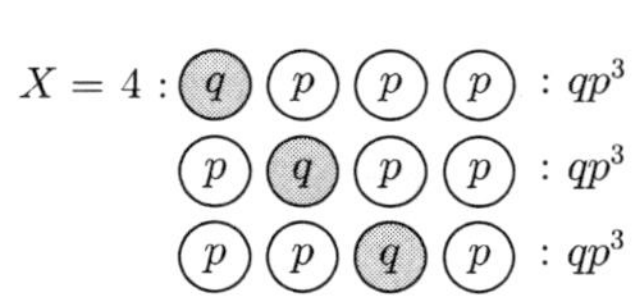

그림 5.6

같은 방법으로 세 번째 성공을 얻기 위하여 다섯 번을 시행해야 하는 경우는 그림 5.7과 같이 처음 네 번의 시행 중에서 두 번 실패하고, 다섯 번째 시행에서 세 번째 성공을 가져야 한다. 그리고 이러한 경우의 수는 $\binom{4}{2} = 6$이며, 각 경우의 확률은 $q^2 p^3$ 이므로 $P(X=5) = 6q^2p^3 = \binom{4}{2} q^2 p^3$ 이다.

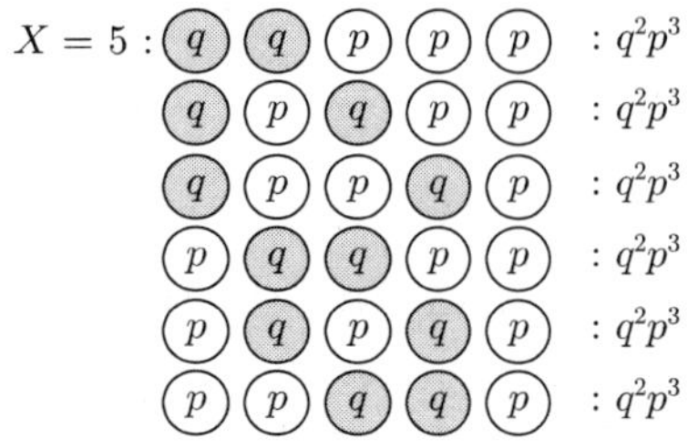

그림 5.7

동일한 방법으로 세 번째 성공을 얻기 위하여 x 번 시행해야 하는 경우는 그림 5.8과 같이 처음 $x-1$번의 시행 중에서 두 번 실패하고 x 번째 시행에서 세 번째 성공을 하는 경우이며, 이러한 경우의 수는 $\binom{x-1}{2}$이고 각 경우의 확률은 $q^{x-3}p^3$ 이다. 따라서 $X=x$일 확률은 다음과 같다.

$$P(X=x) = \binom{x-1}{2} q^{x-3} p^3 = \binom{x-1}{3-1} q^{(x-1)-(3-1)} p^3$$

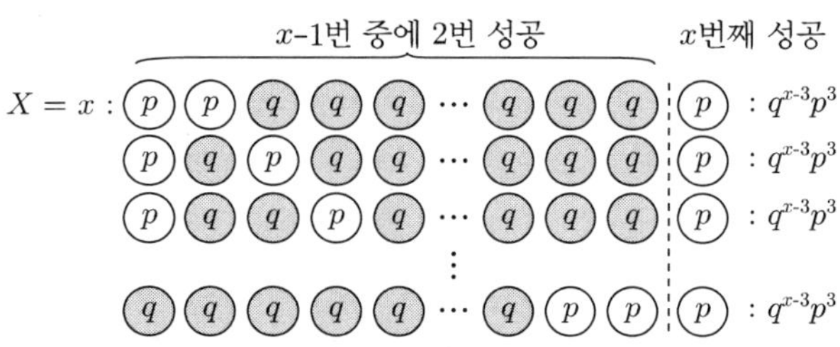

그림 5.8

그러면 r 번째 성공을 얻기까지 베르누이 시행을 반복하여 실시하는 경우로 확장할 수 있다. 그러기 위해서 최소한 r 번 이상 반복 시행해야 하므로 확률변수 X의 서포트는 $r,\ r+1,\ r+2,\ \cdots$ 이다. 또한 x 번 독립적으로 반복 시행하여 r 번째 성공이 있었다면 그림 5.8과 같이 $x-1$ 번의 시행에서 꼭 $r-1$ 번 성공하고, x 번째에서 성공이 나타나야 한다. 따라서 r 번째 성공을 얻기까지 반복시행한 횟수 X에 대하여

$$\begin{aligned} P(X=x) &= P(x-1\text{번 시행에서 } r-1\text{번 성공}) \cdot P(x\text{번째에서 } r\text{번째 성공}) \\ &= \binom{x-1}{r-1} p^{r-1} q^{(x-1)-(r-1)} \cdot p \\ &= \binom{x-1}{r-1} p^r q^{x-r} \end{aligned}$$

이다. 이와 같이 r 번째 성공을 얻기까지 베르누이 시행을 반복하여 실시한 횟수에 대한 확률분포를 다음과 같이 정의한다.

정의 3

확률변수 X의 확률함수가 다음과 같을 때,

$$f(x) = \binom{x-1}{r-1} p^r (1-p)^{x-r}, \quad x = r, r+1, r+2, \cdots$$

X는 모수 r과 p를 갖는 **음이항분포**(negative binomial distribution)를 이룬다 하고, 간단히 $X \sim NB(r, p)$로 나타낸다.

특히 $Y = X - r$이라 하면, 확률변수 Y는 r 번째 성공을 얻기까지 반복하여 실패한 총 횟수를 나타내며 Y의 확률함수는 다음과 같다.

$$f(y) = \binom{y+r-1}{r-1} p^r (1-p)^y, \quad y = 0, 1, 2, \cdots$$

따라서 r 번째 성공을 얻기까지 반복하여 실패한 총 횟수를 이용하여 음이항분포를 정의하기도 한다.

$q = 1-p$에 대하여 $X \sim NB(r, p)$에 대한 적률생성함수는 다음과 같다.

$$\begin{aligned} M_X(t) &= \sum_{x=r}^{\infty} e^{tx} \binom{x-1}{r-1} p^r q^{x-r} \\ &= \sum_{x=r}^{\infty} \binom{x-1}{r-1} (1-qe^t)^r (qe^t)^{x-r} \left[p^r (1-qe^t)^{-r} e^{tr} \right] \\ &= (pe^t)^r (1-qe^t)^{-r}, \quad qe^t < 1 \end{aligned}$$

이고

$$M_X'(t) = r p^r e^{rt} (1-qe^t)^{-(r+1)}, \qquad M_X'(0) = \frac{r}{p}$$

$$M_X''(t) = r p^r e^{rt} (r+qe^t)(1-qe^t)^{-(r+2)}, \quad M_X''(0) = \frac{r(r+q)}{p^2}$$

이다. 따라서 $X \sim NB(r, p)$에 대한 평균과 분산은 각각 다음과 같다.

$$E(X) = \frac{r}{p}, \quad Var(X) = \frac{rq}{p^2}$$

또한 r번째 성공이 있기까지 실패한 횟수는 $Y = X - r$이므로 Y의 적률생성함수는

$$M_Y(t) = e^{-rt} M_X(t) = p^r (1 - qe^t)^{-r}, \quad qe^t < 1$$

이고, Y의 평균과 분산은 각각 다음과 같다.

$$E(Y) = E(X - r) = \frac{rq}{p}, \quad Var(Y) = Var(X - r) = \frac{rq}{p^2}$$

한편 $r = 1$인 음이항분포, 다시 말해서 매 시행에서 성공률이 p인 베르누이 실험을 처음 성공할 때까지 독립적으로 반복 시행한 횟수에 관한 확률분포를 모수 p인 **기하분포**(geometric distribution)라 한다. 따라서 기하분포의 확률함수는

$$f_X(x) = pq^{x-1}, \; q = 1 - p, \quad x = 1, 2, 3, \cdots$$

이고, 적률생성함수는 $M_X(t) = pe^t (1 - qe^t)^{-1}$, $qe^t < 1$이다. 또한 평균과 분산은 각각

$$E(X) = \frac{1}{p}, \quad Var(X) = \frac{q}{p^2}$$

이다. 그리고 처음 성공할 때까지 실패한 횟수 Y의 확률함수는

$$f_Y(y) = pq^y, \quad q = 1 - p, \quad y = 0, 1, 2, \cdots$$

이고, 적률생성함수와 평균과 분산은 각각 다음과 같다.

$$M_Y(t) = p(1 - qe^t)^{-1}, \quad E(Y) = \frac{q}{p}, \quad Var(Y) = \frac{q}{p^2}$$

그러면 확률변수 $X \sim NB(1, p)$는 양의 정수 m과 n에 대하여 다음과 같은 **비기억성 성질**(memorylessness property)을 갖는다.

정리 5

양의 정수 m과 n에 대하여 $X \sim NB(1, p)$이면, 다음이 성립한다.

$$P(X > n + m \mid X > n) = P(X > m)$$

증명 $P(X > n + m \mid X > n) = \dfrac{P(X > n, X > n + m)}{P(X > n)} = \dfrac{P(X > n + m)}{P(X > n)}$ 이고

$$P(X > n) = P(X \geq n + 1) = \sum_{x = n+1}^{\infty} pq^{x-1} = p\frac{q^n}{1 - q} = q^n$$

이므로 동일한 방법에 의하여

$$P(X > n+m) = q^{n+m}, \ P(X > m) = q^m$$

이다. 따라서

$$P(X > n+m \mid X > n) = P(X > m) = q^m$$

이 성립한다. ■

그러면 비기억성 성질을 이용하면 다음과 같이 기하분포를 이용하여 음이항분포를 설명할 수 있다. 처음 성공이 있기까지 반복 시행한 횟수를 X_1, 처음 성공이후 다시 처음 성공이 있기까지 반복 시행한 횟수를 X_2, 같은 방법으로 $r-1$번째 성공 이후 처음 성공할 때까지 반복 시행한 횟수를 X_r이라 하자.

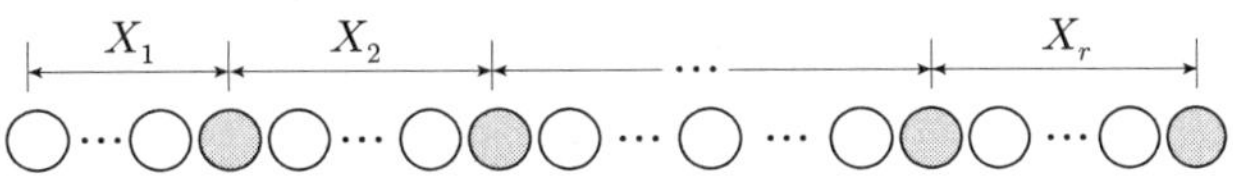

그림 5.9

그러면 각 시행 횟수 X_i, $i = 1, 2, \cdots, r$은 독립이므로 기하분포의 비기억성 성질에 의하여 처음 r번째 성공이 있기까지 독립적으로 반복 시행한 횟수 X는

$$X = X_1 + X_2 + \cdots + X_r$$

로 표현할 수 있다.

예제 10 환자들의 결핵검사를 위하여 X-레이 사진을 촬영하였다.

(1) 환자들의 20%가 결핵을 가지고 있다면, 어느 날 검사에서 10명을 검사해서야 비로소 처음 결핵환자가 발견될 확률은 얼마인가?

(2) 15번째 검사받은 환자가 세 번째로 결핵 양성반응이 나올 확률은 얼마인가?

(3) 5번째 결핵환자가 발견되기 전까지 검사를 받은 음성반응 환자 수의 평균을 구하여라.

풀이 (1) 첫 번째 결핵환자가 발견될 때까지 결핵 검사를 실시한 총 횟수를 X라 하면,

$$f_X(x) = (0.2)(0.8)^{x-1}, \quad x = 1, 2, 3, \cdots$$

이므로 $f_X(10) = (0.2)(0.8)^9 = 0.0268$이다.

(2) 14번째까지 검사받은 결과 양성반응을 보인 환자가 2명, 음성반응을 보인 환

자가 12명이다. 그러므로 15번째 검사를 받은 환자가 세 번째 양성반응을 보일 확률은

$$\binom{14}{2}(0.2)^3(0.8)^{12} = 0.05$$

이다.

(3) $r = 5$, $p = 0.2$, $q = 0.8$ 이므로 구하고자 하는 평균은 $\mu = \dfrac{(5)(0.8)}{(0.2)} = 20$ 이다. ■

예제 11 앞면이 나올 때까지 공정한 동전을 독립적으로 반복하여 던지는 게임을 생각하자. 이때 확률변수 N을 첫 번째 앞면이 나올 때까지 반복 시행한 횟수로 정의한다.

(1) 확률변수 N의 확률함수를 구하여라.

(2) 기댓값 $E(N)$과 분산 $Var(N)$을 구하여라.

(3) n번째 처음 앞면이 나오면, 보상금 $X = 2^n$을 받는다고 한다. 그러면 게임에서 얻을 기대 보상금은 얼마인가?

풀이 (1) 확률변수 N은 매 시행마다 성공률이 $\frac{1}{2}$인 기하분포를 이루므로 구하고자 하는 확률함수는

$$f(n) = \left(\frac{1}{2}\right)^n, \quad n = 1, 2, 3, \cdots$$

(2) N의 기댓값과 분산은 각각 $E(N) = 2$, $Var(N) = 2$이다.

(3) 기대 보상금은 $\sum_{n=1}^{\infty} 2^n f(n) = \sum_{n=1}^{\infty} 2^n \left(\frac{1}{2}\right)^n = \infty$ 이므로 존재하지 않는다. ■

5.1.6 다항분포

각 실험의 결과가 k개의 서로 배반인 사건 $A_1, A_2, \cdots, A_k$로 구성된 통계실험을 n번 독립적으로 반복한다고 하자. 그리고 각 시행에서 사건 A_i가 발생할 확률이 p_i이고 $p_1 + \cdots + p_k = 1$이라 하자. 이때 n번의 반복시행에서 사건 A_i가 나타난 횟수를 X_i라 하면, k개의 확률변수 $X_1, X_2, \cdots, X_k$는 모수 n과 $p_1, p_2, \cdots, p_k$인 **다항분포**(multinomial distribution)를 갖는다고 한다. 한편 n번의 독립시행에서 각각의 사건 A_i가 x_i번 나타날 경우의 수는

$$\binom{n}{x_1, \cdots, x_k} = \frac{n!}{x_1!\, x_2! \cdots x_n!}$$

이고, 각 경우에 대하여 $X_1 = x_1, \cdots, X_k = x_k$ 일 확률은

$$P(X_1 = x_1, X_2 = x_{21}, \cdots, X_k = x_k) = p_1^{x_1} p_2^{x_2} \cdots p_k^{x_k}$$

이므로 $X_1, X_2, \cdots, X_k$ 의 확률함수는

$$P(X_1 = x_1, \cdots, X_k = x_k) = \binom{n}{x_1, \cdots, x_k} p_1^{x_1} \cdots p_k^{x_k},$$

$$x_1 + \cdots + x_k = n, \ x_i = 0, 1, \cdots, n,$$

$$p_1 + \cdots + p_k = 1, \ p_i > 0, \ i = 1, 2, \cdots, k$$

이다. 특히 $k = 2$ 인 경우, X_1 은 n 번의 베르누이 시행에서 사건 A_1 이 발생한 횟수이고, X_2 는 A_1 의 여사건 A_1^c 이 일어난 횟수이다. 따라서 각 시행에서 사건 A_1 이 나타날 확률이 p_1 이므로 $X_1 \sim B(n, p_1)$ 이다. 즉, 이항분포는 다항분포의 특수한 경우($k = 2$)이고, 이러한 논리로 확률변수 X_i 는 모수 n 과 p_i 인 이항분포를 이룬다. 따라서 X_i 의 기댓값과 분산은 각각 다음과 같다.

$$E(X_i) = np_i, \quad Var(X_i) = np_i(1 - p_i), \quad i = 1, 2, \cdots, k$$

정리 6

확률변수 $X_1, X_2, \cdots, X_k$ 가 모수 n 과 $p_1, p_2, \cdots, p_k$ 인 다항분포를 이룬다면,

(1) $M(t_1, \cdots, t_k) = (p_1 e^{t_1} + \cdots + p_k e^{t_k})^n, \ -\infty < t_i < \infty, \ i = 1, 2, \cdots, k$

(2) $X_i + X_j \sim B(n, p_i + p_j), \ Cov(X_i, X_j) = -np_i p_j$

증명

(1) $M(t_1, \cdots, t_k) = E[\exp(t_1 x_1 + \cdots + t_k x_k)]$

$$= \sum_{\substack{x_1, \cdots, x_k = 0 \\ x_1 + \cdots + x_k = n}}^{n} \binom{n}{x_1, \cdots, x_k} \exp(t_1 x_1 + \cdots + t_k x_k) p_1^{x_1} \cdots p_k e^{x_k}$$

$$= \sum_{\substack{x_1, \cdots, x_k = 0 \\ x_1 + \cdots + x_k = n}}^{n} \binom{n}{x_1, \cdots, x_k} e^{t_1 x_1} \cdots e^{t_k x_k} p_1^{x_1} \cdots p_k e^{x_k}$$

$$= \sum_{\substack{x_1, \cdots, x_k = 0 \\ x_1 + \cdots + x_k = n}}^{n} \binom{n}{x_1, \cdots, x_k} (p_1 e^{t_1})^{x_1} (p_2 e^{t_2})^{x_2} \cdots (p_k e^{t_k})^{x_k}$$

$$= \left(p_1 e^{t_1} + p_2 e^{t_2} + \cdots + p_k e^{t_k}\right)^n$$

■

예제 12 특별한 의약품을 이용하여 처방된 환자의 알레르기 반응을 조사한 결과, 매우 극심한 반응, 보통 반응, 약한 반응 그리고 무반응으로 분류하며 각각의 가능성은 0.08, 0.25, 0.35 그리고 0.32이다. 10명의 환자에게 이 약을 투여했을 때,

(1) 각 알레르기 반응에 따른 결합확률함수를 구하여라.

(2) 환자 10명 중에서 매우 심한 알레르기 반응, 알레르기 반응, 약한 알레르기 반응 그리고 무반응을 보인 환자 수가 각각 2명, 3명, 3명, 2명일 확률을 구하여라.

풀이 (1) 매우 극심한 반응, 보통 반응, 약한 반응 그리고 무반응인 환자 수를 각각 X_1, X_2, X_3, X_4라 하자. 그러면

$$P(X_1 = x_1, \cdots, X_4 = x_4) = \binom{n}{x_1, \cdots, x_4} (0.08)^{x_1} (0.25)^{x_2} (0.35)^{x_3} (0.32)^{x_4}$$

이고, 여기서 $x_1 + \cdots + x_k = 10$, $x_i = 0, 1, \cdots, 10$이다.

(2) $P(X_1 = 2, X_2 = 3, X_3 = 3, X_4 = 2)$

$$= \binom{10}{2, 3, 3, 2} (0.08)^2 (0.25)^3 (0.35)^3 (0.32)^4$$

$$= (25200)(4.3904)(10)^{-7} = 0.0111$$

■

연습문제 5.1 Exercises

1. 회사에서 내년까지 20명의 종업원 중에서 높은 업무성과에 도달한 사람에게 동등하게 성과급 C를 지불하기 위하여 기금 120,000$을 마련하였다. 각 종업원은 다른 종업원과 서로 독립적으로 높은 수준의 성과에 도달할 기회를 2%씩 갖는다고 한다. 이 기금이 성과가 높은 모든 사람에게 지급하기에 충분하지 못할 확률이 1% 미만이 되도록 C의 최대 액수를 결정하여라.

2. 30석의 좌석을 가진 작은 비행기에 승객이 나타나지 않을 확률은 다른 승객과 관계없이 독립적으로 0.1이라 한다. 그리고 이 항공사는 32석의 티켓을 판매하였다. 이때 비행기에 탑승하기 위해 나타난 승객이 가용할 수 있는 좌석보다 더 많을 확률을 구하여라.

3. 110명의 보험 가입자로 구성된 독립인 두 집단의 건강에 대하여 1년 동안 관찰하는 연구가 진행 중에 있다. 그리고 이 연구에 참가하는 개개인의 참가자는 연구가 끝나기 전에 그만 둘 확률이 독립적으로 각각 0.2라고 한다. 이때 두 집단 중 어느 꼭 한 집단에서 적어도 9명의 참가자가 연구가 완성될 때까지 참여할 확률을 구하여라.

4. 어떤 보험회사는 다음과 같은 가정을 기반으로 허리케인에 대한 보험가격을 결정한다.

(a) 어떤 년도에도 많아야 한 번의 허리케인이 찾아온다.

(b) 어떤 년도에도 허리케인이 찾아올 확률은 0.05이다.

(c) 서로 다른 년도에 찾아온 허리케인의 횟수는 서로 독립이다.

이 회사의 가정을 기초로 20년 동안에 허리케인의 방문 횟수가 2번 이하일 확률을 구하여라.

5. 보험회사는 30세 미만인 자동차 운전자의 1년간 사고 수는 $n=2,\ p=0.03$인 이항분포에 따르고, 30세 이상인 운전자의 1년간 사고 수는 $n=1,\ p=0.01$인 베르누이 분포에 따른다는 것을 알고 있다. 보험회사의 포트폴리오는 30세 미만의 운전자 25%와 30세 이상 운전자 75%로 구성되어 있다. 운전자가 지난 1년 동안에 사고를 내지 않았다고 할 때, 이 운전자가 내년에 사고를 내지 않을 확률을 구하여라.

6. 어떤 보험회사는 지난해의 자료를 분석한 결과, 특수직에 근무하는 피보험자가 불의의 사고로 사망하여 100,000$의 사망보험금을 받을 확률이 0.0004이고, 다른 이유로 사망하여 50,000$의 보험금을 받을 확률이 0.0025라는 결과를 얻었다. 금년에도 이 보험회사는 특수직에 근무하는 사람을 대상으로 1년 기간의 동일한 보험 상품을 판매하였다.

(1) 특수직에 근무하는 사람의 사망에 대한 확률분포를 구하고, 평균과 분산을 구하여라.

(2) 피보험자 중에서 임의로 선정한 사람이 사망했다는 조건 아래서 이 사람에게 지급해야 할 보험금의 확률분포와 지급할 평균 보험금을 구하여라.

7. 보험대리인은 리스크가 큰 것으로 생각되는 12명의 피보험자를 가지고 있다. 이 보험 가입자들 중 어느 한 사람이 내년 안에 매우 과다한 보험금 지급을 신청할 확률이 0.023이다. 이때 이들 중 정확히 세 명이 내년 안으로 과다한 보험금을 신청할 확률을 구하여라.

8. 대단위 모집단에서 5%의 사람이 어떤 질병에 걸렸다고 한다. 이들 중에서 임의로 5명을 선정하였을 때, 2명 이하로 이 질병에 걸릴 확률을 구하여라.

9. 대단위 모집단에서 B+ 혈액형을 가진 사람의 비율이 10%라고 한다. 이때 헌혈센터에서 20명이 헌혈을 했을 때, 그들 중 정확히 4명이 B+ 혈액형일 확률과 적어도 3명이 B+일 확률을 구하여라.

10. 확률변수 X의 적률생성함수가 $M_X(t)=\left(\frac{3}{4}+\frac{1}{4}e^t\right)^{10}$일 때, $P(|X-\mu|<\sigma)$을 구하여라.

11. 독립인 확률변수 $X_1, X_2, \cdots, X_k$가 각각 $X_i \sim B(n_i, p)$일 때, $S_k = \sum_{i=1}^{k} X_i$의 확률분포를 구하여라.

12. 어느 상점은 80개의 모뎀을 가지고 있으며, 그 중에서 30개는 A 회사 제품이고 나머지는 B 회사 제품이다. A 회사의 모뎀 중에서 20%가 불량이고, B 회사의 모뎀 중에서 8%가 불량이었다. 이 상점에서 5개의 모뎀을 표본으로 추출하여 정확히 두 개가 불량일 확률을 구하여라.

13. 한 중간 판매업자는 50개의 상품을 수입하였으며, 이들 수입 상품에는 5개의 상품이 결함이 있으나, 이 판매업자는 몇 개의 상품에 결함이 있는지 모른다. 따라서 수입 상품 중에서 10개를 임의로 선정하여 결함이 있는 상품의 수를 조사하였다. 이때 조사한 상품 중에서 결함이 있는 상품이 2개 이하이면, 수입을 허용하기로 한다. 이 판매업자가 수입된 상품을 허용할 확률을 구하여라.

14. 어느 자동차 보험회사는 보험 가입자가 매월 사고를 내지 않으면 보험회사로부터 5$의 캐쉬백을 받는 새로운 보너스 시스템을 발표하였으며, 이 보험회사는 가입한 1,000명의 가입자 중에서 사고위험이 적은 운전자 400명과 위험이 높은 운전자 600명으로 분류하였다. 매월 사고위험이 높은 운전자와 낮은 운전자가 사고를 내지 않을 확률은 각각 0.8과 0.9라 할 때, 1년 동안에 1,000명의 가입자에게 이 보험회사가 지불해야 할 보너스의 기댓값을 구하여라.

15. 매일매일 보험회사의 접수센터에 접수된 지급요구 건수는 푸아송분포에 따른다. 접수센터는 월요일에는 두 건의 지급요구가 접수되지만 다른 요일에는 하루에 한 건이 접수되는 것으로 기대하며, 서로 다른 요일에 접수되는 건수는 서로 독립이라 한다. 월요일부터 금요일 사이에 적어도 두 건의 지급요구가 접수될 확률을 구하여라.

16. 보험회사는 10년 기간의 보험증권을 소지한 가입자 5,000명을 가지고 있다. 이 기간 동안에 12,200개의 보험금 지급요구가 있었고, 지급요구 건수는 푸아송분포를 이룬다고 한다.

(1) 연간 보험증권당 요구 건수의 평균을 구하여라.

(2) 1년에 한 건 이하의 요구가 있을 확률을 구하여라.

(3) 보험금 지급요구 건당 1,000$의 보험금이 지급된다면, 1년에 한 보험 가입자에게 지급될 평균 보험금을 구하여라.

17. 폭설로 인해 사업이 중단되어 줄어들 소득에 대비하여 회사에서 소득을 보장받기 위해 보험증권을 구입하였다. 보험회사는 이 증권을 구입한 년도의 말까지 첫 번째 폭설까지는 보험금을 지불하지 않으며, 그 이후 폭설이 있을 때마다 10,000$을 보상하도록 계약을 했다. 그리

고 사업을 중단시킬 정도로 내린 폭설의 횟수는 매년 평균 1.5인 푸아송분포를 이룬다. 그러면 1년 기간 동안에 보험회사가 이 보험증권에 의하여 회사에 지불해야 할 보험금의 기댓값을 구하여라.

18. 야구팀은 4월 1일 게임을 개막하기로 계획되어 있다. 만일 이 날 비가 오면, 게임은 연기되어 비가 오지 않는 다음날 열린다. 이 야구팀은 비가 올 것에 대비하여 보험에 가입하였으며, 보험회사는 개막전이 연기되는 한 매일(최대 2일까지) 1,000$을 지급하도록 계약을 채결했다. 그리고 이 보험회사는 4월 1일 시작하여 연속적으로 비가 오는 날의 수가 평균 0.6인 푸아송분포를 이룬다고 결정하였다. 이 보험회사가 지불해야 할 보험금의 표준편차를 구하여라.

19. 보험회사는 보험 가입자가 보험금 지급요구를 네 번 신청할 확률이 두 번 신청할 확률의 3배가 되는 것을 발견했다. 보험금 지급요구 건수가 푸아송분포를 이룬다고 할 때, 요구 건수의 분산을 구하여라.

20. $X \sim P(\mu)$와 $Y \sim P(\lambda)$이 독립이라 할 때, 확률함수의 합성을 이용하여 $X+Y$는 모수 $\mu+\lambda$인 푸아송 확률변수인 것을 보여라.

21. $X \sim P(\mu)$에 대한 왜도와 첨도를 구하여라.

22. 입사지원자에 대한 초기 심사에서 평균적으로 모든 지원자의 $\frac{1}{3}$이 선출된다. 그리고 서로 독립인 지원자에 대한 2차 심사에서 처음 세 명 중에서 어느 한 명이 선정될 확률을 구하여라.

23. 어떤 회사는 제조공장에서 발생하는 사고에 대비하여 보험에 가입하였다. 임의로 지정된 어느 한 달 동안 한 번 이상의 사고가 발생할 확률은 $\frac{3}{5}$이다. 그리고 이 기간에 발생한 사고건수는 다른 달에 발생하는 건수와 독립이라고 한다. 한 번 이상의 사고가 발생한 네 번째 달 이전까지 적어도 4달 동안 사고가 없었을 확률을 구하여라.

24. 4월과 5월에 생명보험회사에 제출된 지급요구 건수를 각각 X와 Y라 하자. 이때 X와 Y의 결합확률함수가 다음과 같다고 한다.

$$f(x, y) = \frac{3}{4}\left(\frac{1}{4}\right)^{x-1} e^{-x}(1-e^{-x})^{y-1}, \quad x = 1, 2, 3, \cdots, \quad y = 1, 2, 3, \cdots$$

정확히 두 건의 지급요구가 4월에 제출되었다고 할 때, 5월에 보험회사에 제출된 요구 건수의 기댓값을 구하여라.

25. 5의 눈이 나올 때까지 공정한 주사위를 던진 횟수를 X라 하고, 6의 눈이 나올 때까지 주사위를 던진 횟수를 Y라 한다. 주사위를 두 번 던져서 처음으로 6의 눈이 나왔을 때, X의 조건부 기댓값을 구하여라.

26. 보험을 계약하는 과정의 일부로써, 보험 가입 대상자는 각각 고혈압에 대하여 검사를 받는다. 고혈압 증세를 보인 사람이 처음 발견될 때까지 이 검사에 참여한 사람의 수를 X라 하면, X의 기댓값은 12.5라고 한다. 이 검사에 응한 6번째 사람이 고혈압 증세를 보인 첫 번째 사람일 확률을 구하여라.

27. 어떤 전기장치에 대한 보험증권은 이 장치가 처음 1년간 고장이 나면 4,000$의 보험금을 지급하며, 그 이후 보험금이 0이 될 때까지 매년 1,000$씩 줄어들어 든다. 어느 해 초기에 이 장치가 고장 나지 않았다면, 그 년도 안에 이 장치가 고장이 날 확률은 0.4라 할 때, 이 증권에 대한 보험금의 기댓값을 구하여라.

28. 신용카드 한 장을 판매할 확률이 0.1인 카드 외판원이 하루 동안 3장의 카드를 판매할 때까지 예상 구매자를 방문한다고 하자. 이때 외판원이 만난 예상 구매자 수를 확률변수 X라 하고, 다음을 구하여라.

(1) 확률변수 X의 확률질량함수를 구하여라.
(2) 확률변수 X의 기대값과 분산을 구하여라.
(3) 세 번째에서 처음으로 구매자를 만날 확률을 구하여라.
(4) 열 번째에서 3장의 카드를 모두 판매할 확률을 구하여라.
(5) 여덟 번째부터 열 번째에 걸쳐 3장의 카드를 모두 판매할 확률을 구하여라.

29. 허리케인이 찾아올 때마다 새로운 가옥의 40%가 파손되며, 서로 다른 허리케인에 대한 가옥의 파손은 독립이라 한다. 두 번째 허리케인에 의한 파손이 있기까지 찾아온 허리케인의 수에 대한 최빈값을 구하여라.

30. $N \sim NB(1, p)$이고, $X_1, X_2, \cdots, X_N$은 동일한 밀도함수 $f(x) = e^{-x},\ x > 0$를 가지는 독립변수라고 하자. 이때 확률변수 $S = X_1 + \cdots + X_N$의 확률분포를 모수 $r = 1$인 **복합 음이항분포**(compound negative binomial distribution)라 한다.

(1) S의 적률생성함수를 구하여라.
(2) $f(x) = \frac{1}{\beta}e^{-x/\beta} \iff M_X(t) = \frac{1}{1-\beta t}$을 이용하여, S의 분포함수를 구하여라.

31. 어느 자동차보험회사는 자동차 운전면허증을 획득한 성인 집단에 대하여 위험성의 높낮이에 따라 저·중·고의 세 가지 운전자로 구분되며, 이들은 각각 50%, 30% 그리고 20%로 구성되어 있다. 처음 운전하는 사람에게는 이전의 운전 기록이 없는 관계로 보험회사는 보험에 가입할 운전자를 이 집단에서 임의로 선정된 것으로 간주한다. 이번 달에 보험회사에 처음 운전면허증을 취득한 4명의 운전자가 보험에 가입하였다. 이때 가입자 4명 가운데 위험성이 가장 낮은 운전자보다도 가장 위험성이 큰 운전자가 적어도 2명 이상 포함될 확률을 구하여라.

5.2 연속확률분포

5.2.1 균등분포

확률변수 X의 서포트가 구간 $[a, b]$이고, 이 구간에서 확률밀도함수가 일정한 연속확률분포를 **균등분포**(uniform distribution)라 하며, $X \sim U[a, b]$로 나타낸다. 따라서 구간 $[a, b]$에서 밀도함수를 $f(x) = k$라 하고, 다른 곳에서 $f(x) = 0$이라 하면,

$$\int_{-\infty}^{\infty} f(x)\,dx = \int_a^b k\,dx = k(b-a) = 1$$

이다. 그러므로 X의 밀도함수 $f(x)$는 다음과 같이 정의된다.

$$f(x) = \begin{cases} \dfrac{1}{b-a}, & a \le x \le b \\ 0, & \text{다른 곳에서} \end{cases}$$

그러면 $a \le x \le b$에서

$$F(x) = P(X \le x) = \int_a^x \frac{1}{b-a}\,dx = \frac{x-a}{b-a}$$

이므로 $X \sim U[a, b]$에 대한 분포함수는

$$F(x) = \begin{cases} 0, & x < 0 \\ \dfrac{x-a}{b-a}, & a \le x < b \\ 1, & x \ge b \end{cases}$$

이다.

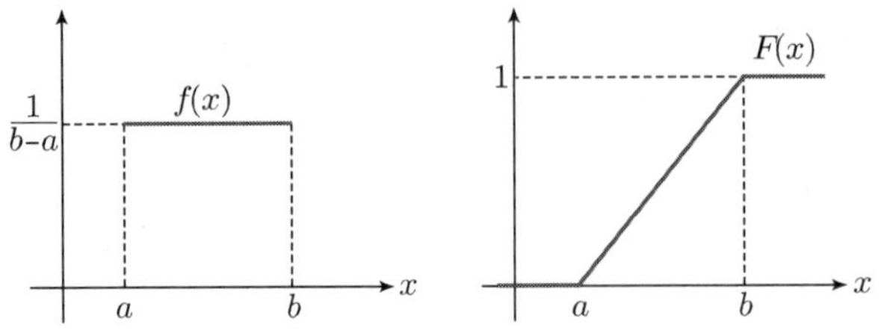

그림 5.10 밀도함수 $f(x)$와 분포함수 $F(x)$

한편 X의 적률생성함수는

$$M_X(t) = E(e^{tX}) = \int_a^b \frac{e^{tx}}{b-a}\,dx = \frac{e^{tb} - e^{ta}}{t(b-a)}, \quad t \neq 0$$

이며, 이 적률생성함수는 $t = 0$에 대하여 미분가능하지 않으므로 기댓값과 분산을 적률의 정의에 의하여 직접 구한다.

$$E(X) = \int_a^b \frac{x}{b-a}\,dx = \left[\frac{x^2}{2(b-a)}\right]_a^b = \frac{a+b}{2}$$

$$E(X^2) = \int_a^b \frac{x^2}{b-a}\,dx = \left[\frac{x^3}{3(b-a)}\right]_a^b = \frac{a^2 - ab + b^2}{3}$$

따라서 X의 기댓값과 분산은 각각 다음과 같다.

$$E(X) = \frac{a+b}{2}, \quad Var(X) = \frac{(b-a)^2}{12}$$

이와 같은 균등분포는 사람이나 기계의 수명 등에 대하여 현실감을 갖는 모형은 아니지만, 매우 간단하다는 이유에서 많이 사용된다. 특히 밀도함수 $f(x)$는 평균 $\mu = (a+b)/2$를 중심으로 좌우대칭이므로 중앙값은 $M_e = (a+b)/2$이다. 또한 $0 < p < 1$에 대하여 $p = F(x_0)$을 만족하는 x_0을 X의 $100p$-**백분위수**(percentiles)라 하며, 균등분포에 대한 $100p$-백분위수는 밀도함수가 구간 $[a, b]$에서 일정하므로 $[a, b]$를 $p : 1-p$로 내분하는 점 $x_{100p} = (1-p)a + pb$이다. 그리고 25-, 50- 그리고 75-백분위수를 **사분위수**(quartiles)라 하고, 각각 Q_1, Q_2 그리고 Q_3으로 나타낸다. 다시 말해서, 사분위수는 그림 5.11과 같이 확률분포를 4등분하는 경계값을 의미한다. 따라서 중앙값 M_e는 50-백분위수인 Q_2와 일치하며, 제3사분위수와 제1사분위수의 차 $I.Q.R. = Q_3 - Q_1$을 X의 **사분위수 범위**(interquartile range)라 한다.

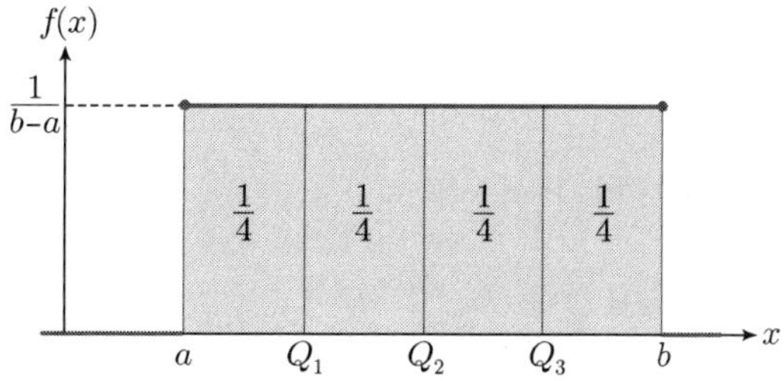

그림 5.11 균등분포의 사분위수

예제 1 보험증권은 $[0,\ 1000]$에서 균등분포를 이루는 손실 X를 보상하도록 명시되어 있다.

(1) X의 밀도함수와 분포함수를 구하여라.

(2) X의 기댓값과 분산을 구하여라.

(3) 기대 보상금이 면책금액이 없는 경우의 25% 수준이 되도록 하기 위한 면책금액의 수준을 구하여라.

풀이 (1) X가 구간 $[0,\ 1000]$에서 균등분포를 이루므로 밀도함수는

$$f(x)=\begin{cases}\dfrac{1}{1000}, & 0\le x\le 1000\\ 0, & \text{다른 곳에서}\end{cases}$$

이다. 따라서 분포함수는

$$F(x)=\begin{cases}0, & x<0\\ \dfrac{x}{1000}, & 0\le x<1000\\ 1, & x\ge 1000\end{cases}$$

이다.

(2) $E(X)=\dfrac{1000}{2}=500,\ \ Var(X)=\dfrac{1000^2}{12}=8333.3$

(3) Y를 면책금액 D에 관련된 손실에 대한 지급된 보상금이라 하면,

$$Y=\begin{cases}0, & 0\le x\le D\\ x-D, & D<X\le 1000\end{cases}$$

이다. 그러면 $E(X)=500$이고 기대 보상금이 면책금액이 없는 경우의 25% 수준이므로

$$E(Y)=\frac{1}{4}(500)=\int_D^{1000} y f(x)\,dx$$

$$= \int_{D}^{1000} \frac{x-D}{1000} dx = \frac{(1000-D)^2}{2000}$$

이다. 따라서

$$\frac{(1000-D)^2}{2000} = 125;\ (1000-D)^2 = 250000;\ 1000-D = 500$$

으로부터 면책금액은 $D = 500$이다. ■

5.2.2 지수분포

이산분포에서 처음 성공할 때까지 또는 r번째 성공이 있기까지 반복된 실패의 횟수 등에 관한 기하분포 또는 음이항분포를 살펴보았다. 연속확률분포에도 이와 유사한 성질을 갖는 확률분포를 생각할 수 있다. 예를 들어, 교차로에서 다음 사고가 발생할 때까지 기다리는 시간 또는 푸아송분포에 따라 발생하는 사건 사이의 기대시간 등에 응용되는 확률분포를 생각할 수 있다. 여기서 사건이 발생한 이후로 다음 사건이 발생할 때까지 걸리는 시간을 **대기시간**(waiting time)이라 하며, 이와 같이 관심의 대상이 되는 사건이 처음 발생할 때까지 걸리는 대기시간 또는 n번 연속적으로 발생할 때까지 걸리는 총 대기시간 등에 관한 확률모형인 지수분포 또는 감마분포를 살펴본다.

예제 2 보험 가입자들은 하루 평균 0.3의 비율로 보험금을 신청하며, 신청 건수는 푸아송분포에 따른다고 한다. 어느 날 고객이 보험금을 신청한 이후로 다음 고객이 보험금을 신청할 때까지 걸리는 시간 T의 밀도함수를 구하여라.

풀이 보험 가입자로부터 보험금이 청구된 횟수를 X라 하면, $X \sim P(0.3)$이다. 따라서 시구간 $[0, t]$에서 청구된 횟수 X_t는 평균 $0.3t$인 푸아송분포에 따른다. 한편 보험금이 청구된 이후로부터 t 이후에 다음 청구가 접수되기 위한 필요충분조건은 t 이전에 보험청구가 한 건도 나타나지 않는 것이다. 따라서 다음이 성립한다.

$$P(T > t) = P(X_t = 0) = e^{-0.3t}$$

즉 T의 분포함수는

$$F(t) = 1 - P(T > t) = 1 - e^{-0.3t},\ t > 0$$

이고, T의 밀도함수는 다음과 같다.

$$f(t)=\frac{d}{dt}F(t)=\frac{d}{dt}(1-e^{-0.3t})=\frac{3}{10}e^{-3t/10},\ t>0$$ ■

예제 2에서와 같이 양의 상수 β에 대하여, 연속확률변수 X의 밀도함수가

$$f(x)=\frac{1}{\beta}e^{-x/\beta},\ x>0$$

인 확률분포를 모수 β인 **지수분포**(exponential distribution)라 하고 $X\sim \mathrm{Exp}(\beta)$로 나타낸다. 그러면 모수 β인 지수분포에 대한 분포함수와 생존함수는 각각

$$F(x)=\int_0^x \frac{1}{\beta}e^{-u/\beta}\,du=-e^{-u/\beta}\Big|_0^x=1-e^{-x/\beta},\quad x>0$$
$$S(x)=1-F(x)=e^{-x/\beta}$$

이다.

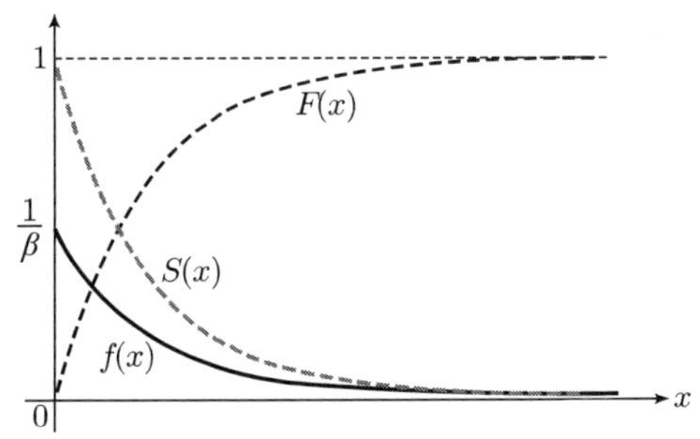

그림 5.12 $X\sim \mathrm{Exp}(\beta)$의 분포함수와 생존함수

예제 3 교차로에서 일어나는 교통사고 발생시간의 간격 X(단위는 개월)는 밀도함수 $f(x)=3e^{-3x},\ x>0$으로 관측된다. 이때 사고가 관측된 이후로 한 달 이후에 다음 사고가 발생할 확률과 두 달 안에 사고가 발생할 확률을 각각 구하여라.

풀이

$$P(X>1)=\int_1^\infty 3e^{-3x}\,dx=(-1)e^{-3x}\Big|_1^\infty=e^{-3}=0.0498$$

$$P(X<2)=\int_0^2 3e^{-3x}\,dx=(-1)e^{-3x}\Big|_0^2=1-e^{-6}=0.9975$$ ■

한편 $X\sim \mathrm{Exp}(\beta)$의 적률생성함수는 제4장에서 살펴본 바와 같이

$$M_X(t)=\frac{1}{1-\beta t},\quad t<\frac{1}{\beta}$$

이고,

$$M_X{}'(t) = \frac{\beta}{(1-\beta t)^2}, \quad M_X{}''(t) = \frac{2\beta^2}{(1-\beta t)^3}$$

$$E(X) = M_X{}'(0) = \beta, \quad E(X^2) = M_X{}''(0) = 2\beta^2$$

이므로 기댓값과 분산은 각각 $E(X) = \beta$, $Var(X) = \beta^2$ 이다.

예제 4 자산이 W 인 보험회사의 손실 X는 모수 $\beta = 100$ 인 지수분포에 따른다고 한다. 이때 함수 $u(w) = -0.005\,e^{-0.005w}$ 에 대하여, $u(W) = E[u(W+P-X)]$ 를 만족하는 상수 P 를 구하여라.

풀이 $X \sim \text{Exp}(100)$ 이므로 X 의 적률생성함수는

$$M_X(t) = \frac{1}{1-100t}, \quad t < \frac{1}{100}$$

이고, 또한 함수 $u(w)$에 대하여 $u(W) = E[u(W+P-X)]$ 가 성립하므로

$$-0.005\,e^{-0.005\,W} = -0.005\,e^{-0.005(W+P)}\,E\left(e^{0.005X}\right)$$

이다. 즉

$$e^{0.005P} = E\left(e^{0.005X}\right) = M_X(0.005)$$

또는

$$P = \frac{1}{0.005}\ln M_X(0.005) = 200\ln\frac{1}{1-(100)(0.005)} = 200\ln 2 = 138.63$$

이다. ■

예제 4에서 함수 $u(\cdot)$는 회사의 자산에 관한 가치를 나타내는 **효용함수**(utility function)라 하며, 상수 P는 **최소 보험료**(minimum premium)를 의미한다.

정리 7

임의의 양수 x_0과 양수 x에 대하여 $X \sim \text{Exp}(\beta)$인 지수분포는 다음과 같은 **비기억성 성질**(memorylessness property)이 성립한다.

$$P(X \geq x_0 + x \mid X \geq x_0) = P(X \geq x)$$

증명 $X \sim \text{Exp}(\beta)$ 이므로

$$P(X \geq x_0) = \int_{x_0}^{\infty} \frac{1}{\beta} e^{-x/\beta} dx = \left(-e^{-x/\beta}\right)\Big|_{x_0}^{\infty} = e^{-x_0}$$

$$P(X \geq x_0 + x) = \int_{x_0 + x}^{\infty} \frac{1}{\beta} e^{-x/\beta} dx = \left(-e^{-x/\beta}\right)\Big|_{x_0 + x}^{\infty} = e^{-(x_0 + x)}$$

이므로

$$\begin{aligned} P(X \geq x_0 + x \mid X \geq x_0) &= \frac{P(X \geq x_0 \,,\ X \geq x_0 + x)}{P(X \geq x_0)} \\ &= \frac{e^{-(x_0 + x)}}{e^{-x_0}} = e^{-x} = P(X > x) \end{aligned}$$

이다. ■

모수 β 인 지수분포에 대한 비기억성 성질은 x_0 이상 생존했다는 조건 아래서 앞으로 x 이상 더 생존할 잔여 시간은 모수 β 인 지수분포에 따르는 것을 의미한다.

예제 5 어떤 기계의 일부 부품이 고장 날 때까지 걸리는 시간은 평균 1,000시간인 지수분포를 이룬다고 한다.

(1) 이 기계를 500시간 동안 아무런 문제없이 사용한 후, 앞으로 100시간 이상 사용할 확률을 구하여라.

(2) (1)의 조건에 대하여, 앞으로 x 시간 이상 사용할 확률을 구하여라.

풀이 (1) $X \sim \text{Exp}(1000)$이므로 밀도함수는

$$f(x) = \frac{1}{1000} e^{-x/1000}, \ x > 0$$

이고, 따라서 구하고자 하는 확률은

$$\begin{aligned} P(X \geq 600 \mid X \geq 500) = P(X \geq 100) &= \int_{100}^{\infty} \frac{1}{1000} e^{-x/1000} dx \\ &= \left(-e^{-x/1000}\right)\Big|_{100}^{\infty} \\ &= e^{-0.1} = 0.9048 \end{aligned}$$

(2) (1)의 조건 아래서, 이 기계를 고장 없이 사용한 총 시간은 $500 + x$ 이므로

$$P(X \geq 500 + x \mid X \geq 500) = P(X \geq x) = S(x) = e^{-x/1000}$$

이다. ■

그리고 주어진 $x_0 > 0$에 대하여 확률변수 $X - x_0$의 조건부 평균

$$e(x_0) = E(X - x_0 \mid X \geq x_0) = \int_{x_0}^{\infty} (x - x_0) \frac{f(x)}{P(X \geq x_0)} dx$$

를 $x = x_0$에서 확률변수 $X - x_0$의 **평균잔여 생존시간**(mean residual life time)이라 하며, 특히

$$R(x_0) = \frac{1}{E(X)} \int_{x_0}^{\infty} (x - x_0) f(x) dx$$

를 **초과 유지비율**(excess ratio for retention)이라 한다. 그러면

$$E(X - x_0 \mid X \geq x_0) = \frac{1}{P(X \geq x_0)} \int_{x_0}^{\infty} (x - x_0) f(x) dx$$

이므로

$$R(x_0) = \frac{E(X - x_0 \mid X \geq x_0)}{E(X)/P(X \geq x_0)} = \frac{e(x_0)}{E(X)/P(X \geq x_0)}$$

를 얻는다.

예제 6 양의 상수 x_0에서 $X \sim \text{Exp}(\beta)$에 대한 $X - x_0$의 평균잔여 생존시간과 초과 유지비율을 구하여라.

풀이 $X \sim \text{Exp}(\beta)$이므로

$$E(X) = \beta,\ P(X \geq x_0) = S(x_0) = e^{-x_0/\beta}$$

이므로

$$e(x_0) = \int_{x_0}^{\infty} (x - x_0) \frac{f(x)}{e^{-x_0/\beta}} dx = \frac{\beta e^{-x_0/\beta}}{e^{-x_0/\beta}} = \beta$$

$$R(x_0) = \frac{e(x_0)}{E(X)/P(X \geq x_0)} = \frac{\beta}{\beta/P(X \geq x_0)} = P(X \geq x_0) = e^{-x_0/\beta}$$

이다. ■

다음 그림은 몇 가지 연속분포에 대한 평균잔여 생존함수의 모양을 보인다.

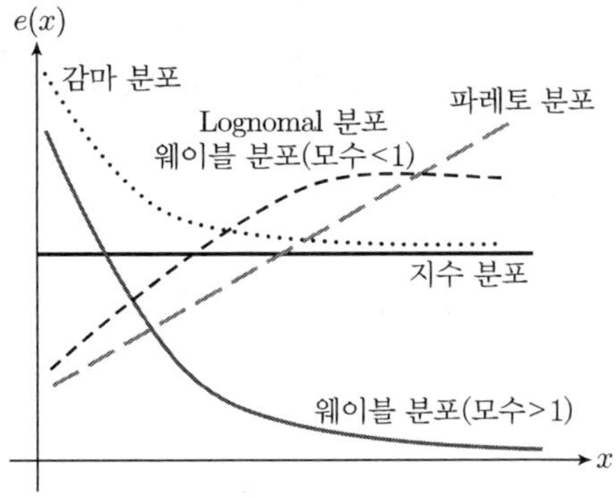

그림 5.13 평균잔여 생존함수

한편 구간 $(0, L)$에서 $X \sim \text{Exp}(\beta)$이고 $P(X=L)=e^{-L/\beta}$인 혼합형 지수분포를 생각할 수 있다. 즉 X의 분포함수는 $X=L$에서 점프 크기 $e^{-L/\beta}$를 가지는 불연속인 지수분포를 이룬다.

$$F(x)=\begin{cases}0 & , \; x<0 \\ 1-e^{-x/\beta} & , \; 0 \le x < L \\ 1 & , \; x \ge L\end{cases}$$

이와 같은 확률분포를 **절단된 지수분포**(truncated exponential distribution)라 하며, 절단된 지수분포의 분포함수는 그림 5.14와 같다.

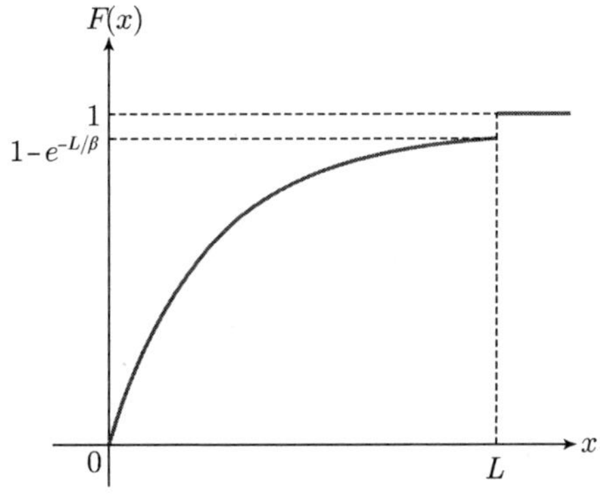

그림 5.14 절단된 지수분포의 분포함수

예제 7 자동차보험회사에서 보험증권을 소지한 4,500명이 다음과 같이 두 부류로 구분된다고 하자. 이때 전체 보험 요구액이 각 보험증권 소지자로부터 모아진 액수를 초과할 확률이 0.05이고, 각 증권 소지자에게 지불할 보험금 X_i에 대하여 $S=X_1+X_2+\cdots+X_{4500}$이라 할 때, S의 평균을 구하여라.

구분	가입자 수	보험요구 확률	보험요구 금액의 절단된 지수분포	
			β	L
1	1,500	0.10	1	2.5
2	3,000	0.05	0.5	5.0

풀이 두 그룹 1과 2의 보험증권 소지자가 보험을 요구할 확률변수를 각각 I_1, I_2 라 하자. 그러면 I_1 과 I_2 는 다음과 같은 베르누이 분포를 이룬다.

$$P(I_1 = 0) = 0.90,\ P(I_1 = 1) = 0.10$$
$$P(I_2 = 0) = 0.95,\ P(I_2 = 1) = 0.05$$

이다. 가입자 개개인이 신청한 보험 요구금액을 B_i 라 하면, 제1그룹에 속한 피보험자 개개인에게 지급될 보험금은 $X_i = I_1 B_i$ 이고 제2그룹에 속한 피보험자 개개인에게 지급될 보험금은 $X_k = I_2 B_k$ 이다. 한편 $X = IB$ 에 대하여 X 의 기댓값과 분산은 각각

$$E(X) = E[E(X|I)]$$
$$Var(X) = E[Var(X|I)] + Var[E(X|I)]$$

이므로 $\mu = E(B|I=1)$, $\sigma^2 = Var(B|I=1)$이라 하면, 보험금 청구가 없으면 $(I=0)$ 개개인에게 보험회사가 지불할 보험금은 0이므로

$$E(X|I=0) = 0$$

이다. 또한

$$E(X|I=1) = E(B|I=1) = \mu$$

이므로

$$E(X|I) = \mu I = \begin{cases} 0\ , & I=0 \\ \mu\ , & I=1 \end{cases}$$

로 나타낼 수 있다. 따라서

$$E(X) = E[E(X|I)] = E(\mu I) = \mu p$$

이다. 다시 말해서, 제1그룹과 제2그룹 개개인에게 지급할 평균 보험금은

$$E(X_i) = (0.10)\mu_1,\ E(X_k) = (0.05)\mu_2$$

이다. 한편 제1그룹의 개개인에게 보험회사에서 지급할 보험금은 $L = 2.5$ 에서 절단된 모수 $\beta = 1$ 인 지수분포를 이루고, 제2그룹은 $L = 5.0$ 에서 절단된 모수

$\beta = 0.5$인 지수분포를 이루므로

$$\mu_1 = E(B|I_1 = 1) = \int_0^{L_1} x\, f_1(x)\, dx + (L_1) P(X = L_1)$$
$$= \int_0^{2.5} x\, e^{-x}\, dx + (2.5) e^{-2.5}$$
$$= 0.7127 + 0.2052 = 0.9179$$
$$\mu_2 = E(B|I_2 = 1) = \int_0^{L_2} x\, f_2(x)\, dx + (L_2) P(X = L_2)$$
$$= \int_0^{5} 2x\, e^{-2x}\, dx + (5) e^{-10}$$
$$= 0.4998 + 0.0002 = 0.5$$

이다. 그러므로 보험회사가 각 그룹에 속한 가입자에게 지급해야 할 평균 보험 지급금은

$$\text{제1그룹}: \quad E(X_i) = (0.10)(0.9179) = 0.09179$$
$$\text{제2그룹}: \quad E(X_k) = (0.05)(0.5) = 0.025$$

이고, 각 그룹에 소속된 전체에 가입자에게 지급해야 할 평균 금액은 각각

$$E(S_1) = (1500)(0.09179) = 137.685$$
$$E(S_2) = (3000)(0.025) = 75.0$$

이다. 따라서

$$E(S) = E(S_1) + E(S_2) = 137.685 + 75.0 = 212.685$$ ■

또한 두 지수분포의 혼합형인 경우를 생각해 볼 수 있다. 확률 $p\,(0 < p < 1)$에서 모수가 α이고, 확률 $1 - p$에서 모수가 β인 두 지수분포의 혼합형으로 다음과 같은 밀도함수를 갖는다.

$$f(x) = p\,\frac{1}{\alpha}\, e^{-x/\alpha} + (1-p)\,\frac{1}{\beta}\, e^{-x/\beta}, \quad x > 0$$

이와 같은 확률분포를 **혼합지수분포**(mixture of exponential distributions)라 하며, 그림 5.15는 $p = 0.4,\ \alpha = 2,\ \beta = 3$인 혼합지수분포의 예이다.

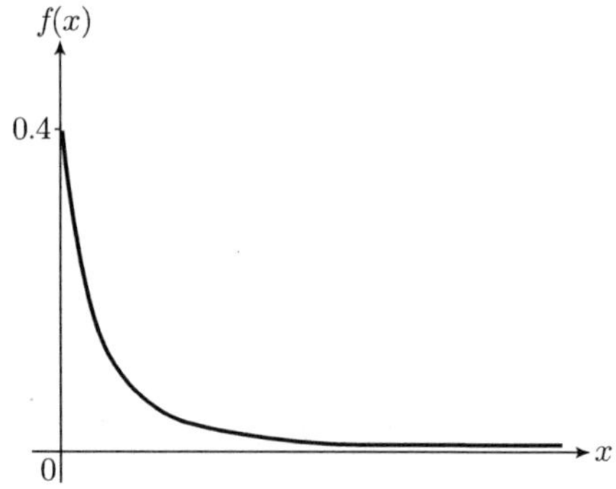

그림 5.15 $p=0.4,\ \alpha=2,\ \beta=3$인 혼합지수분포

이때 $p<0$이거나 $p>1$인 경우에도 위에서 정의된 함수 $f(x)$가 밀도함수가 되는 경우도 있다. 물론 이 함수가 밀도함수이기 위하여 모든 실수 x에 대하여 $f(x) \geq 0$이어야 한다. 특히 $\beta < \alpha$라 하면 $f(0) \geq 0$일 필요충분조건은 $1<p \leq \dfrac{\alpha}{(\alpha-\beta)}$이고, 이 경우의 혼합분포를 지수분포의 결합이라 한다. 한편 혼합지수분포 또는 지수분포의 결합을 때때로 **콕시안 분포**(Coxian distribution)라 한다. 예를 들어, $p=2,\ \alpha=1$ 그리고 $\beta=2$인 혼합지수분포 밀도함수는

$$f_1(x) = 2(e^{-x} - e^{-2x}),\quad x>0$$

이다. 그리고 $p=-\dfrac{1}{3},\ \alpha=2,\ \beta=1$인 혼합지수분포 밀도함수는

$$f_2(x) = \frac{2}{3}(2e^{-x} - e^{-2x}),\quad x>0$$

이며, 이들 밀도함수 $f_1(x)$와 $f_2(x)$의 그림은 각각 다음과 같다.

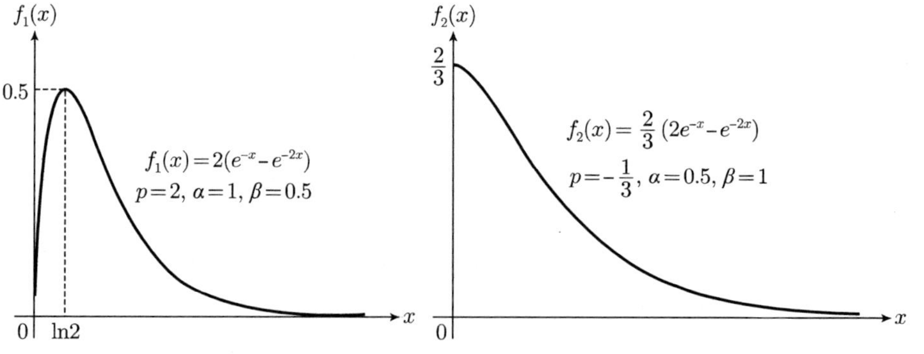

그림 5.16 $f_1(x)=2(e^{-x}-e^{-2x})$와 $f_2(x)=\dfrac{2}{3}(2e^{-x}-e^{-2x})$의 개형

그러면 혼합지수분포의 적률생성함수는

$$
\begin{aligned}
M_X(t) &= E(e^{tX}) \\
&= \int_0^{\infty} e^{tx}\left(p\,\frac{1}{\alpha}\,e^{-x/\alpha} + (1-p)\,\frac{1}{\beta}\,e^{-x/\beta}\right)dx \\
&= p\,\frac{1}{1-\alpha t} + (1-p)\,\frac{1}{1-\beta t}
\end{aligned}
$$

이다. 따라서 $1-p=q$ 라 하면

$$
M_X'(t) = p\,\frac{\alpha}{(1-\alpha t)^2} + q\,\frac{\beta}{(1-\beta t)^2}, \quad M_X'(0) = p\,\alpha + q\,\beta
$$

$$
M_X''(t) = p\,\frac{2\alpha^2}{(1-\alpha t)^3} + q\,\frac{2\beta^2}{(1-\beta t)^3}, \quad M_X''(0) = 2p\,\alpha^2 + 2q\,\beta^2
$$

으로부터 기댓값과 분산을 다음과 같이 얻는다.

$$
\begin{aligned}
&E(X) = p\,\alpha + q\,\beta \\
&Var(X) = p(1+q)\alpha^2 + q(1+p)\beta^2 - 2pq\alpha\beta
\end{aligned}
$$

예를 들어, $p=0.4$, $\alpha=2$, $\beta=3$ 인 혼합지수분포

$$
f(x) = \frac{1}{5}\left(e^{-x/2} + e^{-x/3}\right), \quad x > 0
$$

의 기댓값과 분산은 각각 다음과 같다.

$$
\begin{aligned}
&E(X) = (0.4)(2) + (0.6)(3) = 2.6 \\
&Var(X) = (0.4)(1.6)(2)^2 + (0.6)(1.4)(3)^2 - 2(0.4)(0.6)(2)(3) = 7.24
\end{aligned}
$$

한편 서로 다른 모수 α와 β를 갖는 독립인 두 지수확률변수 X_1, X_2에 대하여 $S = X_1 + X_2$ 의 적률생성함수는

$$
\begin{aligned}
M_S(t) &= E\left[e^{t(X_1+X_2)}\right] = E\left(e^{tX_1}\right)E\left(e^{tX_2}\right) \\
&= \frac{1}{(1-\alpha t)(1-\beta t)} \\
&= \frac{\alpha}{\alpha-\beta}\,\frac{1}{1-\alpha t} - \frac{\beta}{\alpha-\beta}\,\frac{1}{1-\beta t}
\end{aligned}
$$

이고, 따라서 서로 다른 모수를 갖는 독립인 지수확률변수의 합은 지수분포의 결합과 동일하다. 그러나 일반적으로 지수분포의 결합이 서로 다른 모수를 갖는 독립인 지수확률변수의 합의 분포가 되는 것은 아니다. 그러면 혼합지수분포 또는 결합지수분포 밀도함수를 가지는 확률변수를 얻는 방법을 생각하자. 이를 위하여,

확률변수 X, Y 그리고 I는 독립이고, 각각

$$X \sim \text{Exp}(1),\ \ Y \sim \text{Exp}(1),\ \ I \sim B(1,\ \gamma),\quad 0 \le \gamma \le 1$$

라고 하자. 여기서 확률변수 I는 성공률 γ인 베르누이 확률변수를 나타낸다. 그러면 확률변수 αIX의 적률생성함수는 $I \sim B(1, \gamma)$이므로

$$\begin{aligned} E\left[e^{(t\alpha)IX}\right] &= E\left[e^{(t\alpha)(0)X}\right] P(I=0) + E\left[e^{(t\alpha)(1)X}\right] P(I=1) \\ &= 1 - \gamma + \frac{\gamma}{1-\alpha t} \end{aligned}$$

이다. 따라서 $\beta < \alpha$라 하면, 확률변수 $U = \alpha IX + \beta Y$의 적률생성함수는

$$\begin{aligned} M_U(t) &= E\left[e^{t(\alpha IX + \beta Y)}\right] = E\left[e^{(t\alpha)IX}\right] E\left[e^{(t\beta)Y}\right] \\ &= \left(1 - \gamma + \gamma \frac{1}{1-\alpha t}\right) \frac{1}{1-\beta t} \\ &= \frac{1 - \alpha(1-\gamma)t}{(1-\alpha t)(1-\beta t)} = \frac{\alpha\gamma}{\alpha - \beta} \frac{1}{1-\alpha t} + \left(1 - \frac{\alpha\gamma}{\alpha-\beta}\right) \frac{1}{1-\beta t} \end{aligned}$$

이다. 그러므로 $p = \dfrac{\alpha\gamma}{\alpha-\beta}$이면, U의 적률생성함수는 혼합 또는 결합지수분포의 적률생성함수가 된다. 특히 $\beta < \alpha$이므로 $0 \le \gamma \le 1 - \dfrac{\beta}{\alpha}$이면 $0 \le p \le 1$이고 따라서 U는 혼합지수분포이다. 또한 $1 - \dfrac{\beta}{\alpha} < \gamma \le 1$이면 $1 < p \le \dfrac{\alpha}{\alpha-\beta}$이므로 U는 결합지수분포이다.

예제 8 다음 혼합지수밀도함수에 대하여

$$f(x) = \frac{1}{9} e^{-x/3} + \frac{2}{21} e^{-x/7},\ \ 0 < x < \infty$$

(1) 적률생성함수를 구하여라.
(2) 평균과 분산을 구하여라.

풀이 밀도함수 $f(x)$는 모수 3과 7을 이용하여 다음과 같이 변형이 가능하다.

$$f(x) = \frac{1}{9} e^{-x/3} + \frac{2}{21} e^{-x/7} = \frac{1}{3} \cdot \frac{1}{3} e^{-x/3} + \frac{2}{3} \cdot \frac{1}{7} e^{-x/7}$$

따라서 $p = \dfrac{1}{3}$, $q = \dfrac{2}{3}$ 그리고 $\alpha = 3$, $\beta = 7$이다.

(1) $M_X(t) = p \dfrac{1}{1-\alpha t} + q \dfrac{1}{1-\beta t} = \dfrac{1}{3} \dfrac{1}{1-3t} + \dfrac{2}{3} \dfrac{1}{1-7t}$, $\quad t < \dfrac{1}{7}$

(2) $E(X) = p\,\alpha + q\,\beta = \frac{1}{3}(3) + \frac{2}{3}(7) = \frac{17}{3} = 5.6667$

$$Var(X) = p(1+q)\alpha^2 + q(1+p)\beta^2 - 2pq\alpha\beta$$
$$= \frac{1}{3}\frac{5}{3}(9) + \frac{2}{3}\frac{4}{3}(49) - (2)\frac{1}{3}\frac{2}{3}(3)(7) = \frac{353}{9} = 39.2222$$ ■

5.2.3 감마분포

감마분포는 어떤 보험회사의 증권을 소유한 서로 다른 사람들에 의하여 신청된 보험금의 평균 등을 구하는데 매우 유용한 확률모형을 제시한다. 임의의 $\alpha > 0$에 대하여 **감마함수**(gamma function) $\Gamma(\alpha)$는

$$\Gamma(\alpha) = \int_0^\infty t^{\alpha-1} e^{-t}\, dt$$

와 같이 정의되며, 다음의 기본적인 성질을 갖는다.

(1) $\alpha > 0$이면 $\Gamma(\alpha+1) = \alpha\,\Gamma(\alpha)$

(2) $\Gamma(1) = 1$, $\Gamma\left(\frac{1}{2}\right) = \sqrt{\pi}$

(3) $\Gamma(n+1) = n \cdot (n-1) \cdots 2 \cdot 1 = n!$, n은 자연수

(4) $\Gamma\left(n+\frac{1}{2}\right) = \left(n-\frac{1}{2}\right)\left(n-\frac{3}{2}\right) \cdots \left(\frac{1}{2}\right)\sqrt{\pi}$

그러면 감마함수의 정의로부터

$$\int_0^\infty \frac{1}{\Gamma(\alpha)} t^{\alpha-1} e^{-t}\, dt = 1$$

이고, 임의의 양수 β에 대하여 $t = \frac{x}{\beta}$라 하면

$$1 = \int_0^\infty \frac{1}{\Gamma(\alpha)} t^{n-1} e^{-t}\, dt = \int_0^\infty \frac{1}{\Gamma(\alpha)\beta}\left(\frac{x}{\beta}\right)^{\alpha-1} e^{-x/\beta}\, dx$$
$$= \int_0^\infty \frac{1}{\Gamma(\alpha)\beta^\alpha} x^{\alpha-1} e^{-x/\beta}\, dx$$

이다. 따라서 양수 α, β에 대하여 마지막 적분의 피적분함수를

$$f(x) = \frac{1}{\Gamma(\alpha)\beta^\alpha} x^{\alpha-1} e^{-x/\beta}$$

라 하면, 모든 $x > 0$에 대하여 $f(x) \geq 0$이고 따라서 함수 $f(x)$는 연속확률변수

의 밀도함수이다. 이와 같은 밀도함수를 갖는 확률분포를 모수 α, β 인 **감마분포**(gamma distribution)라 하고, $X \sim \Gamma(\alpha, \beta)$로 나타낸다. 이때 모수 α 는 감마분포의 모양을 결정짓고, 모수 β 는 흩어진 정도를 나타내는 척도이며, 모수 α 와 β 를 각각 **형상모수**(shape parameter)와 **척도모수**(scale parameter)라 한다. 그러면 감마밀도함수는 그림 5.17과 같이 척도모수 β 가 작을수록 분포의 밀집정도가 좁아지고, 형상모수 α 가 커짐에 따라 곡선의 꼭짓점은 원점으로부터 점점 더 멀어지는 것을 알 수 있다.

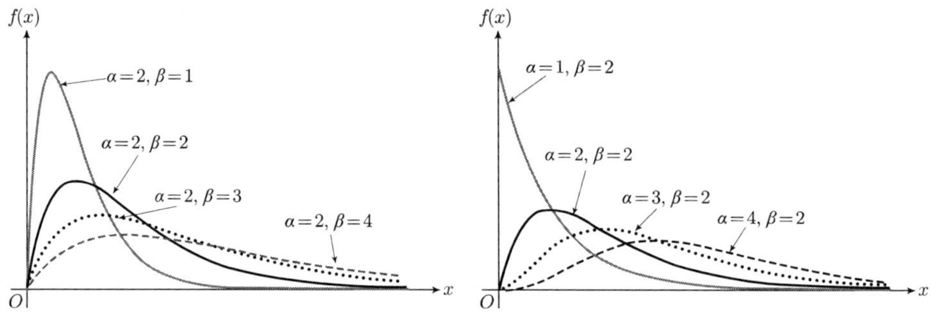

그림 5.17 모수에 따른 감마분포의 비교

한편 $\alpha = 1$ 이면, 감마밀도함수는

$$f(x) = \frac{1}{\beta} e^{-x/\beta}, \qquad x > 0$$

이고, 따라서 모수 β 인 지수분포임을 알 수 있다. 또한

$$\begin{aligned} M_X(t) &= \int_0^{\infty} e^{tx} \frac{x^{\alpha-1}}{\Gamma(\alpha)\beta^{\alpha}} e^{-x/\beta} dx \\ &= \int_0^{\infty} \frac{x^{\alpha-1}}{\Gamma(\alpha)\beta^{\alpha}} \exp\left(-\frac{1-\beta t}{\beta} x\right) dx \end{aligned}$$

$u = \dfrac{(1-\beta t)x}{\beta}$ 라 하면,

$$\begin{aligned} M_X(t) &= \int_0^{\infty} \frac{1}{\Gamma(\alpha)\beta^{\alpha}} \left(\frac{\beta}{1-\beta t} u\right)^{\alpha-1} e^{-u} \left(\frac{\beta}{1-\beta t}\right) du \\ &= \frac{1}{(1-\beta t)^{\alpha}} \int_0^{\infty} \frac{1}{\Gamma(\alpha)} u^{\alpha-1} e^{-u}\, du \\ &= (1-\beta t)^{-\alpha}, \quad t < \frac{1}{\beta} \end{aligned}$$

이므로 $X \sim \Gamma(\alpha, \beta)$에 대한 적률생성함수는 다음과 같다.

$$M_X(t) = (1-\beta t)^{-\alpha}, \quad t < \frac{1}{\beta}$$

따라서

$$M_X'(t) = \alpha\beta(1-\beta t)^{-(\alpha+1)}, \qquad M_X'(0) = \alpha\beta$$

$$M_X''(t) = \alpha\beta^2(\alpha+1)(1-\beta t)^{-(\alpha+2)}, \qquad M_X''(0) = \alpha\beta^2(\alpha+1)$$

으로부터 $X \sim \Gamma(\alpha, \beta)$에 대한 기댓값과 분산은 다음과 같다.

$$E(X) = \alpha\beta, \quad Var(X) = \alpha\beta^2$$

예제 9 어떤 병으로 병원에 입원하는 기간 X는 $\alpha = 3$, $\beta = 5$인 감마분포를 이루며, 병원 치료비는 $C = 2X^2 + 150X$이다. 이 질병에 의한 평균 치료비를 구하여라.

풀이 $X \sim \Gamma(3, 5)$이므로 1차 적률과 2차 적률은 각각 다음과 같다.

$$E(X) = \alpha\beta = 15, \; E(X^2) = \alpha(1+\alpha)\beta^2 = 300$$

그러므로 평균 치료비는

$$\begin{aligned} E(C) &= E(2X^2 + 350X) = 2E(X^2) + 150E(X) \\ &= 600 + 2250 = 2850 \end{aligned}$$

이다. ■

더욱이 특정한 사건들이 발생할 때까지 걸리는 시간이 모수 β인 지수분포를 이룰 때, 그림 5.18과 같이 n번째 사건이 발생할 때까지 걸리는 총 대기시간을 $S = X_1 + X_2 + \cdots + X_n$이라 하면, $S \sim \Gamma(n, \beta)$인 것을 다음 정리 8에서 알 수 있다.

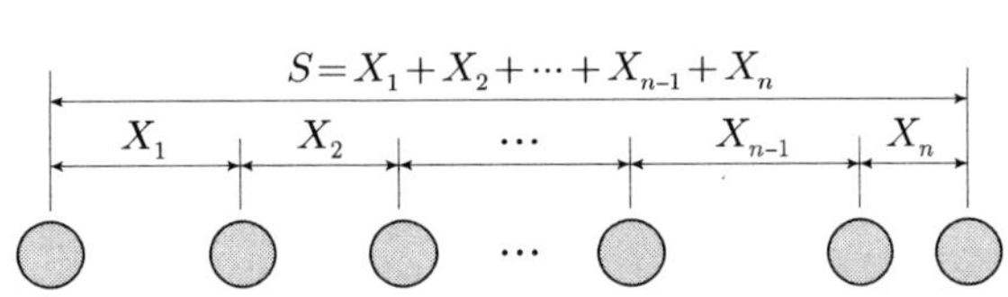

그림 5.18 대기시간열

정리 8

독립확률변수 X_i, $i = 1, 2, \cdots, n$가 동일하게 모수 β인 지수분포를 이룬다면, $S = X_1 + X_2 + \cdots + X_n \sim \Gamma(n, \beta)$이다.

증명 $X_i \sim \text{Exp}(\beta)$이므로 X_i의 적률생성함수는

$$M_i(t) = (1-\beta t)^{-1}, \quad i = 1, 2, \cdots, n$$

이다. 한편 이 확률변수들이 독립이므로

$$M_S(t) = \prod_{i=1}^{n} M_{X_i}(t) = \left(\frac{1}{1-\beta t}\right)^n \sim \Gamma(n, \beta)$$

이다. ■

예제 10 어느 특정 지역에서 발생하는 교통사고 발생 시간 X는 밀도함수

$$f_X(x) = 3\,e^{-3x}, \quad 0 < x < \infty$$

를 갖는다고 한다. 이때 처음 두 건의 사고가 첫째 달과 둘째 달 사이에 발생할 확률을 구하여라. 단, 첫 번째 사고와 두 번째 사고 사이의 시간은 첫 번째 사고가 발생할 시간과 독립이고 동일한 지수분포를 이룬다.

풀이 첫 번째 사고가 발생할 때까지 걸리는 시간을 X_1 그리고 첫 번째 사고와 두 번째 사고 사이의 시간을 X_2라 하면, $X_i \sim \text{Exp}\left(\frac{1}{3}\right)$, $i = 1, 2$이고 독립이다. 그러면 두 번째 사고가 발생할 때까지 걸리는 시간 $S = X_1 + X_2$는 $\alpha = 2$, $\beta = \frac{1}{3}$인 감마분포를 이루고, 따라서 S의 밀도함수는

$$f_S(x) = 9\,x\,e^{-3x}, \quad x > 0$$

이다. 그러므로 구하고자 하는 확률은

$$P(1 < S < 2) = \int_1^2 9x\,e^{-3x}\,dx = (-1)(3x+1)e^{-3x}\Big|_1^1$$
$$= 4e^{-3} - 7e^{-6} = 0.1818$$

이다. ■

정리 9

$X_1, X_2, \cdots, X_n$이 독립이고 $X_i \sim \Gamma(\alpha_i, \beta)$, $i = 1, 2, \cdots, n$이면, $S = X_1 + X_2 + \cdots + X_n$는 $S \sim \Gamma(\alpha_1 + \cdots + \alpha_n, \beta)$이다.

증명 X_i에 대한 적률생성함수는 $M_{X_i}(t) = (1-\beta t)^{-\alpha_i}$, $t < \frac{1}{\beta}$이고, 이들이 독

립이므로 $S = X_1 + X_2 + \cdots + X_n$의 적률생성함수를 $M_S(t)$라 하면

$$\begin{aligned} M_S(t) &= E(e^{tS}) = E\left(e^{t(X_1 + \cdots + X_n)}\right) \\ &= \prod_{i=1}^{n} E\left(e^{tX_i}\right) = \prod_{i=1}^{n} (1-\beta t)^{-\alpha_i} \\ &= (1-\beta t)^{-(\alpha_1 + \cdots + \alpha_n)} \end{aligned}$$

이다. 한편 이 함수는 모수 $\alpha_1 + \cdots + \alpha_n$과 β를 갖는 감마함수의 적률생성함수이므로 $S \sim \Gamma(\alpha_1 + \cdots + \alpha_n, \beta)$이다. ■

이제 감마분포 $X \sim \Gamma(\alpha, \beta)$와 어떤 양의 상수 x_0에 대하여, 확률변수 $U = X + x_0$을 생각하자. 그러면 $u = x + x_0$은 집합 $\{x \mid x > 0\}$에서 집합 $\{u \mid u > x_0\}$ 위로의 일대일 대응함수이고 미분가능하다. 그러므로 X의 밀도함수

$$f_X(x) = \frac{1}{\Gamma(\alpha)\beta^\alpha} x^{\alpha-1} e^{-x/\beta}, \quad x > 0$$

에 대하여, U의 밀도함수는

$$\begin{aligned} f_U(u) &= f_X(u - x_0)\left|\frac{dx}{du}\right| \\ &= \frac{1}{\Gamma(\alpha)\beta^\alpha}(u - x_0)^{\alpha-1} \exp\left(-\frac{u - x_0}{\beta}\right), \quad u > x_0 \end{aligned}$$

이다. 이와 같은 밀도함수 $f_U(x)$를 갖는 확률분포를 모수 α, β 그리고 x_0을 갖는 **추이감마분포**(translated gamma distribution)라 하고 $U \sim \Gamma_{x_0}(\alpha, \beta)$로 나타낸다.

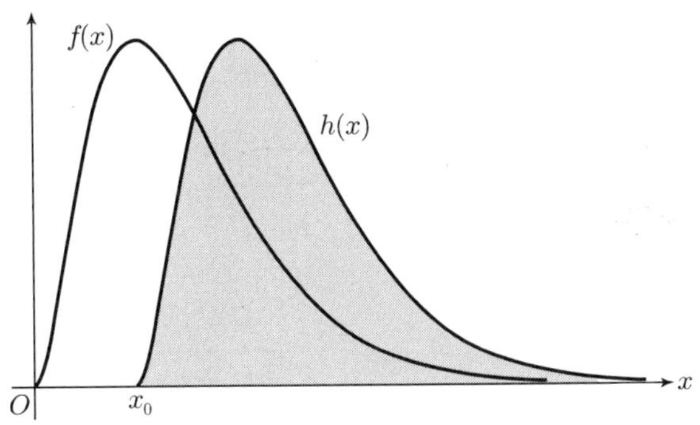

그림 5.19 감마분포 $f(x)$와 추이감마분포 $h(x)$

즉 추이감마밀도함수는 감마밀도함수 $f_X(x)$를 x축을 따라서 x_0만큼 평행 이동한 분포임을 알 수 있다. 또한 $U = X + x_0$이므로 추이감마분포에 대한 적률생성함수는

$$M_U(t) = e^{x_0 t} M_X(t) = e^{x_0 t}(1 - \beta t)^{-\alpha}, \quad t < \frac{1}{\beta}$$

이고, 평균과 분산 그리고 3차 중심적률은 각각 다음과 같다.

$$\mu_U = E(U) = E(X + x_0) = x_0 + \alpha\beta$$
$$\sigma_U^2 = Var(U) = Var(X + x_0) = \alpha\beta^2$$
$$E[(U - \mu_U)^3] = E[(X - \mu_X)^3] = 2\alpha\beta^3$$

따라서 모수 α, β 그리고 x_0은 중심적률들에 의하여 다음과 같이 표현이 가능하다.

$$x_0 = \mu_U - \frac{2\left(\sigma_U^2\right)^2}{E\left[(U - \mu_U)^3\right]}, \quad \alpha = \frac{4(\sigma_U^2)^3}{E^2\left[(U - \mu_U)^3\right]}, \quad \beta = \frac{E\left[(U - \mu_U)^3\right]}{2\sigma_U^2}$$

예제 11 $X \sim \Gamma(2, 2)$에 대하여 $U = X + 1$이라 할 때, U에 대한 기댓값과 분산 그리고 3차 중심적률을 구하여라.

풀이 $X \sim \Gamma(2, 2)$이므로 $\alpha = 2$, $\beta = 2$이고 $x_0 = 1$이므로

$$\mu_U = x_0 + \alpha\beta = 1 + (2)(2) = 5$$
$$\sigma_U^2 = \alpha\beta^2 = (2)(2)^2 = 8$$
$$E[(U - \mu_U)^3] = 2\alpha\beta^3 = 2(2)(2)^3 = 32$$

이다. ■

예제 12 추이감마분포 $U \sim \Gamma_{x_0}(\alpha, \beta)$에 대하여,

$$\mu_U = 5, \quad \sigma_U^2 = 8, \quad E[(U - \mu_U)^3] = 32$$

일 때, α, β 그리고 x_0을 구하여라.

풀이 $\mu_U = 5$, $\sigma_U^2 = 8$, $E[(U - \mu_U)^3] = 32$이므로

$$x_0 = \mu_U - \frac{2\left(\sigma_U^2\right)^2}{E\left[(U - \mu_U)^3\right]} = 5 - \frac{2(8)^2}{32} = 5 - 4 = 1$$

$$\alpha = \frac{4(\sigma_U^2)^3}{E^2\left[(U-\mu_U)^3\right]} = \frac{4(8)^3}{(32)^2} = 2$$

$$\beta = \frac{E\left[(U-\mu_U)^3\right]}{2\sigma_U^2} = \frac{32}{2(8)} = 2$$

이다. ■

특히 모수가 $\alpha = \frac{n}{2}$, $\beta = 2$인 감마분포를 **자유도**(degree of freedom) n인 **카이제곱분포**(chi-square distribution)라 하고, $X \sim \chi^2(n)$으로 나타낸다. 따라서 자유도 n인 카이제곱분포의 밀도함수는

$$f(x) = \frac{1}{\Gamma(n/2)\,2^{n/2}}\,x^{(n/2)-1}\,e^{-x/2}, \quad x > 0$$

이고, 적률생성함수와 평균 그리고 분산은 각각

$$M_X(t) = (1-2t)^{-n/2}, \quad t < \frac{1}{2}$$

$$\mu_X = n, \ \sigma_X^2 = 2n$$

이다.

5.2.4 파레토 분포

보험 청구액이 큰 경우에 대수정규분포를 사용하지만, 책임보험과 같이 보험 청구액이 매우 크거나 보험금액이 매우 큰 계약으로부터 손실을 만회하기 위하여 보험회사가 재보험에 가입하는 경우에는 파레토 확률분포를 사용한다. 양의 실수 α, β에 대하여 밀도함수가

$$f(x) = \frac{\alpha\beta^{\alpha}}{x^{\alpha+1}}, \quad x > \beta$$

인 확률분포를 모수 α, β 인 **파레토 분포**(Pareto distribution)라 하고, $X \sim \mathrm{Pareto}(\alpha, \beta)$로 나타낸다.

그러면 확률변수 X의 기댓값은 $\alpha > 1$에 대하여

$$E(X) = \int_{\beta}^{\infty} x f(x)\,dx = \int_{\beta}^{\infty} \frac{\alpha\beta^{\alpha}}{x^{\alpha}}\,dx = \frac{\alpha\beta}{\alpha-1}$$

이고, 같은 방법으로 $\alpha > 2$인 경우에 $E(X^2) = \dfrac{\alpha\beta^2}{\alpha-2}$이다. 따라서 모수 α, β인 파레토 분포의 분산은

$$Var(X) = \frac{\alpha\beta^2}{(\alpha-1)^2(\alpha-2)}$$

이다. 이때 평균과 분산의 존재성을 보장하기 위하여 $\alpha > 2$인 파레토 분포를 주로 사용한다.

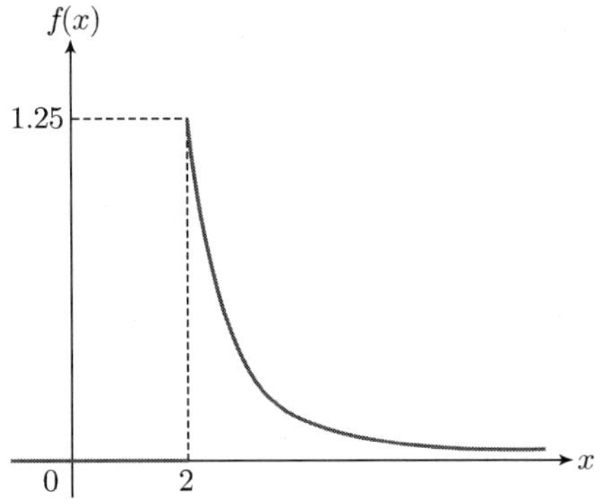

그림 5.20 $\alpha = 2.5$, $\beta = 2$인 파레토 밀도함수

예제 13 보험증권에 명시된 보험 약정금액은 100$ 단위의 모수 $\alpha = 2$, $\beta = 3$인 파레토 분포에 따른다고 한다. 이때 보험 지급금이 600$를 초과할 확률과 보험 지급금이 600$를 초과한다는 조건 아래서 평균 지급금을 구하여라.

풀이 청구금액의 단위가 100$이므로 보험 지급금을 $100X$라 하면, 지급금이 600$를 초과할 확률은

$$P(X > 6) = \int_6^\infty \frac{18}{x^3}\,dx = 0.25$$

이다. 한편 $X > 6$인 조건 아래서 X의 평균은

$$E(X \mid X > 6) = \int_6^\infty \frac{x\,f(x)}{P(X > 6)}\,dx = \int_6^\infty \frac{x\,f(x)}{0.25}\,dx$$
$$= \int_6^\infty 4\left(\frac{18}{x^2}\right)dx = 12$$

이고, 따라서 평균 지급금은 1,200$이다. ■

한편 $X \sim \text{Pareto}(\alpha, \beta)$의 분포함수와 생존함수는 각각

$$F(x)=\int_{\beta}^{x}\frac{\alpha\beta^{\alpha}}{u^{\alpha+1}}du=1-\left(\frac{\beta}{x}\right)^{\alpha},\quad x\ge\beta>0$$

$$S(x)=1-F(x)=\left(\frac{\beta}{x}\right)^{\alpha},\quad x\ge\beta>0$$

이다. 그러므로 확률변수 X의 위험률 함수는

$$h(x)=\frac{f(x)}{S(x)}=\frac{(\alpha/x)(\beta/x)^{\alpha}}{(\beta/x)^{\alpha}}=\frac{\alpha}{x}$$

즉 x가 증가함에 따라 반비례적으로 감소한다. 그리고 주어진 $0<\beta<x_0$에 대하여 $x=x_0$에서 확률변수 $X-x_0$의 평균잔여생존시간은

$$\begin{aligned}e(x_0)=E(X-x_0\mid X\ge x_0)&=\int_{x_0}^{\infty}(x-x_0)\frac{f(x)}{P(X\ge x_0)}dx\\&=\int_{x_0}^{\infty}\frac{x-x_0}{(\beta/x_0)^{\alpha}}\frac{\alpha\beta^{\alpha}}{x^{\alpha+1}}dx\\&=\frac{1}{\alpha-1}x_0\end{aligned}$$

으로 주어진 점 x_0에 대하여 비례한다.

예제 14 영리를 목적으로 하는 대형건물에 대한 포괄적인 화재보험은 $\beta=1$인 자기부담금을 갖도록 보험증권에 명시되어 있다. 또한 화재로 인한 손실에 대하여 신청된 손실금액은 위험률 함수 $h(x)=\dfrac{4.5}{x}$인 파레토 분포를 이룬다고 한다. 이때 단위는 10,000\$이고, 자기부담금은 화재로 인하여 보험 계약자가 부담해야 할 손실이다.

(1) 손실에 따른 평균 보험청구금을 구하여라.

(2) 보험 지급금의 기댓값을 구하여라.

풀이 (1) 손실금액이 10,000\$ 단위로 주어지므로 보험 청구액을 $10000X$라 하면, $\beta=1$이고 위험률 함수로부터 $\alpha=4.5$이다. 따라서 $X\sim\text{Pareto}(4.5,1)$이고 평균 청구금액은

$$E(X)=\frac{\alpha\beta}{\alpha-1}=\frac{(4.5)(1)}{4.5-1}=1.2857$$

즉 $E(10000X)=12,857\$$이다.

(2) 보험회사는 10,000\$ 이하의 손실에 대하여 보험금을 지급하지 않으므로, 평균 보험지급액은

$$\text{평균 보험청구금} - \text{자기 부담금} = 2,857\$$$

이다. ■

5.2.5 와이블 분포

지수분포의 실패율 함수는 시간이 관계없이 일정하지만, 파레토 분포는 시간이 흐름에 따라 반비례하며 감소하는 실패율 함수를 갖는다. 그러나 의료사고 또는 폭풍 등으로 인한 재해에 대비하기 위한 재해보험의 보험 급부금의 크기에 대한 실패율 함수는 시간에 따라 증가하는 함수로 나타나고, 이러한 보험금에 적당한 확률모형을 제공하는 확률분포가 와이블 분포이다. 양수 α, β에 대하여 연속확률변수 X의 밀도함수가

$$f(x) = \alpha \beta^{\alpha} x^{\alpha - 1} \exp\left(-(\beta x)^{\alpha}\right), \quad x > 0$$

일 때, X는 모수 α, β인 **와이블 분포**(Weibull distribution)를 이룬다고 하고 $X \sim \text{Wei}(\alpha, \beta)$로 나타낸다.

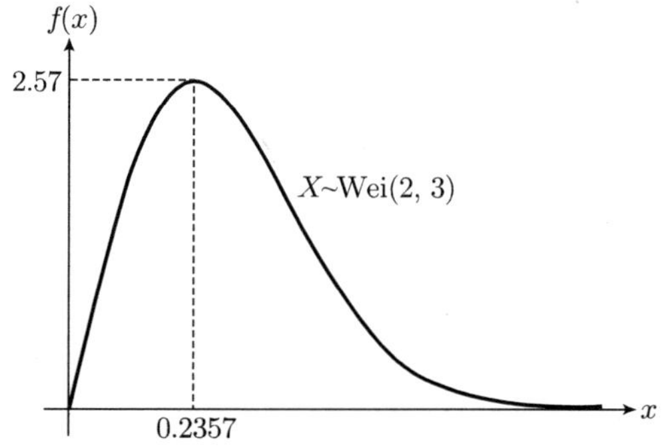

그림 5.21 $\alpha = 2, \beta = 3$인 와이블 밀도함수

그러면 모수 α, β인 와이블 분포의 분포함수와 생존함수는 $x > 0$에 대하여 각각 다음과 같다.

$$\begin{aligned} F(x) &= \int_0^x \alpha \beta^{\alpha} u^{\alpha - 1} \exp\left(-(\beta u)^{\alpha}\right) du \\ &= (-1) \exp\left(-(\beta u)^{\alpha}\right)\Big|_0^x = 1 - \exp\left(-(\beta x)^{\alpha}\right) \\ S(x) &= 1 - F(x) = \exp\left(-(\beta x)^{\alpha}\right) \end{aligned}$$

따라서 실패율 함수는

$$h(x) = \frac{f(x)}{S(x)} = \frac{\alpha\beta^{\alpha} x^{\alpha-1} \exp(-(\beta x)^{\alpha})}{\exp(-(\beta x)^{\alpha})} = \alpha\beta^{\alpha} x^{\alpha-1}, \quad x > 0$$

즉 $\alpha > 1$인 경우에 실패율 함수는 시간 또는 수명을 나타내는 x의 멱승에 비례하면서 증가한다. 또한 기댓값 $E(X)$와 적률 $E(X^2)$은 각각 다음과 같다.

$$\begin{aligned} E(X) &= \int_0^{\infty} \alpha\beta^{\alpha} x^{\alpha} \exp(-(\beta x)^{\alpha})\, dx \\ &= \frac{1}{\beta}\int_0^{\infty} t^{1/\alpha} e^{-t}\, dt = \frac{\Gamma(1+(1/\alpha))}{\beta} \\ E(X^2) &= \int_0^{\infty} \alpha\beta^{\alpha} x^{\alpha+1} \exp(-\beta x^{\alpha})\, dx \\ &= \frac{1}{\beta^2}\int_0^{\infty} t^{2/\alpha} e^{-t}\, dt = \frac{\Gamma(1+(2/\alpha))}{\beta^2} \end{aligned}$$

따라서 모수 α, β인 와이블 분포의 평균과 분산은 각각 다음과 같다.

$$E(X) = \frac{1}{\beta}\Gamma\left(1+\frac{1}{\alpha}\right), \quad Var(X) = \frac{1}{\beta^2}\left[\Gamma\left(1+\frac{2}{\alpha}\right) - \Gamma^2\left(1+\frac{1}{\alpha}\right)\right]$$

예제 15 생명에 치명적인 업종에서 근무하는 근로자의 사망으로 인하여 배우자가 재혼할 때까지 걸리는 시간 X는 실패율 함수 $h(x) = cx \ (x \geq 0)$인 와이블 분포에 따른다고 한다. 단, 단위는 1년이다.

(1) $P(X > 5) = e^{-1/4} = 0.7788$을 만족하는 상수 c를 구하여라.
(2) X의 밀도함수를 구하고, 6개월 안에 재혼할 확률을 구하여라.
(3) X의 평균과 분산을 구하여라.

풀이 (1) X가 α, β인 와이블 분포에 따르고 X의 실패율 함수는

$$h(x) = \alpha\beta^{\alpha} x^{\alpha-1} = cx$$

이므로 $\alpha = 2$, $\alpha\beta^{\alpha} = c$이다. 한편

$$\begin{aligned} P(X > 5) &= \int_5^{\infty} 2\beta^2 x \exp(-(\beta x)^2)\, dx \\ &= (-1)\exp(-(\beta x)^2)\Big|_5^{\infty} = e^{-25\beta} = e^{-1/4} \end{aligned}$$

즉 $\beta = 0.01$이므로 $c = \alpha\beta^2 = 0.0002$이다.

(2) $\alpha = 2$, $\beta = 0.01$이므로 X의 밀도함수는

$$f(x) = (0.0002)\,x\,e^{-(x/100)^2}, \quad x > 0$$

이다. 또한 6개월은 0.5년이므로

$$P(X < 0.5) = \int_0^{0.5} (0.0002)\,x\,e^{-(x/100)^2}\,dx$$

$$= (-1)\,e^{-x^2/10000}\Big|_0^{0.5} = 1 - 0.9975 = 0.0025$$

(3) 평균과 분산은 각각 다음과 같다.

$$E(X) = \frac{1}{0.01}\Gamma\left(1 + \frac{1}{2}\right)$$

$$= (100)\frac{1}{2}\Gamma\left(\frac{1}{2}\right) = 50\sqrt{\pi} = 88.623$$

$$Var(X) = \frac{1}{0.01^2}\left(\Gamma(2) - \Gamma^2\left(\frac{3}{2}\right)\right)$$

$$= \frac{1}{0.01^2}\left(1 - \frac{\pi}{4}\right) = 25(4 - \pi) = 2146.02$$

■

5.2.6 베타분포

베타분포는 폐구간 $[0, 1]$에서 정의되며, 따라서 확률변수가 0%와 100% 사이에서 값을 갖는 비율을 나타내는 경우에 사용한다. 예를 들어, 제조과정에서 불량품의 비율 또는 서비스에 만족하는 고객의 비율, 특히 목조건물에 관한 화재보험에 대하여 전체 보험증권의 한계 금액에 대한 손실비율 등과 같은 확률모형을 다룰 때 많이 사용한다.

임의의 양수 α, β에 대하여 **베타함수**(Beta function)는

$$\text{Beta}(\alpha, \beta) = \int_0^1 x^{\alpha-1}(1-x)^{\beta-1}\,dx$$

로 정의되며, 특히

$$\text{Beta}(\alpha, \beta) = \frac{\Gamma(\alpha)\,\Gamma(\beta)}{\Gamma(\alpha+\beta)}$$

를 이용하면

$$\int_0^1 \frac{\Gamma(\alpha+\beta)}{\Gamma(\alpha)\Gamma(\beta)} x^{\alpha-1}(1-x)^{\beta-1}\,dx = 1$$

이다. 그러면 $0 < x < 1$에 대하여 위의 피적분함수는 음이 아니므로 함수

$$f(x) = \frac{\Gamma(\alpha+\beta)}{\Gamma(\alpha)\Gamma(\beta)} x^{\alpha-1}(1-x)^{\beta-1}, \qquad 0 < x < 1$$

은 연속확률변수의 밀도함수이다. 이와 같은 밀도함수를 갖는 확률분포를 모수 α, β인 **베타분포**라 하고 $X \sim \text{Beta}(\alpha, \beta)$로 나타낸다. 그러면 베타분포 확률밀도함수는 모수에 따라서 서로 다른 모양을 가지는 것을 그림 5.22에서 알 수 있다. 즉, 동일한 모수 α에 대하여 β가 커질수록 왼쪽으로 치우친 모양을 가지며, 동일한 모수 β에 대하여 α가 커질수록 오른쪽으로 치우친 모양을 갖는다.

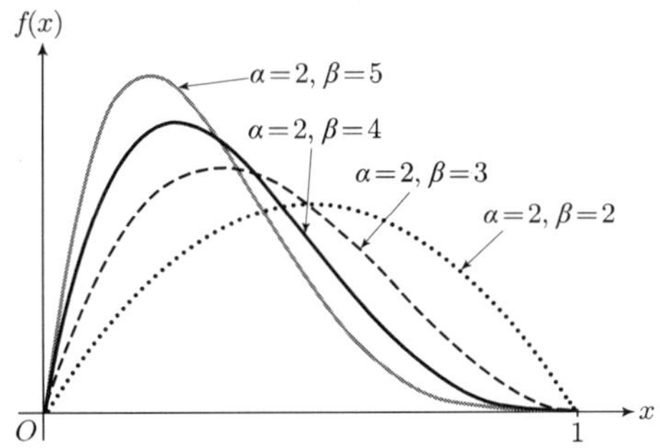

그림 5.22 여러 가지 베타분포의 비교

특히 $\alpha = \beta$인 경우 확률밀도함수는 그림 5.23과 같이 $x = 0.5$를 중심으로 좌우 대칭이고, $\alpha = \beta$가 커질수록 확률밀도함수는 종 모양을 이루며 $x = 0.5$에 더욱 더 집중하는 것을 알 수 있다.

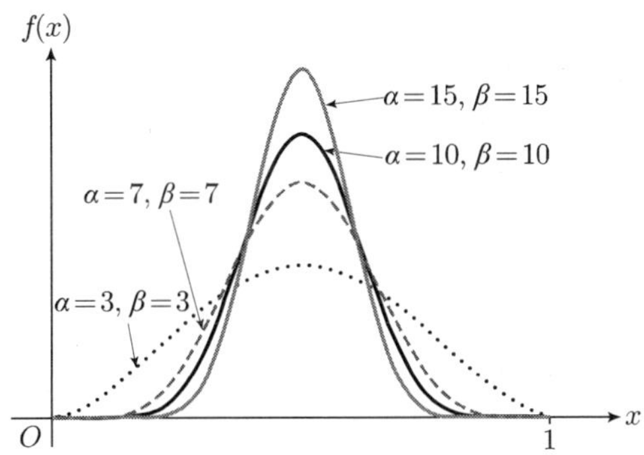

그림 5.23 $\alpha = \beta$인 베타분포

한편 감마함수의 성질을 이용하면, $X \sim B(\alpha, \beta)$에 대한 기댓값은

$$E(X) = \int_0^1 \frac{\Gamma(\alpha+\beta)}{\Gamma(\alpha)\Gamma(\beta)} x^{\alpha}(1-x)^{\beta-1}\, dx$$

$$= \frac{\Gamma(\alpha+\beta)}{\Gamma(\alpha)\Gamma(\beta)} \frac{\Gamma(\alpha+1)\Gamma(\beta)}{\Gamma(\alpha+1+\beta)} \int_0^1 \frac{\Gamma(\alpha+1+\beta)}{\Gamma(\alpha+1)\Gamma(\beta)} x^{\alpha} (1-x)^{\beta-1} dx$$

$$= \frac{\Gamma(\alpha+\beta)}{\Gamma(\alpha)} \frac{\Gamma(\alpha+1)}{\Gamma(\alpha+1+\beta)}$$

$$= \frac{\alpha}{\alpha+\beta}$$

이고, 같은 방법으로 2차 적률은

$$E(X^2) = \frac{\alpha\,(a+1)}{(\alpha+\beta+1)\,(\alpha+\beta)}$$

이다. 따라서 분산은 다음과 같다.

$$Var(X) = E(X^2) - E(X)^2 = \frac{\alpha\beta}{(\alpha+\beta)^2(\alpha+\beta+1)}$$

특히 모수 $\alpha=\beta=1$인 베타분포는 $(0,\ 1)$에서 정의되는 균등분포이다.

예제 16 고객들의 투자업무를 다루는 어떤 재산관리 회사에 대하여, 어느 특정한 달에 이 회사에 정보나 서비스를 위하여 전화 문의를 한 고객의 비율이 $\alpha=3,\ \beta=4$인 베타분포를 이룬다고 한다.

(1) 전화 문의를 한 고객의 비율에 대한 밀도함수를 구하여라.
(2) 평균과 분산을 구하여라.
(3) 그 한 달 동안에 고객의 70% 이상이 전화로 문의했을 확률을 구하여라.

풀이 (1) 전화 문의를 한 고객의 비율 X가 모수 $\alpha=3,\ \beta=4$인 베타분포를 이루므로 밀도함수는 다음과 같다.

$$f(x) = \frac{\Gamma(7)}{\Gamma(3)\Gamma(4)} x^2 (1-x)^3 = 60x^2(1-x)^3, \qquad 0 < x < 1$$

(2) $E(X) = \dfrac{3}{7} = 0.4286,\quad Var(X) = \dfrac{(3)(4)}{(7)^2\,(8)} = 0.0306$

(3) $P(X \geq 0.7) = \displaystyle\int_{0.7}^{1} 60\,x^2(1-x)^3\,dx = 0.0705$ ■

5.2.7 정규분포

정규분포는 풍부한 수학적 성질을 갖고 있을 뿐만 아니라 많은 사회과학에서 행해지는 실험 결과들이 정규분포에 근사하는 성질을 갖고 있어 매우 유용하게 활용되고 있다. 예를 들어, 보험금 손실, 유가증권의 구입 등등 보험 또는 금융에서 폭넓게 활용되고 있으며, 특히 중심극한정리에 의하여 임의의 확률분포로부터 얻어진 대표본은 점근적으로 정규분포에 가까워진다는 특성을 갖는다.

임의의 상수 $-\infty < \mu < \infty$, $\sigma > 0$에 대하여 연속확률변수 X가 밀도함수

$$f(x) = \frac{1}{\sqrt{2\pi}\ \sigma} \exp\left[-\frac{(x-\mu)^2}{2\sigma^2}\right], \quad -\infty < x < \infty$$

를 가지는 경우에, X는 모수 μ와 σ^2을 갖는 **정규분포**(normal distribution)를 이룬다 하고, $X \sim N(\mu, \sigma^2)$으로 나타낸다. 특히, 확률변수 X의 표준화 확률변수를 $Z = \dfrac{X-\mu}{\sigma}$라 하면 Z의 밀도함수는 $\mu = 0$와 $\sigma^2 = 1$인 정규분포 $N(0, 1)$, 즉

$$\phi(z) = \frac{1}{\sqrt{2\pi}} e^{-z^2/2}, \quad -\infty < z < \infty$$

이다. 이때 이와 같은 밀도함수 $\phi(z)$를 가지는 확률분포를 **표준정규분포**(standard normal distribution)라 한다. 그러면 정규분포 또는 표준정규분포는 다음 그림 5.24와 같이 종 모양을 이루며, 이 확률분포의 첨도는 3이다.

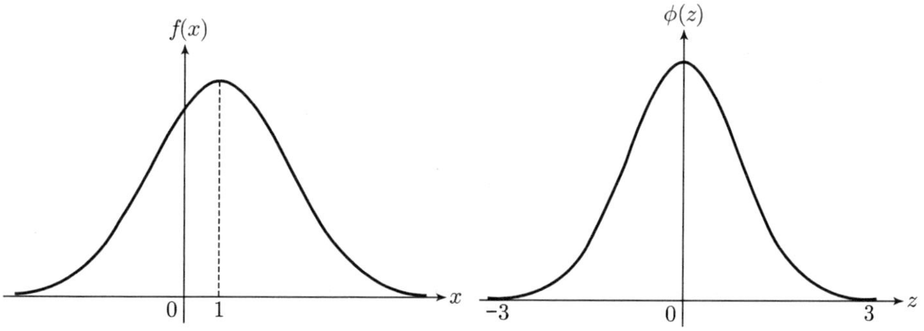

그림 5.24 정규분포 $X \sim N(1, 4)$과 표준정규분포 $Z \sim N(0, 1)$의 밀도함수

이때 표준편차 σ에 따라서 종 모양이 달라지며, 그림 5.25와 같이 σ가 작을수록 정규분포는 평균 μ에 집중하고 커질수록 μ로부터 폭넓은 모양을 갖는다.

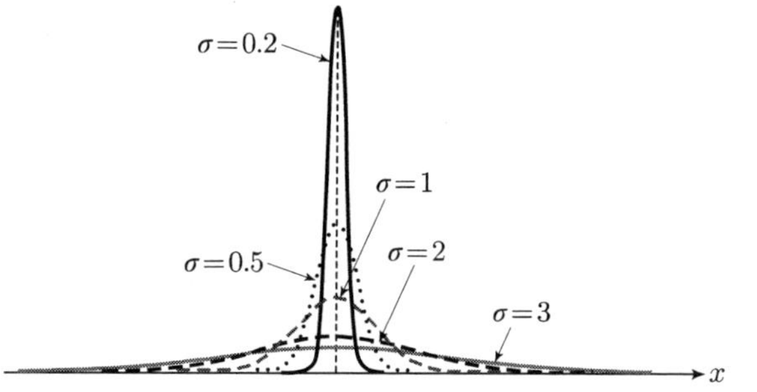

그림 5.25 표준편차에 따른 분포모양

한편 4.4절 예제 5에서 살펴본 바와 같이, $X \sim N(\mu, \sigma^2)$에 대한 적률생성함수는

$$M_X(t) = \exp\left(\mu t + \frac{\sigma^2 t^2}{2}\right), \quad -\infty < t < \infty$$

이고, 표준정규 확률변수 $Z \sim N(0, 1)$는 모수 $\mu = 0$와 $\sigma^2 = 1$이므로 Z의 적률생성함수는

$$M_Z(t) = \exp\left(\frac{t^2}{2}\right), \quad -\infty < t < \infty$$

이다. 특히

$$M_X'(t) = \frac{d}{dt} M_X(t) = (\mu + \sigma^2 t)\exp\left(t\mu + \frac{\sigma^2 t^2}{2}\right)$$
$$M_X''(t) = \frac{d^2}{dt^2} M_X(t) = \sigma^2 \exp\left(t\mu + \frac{\sigma^2 t^2}{2}\right) + (\mu + \sigma^2 t)^2 \exp\left(t\mu + \frac{\sigma^2 t^2}{2}\right)$$

으로부터 $X \sim N(\mu, \sigma^2)$의 1차 적률과 2차 적률

$$E(X) = M_X'(0) = \frac{d}{dt} M_X(t)\Big|_{t=0} = \mu$$
$$E(X^2) = M_X''(0) = \frac{d^2}{dt^2} M_X(t)\Big|_{t=0} = \sigma^2 + \mu^2$$

을 얻는다. 따라서 $X \sim N(\mu, \sigma^2)$의 평균과 분산은 각각

$$\mu_X = E(X) = \mu, \quad \sigma_X^2 = Var(X) = \sigma^2$$

이다. 즉 정규분포와 표준정규분포의 평균은 각각 첫 번째 모수와 두 번째 모수임을 알 수 있다. 또한 정규분포 $N(\mu, \sigma^2)$에 대하여 확률 $P(a \le X \le b)$는 그림 5.26과 같이 $x = a$, $x = b$와 x축 그리고 정규밀도함수 $f(x)$로 둘러싸인 부분의 넓이인 다음 적분으로 나타난다.

$$P(a \le X \le b) = \int_a^b \frac{1}{\sqrt{2\pi}\,\sigma} \exp\left[-\frac{(x-\mu)^2}{2\sigma^2}\right] dx$$

특히, 표준정규분포는 다음과 같은 특수한 확률을 갖는다.

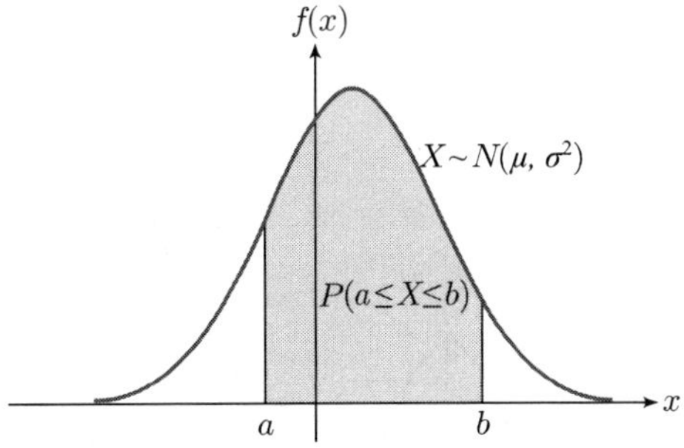

그림 5.26 $N(\mu, \sigma^2)$에 대한 확률 $P(a \leq X \leq b)$

(1) $P(|Z| < 1.645) = 0.9$, $P(|Z| < 1.96) = 0.95$, $P(|Z| < 2.58) = 0.99$

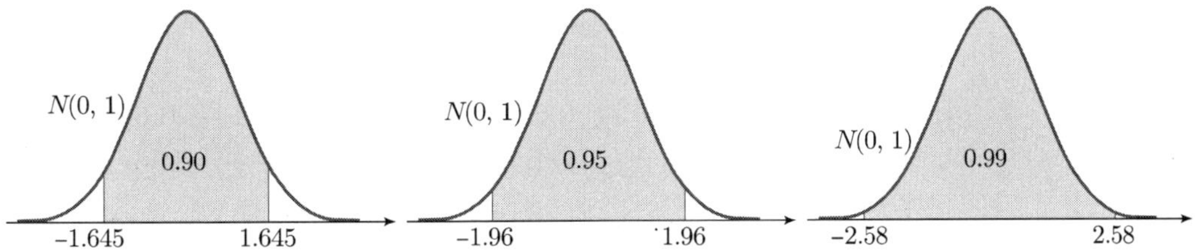

그림 5.27 특수한 중심확률 (1)

한편 표준정규분포에 대한 분포함수 $\Phi(z)$는

$$\Phi(z) = \int_{-\infty}^{z} \frac{1}{\sqrt{2\pi}} \exp\left(-\frac{u^2}{2}\right) du$$

와 같이 정의되며, 정규분포와 표준정규분포 사이에 다음 관계가 성립한다.

정리 10

$X \sim N(\mu, \sigma^2)$과 $Z \sim N(0, 1)$ 사이에 다음 성질이 성립한다.

(1) $P(\mu + a\sigma < X < \mu + b\sigma) = P(a < Z < b)$

(2) $P(a < X < b) = P\left(\frac{a-\mu}{\sigma} < Z < \frac{b-\mu}{\sigma}\right)$

따라서 $X \sim N(\mu, \sigma^2)$에 대하여 다음 성질을 얻는다.

(2) $P(X < x_0) = P(Z < z_0) = \Phi(z_0)$, $\quad z_0 = \frac{x_0 - \mu}{\sigma}$

(3) $P(a < X < b) = \Phi\left(\frac{b-\mu}{\sigma}\right) - \Phi\left(\frac{a-\mu}{\sigma}\right)$

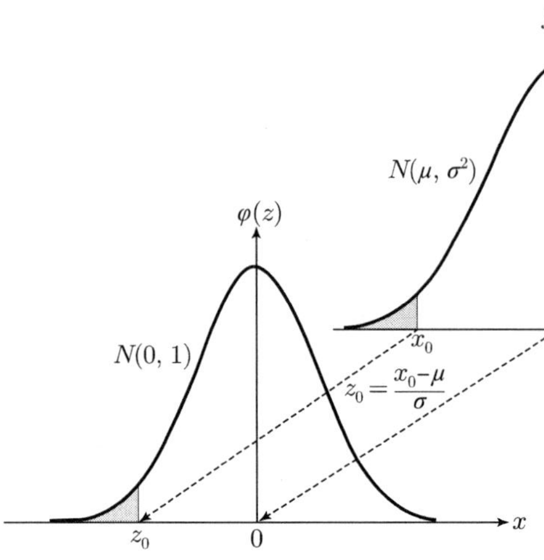

그림 5.28 정규분포와 표준정규분포

(4) $P(\mu-\sigma<X<\mu+\sigma)=0.683,\quad P(-1<Z<1)=0.683$

$P(\mu-2\sigma<X<\mu+2\sigma)=0.954,\quad P(-2<Z<2)=0.954$

$P(\mu-3\sigma<X<\mu+3\sigma)=0.998,\quad P(-3<Z<3)=0.998$

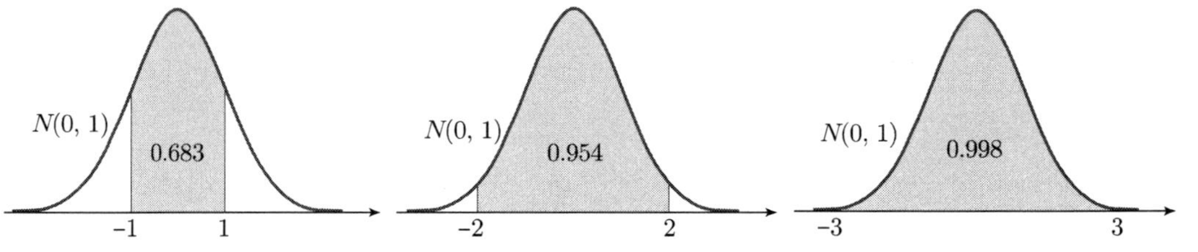

그림 5.29 특수한 중심확률 (2)

이때 표준정규밀도함수는 $z=0$에 관하여 좌우대칭이므로 확률변수 $Z\sim N(0,1)$에 대하여 다음과 같은 간단하지만 매우 유용한 성질을 갖는다.

(5) $P(Z\geq 0)=P(Z\leq 0)=0.5$

(6) $P(Z<-z_0)=P(Z>z_0)=1-P(Z<z_0)$

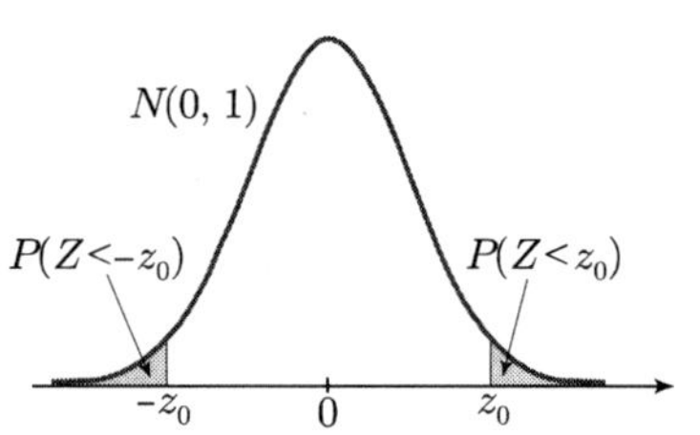

그림 5.30 표준정규분포의 꼬리확률

이와 같은 두 확률 $P(Z < -z_0)$와 $P(Z > z_0)$을 **꼬리확률**(tail probability)이라 하며, 그림 5.31과 같이 꼬리확률 $P(Z \ge z_\alpha) = \alpha$을 만족하는 $100(1-\alpha)\%$ 백분위수를 z_α로 표시하면 다음과 같다.

$$P(|Z| \le z_{\alpha/2}) = P(-z_{\alpha/2} \le Z \le z_{\alpha/2}) = \Phi(z_{\alpha/2}) - \Phi(-z_{\alpha/2}) = 1 - \alpha$$

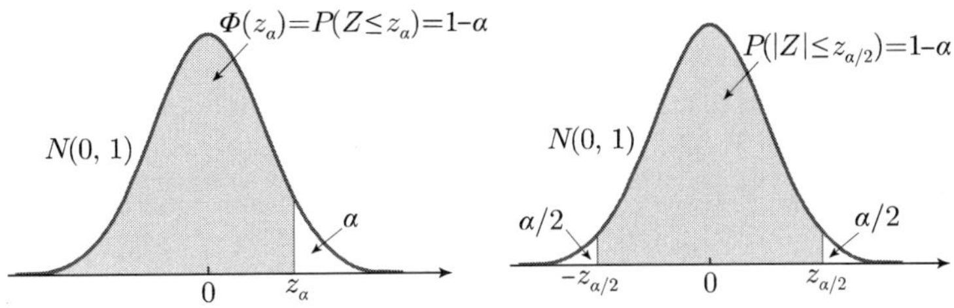

그림 5.31 $100(1-\alpha)\%$ 백분위수

(7) 임의의 양수 z_0에 대하여

$$P(Z \le z_0) = 0.5 + P(0 < Z < z_0), \quad P(Z \ge z_0) = 0.5 - P(0 < Z < z_0)$$

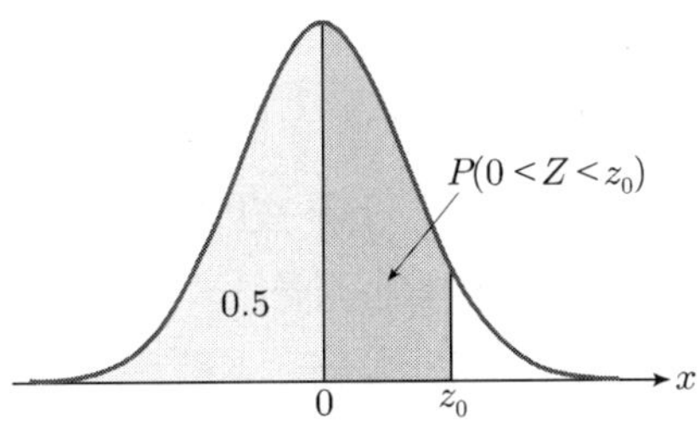

그림 5.32

(8) 임의의 양수 z_0에 대하여

$$P(|Z| \le z_0) = P(-z_0 < Z < z_0) = 2P(0 < Z < z_0)$$

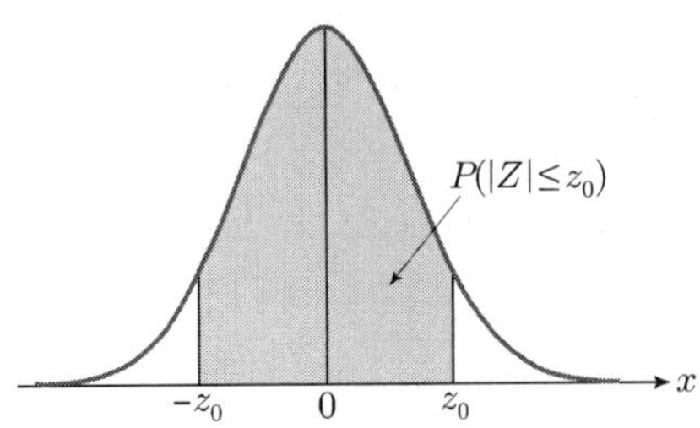

그림 5.33

표준정규분포에 대한 확률 계산은 부록(표 3)의 표준정규분포표를 이용하여 구할 수 있으며, 이제 표준정규분포표를 이용하여 확률을 구하는 방법을 살펴본다.

예를 들어, $P(Z<1.36)=\Phi(1.36)$을 구하고자 한다면 그림 5.34와 같이 표준정규분포표에서 $Z<1.36$의 소수점 이하 첫째 자리인 1.3을 z 열에서 선택하고, 소수점 이하 둘째 자리인 .06을 z 행에서 선택하여 만나는 값 0.9131을 선택하면 $P(Z<1.36)=0.9131$이다.

z	.00	.10	.20	.03	.04	.05	.06	.07	.08	.09
0.6	.7257	.7291	.7324	.7357	.7389	.7422	.7454	.7486	.7517	.7549
0.7	.7580	.7611	.7642	.7673	.7704	.7734	.7764	.7794	.7823	.7852
0.8	.7881	.7910	.7939	.7967	.7995	.8023	.8051	.8078	.8106	.8133
0.9	.8159	.8186	.8212	.8238	.8264	.8289	.8315	.9340	.8365	.8389
1	.8413	.8438	.8461	.8485	.8508	.8531	.8554	.8577	.8599	.8621
1.1	.8643	.8665	.8686	.8708	.8729	.8749	.8770	.8790	.8810	.8830
1.2	.8949	.8869	.8888	.8907	.8925	.8944	.8962	.8980	.8997	.9015
1.3	.9032	.9049	.9066	.9081	.9099	.9115	.9131	.9147	.9162	.9177
1.4	.9192	.9222	.9222	.9236	.9251	.9265	.9279	.9292	.9306	.9319

$P(Z<1.36)=\Phi(1.36)$

그림 5.34 표준정규분포표 보는 방법

예제 17 나타날 확률이 동등하게 $\frac{1}{3}$인 번호가 적힌 원반을 돌리는 게임에서 1번 원반이 나타나면 1점, 2번이 나타나면 2점을 얻는다. 그리고 3번이 나타나면 게이머는 평균 3이고 표준편차 1인 정규분포에 따르는 점수 X를 얻는다고 한다. 원반 하나를 돌려 게이머가 얻은 점수를 S라 할 때, $P(S\le 1.74)$를 구하여라.

풀이 $X\sim N(3,\,1)$이므로

$$
\begin{aligned}
P(X\le 1.74) &= P\left(Z\le \frac{1.74-3}{1}\right)=P(Z\le -1.26)\\
&= P(Z\ge 1.26)=1-P(Z\le 1.26)\\
&= 1-0.8962=0.1038
\end{aligned}
$$

이다. 따라서 구하고자 하는 확률은

$$P(S\le 1.74)=\frac{1}{3}+\frac{1}{3}P(X\le 1.74)=\frac{1}{3}+\frac{1}{3}(0.1038)=0.3679$$

이다. ■

정리 11

(1) $X \sim N(\mu, \sigma^2)$이면, 상수 $a\,(a \neq 0)$와 b에 대하여

$$aX + b \sim N(a\mu + b,\ a^2\sigma^2)$$

이다.

(2) $X_1, X_2, \cdots, X_n$ 이 독립이고 $X_i \sim N(\mu_i, \sigma_i^2)$, $i = 1, 2, \cdots, n$이면, 상수 $a_i\,(a_i \neq 0)$, $i = 1, 2, \cdots, n$에 대하여

$$\sum_{i=1}^{n} a_i X_i \sim N\left(\sum_{i=1}^{n} a_i \mu_i,\ \sum_{i=1}^{n} a_i^2 \sigma_i^2\right)$$

이다.

증명 (1) $Y = aX + b$라 하면 Y의 적률생성함수 $M_Y(t)$는 다음과 같다.

$$\begin{aligned} M_Y(t) &= E\left(e^{Yt}\right) = E\left[e^{(aX+b)t}\right] \\ &= e^{bt} E\left(e^{aXt}\right) = e^{bt} M_X(at) \\ &= e^{bt} \exp\left[\mu(at) + \frac{\sigma^2 (at)^2}{2}\right] \\ &= \exp\left[(a\mu + b)t + \frac{(a\sigma)^2 t^2}{2}\right] \end{aligned}$$

이므로 $Y = aX + b \sim N(a\mu + b,\ a^2\sigma^2)$이다.

(2) $Y = a_1 X_1 + \cdots + a_n X_n$이라 하면 Y의 적률생성함수 $M_Y(t)$는 다음과 같다.

$$\begin{aligned} M_Y(t) &= E(e^{Yt}) = E\left[\exp\left(t \sum_{i=1}^{n} a_i X_i\right)\right] \\ &= E\left[\exp(t\, a_1 X_1) \cdots \exp(t\, a_n X_n)\right] \\ &= E\left[\exp(t\, a_1 X_1)\right] \cdots E\left[\exp(t\, a_n X_n)\right] \\ &= \prod_{i=1}^{n} M_{X_i}(t a_i) = \prod_{i=1}^{n} \exp\left(t\, a_i \mu_i + \frac{\sigma_i^2 (t\, a_i)^2}{2}\right) \\ &= \exp\left(t \sum_{i=1}^{n} a_i \mu_i + \frac{t^2}{2} \sum_{i=1}^{n} a_i^2 \sigma_i^2\right) \end{aligned}$$

이고, 이 결과는 정규분포 $N\left(\sum_{i=1}^{n} a_i \mu_i,\ \sum_{i=1}^{n} a_i^2 \sigma_i^2\right)$의 적률생성함수이다. ■

특히 이 정리에서 $a_i = \frac{1}{n}$, $i = 1, 2, \cdots, n$ 이고, 독립인 확률변수들 $X_1, X_2, \cdots, X_n$ 에 대하여

$$\overline{X} = \frac{1}{n}\sum_{i=1}^{n} X_i$$

를 **표본평균**(sample mean)이라 한다. 그러면 동일한 평균 μ와 분산 σ^2인 정규분포에 따르는 확률변수들 $X_1, X_2, \cdots, X_n$ 의 표본평균의 분포는 $\overline{X} \sim N\left(\mu, \frac{\sigma^2}{n}\right)$ 임을 쉽게 알 수 있다.

예제 18 어떤 보험회사는 독립적인 보험 가입자 5,000명을 가지고 있으며, 그들에게 판매된 각 보험증권에 명시된 보험 급부금은 평균 495\$, 분산 30,000\$ 인 정규분포에 따른다고 한다.

(1) 1년 동안 지불된 총 보험 급부금이 2,490,000\$ 이하일 확률을 구하여라.

(2) 1년 동안 지불된 평균 보험 급부금이 490\$ 이하일 확률을 구하여라.

풀이 (1) 개개의 보험 급부금을 X_i, $i = 1, 2, \cdots, 5000$ 라 하면, $X_i \sim N(495, 30000)$ 이고 독립이다. 따라서 보험회사가 1년 동안 지불해야 할 총 보험 급부금을 $S = X_1 + \cdots + X_{5000}$ 이라 하면, S는 평균과 분산 그리고 표준편차가 각각

$$\mu_S = (5000)(495) = 2475000(\$)$$
$$\sigma_S^2 = (5000)(30000) = 150000000(\$)$$
$$\sigma_S = \sqrt{150000000} = 12247.45(\$)$$

인 정규분포에 따른다. 따라서 1년 동안 지불된 총 보험 급부금이 2,490,000\$ 이하일 확률은

$$P(S \le 2490000) = P\left(\frac{S - 2475000}{12247.45} \le \frac{2490000 - 2475000}{12247.45}\right)$$
$$= P(Z \le 1.22) = 0.8888$$

이다.

(2) 5,000명의 보험 가입자에게 지급된 보험금의 평균 $\overline{X} = \frac{1}{5000}\sum_{i=1}^{5000} X_i$ 는 평균 $\mu = 495$, 분산 $\sigma^2 = \frac{30000}{5000} = 6$ 인 정규분포에 따른다. 따라서 구하고자 하는 확률은

$$P(\overline{X} \le 490) = P\left(\frac{\overline{X} - 495}{\sqrt{6}} \le \frac{490 - 495}{\sqrt{6}}\right)$$
$$= P(Z \le 2.04) = 0.9793$$

이다. ■

예제 19 i.i.d. $X_i \sim N(0, 1)$, $i = 1, 2$에 대하여 $Z = X_1 + X_2$이라 한다. $Z = z$일 때, X_1의 조건부 분포는 $N\left(\frac{1}{2}z, \frac{1}{2}\right)$임을 보여라.

풀이 X_1과 X_2가 독립이고 표준정규분포를 이루므로 $Z = X_1 + X_2$는 $N(0, 2)$인 정규분포를 이룬다. 따라서 $Z = X_1 + X_2 = z$일 때, X_1의 조건부 밀도함수는

$$f(X_1 | Z = z) = \frac{f(x_1, z - x_1)}{f_Z(z)} = \frac{f_{X_1}(x_1) f_{X_2}(z - x_1)}{f_Z(z)}$$
$$= \frac{\frac{1}{\sqrt{2\pi}} e^{-x_1^2/2} \cdot \frac{1}{\sqrt{2\pi}} e^{-(z - x_1)^2/2}}{\frac{1}{\sqrt{2\pi}\sqrt{2}} e^{-z^2/4}}$$
$$= \frac{1}{\sqrt{2\pi}(1/\sqrt{2})} \exp\left[-\frac{\left(x_1 - \frac{z}{2}\right)^2}{2 \cdot (1/2)}\right]$$

이다. 그러므로 X_1의 조건부 분포는 $N\left(\frac{1}{2}z, \frac{1}{2}\right)$이다. ■

한편 정규분포에 따르지 않는 독립인 확률변수들 $X_1, X_2, \cdots, X_n$에 대한 표본평균 $\overline{X}$의 확률분포는 n이 커질수록(보편적으로 $n \ge 30$인 경우) 근사적으로

$$\overline{X} \approx N\left(\mu, \frac{\sigma^2}{n}\right)$$

에 따르는 것으로 알려져 있으며, 이것을 **중심극한정리**(Central limit theorem)라 한다. 따라서 중심극한정리에 의하여 표본의 크기가 충분히 큰 대표본인 경우에 대하여 성질을 얻는다.

정리 12

독립인 $X_1, X_2, \cdots, X_n$이 동일한 평균 μ와 분산 σ^2을 갖는 동일한 분포를 이룬다면, $S = X_1 + \cdots + X_n$은 n이 커질수록 근사적으로 정규분포 $S \approx N(n\mu, n\sigma^2)$에 근사한다.

예제 20 어느 자선단체에 개개인이 기부한 기부금은 독립적으로 평균 3,125$, 표준편차 250$인 분포에 따른다고 한다. 이 자선단체가 2,025명의 기부자를 확보하였을 때, 전체 기부금의 약 90%에 해당하는 금액을 구하여라.

풀이 중심극한정리에 의하여 전체 기부금 S는 다음 평균과 분산을 갖는 정규분포에 근사한다.

$$\mu_S = n\mu = (2025)(3125) = 6,328,125$$
$$\sigma_S = \sqrt{n}\,\sigma = 250\sqrt{2025} = 11,250$$

전체 기부금의 약 90%에 해당하는 금액을 s_0이라 하면,

$$P(S \le s_0) = P\left(Z \le \frac{s_0 - 6328125}{11250}\right) = 0.9$$

이고, 표준정규분포표로부터 $P(Z \le 1.282) \fallingdotseq 0.9$이므로

$$\frac{s_0 - 6328125}{11250} = 1.282 \ ; \ s_0 = 6328125 + (1.282)(11250) = 6,342,548(\$)$$

이다. ■

예제 21 어떤 큰 보험회사는 매월 1,000건의 비율로 보험금 청구가 신청된다고 한다. 그리고 신청 건수 N은 $\mu = 1,000$인 푸아송분포에 따르고, 각 보험 청구에 대한 보험급부금 X는 평균 800$ 분산 10,000$인 i.i.d. 확률분포에 따른다고 한다.

(1) 한 달 동안 신청된 모든 보험금 청구에 따른 총 지급액 S의 평균과 분산을 구하여라.

(2) 이 회사가 한 달 동안 850,000$ 이상 보험금을 지급할 근사 확률을 구하여라.

풀이 (1) 한 달 동안 신청된 건수 N에 대한 총 지급액 $S = X_1 + X_2 + \cdots + X_N$은 평균 $\mu_S = E(X)E(N)$, 분산 $\sigma_S^2 = E(N)\,Var(X) + \mu^2\,Var(N)$인 복합 푸아송분포를 이룬다. 따라서 S의 평균과 분산 그리고 표준편차는 각각

$$\mu_S = (800)(1000) = 800000$$
$$\sigma_S^2 = (1000)(10000) + (800)^2(1000) = 650000000$$
$$\sigma_S = \sqrt{650000000} = 25495.0976$$

이다.

(2) S는 (1)에서 구한 μ_S, σ_S^2을 모수로 갖는 정규분포에 근사하므로 구하고자 하는 근사 확률은

$$P(S \geq 850000) = P\left(\frac{S-800000}{25495.0976} \geq \frac{850000-800000}{25495.0976}\right)$$
$$\fallingdotseq P(Z \geq 1.96) = 1-0.9750 = 0.025$$

이다. ■

앞의 5.1.4절에서 $\mu = np$ 이고 n 이 충분히 크면 확률변수 $X \sim B(n, p)$는 푸아송분포 $X \approx P(\mu)$임을 살펴보았다. 따라서 푸아송분포를 이용하여 충분히 작은 성공률 p 를 가지는 이항확률의 근사값을 얻을 수 있다. 그러나 성공률 p 가 충분히 작지 않고 보편적으로 $np \geq 5$, $nq \geq 5$ 이면, 푸아송분포를 이용하여 근사확률을 계산할 수 없다. 이와 같은 경우에 대하여 중심극한정리를 이용하여 다음 정리와 같이 정규분포를 이용하여 근사 확률을 구할 수 있다.

정리 13

$X \sim B(n, p)$에 대하여 n 이 충분히 크면 확률변수 X 는 점근적으로 정규분포 $N(np, npq)$에 근사한다. 즉 다음이 성립한다.

$$\frac{X-np}{\sqrt{npq}} \sim N(0, 1), \quad q = 1-p$$

예제 22 $X \sim B(15, 0.4)$일 때,

(1) 확률 $P(7 \leq X \leq 9)$를 구하여라.

(2) 푸아송 근사에 의하여 $P(7 \leq X \leq 9)$의 근사 확률을 구하여라.

(3) 정규근사에 의하여 $P(7 \leq X \leq 9)$의 근사 확률을 구하여라.

(4) 정규근사에 의하여 $P(6.5 \leq X \leq 9.5)$의 근사 확률을 구하여라.

풀이

(1) $P(7 \leq X \leq 9) = P(X=7) + P(X=8) + P(X=9)$

$$= \binom{15}{7}(0.4)^7(0.6)^8 + \binom{15}{8}(0.4)^8(0.6)^7 + \binom{15}{9}(0.4)^9(0.6)^6$$
$$= 0.17708 + 0.11806 + 0.06121 = 0.35635$$

(2) $n=15$, $p=0.4$ 이므로 $X \approx P(6)$이고, 따라서 구하고자 하는 근사 확률은 다음과 같다.

$$P(7 \leq X \leq 9) = P(X=7) + P(X=8) + P(X=9)$$
$$\fallingdotseq \left(\frac{6^7}{7!} + \frac{6^8}{8!} + \frac{6^9}{9!}\right)e^{-6}$$

$$= 0.3098$$

(3) $\mu = np = 15(0.4) = 6$ 이고 $\sigma^2 = npq = 15(0.4)(0.6) = 3.6$ 이므로 근사적으로 $X \sim N(6,\ 3.6)$ 이다. 따라서 구하고자 하는 근사 확률은 다음과 같다.

$$\begin{aligned} P(7 \le X \le 9) &= P\left(\frac{7-6}{\sqrt{3.6}} \le \frac{X-6}{\sqrt{3.6}} \le \frac{9-6}{\sqrt{3.6}}\right) \\ &\fallingdotseq P(0.527 \le Z \le 1.581) \\ &= P(Z \le 1.581) - P(Z < 0.527) \\ &= 0.9429 - 0.7019 = 0.241 \end{aligned}$$

(4) $$\begin{aligned} P(6.5 \le X \le 9.5) &= P\left(\frac{6.5-6}{\sqrt{3.6}} \le \frac{X-6}{\sqrt{3.6}} \le \frac{9.5-6}{\sqrt{3.6}}\right) \\ &\fallingdotseq P(0.263 \le Z \le 1.845) \\ &= P(Z \le 1.845) - P(Z < 0.263) \\ &= 0.9675 - 0.604 = 0.3635 \end{aligned}$$

■

위의 예제 22에서 푸아송분포에 의한 근사 확률보다는 정규분포에 의한 근사 확률, 특히 (4)에 의하여 얻은 근사 확률이 이항 확률에 가장 가깝다는 사실을 알 수 있다. 이와 같이 (4)의 방법에 의하여 근사 확률을 얻는 것을 연속성을 수정한 **이항분포의 정규근사**(normal approximation to binomial)라 한다. 그리고 이러한 정규근사는 보편적으로 $np \ge 5,\ nq \ge 5$ 이고 p 가 충분히 작지 않은 경우에 사용한다.

$$P(a \le X \le b) \fallingdotseq \begin{cases} \Phi\left(\dfrac{b-np}{\sqrt{npq}}\right) - \Phi\left(\dfrac{a-np}{\sqrt{npq}}\right) & ;\ \text{정규근사} \\ \Phi\left(\dfrac{b+0.5-np}{\sqrt{npq}}\right) - \Phi\left(\dfrac{a-0.5-np}{\sqrt{npq}}\right) & ;\ \text{연속성 수정 정규근사} \end{cases}$$

그러나 다음 예제 23과 같이 정규근사에 의한 확률이 푸아송 근사보다 항상 참값에 가까운 것은 아니다.

예제 23 1년 기간의 생명보험증권을 1,000명의 젊은이들이 구입했고, 구입한 젊은이들이 가입한 그 1년 안에 사망할 확률은 각각 0.001이라고 한다. 그리고 개개의 보험 가입자들이 사망할 경우에 사망보험금 1(만 달러)을 지급한다고 할 때, 보험회사가 적어도 4(만 달러) 이상의 사망보험금을 지급해야 할 확률은 이항 확률에 의하여 0.01893이다.

(1) 푸아송분포에 의한 근사 확률을 구하여라.

(2) 연속성을 수정한 정규근사에 의한 확률을 구하여라.

풀이 (1) $n = 1000,\ p = 0.001$이므로 $\mu = np = 1$이고, 사망한 개개의 보험 가입자에게 지급될 사망보험금을 X라 하면, $X \approx P(1)$이다. 따라서 구하고자 하는 푸아송 근사 확률은

$$P(X \geq 4) = 1 - P(X \leq 3)$$
$$\fallingdotseq 1 - \left(1 + 1 + \frac{1}{2} + \frac{1}{6}\right)e^{-1} = 0.01899$$

(2) $\mu = np = 1,\ \sigma^2 = np(1-p) = 0.999$이므로 $X \approx N(1,\ 0.999)$이다. 따라서 구하고자 하는 정규근사 확률은

$$P(X \geq 4) \fallingdotseq 1 - \Phi\left(\frac{3.5 - 1}{\sqrt{0.999}}\right)$$
$$= 1 - \Phi(2.50) = 0.0062$$

이다. ■

위의 예제 23에서와 같이 정규근사에 의한 근사 확률이 항상 근사 확률로써의 의미를 갖는 것은 아니다. 특히 확률분포가 극단적인 왜도를 갖는 경우에는 정규근사가 바람직하지 못하다.

5.2.8 로그정규분포

정규분포는 대칭성을 가지고 매우 유용하게 사용되는 확률분포이나, 모든 상황에 적합한 것은 아니다. 예를 들어, 투자환원 또는 보험 청구금액과 같은 실제 상황에 대한 확률모형은 대칭성을 갖지도 않으며 또한 양의 왜도를 가지는 등 여러 가지 특성으로 인하여 정규분포가 적당하지 못하다. 이와 같은 확률모형은 로그정규분포를 이용하며, 이 확률분포는 정규분포로부터 유도된다. 즉 정규확률변수 $Y \sim N(\mu,\ \sigma^2)$일 때, 확률변수 $X = e^Y$의 확률분포를 모수 $\mu,\ \sigma^2$을 갖는 **로그정규분포**(log-normal distribution)라 하며 X의 밀도함수는

$$f(x) = \frac{1}{x\sigma\sqrt{2\pi}}\exp\left[-\frac{(\ln x - \mu)^2}{2\sigma^2}\right],\quad 0 < x < \infty$$

이다.

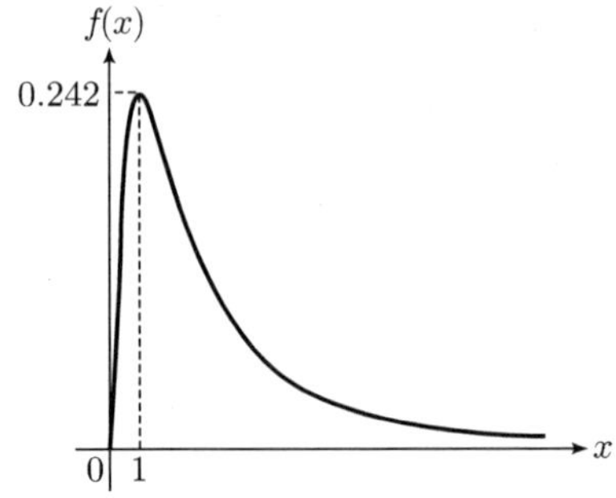

그림 5.35 $\mu=1,\ \sigma^2=1$인 로그정규분포

그러면 $X=e^Y$의 기댓값 $E(X)$과 2차 적률 $E(X^2)$은 정규변수의 적률생성함수에 의하여

$$E(X)=E(e^Y)=M_Y(t)\big|_{t=1}=\exp\left(\mu+\frac{\sigma^2}{2}\right)$$
$$E(X^2)=E(e^{2Y})=M_Y(t)\big|_{t=2}=\exp(2\mu+2\sigma^2)$$

이므로 X의 평균과 분산은 각각 다음과 같다.

$$\mu_X=E(X)=\exp\left(\mu+\frac{\sigma^2}{2}\right),\quad \sigma_X^2=Var(X)=\left(e^{\sigma^2}-1\right)\exp(2\mu+\sigma^2)$$

특히 $100(1-\alpha)\%$ 백분위수 x_α는

$$F(x_\alpha)=\Phi\left(\frac{\ln x_\alpha-\mu}{\sigma}\right)=1-\alpha\ ;\quad \frac{\ln x_\alpha-\mu}{\sigma}=z_\alpha$$

로부터 $x_\alpha=\exp(\mu+\sigma z_\alpha)$인 것을 알 수 있다.

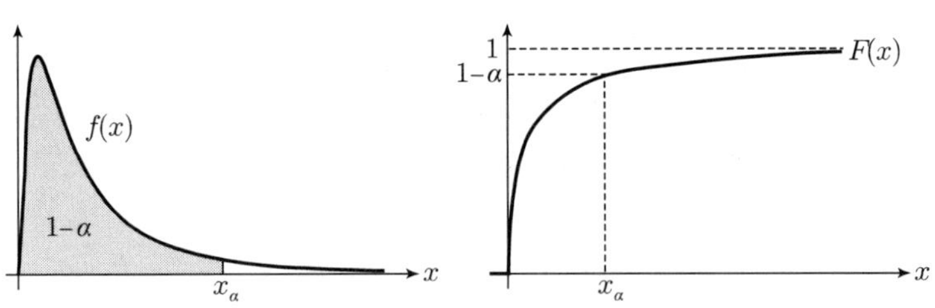

그림 5.36 $100(1-\alpha)\%$ 백분위수

예제 24 보험회사에 지급요구에 의한 청구보험금 X는 모수 $\mu=6.95,\ \sigma^2=0.64$인 로그정규분포에 따른다고 한다.

(1) 보험 가입자에 의하여 청구된 보험금의 평균과 분산을 구하여라.

(2) 청구금액이 1,750 이상일 확률을 구하여라.

(3) 청구금액이 상위 5% 안에 들기 위한 최소 금액을 구하여라.

풀이 (1) X가 모수 $\mu=6.95$, $\sigma^2=0.64$인 로그정규분포를 이루므로, 평균과 분산은 각각 다음과 같다.

$$\mu_X=\exp\left(6.95+\frac{0.64}{2}\right)=1436.5504$$

$$\begin{aligned}\sigma_X^2 &= (e^{0.64}-1)\exp[(2)(6.95)+0.64] \\ &= (0.89648)(2063677.204)=1850045.34\end{aligned}$$

(2) X가 로그정규분포를 이루므로 $X=e^Y$이라 하면 $Y\sim N(6.95,\, 0.8^2)$이다. 따라서 구하고자 하는 확률은 다음과 같다.

$$\begin{aligned}P(X>1750) &= P(e^Y>1750)=P(Y>\log 1750) \\ &= P\left(\frac{Y-6.95}{0.8}>\frac{7.467-6.95}{0.8}\right) \\ &= P(Z>0.65)=0.2578\end{aligned}$$

(3) 청구금액이 상위 5% 안에 들기 위한 최소 금액을 $x_{0.05}$라 하면, 표준정규분포로부터 $z_{0.05}=1.96$이므로

$$x_{0.05}=\exp(\mu+\sigma z_{0.05})=\exp(6.95+(0.8)(1.96))=5004.04$$

이다. ■

주식시장에서 주식의 연속적인 성장모델을 정형화하기 위하여 지수함수를 이용한다. 특히 로그정규확률변수 X는 정규확률변수 Y의 지수함수로 정의되므로 연속적인 성장을 하는 단일 주식가격에 대한 유용한 확률모형으로 로그정규분포를 사용한다. 다시 말해서, 미래의 어느 시점에서 주식가격은 확률변수로 나타나며, 이러한 주식가격의 변동에 대한 가장 유용한 확률모델로 로그정규분포를 사용한다. 이때 성장비율이 r인 연속 성장모델에 대하여 어느 시점 t에서 주식의 자산가치는

$$V(t)=V(0)e^{rt},\quad t>0$$

으로 주어지며, $V(0)$은 주식을 구입한 당시의 자산 가치, 즉 주식 가격이다. 이때 성장비율 X가 평균 μ, 분산 σ^2인 정규분포를 이룬다면, 미래의 어느 시점 t에서 주식의 자산 가치 $Y=V(0)e^{tX}$는 로그정규분포를 이룬다.

예제 25 어느 기업의 주식을 10,000원에 구입하였고, 이 주식의 가치는 연간 10%의 연속적인 성장을 한다고 한다. 그리고 이 주식의 성장비율 Y는 $\mu_Y = 0.1$, $\sigma_Y^2 = 0.04$인 정규분포에 따른다고 한다.

(1) 6개월 후, 이 주식의 가치를 구하여라.

(2) 1년 후의 주식 가격 $X = 10000\,e^Y$의 평균과 분산을 구하여라.

(3) 1년 후 주식 가격이 11,750원 이상 12,250원 이하일 확률을 구하여라.

풀이 (1) $V(0) = 10000$이고 $r = 0.1$ 그리고 6개월은 0.5년이므로, 6개월 후의 주식의 가치는 $V(0.5) = (10000)\,e^{(0.1)(0.5)} = 10512.711$이다.

(2) $\mu_Y = 0.1$, $\sigma_Y^2 = 0.04$이므로 X의 평균과 분산은 각각 다음과 같다.

$$\mu_X = E(10000e^Y) = (10000)\exp\left(0.1 + \frac{0.04}{2}\right) = 11274.9685,$$

$$\sigma_X^2 = Var(10000e^Y) = (10000)^2(e^{0.04} - 1)\exp(0.2 + 0.04) = 5186496$$

(3)
$$\begin{aligned} P(11750 \le X \le 12250) &= P(11750 \le 10000\,e^Y \le 12250) \\ &= P(1.175 \le e^Y \le 1.225) \\ &= P(\log 1.175 \le Y \le \log 1.225) \\ &= P(0.161 \le Y \le 0.203) \\ &= P\left(\frac{0.161 - 0.1}{0.2} \le Z \le \frac{0.203 - 0.1}{0.2}\right) \\ &= P(0.31 \le Z \le 0.65) \\ &= 0.1205 \end{aligned}$$

■

연습문제 5.2 Exercises

1. 특수직에 근무하는 사람들 중에서 임의로 선정한 사람의 출생에서 사망에 이르기까지 걸리는 시간을 X라 하자. 그러면 이 사람의 생존시간 X는 사고나 질병에 의하지 않는다면 $[0,\ 65.5]$에서 균등분포를 이룬다고 한다.

(1) X의 밀도함수와 분포함수를 구하여라.

(2) X의 기댓값을 구하여라.

(3) 임의로 선정된 사람이 60세 이상 생존할 확률을 구하여라.

(4) 임의로 선정된 사람이 45세 이상 살았다는 조건 아래서, 60세 이상 생존할 확률을 구하여라.

(5) (4)의 조건 아래서, x세 이상$(45 < x \le 65.5)$ 생존할 확률을 구하여라.

2. 투자금액은 구간 $(0.04, 0.08)$에서 균등분포를 이루는 연간 이익률 R을 가져오며, 초기 투자금액 $10,000\$$은 1년 후에 $V = 10000e^R$으로 늘어난다. 이때 $0 < F(v) < 1$을 만족하는 확률변수 V의 분포함수 $F(v)$를 구하여라.

3. 전기장치에 연결된 두 성분의 수명을 각각 T_1, T_2(시간)이라 하자. 그리고 이 두 확률변수의 결합밀도함수는 $0 \le t_1 \le t_2 \le L$에 의하여 정의되는 영역에서 균등분포를 이룬다. 그리고 L은 양의 상수이다. 이때 $T_1^2 + T_2^2$의 기댓값을 구하여라.

4. 두 확률변수 X와 Y를 5년 주기 말에 두 주식의 가격을 나타내며, 또한 X는 구간 $(0, 12)$에서 균등분포를 이룬다고 하자. 한편 $X = x$일 때, Y는 $(0, x)$에서 균등분포를 이룬다고 한다. 이때 공분산 $Cov(X, Y)$를 구하여라.

5. 보험회계사는 10년 전에 작성된 종합가계보험증권에 대하여 지급 요구된 보험금액에 대한 연구를 다시 조사한 결과, 지급 요구된 보험금이 $10,000\$$보다 작을 확률이 0.25이고, 보험금의 크기는 지수분포를 이룬다는 결론을 얻었다. 그리고 이 회계사는 '현재의 보험금액은 인플레이션에 의하여 10년 전에 만들어진 보험금의 두 배'라는 차이 이외에 10년 전의 상황과 동일하다고 주장하였다. 이 회계사의 주장에 따라 현재에 작성된 보험증권에 대하여 지급 요구된 보험금액이 $10,000\$$보다 작을 확률을 구하여라.

6. 어떤 기계의 고장 나는 날의 간격이 $\lambda = 0.3$인 지수분포에 따른다고 한다.

(1) 이 기계가 고장 나는 날의 평균 간격을 구하여라.
(2) 고장 나는 날의 간격에 대한 표준편차를 구하여라.
(3) 고장 나는 날의 간격에 대한 중앙값을 구하여라.
(4) 이 기계가 수리된 후 다시 고장 나기까지 적어도 일주일 이상 사용할 확률을 구하여라.
(5) 이 기계를 5일 동안 정상적으로 사용했을 때, 고장 나기까지 적어도 이틀 이상 사용할 확률을 구하여라.

7. 어느 집단의 구성원이 사망할 때까지 걸리는 시간은 평균 60년인 지수분포를 이룬다고 한다.

(1) 이 집단의 구성원을 임의로 선정하였을 때, 이 사람이 50세 이전에 사망할 확률을 구하여라.
(2) 임의로 선정된 사람이 100세까지 생존할 확률을 구하여라.
(3) 임의로 선정된 사람이 40세까지 생존했을 때, 이 사람이 50세 이전에 사망할 확률을 구

하여라.

(4) (3)의 조건에 대하여, 이 사람이 100까지 생존할 확률을 구하여라.

8. 어떤 질병에 감염되어 증세가 나타날 때까지 걸리는 시간은 평균 38일이고, 감염기간은 지수분포를 이룬다고 한다.

(1) 이 질병에 감염된 환자가 25일 안에 증세를 보일 확률을 구하여라.

(2) 적어도 30일 동안 이 질병에 대한 증세가 나타나지 않을 확률을 구하여라.

9. 두 회로로 구성된 장치의 두 번째 회로는 첫 번째 회로의 백업용으로 첫 번째 회로가 고장 날 때 작동한다. 그리고 두 번째 회로가 고장 날 때에 한하여 이 장치는 작동이 멈춘다고 한다. 첫 번째 회로와 두 번째 회로가 고장 나는 시간을 각각 X와 Y라 하면, X와 Y는 다음과 같은 결합밀도함수를 갖는다.

$$f(x,\, y) = \begin{cases} 6e^{-x-2y} & ,\ 0 < x < y < \infty \\ 0 & ,\ \text{다른 곳에서} \end{cases}$$

이 장치가 멈추게 되는 평균시간을 구하여라.

10. 소송 의뢰인은 보험 대리인의 사무실 안에 있는 대기실에서 X분을 기다리고 Y분 동안 대리인과 면담을 하며, X와 Y는 다음과 같은 결합밀도함수를 갖는다.

$$f(x,\, y) = \begin{cases} \dfrac{1}{800} e^{-x/40} e^{-y/20} & ,\ x > 0,\ y > 0 \\ 0 & ,\ \text{다른 곳에서} \end{cases}$$

의뢰인이 대리인의 사무실에서 60분 이하로 시간을 소비할 확률을 구하여라.

11. 보험증권은 치과비용 X를 최대 250까지 보상해주고 X의 밀도함수는 다음과 같다. 이 증권에 대하여 보험회사로부터 지급되는 보험금의 중앙값을 구하여라.

$$f(x) = \begin{cases} ke^{-0.004x} & ,\ x > 0,\ k\text{는 상수} \\ 0 & ,\ \text{다른 곳에서} \end{cases}$$

12. 어느 전기장치의 구성요소가 고장 나는 시간은 중앙값이 4개월인 지수분포에 따른다고 한다. 적어도 5개월 이상 고장 나지 않고 이 전기장치를 사용할 확률을 구하여라.

13. 보험회사는 보험증권 소지가가 입게 되는 손실을 보상해주는 자동차보험증권을 판매하였으

며, 이 증권은 자기부담금이 100$이다. 피보험자의 손실이 평균 300$인 지수분포에 따른다고 할 때, 자기부담금을 초과하는 실제손실의 95% 백분위수를 구하여라.

14. 장비의 어느 중요한 부품은 일찍이 고장에 대하여 보험에 가입되어 있다. 그리고 이 장비의 구입으로부터 고장이 날 때까지의 시간은 평균 10년인 지수분포를 이룬다고 한다. 보험회사는 이 장비를 구입한 첫 해에 고장이 나면 보험금 x 를 지불하며, 2년이나 3년 안에 고장이 나면 $x/2$를 지불하지만 3년이 지난 이후에 고장이 나면 보험금을 지불하지 않는 조건으로 보상보험을 계약하였다. 이 보험증권에 따라 평균 지불금액이 1,000이 되기 위한 x 를 구하여라.

15. 가격이 200 $인 프린터의 수명은 평균 2년인 지수분포를 이룬다고 한다. 구매한 날로 1년 안에 프린터가 고장이 나면 제조업자는 구매자에게 전액을 환불하고, 2년 안에 고장이 나면 반액을 환불할 것을 약속하였다. 만일 제조업자가 100대를 판매하였다면, 환불로 인하여 지불해야 할 평균금액을 구하여라.

16. 지수분포의 변형인 다음과 같은 확률밀도함수를 가지는 확률분포를 모수 λ와 θ인 **라플라스 분포**(Laplace distribution)이라 한다.

$$f(x) = \frac{1}{2}\lambda e^{-\lambda|x-\theta|}, \quad -\infty < x < \infty$$

(1) X의 분포함수를 구하여라.

(2) X의 확률밀도함수와 분포함수를 그려라.

(3) $\lambda = 3,\ \theta = 1$일 때, $P(X \le 0)$을 구하여라.

(4) (3)의 조건에서 $P(X \le 2)$를 구하여라.

(5) (3)의 조건에서 $P(0 \le X \le 2)$를 구하여라.

17. 확률변수 X와 Y는 결합밀도함수

$$f(x, y) = e^{-(x+y)}, \quad x > 0, \ y > 0$$

를 갖는 확률 손실이라고 하자. 그리고 보험증권은 $X + Y$를 변상하도록 계약이 되어 있다고 하자. 변상해야 할 보험금이 1보다 작을 확률을 구하여라.

18. 연초부터 고위험군 운전자가 사고를 내는 순간까지 걸리는 경과 일 수는 지수분포에 따른다고 한다. 보험회사는 고위험군 운전자의 30%가 처음 50일 안에 사고를 일으킨다고 기대한다. 처음 80일 안에 사고를 낼 것으로 기대되는 고위험군 운전자의 비율을 구하여라.

19. 보험회사는 Basic과 Deluxe 두 가지 종류의 자동차 보험증권을 판매하고 있다. 다음 번 Basic 증권에 대한 보험금 지급요구까지의 시간은 평균 2일인 지수분포를 이루고, 다음 번 Deluxe 증권에 대한 보험금 지급요구까지의 시간은 3일인 지수분포를 이룬다. 물론 이 두 종류의 보험증권은 서로 독립인 관계에 있다고 한다. 이때 다음 번 지급요구가 Deluxe 증권에서 나타날 확률을 구하여라.

20. 어떤 보험회사는 지진에 대한 보험을 제공한다. 연간 보험료는 평균 2인 지수분포에 따르고, 연간 보험료 청구는 평균 1인 지수분포에 따른다. 보험료와 지급 청구금액이 독립이라 할 때, 보험료에 대한 지급 청구액의 비율을 X의 밀도함수를 구하여라.

21. 어떤 기계장치의 수명이 평균 1년인 지수분포 확률변수 X에 대하여, 보험계리인은 확률변수 $Y = 10X^{0.8}$을 이용한 장치의 수명을 이용한다. 이때, Y의 밀도함수를 구하여라.

22. 지진활동을 지속적으로 측정하고 기록하는 장치가 멀리 떨어진 곳에 놓여 있다. 이 장치가 고장 나는 시간 T는 평균 3년인 지수분포를 이룬다고 한다. 사용 중인 장치가 처음 2년 동안 지속적으로 사용된다면, 고장이 발견되는 시간은 $X = \max(T, 2)$이다. 이때 기댓값 $E(X)$를 구하여라.

23. 자동차 운전자는 각각의 사고가 독립적으로 확률 $\frac{1}{4}$인 운전미숙에 의한 3건의 사고를 냈다. 그리고 각각의 사고로 인한 손실은 평균 0.8인 지수분포에 따른다고 한다. 이때 손실은 서로 독립이고, 사고 수와도 독립이고, 보험회사는 각 사고로 인한 손실의 70%를 보상한다. 3건의 운전미숙으로 인한 사고에 대하여 보험회사로부터 보상받지 못한 총 손실액의 분산을 구하여라.

24. 예제 7에서 S의 분산을 구하여라.

25. 어떤 회사는 두 개의 발전기를 가지고 있다. 각 발전기의 수명은 평균 10인 지수분포를 이룬다. 그리고 한 발전기가 고장 나면 즉시 다른 발전기가 가동된다. 이때 발전기들이 전기를 생산하는 전체 시간의 분산을 구하여라.

26. 모범 운전자와 난폭 운전자로부터 처음 지급요구가 들어올 때까지 대기시간은 독립이고, 각각 평균 6년과 3년인 지수분포에 따른다고 한다. 모범 운전자의 처음 지급요구가 3년을 꽉 채우고, 난폭 운전자의 처음 지급요구가 2년을 꽉 채울 확률은 얼마인가?

27. 두 개의 중요 부품을 포함하는 어떤 장치는 이 두 부품이 모두 고장이 나는 경우에만 멈춘다고 한다. 그리고 이 두 부품의 수명 T_1과 T_2는 독립이고 평균 1인 지수분포를 이룬다고 한다. 이 장치가 멈출 때까지 기계를 작동시키는 비용이 $X=2T_1+T_2$일 때, X의 밀도함수를 구하여라. 단, $x>0$이다.

28. 임의로 선정된 보험 가입자의 연간 보험금 지급요구 건수 N에 대한 다음 정보를 가지고 있다고 하자.

$$P(N=0)=\frac{1}{2},\ P(N=1)=\frac{1}{3},\ P(N=2)=\frac{1}{6}$$

그리고 보험 가입자가 1년간 보험금 지급을 요구한 전체 금액을 S라고 하자. $N=1$일 때, S는 평균 5인 지수분포를 이루고, $N>1$이면 S는 평균 8인 지수분포를 이룬다고 한다. 이때 확률 $P(4<S<8)$을 구하여라.

29. 어떤 기계의 부속품은 년 단위의 수명이 $\alpha=2,\ \beta=1.5$인 와이블 분포에 따른다고 한다. 이 기계를 처음 사용한 후 6개월 안에 고장 날 확률과 1년 이상 고장 나지 않고 사용할 확률을 구하여라.

30. 건강보험증권 소지자의 경험에 의한 건강유지비용의 분포함수가 다음과 같다.

$$F(x)=\begin{cases}1-e^{-x/100}, & x>0\\ 0 & ,\ \text{다른 곳에서}\end{cases}$$

자기부담금 20인 보험증권에 대하여 보험회사는 20에서 120 이하에서 건강유지비용의 100%를 보상하고, 120을 넘는 비용에 대하여 50%를 보상한다. 보상금이 양수라는 조건 아래서 보상금의 분포함수를 G라 할 때, $G(115)$를 구하여라.

31. 어떤 남성은 자신의 40세 생일날 생명보험증권을 구입하였으며, 이 증권은 50세 생일날 이전에 사망하면 5,000$를 지급하고 그렇지 않으면 0$를 지급하도록 되어있다. 그리고 피보험자와 동일한 해에 태어난 남성의 생존시간은 다음과 같은 분포함수를 갖는다.

$$F(x)=\begin{cases}1-e^{\frac{1-(1.1)^x}{1000}}, & x>0\\ 0 & ,\ x\le 0\end{cases}$$

이 증권에 대하여 남성에게 지급될 평균 보상금을 구하여라.

32. $X \sim \Gamma(2, 3)$에 대하여 $U = X + 0.5$이라 할 때, U의 기댓값과 분산을 구하여라.

33. 추이감마분포 $U \sim \Gamma_{x_0}(\alpha, \beta)$에 대하여,

$$\mu_U = 5, \quad \sigma_U^2 = 9, \quad E[(U - \mu_U)^3] = 45$$

일 때, α, β 그리고 x_0을 구하여라.

34. X는 모수 α, β인 와이블 분포에 따를 때,

(1) X의 중앙값 M_e을 구하여라.

(2) α가 충분히 크면 M_e는 어떤 값에 가까워지는가? 즉 $\lim_{\alpha \to \infty} M_e$를 구하여라.

35. 온도에 민감한 전기회로의 고장시간(일)은 모수 $\alpha = 3$, $\beta = 0.5$인 와이블 분포에 따른다고 한다.

(1) 고장시간에 대한 중앙값을 구하여라.

(2) 95% 유지할 생존시간을 구하여라.

36. 양의 상수 a, b에 대하여 연속확률변수 X의 밀도함수가

$$f(x) = \frac{\Gamma(a+b)}{\Gamma(a)\Gamma(b)} x^{a-1}(1-x)^{b-1}, \ 0 < x < 1$$

이라 한다. $a = 5$와 $b = 6$일 때, $(1 - X)^{-4}$의 기댓값을 구하여라.

37. 금융 연구자들 지속적으로 스톡옵션에 대한 모델을 연구할 결과, 특정한 날에 스톡 가격의 증가를 보인 스톡의 비율은 경제적 요인과 정치적 요인에 따른 모수 α와 β를 갖는 베타분포에 따른다는 사실을 발견하였다. 어느 날 연구자들은 내일의 적당한 모수 값은 $\alpha = 3.5$와 $\beta = 4.4$임을 예측하였다. 이 예측에 따라 내일 스톡 가격의 증가에 대한 평균 비율과 비율에 대한 분산을 구하여라.

38. 가능한 수입금에 대한 저축액의 비율 X가 베타분포 $B(2, 20)$에 따른다고 한다.

(1) X의 확률밀도함수를 구하여라.

(2) X의 분포함수를 구하여라.

(3) 확률밀도함수를 최대가 되는 x_0을 구하여라.

(4) 가능한 수입금의 5% 이하를 저축할 확률을 구하여라.

(5) 적어도 10% 이상을 저축할 확률을 구하여라.

39. 어떤 회사가 전구의 한 달간 수명이 평균 3, 분산 1인 정규분포에 따르는 전구를 제품화한다. 한 손님이 전구가 끊어지면 곧바로 교체할 목적으로 이 회사의 전구를 산다고 하자. 각 전구의 수명이 독립적이라고 할 때, 적어도 0.9772인 확률을 가지고 적어도 40개월 이상 전구가 계속적으로 빛을 발할 수 있도록 하기 위하여 구입해야 할 최소한의 전구 수를 구하여라.

40. 자동차보험증권에 대한 보험금 지급요구액은 평균 19,400 $, 표준편차 5,000 $인 정규분포에 따른다. 무작위로 뽑은 25건의 지급요구액의 평균이 20,000 $를 초과할 확률을 구하여라.

41. 어떤 보험회사 A에는 내년까지 보험금 지급요청이 들어오지 않을 기회가 60%라고 한다. 그리고 1건 이상의 지급요청이 들어오면, 지급요청에 따른 전체 보험 지급액은 평균 10,000 $, 표준편차 2,000 $인 정규분포에 따른다고 한다. 한편 또 다른 보험회사 B에는 내년까지 보험금 지급요청이 들어오지 않을 기회가 70%이고, 역시 지급요청에 다른 전체 보험 지급액은 평균 9,000 $, 표준편차 2,000 $인 정규분포에 따른다고 알려져 있다. 두 회사의 보험 지급금은 독립이라고 할 때, 내년에 회사 B의 전체 지급금이 회사 A의 전체 지급금보다 많을 확률을 구하여라.

42. 탑의 높이(h)를 측량하기 위하여 두 개의 기구가 사용되며, 이 기구 중에서 정확성이 떨어지는 기구에 의한 오차는 평균 0과 표준편차 $0.0056h$인 정규분포에 따른다. 또한 정확성이 좀 더 좋은 기구에 의하여 측정한 오차는 평균 0과 표준편차 $0.0044h$인 정규분포에 따른다고 한다. 두 개의 기구가 독립이라 할 때, 두 측정값의 평균오차가 탑의 높이의 편차 $0.005h$ 안에 들어올 확률을 구하여라.

43. X와 Y를 각각 석 달 동안 임의로 선정된 사람들이 영화를 보거나 스포츠를 관람한 시간 수라고 하자. 그리고 이 두 확률변수에 대한 다음의 정보를 갖는다고 하자.

$$E(X)=50,\ \ E(Y)=20,\ \ Var(X)=50,\ \ Var(Y)=30,\ \ Cov(X,Y)=10$$

이 석 달 동안 관찰된 사람 중에서 100명을 임의로 선정하였고, 이 기간에 이 사람들이 영화나 스포츠를 관람한 전체 시간을 T라고 하자. 이때 $P(T<7100)$일 근사확률을 구하여라.

44. 어떤 보험회사에서 내년에 낙후한 소방 시설을 수리하기 위하여 보험금을 지급하는 보증보험을 판매한다고 하자. 그리고 증권 하나당 수리비용 X는 구간 $[0,\ 5000]$ 안에서 지불되며, 밀도함수는 이 구간에서 감소하는 직선이라고 한다.

(1) 한 증권에 대하여 지급되는 수리비용에 대한 밀도함수를 구하여라.

(2) 보험회사로부터 지급되는 수리비용에 대한 평균과 분산을 구하여라.

(3) 이 보험회사가 5,000개의 증권을 판매하였을 때, 수리비용으로 지급해야 할 총 보험 급부금 S의 평균과 분산을 구하여라. 단, 개개의 보험 가입자의 보험금 지급요청은 독립이다.

(4) 5,000개의 증권에 대한 총 보험 급부금이 $8,500,000\$$ 이하일 확률을 구하여라.

45. 올 한 해 동안 모 기업체의 근로자 2,000명이 1년 기간의 생명보험에 가입하였을 때, 이 기간에 근로자 개개인의 사망률이 0.01이라 한다. 이때 보험회사가 적어도 4건의 보상을 해야 할 근사확률을 구하여라.

(1) 푸아송 근사

(2) 정규근사

46. 어떤 도시는 100명의 여성을 경찰로 추가 모집하고 있다. 이 도시는 정년퇴직할 때까지 경찰에 남아있는 여성 경찰에게 연금을 지급하며, 추가로 그 여성이 퇴직시 결혼을 한다면 추가적인 연금을 남편에게 제공한다. 이때 보험회계사는 다음의 가정을 설정하였다.

(a) 신규 채용된 여성이 정년퇴직할 때까지 경찰에 남아 있을 확률은 0.4이다.

(b) 이 여성이 퇴직에 도달했다는 조건 아래서, 그녀가 퇴직시 결혼을 하지 않을 확률은 0.25이다.

(c) 이 여성을 위하여 제공될 연금의 수는 다른 채용 여성에게 제공될 연금의 수와 독립이다.

이 도시가 100명의 신규 채용된 여성과 남편에게 연금이 많아야 90건을 지급할 근사확률을 구하여라.

47. 각 기부자가 한 자선단체에 기부한 기부금이 독립이고 평균 3,125$와 표준편차 250$인 동일한 분포를 이루며, 이 자선단체는 2,025명의 기부자를 확보하였다고 한다. 이 자선단체에서 받은 전체 기부금의 90%-백분위수의 근사값을 구하여라.

48. 시력보호를 위한 보험증권 1,250개를 판매한 보험회사는 '이 보험증권의 보험금 지급요구 건수가 1년 동안 평균 2인 푸아송분포를 이룬다'는 사실을 알고 있다. 보험 가입자 개개인의 지급요구 건수는 독립이라고 할 때, 1년간 전체 지급요구 건수가 2,450과 2,600 사이일 근사확률을 구하여라.

49. 자동차의 손실이 독립이고 0$와 20,000$ 사이에서 균등분포를 이룬다고 보험회사에 보고되었으며, 이 보험회사는 5,000$ 이하의 손실은 보험 가입자가 손실을 보상하도록 약관에 규정

하고 있다. 이 보험회사에 보고된 200건의 손실에 대한 총 지불금이 1,000,000$와 1,200,000$ 사이일 확률을 구하여라.

50. 건강관리를 분석할 때, 나이는 5의 배수에 가까운 나이로 반올림한다. 실제 나이와 반올림한 나이의 차이가 -2.5년에서 2.5년 사이에서 균등분포를 이루고 있으며, 건강관리 자료는 48명의 임의로 선정된 사람을 기초로 작성되어 있다고 한다. 반올림한 나이의 평균이 실제 나이의 평균과 0.25년의 차이가 있을 근사확률을 구하여라.

51. 건강보험증권에 대한 전체 보험금 지급액은 다음 밀도함수에 따른다.

$$f(x) = \frac{1}{1000} e^{-(x/1000)}, \qquad x > 0$$

이 증권에 대한 보험료는 전체 보험금 지급액보다 100$ 많게 평가된다. 100개의 증권이 팔렸다면, 보험회사가 취득한 보험료보다 많은 지급요구를 받을 근사확률을 구하여라.

52. 어떤 보험회사의 연간 신청된 보험청구 건수 N은 $\mu = 500$인 푸아송분포에 따르고, 각 보험청구에 대한 보험 지급금들은 독립이고 구간 $[0, 500]$에서 균등분포를 이룬다.

(1) 한 달 동안 신청된 모든 보험금 청구에 따른 총 지급액 S의 평균과 분산을 구하여라.
(2) 이 회사가 한 달 동안 135,000$ 이하의 보험금을 지급할 근사 확률을 구하여라.

53. 어느 보험회사에서 보험금 지급요구액(X)에 대하여, $Y = \ln X$가 평균과 분산이 각각 5.01, 1.64인 정규분포를 이룬다고 한다.

(1) 보험금 지급요구액이 1,152$ 이상일 확률을 구하여라.
(2) 보험금 지급요구액이 0$이상 178$ 이하일 확률을 구하여라.

54. 다음 표는 어느 보험회사에 청구된 청구 금액과 청구 수에 대한 표본이다. 청구 금액이 로그정규분포에 따른다고 할 때,

(1) 예상되는 모수 μ와 σ를 구하여라.
(2) 지불금이 4,000$ 이상일 확률을 구하여라.

보험료 청구 금액	0 ~ 500	500 ~ 1000	1000 ~ 1500	1500 ~ 2000	2000 ~ 2500
청구 수	3	26	34	21	8
보험료 청구 금액	2500 ~ 3000	3000 ~ 3500	3500 ~ 4000	4000 이상	합계
청구 수	5	2	1	0	100

Chapter 06

푸아송 확률과정

이제 푸아송분포의 중요한 응용인 푸아송 과정을 살펴보도록 하자. 푸아송 과정은 물리, 생물, 천문학 그리고 신경의학 뿐만 아니라 매우 많은 분야에 정확한 확률모형을 제시해주는 것으로 어떤 정해진 시점 $t \geq 0$ 까지 특정한 관측이 발생한 횟수에 관심을 갖는다. 예를 들어, 확률변수 X를 규정된 시간에 일정한 영역으로 들어오는 방사능 물질에 의하여 방출되는 알파입자의 수라 하면, 확률변수 X는 푸아송분포에 따르는 것으로 알려져 있다. 또한 어떤 지정된 시간 동안 발생하는 교통사고의 횟수도 푸아송분포로 설명된다. 이와 같이 고정된 시구간 또는 공간에서 어떤 사건의 관측 횟수에 대한 일련의 과정이 푸아송분포를 이루는 경우에 대하여 살펴본다.

6.1 푸아송 과정

시간에 따라 인터넷 웹 사이트에 기록된 방문자 수와 같이 시간이 흐름에 따라서 어떤 사건의 발생 횟수를 기록하는 계수기를 생각하자. 방문자가 이 웹 사이트는 방문할 때마다 계수기는 1씩 증가하도록 설계되어 있다. 이제 시각 t 까지 기록된 방문자의 수를 $N(t)$ 라 하면, $N(t)$ 는 확률변수이다. 이때 최초 웹 사이트를 개설할 당시의 방문자 수를 0, 즉 $N(0) = 0$ 이라 하자. 그러면 $N(t)$ 는 시각 t 까지 이 웹 사이트를 방문한 방문자 수이므로 음이 아닌 정수이고, 시간이 지날수록 방문자 수는 동일하거나 증가한다. 이와 같이 시각 t 까지 발생한 사건의 수를 $N(t)$ 라 할 때, 관찰 시각에 따라 발생한 사건의 수 $\{N(t) \mid t \geq 0\}$을 **셈과정**(counting process)이라 하며, 셈과정은 다음의 성질을 갖는다.

(1) $t = 0$에서 사건이 발생하지 않는다. 즉 $N(0) = 0$

(2) $N(t)$ 는 음이 아닌 정수이다.
(3) $t < s$ 이면 $N(t) \le N(s)$ 이다.
(4) $t \ge 0$ 와 $h > 0$ 에 대하여, $N(t+h) - N(t)$ 는 시구간 $(t,\ t+h]$ 에서 발생한 사건의 수이다.

특히 셈과정 $\{N(t) \mid t \ge 0\}$ 는 1씩 증가하는 음이 아닌 정수를 갖는 확률과정으로, 이와 같은 셈과정을 보험에서는 **보험청구수 과정**(claim number process)이라 한다. 한편 $N(t)$ 가 취하는 모든 정수들의 집합을 **상태공간**(state space) 그리고 상태공간 안의 각각의 원소를 **상태**(state)라고 한다. 따라서 셈과정 $\{N(t) \mid t \ge 0\}$ 가 시각 t 에서 상태 n 에 있다는 것은 시각 t 까지 사건이 n 번 발생함을 의미하고, $N(t) = n$ 으로 나타낸다. 그러면 $N(t)$ 가 1씩 증가하므로 현재 상태 n 에 있다면 다음 사건이 발생할 때까지 그 상태에 머물러 있으며, 다음 사건이 발생하는 즉시 다음 상태 $n+1$ 로 이동하는 성질을 갖는다.

한편 임의의 $h > 0$ 와 $0 < t < s$ 에 대하여 $N(s+h) - N(t+h)$ 와 $N(s) - N(t)$ 가 동일한 분포를 이룬다면, 셈과정 $\{N(t) \mid t \ge 0\}$ 은 **정상증분**(stationary increments)을 갖는다고 한다. 따라서 $\{N(t) \mid t \ge 0\}$ 가 정상증분을 갖는다면, 증분 $N(t+h) - N(t)$ 는 시각 t 에는 무관하고 단지 시구간의 길이 h 에만 의존한다. 또한 서로 소인 시구간에서 발생한 사건의 수가 서로 독립이면, 즉

$$t_1 < t_1 + h_1 < t_2 < t_2 + h_2 < \cdots < t_n < t_n + h_n$$

에 대하여 증분들

$$N(t_1 + h_1) - N(t_1),\ N(t_2 + h_2) - N(t_2),\ \cdots,\ N(t_n + h_n) - N(t_n)$$

이 서로 독립이면, 셈과정 $\{N(t) \mid t \ge 0\}$ 은 **독립증분**(independent increments)을 갖는다고 한다. 이와 같은 셈과정 중에서 가장 중요한 형태로 보험통계에서 많은 응용을 갖는 푸아송 과정을 살펴본다.

정의 1

다음 조건을 만족하는 셈과정 $\{N(t) \mid t \ge 0\}$ 을 비율 λ 인 **푸아송 과정**(Poisson process)이라 한다.

(1) $N(0) = 0$
(2) $N(t)$ 는 독립증분을 갖는다.
(3) $P[N(t+h) - N(t) = x] = \dfrac{(\lambda h)^x}{x!} e^{-\lambda h},\ h > 0,\ x = 0, 1, 2, \cdots$

그러면 조건 (3)으로부터, 증분 $N(t+h)-N(t)$가 t에는 무관하고 단지 시구간 $(t, t+h]$의 길이 h에만 의존하므로 푸아송 과정은 정상증분을 갖는다. 다시 말해서,

$$P[N(h)=x]=P[N(t+h)-N(t)=x]=\frac{(\lambda h)^x}{x!}e^{-\lambda h}$$

이 성립한다. 특히 $N(t+h)-N(t)$가 모수 λh인 푸아송분포를 이루므로

$$E[N(t)]=\lambda t$$

이고, 이때 λ를 푸아송 과정의 **발생비율**(rate of occurrence)이라 한다. 한편 정의 1은 다음 정의 2와 같이 정의할 수 있다.

정의 2

다음 조건을 만족하는 셈과정 $\{N(t) \mid t \geq 0\}$을 비율 $\lambda(>0)$인 **푸아송 과정**이라 한다.

(1) $N(0)=0$
(2) $N(t)$는 독립이고 정상증분을 갖는다.
(3) $P[N(h)=1]=\lambda h+o(h)$
(4) $P[N(h)\geq 2]=o(h)$

이때 $o(h)$는 $\lim_{h\to 0}\frac{g(h)}{h}=0$을 만족하는 함수 $g(h)$를 나타낸다. 예를 들어, $g(h)=h^2$ 또는 $2h^3$은 $o(h)$이고, $g(h)=h$ 또는 $\sqrt{h}$은 $o(h)$가 아니다. 그러면 $o(h)$에 대하여 다음이 성립한다.

$$o(h)\pm o(h)=o(h), \quad o(h)\cdot o(h)=o(h), \quad k\cdot o(h)=o(h), \quad k\text{는 상수}$$

한편 조건 (3)은 주어진 시구간 h에서 꼭 한 개의 사건이 나타날 확률이 $\lambda h+o(h)$임을 나타내고, 조건 (4)는 시구간 h에서 2개 이상의 사건이 나타날 확률은 $o(h)$, 다시 말해서 동시에 두 개 이상의 사건이 거의 발생하지 않음을 나타낸다. 또한 조건 (2)는 한 구간에서 발생한 사건의 횟수가 중복되지 않는 다른 구간에서의 사건의 발생 횟수에 아무런 영향을 미치지 않으며, 동일한 시구간에서 발생한 사건의 수는 동일한 푸아송분포인 것을 나타낸다.

정리 1

정의 1과 정의 2는 서로 동치이다.

증명 우선 정의 1이면, 정의 2의 (3)과 (4)의 성질이 성립하는 것을 보인다. 푸아송 과정이 정상증분을 가지므로

$$P[N(h)=0]=e^{-\lambda h}$$
$$P[N(h)=1]=(\lambda h)e^{-\lambda h}$$

이고, $e^{-\lambda h}$ 를 매클로린 급수식으로 전개하면

$$\begin{aligned} e^{-\lambda h} &= 1-(\lambda h)+\frac{(\lambda h)^2}{2}-\frac{(\lambda h)^3}{3!}+\frac{(\lambda h)^4}{4}-+\cdots \\ &= 1-(\lambda h)+(\lambda h)\left[\frac{\lambda h}{2}-\frac{(\lambda h)^2}{3!}+\frac{(\lambda h)^3}{4}-+\cdots\right] \\ &= 1-(\lambda h)+o(h) \end{aligned}$$

이므로

$$P[N(h)=0]=1-(\lambda h)+o(h)$$
$$P[N(h)=1]=(\lambda h)\,[1-(\lambda h)+o(h)\,]=\lambda h+o(h)$$

이다. 또한

$$\begin{aligned} P[N(h)\ge 2] &= 1-P[N(h)=0]-P[N(h)=1] \\ &= 1-[1-(\lambda h)+o(h)\,]-[\lambda h+o(h)\,] \\ &= o(h) \end{aligned}$$

즉 정의 1로부터 정의 2를 얻는다. 증명의 나머지 부분은 연습문제로 남긴다. ■

예제 1 우리나라 동남부 지역에서 연평균 3번의 지진이 일어난다고 하자.

(1) 앞으로 2년간 적어도 3번의 지진이 일어날 확률을 구하여라.

(2) 지금부터 다음 지진이 일어날 때까지 걸리는 시간의 확률분포를 구하여라.

풀이 (1) $[0, t]$ 에서 발생한 지진의 수를 $N(t)$ 라 하면, 발생비율이 $\lambda=3$ 이므로 확률변수 $N(t)$ 는

$$P[N(t)=x]=\frac{(3t)^x}{x!}e^{-3t},\quad x=0,1,2,\cdots$$

인 푸아송분포를 이룬다. 따라서 앞으로 2년간 발생한 지진의 수 $N(2)$는

$$P[N(2)=x]=\frac{6^x}{x!}\,e^{-6},\quad x=0,\,1,\,2,\,\cdots$$

이므로 구하고자 하는 확률은 다음과 같다.

$$\begin{aligned} P[N(2)\ge 3] &= 1-(P[N(2)=0]+P[N(2)=1]+P[N(2)=2]) \\ &= 1-(1+6+18)\,e^{-6} \\ &= 1-25\cdot e^{-6}=0.9380 \end{aligned}$$

(2) 다음 지진이 일어날 때까지 소요되는 시간을 T라 하면, $T>t$일 필요충분조건은 $[0,\,t]$에서 지진이 한 번도 발생하지 않는 것이다. 따라서

$$P(T>t)=P[N(t)=0]=e^{-3t}$$

즉, T의 분포함수를 $F(t)$라 하면

$$F(t)=P(T\le t)=1-P(T>t)=1-e^{-3t}$$

이다. 따라서 T는 모수 $\frac{1}{3}$인 지수분포를 이룬다. ■

연습문제 6.1 Exercises

1. 정리 1의 증명을 완성하여라.

2. 보험금 청구 수 과정 $\{N(t)\mid t\ge 0\}$은 하루에 $\lambda=3$인 푸아송 과정에 따른다고 한다.

(1) 1일 동안 적어도 4건의 청구가 있을 확률을 구하여라.

(2) 어느 날 하루 동안 보험금 청구가 있다는 조건 아래서, 그 청구 횟수가 적어도 4건일 확률을 구하여라.

(3) 셋째 날과 다섯째 날 사이에 적어도 한 건의 보험금 청구가 있을 확률을 구하여라.

(4) 처음 이틀 동안 두 건의 청구가 있었다는 조건 아래서, 셋째 날과 다섯째 날 사이에 신청될 평균 청구 수를 구하여라.

6.2 대기시간의 확률분포

연속적으로 보험금 청구가 신청되는 사이의 기간 또는 n 번째 청구가 있기까지 걸리는 시간 등에 대한 확률모형을 살펴보는 것도 매우 유용할 것이다. 비율 λ인 푸아송 과정에 따라 발생하는 사건에 대하여, 처음 사건이 발생할 때까지 걸리는 시간을 X_1 그리고 $n-1$ 번째 사건과 n 번째 사건 사이의 경과시간을 X_n이라 할 때, 경과시간 X_n을 **중간발생시간**(interoccurrence time)이라 한다. 한편 S_n을 n 번째 사건이 발생할 때까지 걸리는 총 시간이라 하고, $S_1 < S_2 < \cdots$라고 하면, S_n과 X_i 사이에

$$S_n = X_1 + X_2 + \cdots + X_n$$

이 성립한다.

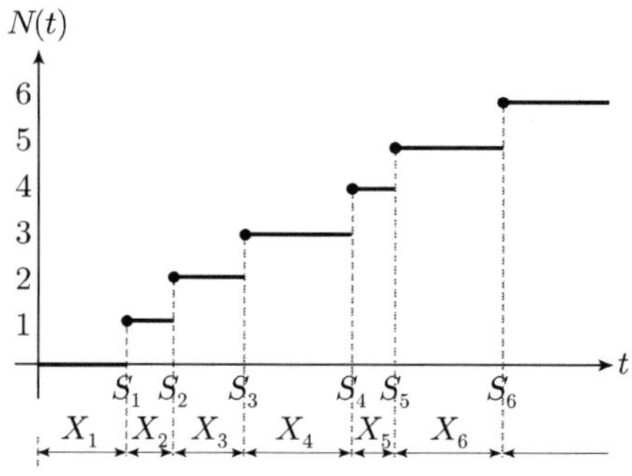

그림 6.1 중간발생시간 X_n과 대기시간 S_n

만일 X_n의 확률분포를 알 수 있다면, S_n의 확률분포를 쉽게 얻을 수 있다. 따라서 X_n의 확률분포를 살펴본다. 우선 X_1의 확률분포를 살펴보기 위하여, 사건 $X_1 > t$를 생각하자. 그러면 이 사건은 첫 번째 사건이 발생하는데 걸리는 시간이 t보다 큰 것을 나타내며, 따라서 시각 t까지 어떠한 사건도 발생하지 않음을 의미한다. 즉

$$X_1 > t \quad \Leftrightarrow \quad N(t) = 0$$

이고, 따라서

$$P(X_1 > t) = P[N(t) = 0] = e^{-\lambda t}$$

이다. 그러므로 X_1의 분포함수는

$$F(t) = 1 - P(X_1 > t) = 1 - e^{-\lambda t}$$

이고, X_1은 모수 $\frac{1}{\lambda}$인 지수분포를 이루는 것을 알 수 있다. 한편 $X_1 = s$일 때, $X_2 > t$일 조건부 확률은

$$\begin{aligned} P(X_2 > t \mid X_1 = s) &= P[no\ \ event \in (s,\ s+t\,] \mid X_1 = s] \\ &= P[no\ \ event \in (s,\ s+t\,]\,] \quad (\text{독립증분에 의하여}) \\ &= e^{-\lambda t} \end{aligned}$$

이고 $E[P(X_2 > t \mid X_1)] = P(X_2 > t)$이므로

$$P(X_2 > t) = e^{-\lambda t}$$

이다. 그러므로 X_2도 역시 모수 $\frac{1}{\lambda}$인 지수분포를 이루며 X_1과 독립이다. 한편 동일한 방법을 반복하면, X_n은 모수 $\frac{1}{\lambda}$인 지수분포를 이루며 $X_1, X_2, \cdots, X_{n-1}$과 독립이다.

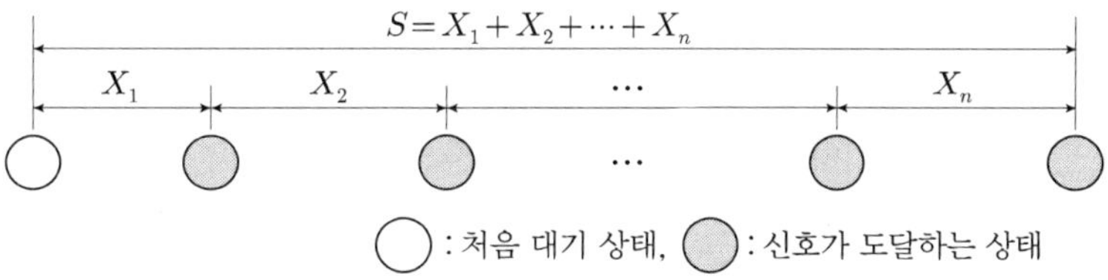

그림 6.2 푸아송 과정의 신호 대기열

따라서 n번째 사건이 발생할 때까지 걸리는 대기시간 $S_n = X_1 + X_2 + \cdots + X_n$은 모수 n과 $\frac{1}{\lambda}$인 감마분포를 이룬다. 즉 S_n의 밀도함수는

$$f_{S_n}(t) = \frac{1}{\Gamma(n)\,(1/\lambda)^n} t^{n-1} e^{-\lambda t}, \quad t \ge 0$$

이다. 특히 n번째 사건이 시각 t 또는 그 이전에 나타날 필요충분조건은 시각 t까지 발생한 사건의 수가 적어도 n이 되는 것이다. 따라서

$$N(t) \ge n \iff S_n \le t$$

이고

$$N(t) = n \iff S_n < t < S_{n+1}$$

이 성립한다.

예제 1 보험회사에 청구되는 보험금 신청 횟수는 푸아송 과정에 따르며, 연속적인 청구 사이의 평균 시간은 이틀이라고 한다.

(1) 3일 동안 적어도 한 건의 보험금 청구가 신청될 확률을 구하여라.
(2) 두 번째 보험금 신청이 4일째에 나타날 확률을 구하여라.

풀이 (1) 중간 발생 시간이 평균 2일 이므로 1일 당 $\lambda = \frac{1}{2}$ 이고, 따라서 보험금 신청 횟수 $N(t)$는 평균 비율 $\lambda = \frac{1}{2}$ 인 푸아송 과정에 따른다. 즉

$$P[N(t) = x] = \frac{(t/2)^x}{x!} e^{-t/2}, \quad t \geq 0$$

이다. 그러므로

$$P[N(3) = 0] = \frac{(3/2)^0}{0!} e^{-3/2} = e^{-1.5} = 0.2231$$

이고, 따라서 구하고자 하는 확률은

$$P(N(3) \geq 1) = 1 - P(N(3) = 0) = 1 - 0.2231 = 0.7769$$

이다.

(2) 두 번째 보험금이 신청될 때까지 경과시간 $S_2 \sim \Gamma(2, 2)$는 모수 2와 2인 감마분포를 이루므로 밀도함수는

$$f_{S_2}(t) = \frac{t}{4} e^{-t/2}, \quad t \geq 0$$

이다. 따라서

$$\begin{aligned} P(3 < S_2 < 4) &= \int_3^4 \frac{t}{4} e^{-t/2}\, dt = -\frac{1}{2}(t+2)e^{-t/2} \Big|_3^4 \\ &= \frac{5}{2} e^{-3/2} - 3e^{-2} \\ &= 0.5578 - 0.4060 = 0.1518 \end{aligned}$$

이다. ■

이제 시구간 $(0, t]$ 에서 정확히 한 사건이 발생했다는 조건 아래서, 이 사건이 발생할 때까지 경과시간 T_1 의 조건부 분포를 살펴보자. 그러면 $0 < s \leq t$ 에 대

하여, T_1 의 조건부 분포는

$$P[T_1 < s \mid N(t) = 1] = \frac{P[T_1 < s,\ N(t) = 1]}{P[N(t) = 1]}$$

$$= \frac{P[one\ \ event\ \ \in (0,\ s),\ no\ \ event\ \ \in [s,\ t)]}{P[N(t) = 1]}$$

$$= \frac{P[one\ \ event\ \ \in (0,\ s)]\ P[no\ \ event \in [s,\ t)]}{P[N(t) = 1]}$$

$$= \frac{\lambda s\, e^{-\lambda s} \cdot e^{-\lambda(t-s)}}{\lambda t\, e^{-\lambda t}} = \frac{s}{t}, \qquad 0 < s \le t$$

이다. 그러므로 $(0,\ t]$ 에서 하나의 사건이 발생했다는 조건 아래서, 이 사건의 발생시간 $T_1 \sim U(0,\ t)$의 조건부 분포는 $(0,\ t]$ 에서 균등분포를 이루는 것을 알 수 있다.

예제 2 출근 시간대의 어느 교차로는 비율 λ인 푸아송 과정에 따라 교통사고가 발생한다. 그리고 어느 날 오전 8시부터 9시 사이에 4건의 사고가 있었다고 한다.

(1) 네 번째 사고가 8시 20분부터 8시 30분 사이에 일어났을 확률을 구하여라.

(2) 네 번째 사고의 평균 발생시각을 구하여라.

풀이 (1) 한 시간 사이에 4건의 교통사고가 있었다는 조건 아래서, 네 번째 사고의 발생시간 X의 조건부 분포함수 $P(X \le x \mid N(1) = 4)$를 구한다. 한편 $0 \le x < 1$에 대하여 확률 $P(X \le x \mid N(1) = 4)$는 구간 $(0,\ x]$에서 세 건의 사고가 발생하고 $(x,\ 1]$에서 한 건의 사고가 발생하거나, 구간 $(0,\ x]$에서 네 건의 사고가 발생하고 $(x,\ 1]$에서 사고가 발생하지 않는 경우를 생각할 수 있다. 따라서 X의 조건부 분포함수는

$$F(x) = P[X \le x \mid N(1) = 4] = \frac{P[X \le x,\ N(1) = 4]}{P[N(1) = 4]}$$

$$= \frac{P[\{3\ \text{사건} \in (0,\ x],\ 1\ \text{사건} \in (x,\ 1]\}\ \text{or}\ \ \{4\ \text{사건} \in (0,\ x],\ 0\ \text{사건} \in (x,\ 1]\}]}{P[N(1) = 4]}$$

$$= \frac{P[\{3\ \text{사건} \in (0,\ x],\ 1\ \text{사건}\ \in (x,\ 1]\}]}{P[N(1) = 4]} + \frac{P[\{4\ \text{사건} \in (0,\ x],\ 0\ \text{사건}\ \in (x,\ 1]\}]}{P[N(1) = 4]}$$

$$= \frac{P[3\ \text{사건} \in (0,\ x]]\ P[1\ \text{사건}\ \in (x,\ 1]]}{P[N(1) = 4]} + \frac{P[4\ \text{사건} \in (0,\ x]]\ P[0\ \text{사건}\ \in (x,\ 1]]}{P[N(1) = 4]}$$

$$= \frac{\dfrac{(\lambda x)^3}{3!}e^{-\lambda x} \cdot \dfrac{\lambda(1-x)}{1!}e^{-\lambda(1-x)} + \dfrac{(\lambda x)^4}{4!}e^{-\lambda x} \cdot e^{-\lambda(1-x)}}{\dfrac{\lambda^4}{4!}e^{-\lambda}}$$

$$= 4x^3 - 3x^4, \quad 0 \le x < 1$$

이다. 또한 $x \ge 1$이면, 네 건의 교통사고가 모두 발생했으므로 $F(x) = 1$이다. 그러므로 X의 분포함수는

$$F(x) = \begin{cases} 0 & , \ x < 0 \\ 4x^3 - 3x^4 & , \ 0 \le x < 1 \\ 1 & , \ x \ge 1 \end{cases}$$

이고, 네 번째 사고가 8시 20분($\frac{1}{3}$ 시간)부터 8시 30분($\frac{1}{2}$ 시간) 사이에 일어났을 확률은

$$P(20\text{분} \le X \le 30\text{분}) = P\left(\frac{1}{3} \le X \le \frac{1}{2}\right) = F\left(\frac{1}{2}\right) - F\left(\frac{1}{3}\right)$$

$$= \frac{5}{16} - \frac{1}{9} = \frac{29}{1446} = 0.2014$$

이다.

(2) 네 번째 사고의 발생시간 X의 밀도함수는

$$f(x) = \begin{cases} 12x^2(1-x) & , \ 0 < x < 1 \\ 0 & , \ \text{다른 곳에서} \end{cases}$$

이고 따라서 X의 평균은

$$E(X) = \int_0^1 12x^3(1-x)\,dx = \frac{3}{5} = 36\ (\text{분})$$

이다. 그러므로 오전 8시와 9시 사이에 세 번째 사고가 발생하는 시각은 평균적으로 8시 36분이다. ■

한편 독립인 두 푸아송 과정의 합성뿐만 아니라 두 종류로 구분되는 사건으로 구성된 푸아송 과정을 각각의 구별되는 사건으로 구성된 푸아송 과정으로 분해할 수 있다. 우선 독립인 푸아송 과정의 합성을 살펴본다.

정리 2

$\{N_1(t) \mid t \geq 0\}$과 $\{N_2(t) \mid t \geq 0\}$를 각각 비율 λ_1과 λ_2를 갖는 독립 푸아송 과정이라 하자. 이때 $N(t) = N_1(t) + N_2(t)$라 하면, $\{N(t) \mid t \geq 0\}$은 비율 $\lambda_1 + \lambda_2$인 푸아송 과정이다.

증명 $\{N_1(t) \mid t \geq 0\}$과 $\{N_2(t) \mid t \geq 0\}$이 각각 비율 λ_1, λ_2인 푸아송 과정이므로 $N_1(t) \sim P(\lambda_1 t)$, $N_2(t) \sim P(\lambda_2 t)$이다. N_1과 N_2가 서로 독립이므로 $N = N_1 + N_2$은 모수 $(\lambda_1 + \lambda_2)t$인 푸아송분포를 이루는 것을 제5장에서 이미 살펴보았다. 그러므로 $\{N(t) \mid t \geq 0\}$은 비율 $\lambda_1 + \lambda_2$인 푸아송 과정이다. ■

이와 같은 사실은 보험에서 많은 경우를 찾아볼 수 있다. 예를 들어, 자동차 보험에 가입한 피보험자를 여성과 남성 또는 흡연가와 비흡연가로 구분하여, 여성(또는 비흡연가)에 의한 보험금 청구 횟수와 남성(또는 흡연가)에 의한 청구 횟수가 각각 하루에 평균 3건, 6건인 푸아송 과정에 따른다고 하자. 그러면 이 보험회사에 피보험자에 의하여 보험금이 청구된 횟수는 하루 평균 9건인 푸아송 과정에 따른다. 또한 역으로, 하루 동안에 이 보험회사에 대한 보험금 청구 횟수의 $\frac{1}{3}$이 여성 운전자에 의한 것이고 나머지 $\frac{2}{3}$는 남성 운전자가 신청한 것임을 알 수 있다. 더욱이 여성 운전자와 남성 운전자에 의한 청구 횟수는 각각 독립인 푸아송 과정에 따른다. 즉 푸아송 과정에 따라 보험회사에 청구된 보험금 청구 횟수를 독립인 두 개의 푸아송 과정으로 분해할 수 있다. 물론 두 개 이상으로 분류되는 사건으로 구성된 푸아송 과정도 역시 각각의 구분된 특성을 갖는 사건으로 구성된 푸아송 과정으로 분해할 수 있다. 이것을 살펴보기 위하여, 서로 다른 두 종류(제1종, 제2종)의 사건으로 구성된 푸아송 과정 $\{N(t) \mid t \geq 0\}$에 대하여, 구간 $[0, t]$에서 제1종 사건과 제2종 사건의 발생 비율을 각각 p와 $q = 1 - p$라고 하자. 그리고 구간 $[0, t]$에서 제1종 사건의 발생 횟수를 $N_1(t)$, 제2종 사건의 발생 횟수를 $N_2(t)$라 하자.

정리 3

$\{N(t) \mid t \geq 0\}$이 비율 λ인 푸아송 과정이면, $\{N_1(t) \mid t \geq 0\}$와 $\{N_2(t) \mid t \geq 0\}$는 각각 비율 λp와 $\lambda(1-p)$를 갖는 독립 푸아송 과정이다.

증명 우선 $N_1(t)$와 $N_2(t)$의 결합확률함수를 구하기 위하여, $N(t)$에 대한 조건을 준다. 그러면 전확률 공식에 의하여,

$$P[N_1(t)=n,\ N_2(t)=m]$$
$$=\sum_{k=0}^{\infty} P[N_1(t)=n,\ N_2(t)=m \mid N(t)=k]\ P[N(t)=k]$$

이다. 이때 $N(t)$는 구간 $[0, t]$에서 두 종류의 사건이 발생한 전체 횟수이고, 이 구간에서 제1종 사건과 제2종 사건이 발생한 횟수는 각각 $N_1(t)$와 $N_2(t)$이다. 그러므로 구간 $[0, t]$에서 $N_1(t)=n,\ N_2(t)=m$이면, $k=n+m$이어야 한다. 즉 $k \neq n+m$이면

$$P[N_1(t)=n,\ N_2(t)=m \mid N(t)=k]=0$$

이고, 따라서

$$P[N_1(t)=n,\ N_2(t)=m]$$
$$=P[N_1(t)=n,\ N_2(t)=m \mid N(t)=n+m]P[N(t)=n+m]$$
$$=P[N_1(t)=n,\ N_2(t)=m \mid N(t)=n+m]\frac{(\lambda t)^{n+m}}{(n+m)!}e^{-\lambda t}$$

이다. 한편 구간 $[0, t]$에서 $n+m$번의 사건이 발생하며, 제1종 사건과 제2종 사건의 발생 비율이 각각 p와 $q=1-p$이므로

$$P[N_1(t)=n,\ N_2(t)=m \mid N(t)=n+m]=\binom{n+m}{n}p^n q^m$$

이다. 따라서 $N_1(t)$와 $N_2(t)$의 결합확률함수는

$$P[N_1(t)=n,\ N_2(t)=m]=\binom{n+m}{n}p^n q^m \frac{(\lambda t)^{n+m}}{(n+m)!}e^{-\lambda t}$$
$$=\frac{p^n q^m}{n!\ m!}(\lambda t)^n(\lambda t)^m e^{-\lambda(p+q)t}$$
$$=\frac{p^n}{n!}(\lambda t)^n e^{-\lambda p t}\cdot\frac{q^m}{m!}(\lambda t)^m e^{-\lambda q t}$$
$$=\frac{(\lambda p t)^n}{n!}e^{-\lambda p t}\cdot\frac{(\lambda q t)^m}{m!}e^{-\lambda q t}$$

이고, $N_1(t)$의 확률함수는

$$P[N_1(t)=n]=\sum_{m=0}^{\infty}P[N_1(t)=n,\ N_2(t)=m]$$
$$=\frac{(\lambda p t)^n}{n!}e^{-\lambda p t}\sum_{m=0}^{\infty}\frac{(\lambda q t)^m}{m!}e^{-\lambda q t}$$

$$= \frac{(\lambda p t)^n}{n!} e^{-\lambda p t}, \qquad n = 0, 1, 2, \cdots$$

이다. 같은 방법으로 $N_2(t)$ 의 확률함수는

$$P[N_2(t) = m] = \frac{(\lambda q t)^m}{m!} e^{-\lambda q t}, \qquad m = 0, 1, 2, \cdots$$

이고, 따라서 $N_1(t)$ 와 $N_2(t)$ 는 독립이고 각각 $\lambda p t$ 와 $\lambda(1-p)t$ 인 푸아송분포를 이룬다. 그러므로 $\{N_1(t) | t \ge 0\}$와 $\{N_2(t) | t \ge 0\}$는 각각 비율 λp 와 $\lambda(1-p)$를 갖는 독립 푸아송 과정이다. ■

예제 3 어느 특정 지역은 주당 5건의 비율을 갖는 푸아송 과정에 따라 교통사고가 발생하여 매우 위험하다고 한다. 특히 여러 가지 교통사고의 원인 중에서 휴대폰에 의한 비율이 0.25인 것으로 알려졌다. 이 지역에서 2월 한 달 동안 휴대폰에 의한 사고가 전혀 없을 확률을 구하여라.

풀이 2월 한 달 동안에 이 지역에서 발생하는 교통사고 횟수는 $4\lambda = 20$인 푸아송 과정을 이룬다. 그리고 휴대폰에 의한 교통사고 발생 비율이 0.4이므로, 한 달 동안 휴대폰에 의한 교통사고 발생 횟수 $N(t)$는 평균 $(20)(0.25) = 5$인 푸아송 과정에 따른다. 그러므로 구하고자 하는 확률은

$$P[N(1) = 0] = \frac{5^0}{0!} e^{-5} = 0.0067$$

이다. ■

연습문제 6.2 Exercises

1. 어느 특정지역에 푸아송 비율 $\lambda = 1$로 매일 이민을 온다고 하자.

(1) 10번째 이민자가 도착할 때까지 걸리는 평균 시간을 구하여라.

(2) 10번째와 11번째 이민자 사이의 경과시간이 이틀을 초과할 확률을 구하여라.

2. 소재생산공정을 거쳐 판넬생산공정으로 이동하는 자동차 차체 생산라인의 판넬생산공정에 도착하는 판넬이 1시간당 평균 1.625의 비율인 푸아송 과정에 따라 도착한다고 한다.

(1) 푸아송 과정의 비율 λ를 구하여라.

(2) 판넬생산공정에 도착하는 두 판넬 사이의 평균 시간을 구하여라.

(3) 판넬생산공정에 도착하는 두 판넬 사이의 시간이 적어도 1시간일 확률을 구하여라.

(4) 4시간 동안에 도착한 판넬의 수에 대한 분포를 구하여라.

(5) 4시간 동안에 적어도 3개의 판넬이 도착할 확률을 구하여라.

3. 보험회사에 청구되는 보험금 신청 횟수는 푸아송 과정에 따르며, 연속적인 청구 사이의 평균 시간은 이틀이라고 한다.

(1) 3일 동안 적어도 한 건의 보험금 청구가 신청될 확률을 구하여라.

(2) 두 번째 보험금 신청이 4일째에 나타날 확률을 구하여라.

4. 보험계리인은 지난해의 자료를 분석한 결과, 보험회사에 가입한 보험 가입자들로부터 청구되는 보험금 신청 횟수는 푸아송 과정에 따르며, 한 보험 가입자로부터 보험금 신청이 있은 후 다음 번 신청까지 평균적으로 3일이 소요된다는 결론을 얻었다.

(1) 이틀 동안 보험금 청구가 신청되지 않을 확률을 구하여라.

(2) 적어도 두 건의 보험금 청구가 이틀 안에 이루어질 확률을 구하여라.

(3) 세 번째 보험금 신청이 4일째에 나타날 확률을 구하여라.

5. $\lambda = 1$의 비율로 피보험자들이 보험금 신청을 위하여 보험회사에 찾아온다고 한다. 각 보험 가입자는 1번 카운터에서 서류를 작성한 후, 2번 카운터로 옮겨가 다른 서류를 작성한다. 그리고 다시 3번 카운터로 가서 또 다른 서류를 작성하며, 서류를 작성해야 할 카운터는 모두 n개 있다. 한편 각 카운터에서 서류를 작성하는데 소요되는 시간은 평균 μ_k, $k = 1, \cdots, n$인 지수분포를 이루며, 독립이라고 한다. 그러면 이 보험회사에 들어온 사람이 다음 사람이 도착하기 전에 n번째 카운터를 떠날 확률을 구하여라.

6. $\lambda = 5$의 비율로 보험 가입자들이 보험금 신청을 하는 보험회사에 청구된 보험금 지급요구는 10,000\$, 20,000\$, 30,000\$, 40,000\$ 등 네 종류가 있다. 한편 청구된 각 보험 급부금의 비율이 $p_1 = \frac{1}{2}$, $p_2 = \frac{1}{4}$, $p_3 = \frac{3}{16}$, $p_4 = \frac{1}{16}$이라 한다.

(1) 단위 시간 동안에 40,000\$의 보험금 지급요청이 없을 확률을 구하여라.

(2) 어떤 시각에서 시작하여, 40,000\$의 보험금 지급요청이 있기 전에 10,000\$의 요청이 적어도 두 번 있을 확률을 구하여라.

7. 자동차보험회사는 금년에 보험증권을 구입한 운전자를 정상적인 그룹과 위험성한 그룹으로 구분하고 있으며, 보험 가입자 중에서 70%가 정상적인 그룹에 속한다고 한다. 한편 이 회사

에 신청되는 보험금 청구 횟수는 주당 평균 6건이고, 푸아송 과정에 따른다고 한다.

(1) 1주일 동안 정상적인 운전자에 의한 보험금 청구 횟수에 대한 확률분포를 구하여라.

(2) 이 기간 동안에 정상적인 운전자에 의한 청구 횟수가 한 건 이하일 확률을 구하여라.

6.3 복합 푸아송 과정과 파산확률

확률변수열 $\{X_n \mid n \geq 1\}$이 독립이고 동일한 분포함수 $F(x)$를 갖고, 각 확률변수 X_n은 비율 λ인 푸아송 과정 $\{N(t) \mid t \geq 0\}$에 독립이라 하자. 이때 $t \geq 0$에 대하여

$$A(t) = X_1 + X_2 + \cdots + X_{N(t)}$$

라 하면, 확률과정 $\{A(t) \mid t \geq 0\}$는 **복합 푸아송 과정**(compound Poisson process)이라 한다. 특히 X_n을 n번째 보험 지급요구 금액이라 하면, $\{A(t) \mid t \geq 0\}$을 **누적지급보험금 과정**(aggregate claim process)이라 한다. 예를 들어, 대형 마켓에서 물건을 구입한 손님이 푸아송 과정에 따라 마켓을 나간다고 하자. 그리고 X_n은 n번째 손님이 이 마켓에서 물건을 구입하기 위하여 소비한 금액으로 독립이고 동일한 분포를 이룬다고 하자. 이때 $A(t)$는 시각 t까지 마켓에서 손님에 의하여 소비된 총금액, 즉 시각 t까지 마켓에서 물건을 판매한 총매출액이라 하면, $\{A(t) \mid t \geq 0\}$은 복합 푸아송 과정이다. 따라서 n번째 손님이 마켓을 나갈 때까지 손님들이 소비한 총액은 다음 그림 6.3과 같이 계단 모양을 이룬다.

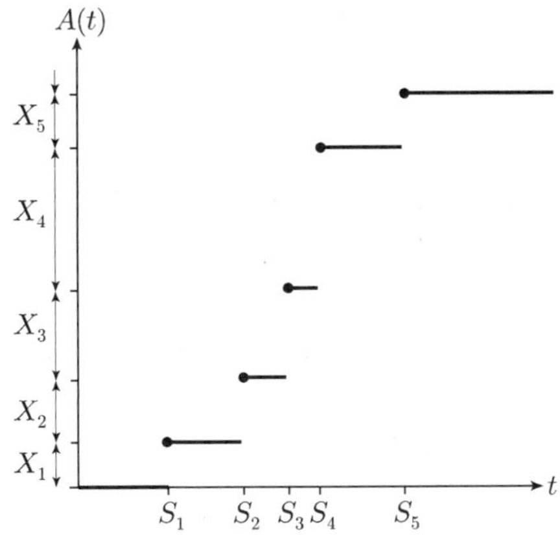

그림 6.3 대기시간 S_n과 지급요구 총액 $A(t)$

그러면 제4장에서 살펴본 바와 같이, $A(t)$의 기대값과 분산 그리고 적률생성 함수는 각각 다음과 같다.

(1) $E[A(t)] = E(N)E(X) = (\lambda t)E(X)$, 단 X는 $X_i\ (i=1,2,3,\cdots)$를 의미한다.

(2) $Var[A(t)] = E(N)\ Var(X) + E^2(X)\ Var(N)$
$$= (\lambda t)[\ Var(X) + E^2(X)] = (\lambda t)E(X^2)$$

(3) $M_A(u) = \exp\left[(\lambda t)\{M_X(u) - 1\}\right]$

예제 1 매주 $\lambda = 5$인 푸아송 과정에 따라 보험금 지급요구가 신청되는 보험증권에 대하여, 보험회사는 보험금을 지급한다. 그리고 각 보험증권에 대한 보험지급금은 독립이고 평균 15,000$인 지수분포에 따른다고 한다. 이때 2월 한 달 동안 이 보험회사가 지급해야 할 보험 지급금 총액에 대한 평균과 분산을 구하여라.

풀이 i번째 지급요구가 발생한 증권에 대한 보험지급금을 X_i라 하면, 평균 15000인 지수분포에 따른다. 그러므로 $E(X_i) = 15000$, $Var(X_i) = (2.25)10^8$이고, 따라서 4주 동안에 이 회사가 지불해야 할 보험 총액 $A(t)$의 평균과 분산은 각각 다음과 같다.

$$E[A(4)] = (5)(4)(15000) = 300{,}000(\$)$$
$$Var[A(4)] = (5)(4)[2\ (2.25)10^8\ ] = 9 \times 10^9(\$)$$ ■

확률변수열 $\{X_{ki} \mid i \geq 1,\ k = 1, 2, \cdots, n\}$은 독립이고 동일한 분포함수 $F_k(x)$를 갖고, 각 확률변수 X_{ki}는 비율 λ_k인 푸아송 과정 $\{N_k(t) \mid t \geq 0\}$에 독립이라 하자. 이때 $t \geq 0$에 대하여

$$A_k(t) = X_{k1} + X_{k2} + \cdots + X_{kN_k(t)}$$

로 정의되는 복합 푸아송 과정들 $\{A_k(t) \mid t \geq 0,\ k = 1, 2, \cdots, n\}$가 독립이라 하면,

$$A(t) = A_1(t) + A_2(t) + \cdots + A_n(t)$$

의 적률생성함수는

$$M_A(u) = E[\exp\{A(t)u\}]$$
$$= E[\exp\{A_1(t)u\}] \cdots E[\exp\{A_n(t)u\}]$$

$$= \exp\left[(\lambda_1 t)\left\{M_{X_1}(u) - 1\right\}\right] \cdots \exp\left[(\lambda_n t)\left\{M_{X_n}(u) - 1\right\}\right]$$

$$= \exp\left[(\lambda t)\left\{\sum_{k=1}^{n} \frac{\lambda_k}{\lambda} M_{X_k}(u) - 1\right\}\right]$$

이다. 따라서 확률과정 $\{A(t) \mid t \geq 0\}$는 비율 $\lambda = \sum_{k=1}^{n} \lambda_k$와 분포함수 $F(x) = \sum_{k=1}^{n} \frac{\lambda_k}{\lambda} F_k(x)$를 모수로 갖는 복합 푸아송 과정이다. 결론적으로 n개의 독립인 복합 푸아송 유가증권의 합은 다시 복합 푸아송분포를 이루고, 또한 해마다 나타나는 결과가 독립인 동일한 유가증권을 n년 동안 누적한 결과는 복합 푸아송분포를 이루는 것을 보여준다. 특히, $A(t)$의 기대값과 분산은 각각 다음과 같다.

(1) $E[A(t)] = \sum_{k=1}^{n} E[A_k(t)] = \sum_{k=1}^{n} (\lambda_k t) E(X_k)$

(2) $Var[A(t)] = \sum_{k=1}^{n} Var[A_k(t)] = \sum_{k=1}^{n} (\lambda_k t) E(X_k^2)$

예제 2 어떤 보험회사는 독립적으로 운영되는 두 개의 지점을 갖고 있으며, 각 지점은 매주 각각 $\lambda_1 = 2$, $\lambda_2 = 3$인 푸아송 과정에 따라 보험금을 지급한다. 그리고 두 지점에서 발생하는 각 보험증권에 대한 보험 급부금은 독립이고 각각 평균 15,000\$와 10,000\$인 지수분포에 따른다고 한다. 이때 2월 한 달 동안 이 보험회사가 지급해야 할 보험 급부금 총액에 대한 평균과 분산을 구하여라.

풀이 시각 t까지 두 지점 A와 B에서 지불해야 할 지급금 총액을 각각 $A_1(t)$, $A_2(t)$라 하자. 그러면 두 지점에서 지급요구가 있는 증권에 대한 보험 지급금이 각각 평균 15,000\$와 10,000\$인 지수분포에 따르므로

$$E(X_1) = 15{,}000, \quad Var(X_1) = (2.25)10^8$$
$$E(X_2) = 10{,}000, \quad Var(X_2) = (1.00)10^8$$

이다. 2월 한 달 동안 다시 말해서 4주 동안 두 지점에서 지급해야 할 보험 급부금 총액에 대한 평균과 분산은 각각 다음과 같다.

$$E[A_1(4)] = (2)(4)(15000) = 120{,}000(\$)$$
$$E[A_2(4)] = (3)(4)(10000) = 120{,}000(\$)$$
$$Var[A_1(4)] = (2)(4)(2 \times 2.25 \times 10^8) = (3.6)10^9(\$)$$
$$Var[A_2(4)] = (3)(4)(2 \times 1.00 \times 10^8) = (2.4)10^9(\$)$$

그러므로 2월 한 달 동안 이 보험회사가 지급해야 할 보험 지급금 총액에 대한 평균과 분산은 각각

$$E[A(4)] = E[A_1(4)] + E[A_2(4)] = 120000 + 120000 = 240,000(\$)$$

$$Var[A(4)] = Var[A_1(4)] + Var[A_2(4)] = 3.6 \times 10^9 + 2.4 \times 10^9$$

$$= 6 \times 10^9(\$)$$

이다. ■

시각 t에서 보험회사의 자산을 $U(t)$라 하면, 이 자산 $U(t)$는 보험회사가 지속적으로 보험 가입자들로부터 보험료를 받으므로 연속적으로 증가하는 확률과정이며 또한 보험금을 지급해야 하므로 감소하는 확률과정이다. 특히 회사의 자산이 마이너스가 되는 경우에, 이 회사는 파산된다고 한다. 연간 보험료와 보험금 지급이 변동이 없다는 조건 아래서, 회사가 파산할 확률을 $\psi(u)$라 하자. 그러면 보험회사의 초기 자산 $u = U(0)$에 대하여 이 파산확률은 보험료와 지급보험금을 결합한 보험회사의 재정적 건전성을 나타내며, 따라서 회사의 경영을 위한 중요한 도구로 사용된다. 예를 들어, 파산확률이 매우 크다는 것은 회사의 재정적 불안정을 나타내며 이러한 불안정을 방지하기 위하여 보험회사는 재보험에 가입하거나 또는 보험료를 증가시키는 척도로 사용된다. 그러므로 보험회사의 자산 $U(t)$는 확률과정으로 나타나며 파산확률 $\psi(u)$는 확률과정 $U(t)$가 음수를 갖는 경우에 대하여 나타나므로 자산과 파산확률에 대하여 살펴본다. 이제 시각 t까지 보험료 수입금을 $c(t)$ 그리고 지급된 누적보험금을 $S(t)$라 하면, 초기 자본금 $u = U(0)$에 대하여 보험회사의 자산은

$$U(t) = u + c(t) - S(t), \quad t \geq 0$$

로 나타난다. 각 시각 t 에서 $U(t)$와 $S(t)$의 증감에 대한 확률은 시간이 흐름에 따라 변동하는 확률과정으로 나타나고, 이러한 확률과정 $\{U(t):\ t \geq 0\}$을 **잉여자금 과정**(surplus process) 또는 **리스크 과정**(risk process) 그리고 $\{S(t):\ t \geq 0\}$을 **누적지급보험금 과정**이라 한다. 그러나 보험료 수입금 $c(t)$는 결정가능하고 따라서 확률과정이 아니다. 특히 일정한 보험요율 c에 대하여 $c(t) = ct$라 하면, 보험금 지급요구가 없는 한 리스크 과정은 그림 6.4와 같이 보험요율 c를 기울기로 갖는 직선을 따라 증가한다. 한편 보험금 지급요구가 발생하는 경우, 즉 시각 $T_1, T_2, \cdots$에서 지급요구액에 해당하는 크기만큼 리스크는 떨어지게 되며, 특히 어떤 시각 $T_4 = T$에서 처음 음이 되는 경우에 보험회사는 파산(ruin)된다고 한다. 이때 시각 t까지 요구된 지급 건수 $N(t)$와 각 지급요구액 X_i에 대하여 누적지급금은

$$S(t) = X_1 + X_2 + \cdots + X_{N(t)}$$

이므로 보험회사에 대한 재정적 리스크는 보험금 지급을 요구하는 시간과 요구액을 변수로 가지는 파산확률을 계산함으로써 얻어질 수 있다. 그림 6.4는 시각 T_4에서 보험회사에 손해를 끼치게 된 누적지급보험금 $X_1 + X_2 + X_3 + X_4$가 초기자산 u와 시각 t까지 벌어들인 보험료 $c\,T_4$보다 크게 나타나고 따라서 나머지 자금 $U(T_4)$가 0보다 작게 된다. 그러므로 보험회사의 파산 시기 T는

$$T = \min\{t \mid t \geq 0,\ U(t) < 0\}$$

그리고 모든 t에서 $U(t) \geq 0$이면 $T = \infty$로 정의된다. 그러므로 $T < \infty$이라 하면, 보험회사는 비록 오랜 시간이 걸리겠으나 어느 유한한 시점에서 파산하게 된다. 즉, 보험회사의 **파산확률**(ruin probability)은 초기 자금 u의 함수로

$$\psi(u) = P(T < \infty)$$

로 정의된다.

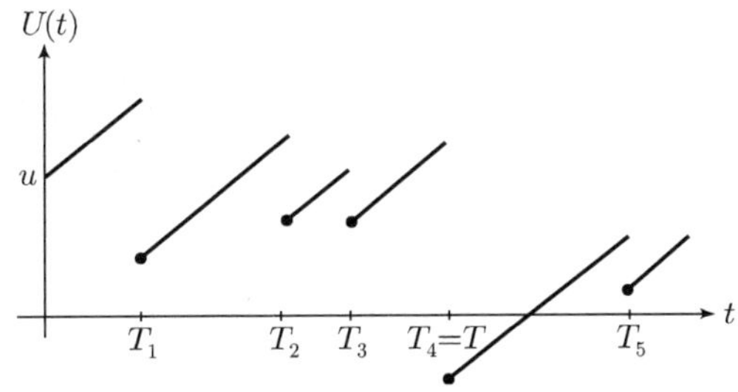

그림 6.4 리스크 과정 $U(t)$의 표준모형

이제 $N(t)$가 발생비율 λ를 갖는 푸아송 과정이라 하면, 누적지급금 $S(t)$는 복합 푸아송 과정이고 따라서 고정된 시각 $t = t_0$에 대하여 $S(t_0)$은 모수 λt_0인 복합 푸아송분포를 이룬다. 또한 개개의 지급요구액 X_i의 분포함수와 k차 적률을 각각

$$F(x) = P(X_i \leq x), \quad \mu_k = E(X_i^k)$$

이라 하자. 이때

$$c = (1+\theta)\lambda\mu_1 \quad \text{또는} \quad \theta = \frac{c}{\lambda\mu_1} - 1$$

을 만족하는 음이 아닌 상수 θ를 **부가인자**(loading factor)라 한다. 특히 $\mu_1 =$

$E(X) > 0$인 지급요구액 X의 적률생성함수 $M_X(r)$에 대하여

$$1 + (1+\theta) r \mu_1 = M_X(r)$$

을 만족하는 양수 $r = R$을 **조정계수**(adjustment coefficient)라 한다. 그러면 조정계수 R에 대하여 다음이 성립하며, 이 성질들은 조정계수에 대한 또 다른 정의를 제공한다.

(1) $\lambda + cR = \lambda M_X(R)$

(2) $\displaystyle\int_0^{\infty} \left[e^{Rx} - (1+\theta)\right]\left[1 - F(x)\right] dx = 0$

(3) $e^{Rc} = E(e^{RS})$ 또는 $M_{c-S}(-R) = 1$ 또는 $c = \dfrac{1}{R}\log M_S(R)$

여기서 S는 단위 시구간에서 지급된 누적보험금이고, 따라서 $c - S$는 이 구간에서 보험회사의 이윤을 나타낸다.

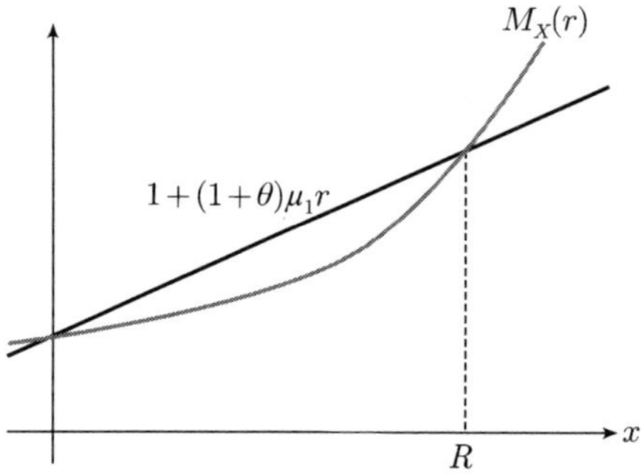

그림 6.5 조정계수 R의 결정

예제 3 보험요구 총액 X가 평균 $\mu_1 = \dfrac{1}{\beta}$인 지수분포를 이룬다고 할 때, 조정계수 R을 결정하여라.

풀이 X가 평균 $\mu_1 = \dfrac{1}{\beta}$인 지수분포를 이루므로 $M_X(r) = \dfrac{\beta}{\beta - r}$이고, 따라서 r에 관한 방정식

$$1 + (1+\theta)(r)\frac{1}{\beta} = M_X(r) = \frac{\beta}{\beta - r}$$

을 만족하는 양의 해는 $R = \dfrac{\theta\beta}{1+\theta}$이다. ■

일반적으로 확률변수 X가 2차 적률을 갖는다면, 조정계수 R은 $2\theta\dfrac{\mu_1}{\mu_2}$를 상한으로 가짐을 관찰할 수 있으며 증명은 연습문제로 남긴다.

예제 4 X의 확률분포가 $f(x)=\dfrac{1}{4},\ x=1, 2, 3, 4$이고 $\lambda=1,\ c=3$일 때,

(1) 부가인자 θ를 구하여라.

(2) 수학프로그램(mathematica, matlab)을 이용하여, 조정계수 R을 구하여라.

풀이 (1) X의 평균은

$$\mu_1=E(X)=\frac{1}{4}(1+2+3+4)=2.5$$

이고 $\lambda=1,\ c=3$이므로 부가인자는 다음과 같다.

$$\theta=\frac{c}{\lambda\mu_1}-1=\frac{3}{2.5}-1=0.2$$

(2) X의 적률생성함수는

$$M_X(r)=\frac{1}{4}\left(e^r+e^{2r}+e^{3r}+e^{4r}\right)$$

이다. 따라서

$$1+(1+0.2)\cdot r\cdot 2.5=\frac{1}{4}\left(e^r+e^{2r}+e^{3r}+e^{4r}\right)\ ;$$

$$1+3r=\frac{1}{4}\left(e^r+e^{2r}+e^{3r}+e^{4r}\right)$$

이고, 매스매티카(Mathematica)에 의하여 해를 구하면 $R=0.11654$이다. ■

이제 초기 자본금에 대한 파산확률의 상한이 조정계수에 의하여 표현되는 것을 살펴본다.

정리 4

초기 자본금이 u이고 $S(t)$가 모수 λt인 복합 푸아송 과정일 때, 파산확률에 대하여 다음 부등식이 성립한다.

$$\psi(u)\le e^{-Ru}$$

증명 수학적 귀납법을 이용하기 위하여, k번째 보험금 지급요구 또는 그 이전의

요구에서 파산이 발생할 확률을 $\psi_k(u)$ 그리고 $-\infty < u < \infty$, $k = 0, 1, 2, \cdots$ 라 하자. 그러면 모든 u 에 대하여

$$\lim_{k \to \infty} \psi_k(u) = \phi(u)$$

이므로 각각의 k 에 대하여 $\psi_k(u) \le e^{-Ru}$ 임을 보이면 충분하다. 한편 $k = 0$ 이면

$$\psi_0(u) = \begin{cases} 1 \ , \ u < 0 \\ 0 \ , \ u \ge 0 \end{cases}$$

이므로 부등식이 명백히 성립한다. 이제 수학적 귀납법을 이용하기 위하여

$$\psi_{k-1}(u) \le e^{-Ru}$$

이라 하자. 그리고 시각 t 에서 첫 번째 지급요구가 발생하였다면, 이러한 사건이 발생할 확률은 $\lambda e^{-\lambda t} dt$ 이다. 또한 그 첫 번째 지급요구액이 x 라 하면, 이 확률은 $dF(x)$ 이고 이 순간의 자산은 $u - ct - x$ 이다. 따라서 t 와 x 에 대하여 적분을 구하면

$$\psi_k(u) = \int_0^\infty \int_0^\infty \phi_{k-1}(u + ct - x) dF(x) \lambda e^{-\lambda t} dt$$

이다. 한편 가정에 의하여 $\psi_{k-1}(u + ct - x) \le e^{-R(u + ct - x)}$ 이므로

$$\begin{aligned} \psi_k(u) &\le \int_0^\infty \int_0^\infty e^{-R(u+ct-x)} dF(x) \lambda e^{-\lambda t} dt \\ &= e^{-Ru} \int_0^\infty e^{Rx} dF(x) \int_0^\infty \lambda e^{-(\lambda + Rc)t} dt \\ &= e^{-Ru} \frac{\lambda}{\lambda + Rc} M_X(R) \end{aligned}$$

이고, 또한 $\lambda + cR = \lambda M_X(R)$ 이 성립하므로 $\psi_k(u) \le e^{-Ru}$ 도 역시 성립한다. 즉 음이 아닌 모든 정수 k 에 대하여 부등식이 성립한다. ■

특히 리스크 과정 $U(t)$ 에 대하여

$$\begin{aligned} E\left[e^{-RU(t)}\right] &= E\left[e^{-R(u+ct-S(t))}\right] \\ &= e^{-Ru} e^{-Rct} E\left[e^{-RS(t)}\right] \\ &= e^{-Ru} \left[e^{-Rc} \exp\{\lambda (M_X(R) - 1)\}\right]^t \end{aligned}$$

이고, 더욱이 $\lambda + cR = \lambda M_X(R)$이므로 $E[e^{-RU(t)}] = e^{-Ru}$이다. 즉 조정계수 R에 대하여 $E[e^{-RU(t)}]$는 t에 독립인 상수이다. 한편 파산확률은 파산시기 T에 대하여 조건부 기대값을 이용하여 다음과 같이 나타낼 수 있다.

정리 5

초기 자본금이 $u \geq 0$이고 $S(t)$가 모수 λt인 복합 푸아송 과정일 때, 파산확률에 대하여 다음이 성립한다.

$$\psi(u) = \frac{e^{-Ru}}{E[e^{-RU(T)} \mid T < \infty]}$$

증명 $t > 0$ 그리고 $R > 0$이라 하고, 파산시기 T에 조건을 가하면 $E[e^{-RU(t)}]$를 다음과 같이 표현할 수 있다.

$$\begin{aligned} &E[e^{-RU(t)}] \\ &\quad = E[e^{-RU(t)} \mid T \leq t]\, P(T \leq t) + E[e^{-RU(t)} \mid T > t]\, P(T > t) \end{aligned} \tag{1}$$

이다. 한편 $v \in [0, t]$에 대하여, $U(v) = u + cv - S(v)$이므로

$$U(t) = U(v) + c(t - v) - [S(t) - S(v)]$$

이고, 다음 등식이 성립한다.

$$\begin{aligned} E[e^{-RU(t)} \mid T = v] &= E[e^{-R\{U(v) + c(t-v) - [S(t) - S(v)]\}} \mid T = v] \\ &= E[e^{-RU(v)} \mid T = v]\, e^{-Rc(t-v)}\, E[e^{R[S(t) - S(v)]} \mid T = v] \end{aligned}$$

한편 구간 $(v, t]$에서 요구된 누적 보험급여 $S(t) - S(v)$는 역시 복합 푸아송분포를 이루고, v에서 발생한 보험급여와는 독립이므로 $U(v)$와 $S(t) - S(v)$는 역시 독립이다. 따라서

$$\begin{aligned} E[e^{-RU(t)} \mid T = v] &= E[e^{-RU(v)} \mid T = v]\, [e^{-Rc} \exp\{\lambda(M_X(R) - 1)\}]^{t-v} \\ &= E[e^{-RU(T)} \mid T = v] \end{aligned} \tag{2}$$

이고, 식 (2)는 모든 $v \leq t$에 대하여 성립한다. 즉

$$E[e^{-RU(t)} \mid T \leq t] = E[e^{-RU(T)} \mid T \leq t]$$

더욱이 $t \to \infty$이면 $P(T \leq t) \to P(T < \infty)$이므로 식 (1)의 첫 번째 항은

$$E[e^{-RU(t)} \mid T \leq t]\, P(T \leq t) \to E[e^{-RU(t)} \mid T < \infty]\, \phi(u)$$

이다. 특히 $E\left[e^{-RU(t)}\right]=e^{-Ru}$ 이므로, $t \to \infty$ 이면 식 (1)의 두 번째 항이 0임을 보이면 증명이 완성된다. 이제 $U(t)$의 크기에 따라 사건 $\{T>t\}$를 분할하여, 어떤 음이 아닌 함수 $u_0(t)$에 대하여 $U(t) \le u_0(t)$와 $U(t) > u_0(t)$를 생각하자. 그러면 $u_0(t)$에 대한 조건을 추가하여 다음 등식을 얻는다.

$$\begin{aligned} & E\left[e^{-RU(t)} \mid T>t\right] P(T>t) \\ & \quad = E\left[e^{-RU(t)} \mid T>t,\ U(t) \le u_0(t)\right] P\left[T>t,\ U(t) \le u_0(t)\right] \\ & \qquad + E\left[e^{-RU(t)} \mid T>t,\ U(t) > u_0(t)\right] P\left[T>t,\ U(t) > u_0(t)\right] \end{aligned} \tag{3}$$

한편 $\{T>t\}$인 사건은 시각 t에서 파산이 이루어지지 않음을 나타내고, 따라서 $U(t) \ge 0$, 즉 $e^{-RU(t)} < 1$이다. 따라서 다음 부등식을 얻는다.

$$\begin{aligned} & E\left[e^{-RU(t)} \mid T>t,\ U(t) \le u_0(t)\right] \le 1 \\ & E\left[e^{-RU(t)} \mid T>t,\ U(t) > u_0(t)\right] \le E\left[e^{-Ru_0(t)}\right] \end{aligned}$$

그러므로 식 (3)에서

$$E\left[e^{-RU(t)} \mid T>t\right] P(T>t) \le P\left[U(t) \le u_0(t)\right] + E\left[e^{-Ru_0(t)}\right]$$

이다. 이때 $u_0(t) \to \infty$ 이면 $E\left[e^{-Ru_0(t)}\right] \to 0$ 이고, 또한 $U(t)$는 평균 $m(t)=u+ct-\lambda t \mu_1$ 과 분산 $Var(t)=\lambda t \mu_2$ 를 가지므로 체비쇼프(Chevyshev) 부등식에 의하여,

$$\frac{m(t)-u_0(t)}{\sqrt{Var(t)}} \to \infty$$

가 되도록 $u_0(t)$를 선정하면, 예를 들어 $u_0(t)=t^{2/3}$, 증명이 완성된다. ■

정리 5를 이용하면, X가 모수 β인 지수분포를 갖는 경우에 파산확률에 대한 정확한 표현을 얻을 수 있다.

예제 5 보험금 지급액 X의 확률분포가 모수 $\dfrac{1}{\beta}$인 지수분포일 때,

(1) 파산확률 $\phi(u)$를 부가인자 θ와 초기 자산 u를 이용하여 표현하여라.

(2) $\theta=0.2$, $\beta=0.1$ 그리고 초기 자산 $u=5$일 때, 파산확률을 구하여라.

풀이 (1) 유한 시간 T에서 파산이 일어나고 파산 이전까지의 자산을 v라고 하자. 그러면 사건 $\{-U(T)>y\}$는 파산의 원인이 되는 보험 지급금 X의 크기가 v를 초과했다는 조건 아래서 $v+y$를 초과함을 나타낸다. 한편 지수분

포는 비기억성 성질을 가지므로,

$$P[-U(T)>y]=P(X>v+y\mid X>v)=P(X>y)$$
$$=\beta\int_y^\infty e^{-\beta x}\,dx=e^{-\beta y}$$

이다. 따라서 $T<\infty$ 일 때, 적자액 $-U(T)$ 의 밀도함수는

$$\frac{d}{dy}\left(1-e^{-\beta y}\right)=\beta e^{-\beta y}$$

즉 모수 $\frac{1}{\beta}$인 지수분포이다. 또한

$$E\left[e^{-RU(T)}\mid T<\infty\right]=\beta\int_0^\infty e^{-\beta y}e^{Ry}\,dy$$
$$=\frac{\beta}{\beta-R},\quad \beta>R$$

그리고 예제 1로부터 모수 $\frac{1}{\beta}$인 지수분포에 대하여

$$\mu_1=\frac{1}{\beta},\quad R=\frac{\theta\beta}{1+\theta}$$

이므로

$$\psi(u)=\frac{e^{-Ru}}{E\left[e^{-RU(T)}\mid T<\infty\right]}$$
$$=\frac{\beta-R}{\beta}e^{-Ru}=\frac{1}{1+\theta}\exp\left(-\frac{\theta}{1+\theta}\frac{u}{\mu_1}\right)$$

(2) $\theta=0.2,\ \beta=0.1$ 그리고 $u=5$이므로

$$\psi(5)=\frac{1}{1.2}\exp\left(-\frac{0.2}{1.2}\frac{5}{10}\right)=0.7667$$

이다. ■

이제 파산확률 $\phi(u)$의 형태와 처음에 파산할 확률 $\phi(0)$의 구체적인 모형을 얻는 방법에 대하여 살펴본다.

정리 6

잉여자금이 초기 자본금 u 이하로 떨어질 확률과 $u-y$ 와 $u-y-dy$ 사이에 놓일 확률은 다음과 같다.

$$\frac{\lambda}{c}\left[1-F(y)\right]dy = \frac{1-F(y)}{(1+\theta)\mu_{1\,dy}}, \qquad y > 0$$

증명 생략. 참고도서 4) N. L. Bowers, Jr 외 4인, pp. 427-430 참조. ■

그러면 $\int_0^{\infty}\left[1-F(y)\right]dy = \mu_1$ 이므로

$$\int_0^{\infty}\frac{1-F(y)}{(1+\theta)\mu_1}dy = \frac{1}{1+\theta}$$

이다. 따라서 $u=0$ 인 경우 예제 3의 (1)로부터

$$\psi(u) = \frac{1}{1+\theta}e^{-Ru}, \quad \psi(0) = \frac{1}{1+\theta}$$

을 얻는다. 즉 잉여자금이 초기 자본금 이하로 떨어질 확률 $\psi(0)$ 은 보험 지급금의 분포에 독립적으로 부가인자 θ 에만 의존한다. 한편 누적손실 $S(t)-ct$ 에 대하여, 확률변수

$$L = \max_{t\geq 0}\{S(t)-ct\}$$

를 **최대누적손실**(maximal aggregate loss)이라 한다. 그러면 $t=0$ 에서 $S(t)-ct=0$ 이므로 확률변수 L 은 음이 아니다. 이때 확률변수 L 의 적률생성함수는

$$\begin{aligned} M_L(r) &= \frac{\theta r\mu_1}{1+(1+\theta)r\mu_1 - M_X(r)} \\ &= \frac{\theta}{1+\theta} + \frac{1}{1+\theta}\frac{\theta\left[M_X(r)-1\right]}{1+(1+\theta)r\mu - M_X(r)} \end{aligned} \tag{1}$$

이다. 특히 $u>0$, $t>0$ 에 대하여

$$\begin{aligned} 1-\psi(u) &= P[U(t)\geq 0] = P[u+ct-S(t)\geq 0] \\ &= P[S(t)-ct\leq u] = P(L\leq u) \end{aligned}$$

즉 확률변수 L 의 분포함수는

$$F(u) = 1-\psi(u)$$

이다. 더욱이

$$1-\psi(0)=\frac{\theta}{1+\theta}$$

이므로 L 의 적률생성함수는

$$\begin{aligned} M_L(r) &= 1-\psi(0)+\int_0^\infty e^{ur}\,[-\psi'(u)]\,du \\ &= \frac{\theta}{1+\theta}+\int_0^\infty e^{ur}\,[-\psi'(u)]\,du \end{aligned} \tag{2}$$

이다. 따라서 식 (1)과 (2)로부터

$$\int_0^\infty e^{ur}\,[-\psi'(u)]\,du=\frac{1}{1+\theta}\,\frac{\theta\,[M_X(r)-1]}{1+(1+\theta)\,r\,\mu_1-M_X(r)}$$

을 얻는다. X 의 확률분포가 다음과 같이 지수분포의 혼합형

$$f_X(x)=\sum_{k=1}^{n}A_k\beta_k e^{-\beta_k x},\quad x>0,\quad \sum_{k=1}^{n}A_k=1,\;A_k>0,\quad \beta_k>0$$

으로 주어진다고 하면, X 의 적률생성함수는

$$M_X(r)=\sum_{k=1}^{n}A_k\,\frac{\beta_k}{\beta_k-r},\quad r<\gamma=\min\{\beta_k\mid k=1,\,2,\,\cdots,\,n\}$$

이다. 그러므로 $\int_0^\infty e^{ur}\,[-\psi'(u)]\,du$ 는 다음과 같이 변수 r 에 관한 부분분수의 형태로 표현이 가능하다.

$$\int_0^\infty e^{ur}\,[-\psi'(u)]\,du=\sum_{k=1}^{n}\frac{C_k\,r_k}{r_k-r}$$

특히 $\psi(\infty)=0$을 만족하는 해는

$$\psi(u)=\sum_{k=1}^{n}C_k\,e^{-r_k u}$$

뿐이다.

예제 6 어떤 리스크 과정에 대한 X 의 밀도함수와 부가인자 θ 가 다음과 같을 때, 파산확률 $\psi(u)$를 구하여라.

(1) $f(x) = 2e^{-2x}$, $x > 0$, $\theta = 0.2$

(2) $g(x) = \frac{1}{2}(3e^{-3x} + 7e^{-7x})$, $x > 0$, $\theta = 0.4$

풀이 (1) X는 모수 $\beta = \frac{1}{2}$인 지수분포를 이루므로 X의 평균은 $\mu_1 = \frac{1}{2}$이고, 적률생성함수는

$$M_X(r) = \frac{2}{2-r}, \quad r < 2$$

이다. 그러므로

$$\frac{1}{1+\theta}\frac{\theta\left[M_X(r)-1\right]}{1+(1+\theta)r\mu_1 - M_X(r)} = \frac{1}{1+0.2}\frac{(0.2)\left[\dfrac{2}{2-r}-1\right]}{1+(1+0.2)\dfrac{1}{2}r - \dfrac{2}{2-r}}$$

$$= \frac{1}{1.2}\frac{(0.2)\dfrac{r}{2-r}}{1+0.6r-\dfrac{2}{2-r}} = \frac{1}{1.2}\frac{1/3}{1/3-r}$$

즉 $C_1 = \frac{1}{1.2}$, $r_1 = \frac{1}{3}$이고 파산확률은 다음과 같다.

$$\psi(u) = \frac{5}{6}\, e^{-u/3}$$

(2) X는 모수 $\beta_1 = \frac{1}{3}$와 $\beta_2 = \frac{1}{7}$인 지수분포의 혼합형이므로 X의 평균은

$$\mu_1 = \frac{1}{2}\left(\frac{1}{3}+\frac{1}{7}\right) = \frac{5}{21}$$

이고, 적률생성함수는

$$M_X(r) = \frac{1}{2}\left(\frac{3}{3-r}+\frac{7}{7-r}\right) = \frac{21-5r}{(3-r)(7-r)}, \quad r < 3$$

이다. 그러므로

$$\frac{1}{1+\theta}\frac{\theta\left[M_X(r)-1\right]}{1+(1+\theta)r\mu_1 - M_X(r)}$$

$$= \frac{1}{1+0.4}\frac{(0.4)\left[\dfrac{21-5r}{(3-r)(7-r)}-1\right]}{1+(1+0.4)\dfrac{5}{21}r - \dfrac{21-5r}{(3-r)(7-r)}}$$

$$= \frac{6}{7}\frac{5-r}{6-7r+r^2} = \frac{24}{35}\frac{1}{1-r} + \frac{1}{35}\frac{6}{6-r}$$

즉 $C_1 = \frac{24}{35}$, $r_1 = 1$ 그리고 $C_2 = \frac{1}{35}$, $r_2 = 6$이고, 파산확률은

$$\psi(u) = \frac{24}{35}e^{-u} + \frac{1}{35}e^{-6u}$$

이다. ■

연습문제 6.3 Exercises

1. 우리나라의 많은 가족들이 매주 $\lambda = 2.5$인 푸아송 과정에 따라 특정 지역으로 이주한다고 하자. 그리고 각 가족의 구성원 수는 독립이고 1, 2, 3, 4인 값을 가지며, 각각에 대한 확률은 $\frac{1}{8}$, $\frac{1}{4}$, $\frac{1}{2}$, $\frac{1}{8}$이다. 어느 지정된 4주 동안에 이 지역으로 이주한 전체 사람 수에 대한 평균과 분산을 구하여라.

2. $\lim_{\theta \to 0} R$와 $\lim_{\theta \to \infty} R$을 구하여라.

3. e^{rx}에 대한 매클로린 급수를 이용하여 $R < 2\theta\frac{\mu_1}{\mu_2}$임을 보여라. 단, $r > 0$이고 $x > 0$이다.

4. $\theta = \frac{3}{5}$이고 보험청구 총액 X의 확률분포가

$$f(x) = e^{-2x} + \frac{5}{2}e^{-5x}, \quad x > 0$$

일 때, R을 결정하여라.

5. 보험요구 총액 X의 확률분포가

$$f(x) = \begin{cases} 0.25, & x = 0, 2 \\ 0.50, & x = 1 \end{cases}$$

이고 $R = \log 3$일 때, θ를 결정하여라.

6. $\lambda = 3$, $c = 1$인 리스크 과정에 대하여, X의 밀도함수가

$$f(x) = \frac{1}{3}e^{-3x} + \frac{16}{3}e^{-6x}, \quad x > 0$$

이다. 이때 다음을 구하여라.

(1) $\mu_1 = E(X)$와 θ

(2) X의 적률생성함수 $M_X(r)$

(3) $\dfrac{1}{1+\theta}\dfrac{\theta\,[M_X(r)-1]}{1+(1+\theta)r\mu_1 - M_X(r)}$

(4) L의 적률생성함수 $M_L(r)$

(5) 파산확률 $\psi(u)$

7. 파산확률 $\phi(u)$에 대하여 일반적으로

$$\lim_{u \to \infty} \frac{\phi(u)}{e^{-Ru}} = c$$

를 만족하는 상수 c가 개구간 $(0,\ 1)$ 안에 존재한다. 그러면 어떤 리스크 과정에 대한 파산확률이

$$\phi(u) = \frac{1}{5}e^{-u} + \frac{2}{5}e^{-0.5u}, \quad u \ge 0$$

일 때, 부가인자 θ와 조정계수 R 그리고 상수 c를 구하여라.

Chapter 07

초과손해율 보험

7.1 확률변수의 이동

확률변수 X의 밀도함수와 분포함수를 각각 $f_X(x)$, $F_X(x)$라 하자. 그러면 어떤 상수 d에 대하여 $X > d$인 조건 아래서, 확률변수 $Y = X - d$의 확률분포를 생각해 볼 수 있다. 특히 연속확률변수 X에 대하여, 확률변수 Y의 분포함수는 조건부 확률에 의하여 다음과 같다.

$$\begin{aligned} F_Y(y) &= P(Y \le y \mid X > d) = P(X \le y + d \mid X > d) \\ &= \frac{P(d < X \le y + d)}{P(X > d)} \\ &= \frac{F_X(y+d) - F_X(d)}{1 - F_X(d)} \end{aligned}$$

따라서 Y의 밀도함수는

$$f_Y(y) = \frac{d}{dy} F_Y(y) = \frac{f_X(y+d)}{1 - F_X(d)}$$

이다. 예를 들어, 확률변수 $X \sim \mathrm{Exp}(1000)$이라 하면,

$$f_X(x) = \frac{1}{1000} e^{-x/1000}, \quad F_X(x) = 1 - e^{-x/1000}, \quad x > 0$$

이므로 $X > 2$인 조건 아래서, 확률변수 $Y = X - 2$의 분포함수와 밀도함수는 각각 다음과 같다.

$$F_Y(y) = \frac{F_X(y+2) - F_X(2)}{1 - F_X(2)} = 1 - e^{-y/1000}$$

$$f_Y(y) = \frac{d}{dy}F_Y(y) = \frac{1}{1000}e^{-y/1000}, \quad y > 0$$

이와 같이 어떤 상수 d와 $X > d$인 조건 아래서, 새롭게 정의되는 확률변수 $Y = X - d$를 **좌측절단이동 확률변수**(left truncated and shifted variable)라 한다. 그러면 앞에서 살펴본 바와 같이 확률변수 Y의 밀도함수와 분포함수는 각각

$$f_Y(y) = \frac{f_X(y+d)}{1 - F_X(d)}, \quad y > 0$$

$$F_Y(y) = \frac{F_X(y+d) - F_X(d)}{1 - F_X(d)}, \quad y > 0$$

이다. 또한 k차 적률은

$$\begin{aligned} e_X^k(d) &= E(Y^k) = E\left[(X-d)^k \mid X > d\right] \\ &= \frac{\int_d^{\infty} (x-d)^k f(x)\, dx}{1 - F(d)} \end{aligned}$$

이다. 물론 이산확률변수 Y에 대하여 동일한 형태의 확률함수와 분포함수를 가지며, 또한 k차 적률은

$$e_X^k(d) = E(Y^k) = \frac{\sum_x (x-d)^k f(x)}{1 - F(d)}$$

으로 정의된다. 특히 $k = 1$인 Y의 기대값은 제5장에서 살펴본 평균잔여 생존함수와 동일하다.

예제 1 $x > 0$에 대하여 X의 밀도함수가 다음과 같은 혼합형 지수분포라 하자.

$$f_X(x) = \frac{4}{3}e^{-x} - \frac{2}{3}e^{-2x}$$

(1) $d = 2$에 대한 좌측절단이동 확률변수 Y의 분포함수와 밀도함수를 구하여라.

(2) Y의 평균과 분산을 구하여라.

풀이 (1) 우선 X의 분포함수를 먼저 구하면,

$$F_X(x) = \int_0^x f(u)\, du = \int_0^x \left(\frac{4}{3}e^{-u} - \frac{2}{3}e^{-2u}\right) du$$

$$= 1 - \frac{4}{3}e^{-x} + \frac{1}{3}e^{-2x}$$

이고, 따라서 $Y = X - 2$의 분포함수는

$$F_Y(y) = \frac{F_X(y+2) - F_X(2)}{1 - F_X(2)}$$

$$= 1 + \frac{1}{1-4e^2}\left(4e^{-(y-2)} - e^{-2y}\right), \quad y > 0$$

이다. 그러므로 Y의 밀도함수는

$$f_Y(y) = \frac{d}{dy}F_Y(y) = \frac{d}{dy}\left(1 + \frac{1}{1-4e^2}\left(4e^{-(y-2)} - e^{-2y}\right)\right)$$

$$= \frac{2}{1-4e^2}\left(-2e^{-(y-2)} + e^{-2y}\right), \quad y > 0$$

이다.

(2) Y의 1차 적률과 2차 적률을 구하면 각각 다음과 같다.

$$E(Y) = E[X-2 \mid X > 2] = \frac{1}{1-F(2)}\int_2^\infty (x-2)\,f(x)\,dx$$

$$= \frac{1}{1-F(2)}\int_2^\infty (x-2)\left(\frac{4}{3}e^{-x} - \frac{2}{3}e^{-2x}\right)dx$$

$$= \frac{3e^4}{-1+4e^2}\left[-\frac{4}{3}(x-1)e^{-x} + \frac{1}{6}(2x-3)e^{-2x}\right]_0^\infty$$

$$= \frac{3e^4}{-1+4e^2}\frac{1-8e^2}{6e^4} = \frac{1-8e^2}{2(1-4e^2)}$$

$$E(Y^2) = E\left[(X-2)^2 \mid X > 2\right] = \frac{1}{1-F(2)}\int_2^\infty (x-2)^2 f(x)\,dx$$

$$= \frac{1}{1-F(2)}\int_2^\infty (x-2)^2\left(\frac{4}{3}e^{-x} - \frac{2}{3}e^{-2x}\right)dx$$

$$= \frac{3e^4}{-1+4e^2}\frac{-1+16e^2}{6e^4} = \frac{1-16e^2}{2(1-4e^2)}$$

그러므로 Y의 평균은

$$E(Y) = \frac{1-8e^2}{2(1-4e^2)} = 1.0175$$

이고 분산은

$$Var(Y) = E(Y^2) - E^2(Y) = \frac{1-16e^2}{2(1-4e^2)} - \left(\frac{1-8e^2}{2(1-4e^2)}\right)^2$$
$$= \frac{1-24e^2+64e^4}{4(1-4e^2)^2} = 1.0172$$

이다. ■

한편 어떤 상수 d보다 작은 값을 무시하지 않고 0으로 대치한 확률변수

$$Z = (X-d)_+ = \begin{cases} 0 & , \ 0 \le X < d \\ X-d & , \ X \ge d \end{cases}$$

을 **좌측제거이동 확률변수**(left censored and shifted variable)라 한다. 그러면 $z > 0$에 대하여

$$F_Z(z) = P(Z \le z) = P(X-d \le z)$$
$$= P(X \le z+d) = F_X(z+d)$$

이고 $z = 0$이면

$$F_Z(0) = P(Z \le 0) = P(0 < X \le d) = F_X(d)$$

이다. 또한 $z > 0$에서

$$f_Z(z) = \frac{d}{dz}F_X(z+d) = f_X(z+d)$$

이나, $z = 0$에서 점프크기 $F_X(d)$를 갖는 불연속이므로 Z의 분포함수와 밀도함수는 각각

$$F_Z(z) = \begin{cases} F_X(d) & , \ z = 0 \\ F_X(z+d) & , \ z > 0 \end{cases}, \quad f_Z(z) = \begin{cases} F_X(d) & , \ z = 0 \\ f_X(z+d) & , \ z > 0 \end{cases}$$

이다. 따라서 k차 적률은

$$E(Z^k) = E[(X-d)_+^k] = \begin{cases} \displaystyle\sum_{x>d} (x-d)^k f(x) & , \ X\text{가 이산형인 경우} \\ \displaystyle\int_d^\infty (x-d)^k f(x)\,dx & , \ X\text{가 연속형인 경우} \end{cases}$$

으로 정의된다. 그러면 평균잔여생존함수 $e_X^k(d)$와 $(X-d)_+$의 k차 적률 사이에 다음이 성립하는 것을 살펴볼 수 있다.

$$E[(X-d)_+^k] = e_X^k(d)\,[1-F(d)]$$

예제 2 확률변수 $X \sim \text{Exp}(1000)$에 대하여, $d=2$인 좌측제거이동 확률변수를 Z라 한다.

(1) Z의 분포함수와 밀도함수를 구하여라.

(2) Z의 평균과 분산을 구하여라.

풀이 (1) $X \sim \text{Exp}(1000)$이므로 X의 밀도함수와 분포함수는 각각 다음과 같다.

$$f_X(x) = \frac{1}{1000}e^{-x/1000}, \quad F_X(x) = 1-e^{-x/1000}, \quad x>0$$

따라서 $d=2$에서 좌측삭제이동 확률변수를 Z는

$$Z = (X-2)_+ = \begin{cases} 0 & , \ 0 \le X < 2 \\ X-2 & , \ X \ge 2 \end{cases}$$

와 같이 정의된다. 그러므로 $z>0$이면

$$F_Z(z) = F_X(z+2) = 1-\exp\left(-\frac{z+2}{1000}\right)$$

이고, 따라서

$$f_Z(z) = f_X(z+d) = \frac{1}{1000}\exp\left(-\frac{z+2}{1000}\right)$$

이다. 한편 $z=0$이면

$$F_Z(0) = F_X(2) = 1-e^{-1/500}$$

이므로 Z의 분포함수와 밀도함수는 각각 다음과 같다.

$$F_Z(z) = \begin{cases} 1-e^{-1/500} & , \ z \le 0 \\ 1-\exp\left(-\dfrac{z+2}{1000}\right) & , \ z>0 \end{cases}$$

$$f_Z(z) = \begin{cases} 1-e^{-1/500} & , \ z=0 \\ \dfrac{1}{1000}\exp\left(-\dfrac{z+2}{1000}\right) & , \ z>0 \end{cases}$$

(2) Z의 1차 적률과 2차 적률을 구하면,

$$\begin{aligned} E(Z) = E[(X-d)_+] &= \int_2^{\infty} (x-2) f(x) dx \\ &= \frac{1}{1000} \int_2^{\infty} (x-2) e^{-x/1000} dx \\ &= -\frac{1}{1000}(x+998)e^{-x/1000} \Big|_2^{\infty} \\ &= 1000e^{-1/500} = 998.002 \end{aligned}$$

$$\begin{aligned} E(Z^2) = E[(X-d)_+^2] &= \int_2^{\infty} (x-2)^2 f(x) dx \\ &= \frac{1}{1000} \int_2^{\infty} (x-2)^2 e^{-x/1000} dx \\ &= -\frac{1}{1000}(x^2+1996x+1996004)e^{-x/1000} \Big|_2^{\infty} \\ &= 2000000 e^{-1/500} = (1.996)\, 10^6 \end{aligned}$$

그러므로 Z의 평균과 분산은 각각 다음과 같다.

$$E(Z) = 998.002$$
$$Var(Z) = E(Z^2) - E^2(Z) = (1.996)10^6 - 998.002^2 = 999996$$ ■

한편 확률변수 X에 대하여

$$U = \min(X, d) = X \wedge d = \begin{cases} X, & 0 \le X \le d \\ d, & X > d \end{cases}$$

라 하면, U는 상수 d에 의하여 유계한 확률변수이다. 이와 같이 정의되는 확률변수 U를 d에 의한 **우측제거 확률변수**(right censored variable)라 한다. 그러면 $u < d$에 대하여

$$F_U(u) = P(U \le u) = P(X \le u) = F_X(u)$$

이고, $u \ge d$이면 명백히 $F_U(u) = 1$이다. 따라서 U의 분포함수는

$$F_U(u) = \begin{cases} F_X(u), & u < d \\ 1, & u \ge d \end{cases}$$

이고, U의 밀도함수는

$$f_U(u) = \begin{cases} f_X(u) & , \ u < d \\ 1 - F_X(d) & , \ u = d \end{cases}$$

로 정의된다.

예제 3 확률변수 $X \sim \text{Exp}(1000)$에 대하여, $d = 2$인 우측제거 확률변수를 U라 할 때,

(1) U의 분포함수와 밀도함수를 구하여라.

(2) U의 평균과 분산을 구하여라.

풀이 (1) $d = 2$에서 우측삭제 확률변수를 Z는

$$U = X \wedge 2 = \begin{cases} X, & 0 \le X \le 2 \\ 2, & X > 2 \end{cases}$$

와 같이 정의되며, X의 밀도함수와 분포함수가 각각

$$f_X(x) = \frac{1}{1000} e^{-x/1000}, \quad F_X(x) = 1 - e^{-x/1000}, \quad x > 0$$

이므로 U의 분포함수와 밀도함수는 각각 다음과 같다.

$$F_U(u) = \begin{cases} 1 - e^{-u/1000} & , \ 0 \le u < 2 \\ 1 & , \ u \ge 2 \end{cases}$$

$$f_U(u) = \begin{cases} \frac{1}{1000} e^{-u/1000} & , \ 0 < u < 2 \\ e^{-1/500} & , \ u = 2 \end{cases}$$

이다.

(2) U의 평균과 분산

$$\begin{aligned} E(U) &= \int_0^2 u f_U(u)\, du + 2 f_U(2) \\ &= \int_0^2 \frac{u}{1000} e^{-u/1000}\, du + 2e^{-1/500} \\ &= -(x + 1000) e^{-x/1000} \Big|_0^2 + 2e^{-1/500} \\ &= 1000(1 - e^{-1/500}) = 1.998 \end{aligned}$$

$$E(U^2) = \int_0^2 u^2 f_U(u)\, du + 2^2 f_U(2)$$

$$= \int_0^2 \frac{u^2}{1000} e^{-u/1000}\, du + 4e^{-1/500}$$

$$= -(x^2 + 2000x + 2000000)e^{-x/1000}\Big|_0^2 + 4e^{-1/500}$$

$$= 4000\left(500 - 501e^{-1/500}\right) = 3.9947$$

따라서 U의 평균과 분산은 각각 다음과 같다.

$$E(U) = 1.998$$

$$Var(U) = 3.9947 - (1.998)^2 = 0.0027$$

■

다음 그림은 예제 1에 주어진 밀도함수를 갖는 확률변수에 대한 이동 및 제거 변수들의 밀도함수를 비교한 것이다.

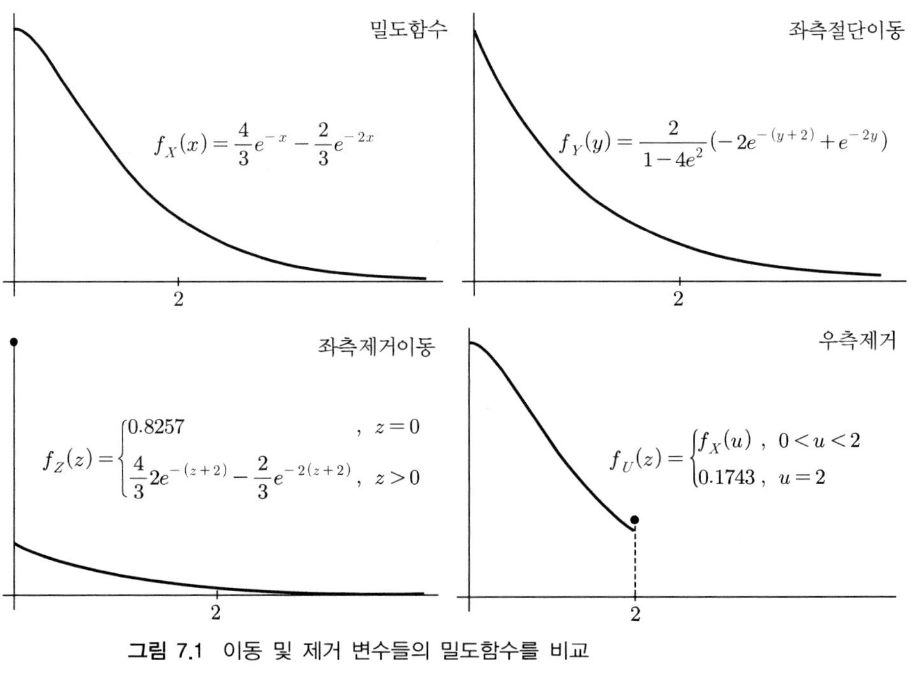

그림 7.1 이동 및 제거 변수들의 밀도함수를 비교

연습문제 7.1 Exercises

1. X의 분포함수가

$$F_X(x) = \begin{cases} 0 & , \ x < 0 \\ 1 - \left(\dfrac{2000}{x + 2000} \right)^3 & , \ x \geq 0 \end{cases}$$

일 때, $d = 500$에 대한 좌측절단이동 변수 Y와 좌측제거이동 변수 Z의 밀도함수와 분포함수를 구하여라.

2. 양의 실수 α, β를 모수로 갖는 $X \sim \text{Pareto}(\alpha, \beta)$에 대하여, 평균잔여 생존함수를 결정하여라.

3. 어떤 기계의 보증은 구입 후 처음 고장 나거나 또는 4년이 경과하거나 어느 하나가 발생하면 교체해준다는 조건을 갖는다. 그리고 이 기계가 고장 날 때까지의 수명(X)은 다음 분포에 따른다고 한다.

$$f(x) = \begin{cases} \dfrac{1}{5}, & 0 < x < 5 \\ 0, & \text{다른 곳에서} \end{cases}$$

이때 기계의 교체시기 Y에 대한 분산을 구하여라.

7.2 면책금액

이제 보험 계약자의 사고로 인하여 발생한 보험회사의 손실과 이러한 보험회사의 손실을 보전하는 면책금액에 대하여 살펴본다. 어떤 정해진 한계 금액 d의 초과 손실에 대하여만 보상하는 조건으로 보험증권을 가입할 경우, 계약조건에 명시된 한계 금액을 보험회사의 **면책금액**(deductible)이라 한다. 이와 같은 보험 계약은 피보험자의 손실이 면책금액 이하인 경우에는 보험회사와 보험 계약자 쌍방간에 보험 지급금을 특별히 정의하지 않으며, 면책금액 이상인 경우에 한하여 면책금액을 제외한 나머지 손실에 대하여 보상한다. 따라서 보험 계약자의 손실 X와 면책금액 d에 대하여 보험회사에서 지급해야 할 보상금 Y는 좌측절단이동 확률변수 $Y = X - d$로 정의되며, 이 확률변수를 보험학에서 **초과손실 확률변수**(excess loss variable)라고도 한다. 그러면 보험 가입자에 의하여 보험회사에 미친 초과손실액에 대한 확률변수 Y의 밀도함수와 분포함수는 앞에서 살펴본 바와 같이 각각

$$f_Y(y) = \frac{f_X(y+d)}{1-F_X(d)}, \quad y > 0$$

$$F_Y(y) = \frac{F_X(y+d) - F_X(d)}{1-F_X(d)}, \quad y > 0$$

이다. 특히 1차 적률

$$e_X(d) = E(Y) = E(X-d \mid X > d)$$

$$= \begin{cases} \dfrac{\sum_{x>d} (x-d)\, f(x)}{1-F(d)} & , X\text{가 이산형인 경우} \\ \dfrac{\int_d^{\infty} (x-d)\, f(x)\, dx}{1-F(d)} & , X\text{가 연속형인 경우} \end{cases}$$

를 **평균초과손실함수**(mean excess loss function)라고 부른다. 따라서 사건당 기대지불금은 좌측절단이동 확률변수의 기대값 $e_X(d)$로 나타난다.

한편 보험 계약자의 손실이 면책금액 이하인 경우에는 보험회사가 보험금을 지불하지 않으며, 반면에 면책금액보다 클 경우에 초과분에 해당하는 보험금을 지불하는 경우의 면책금액을 **일반면책금액**(ordinary deductible)이라 한다. 예를 들어, 5만 원의 면책금액에 동의한 보험에 가입하였다고 할 때, 가입자의 손실이 5만 원 이하이면 보험회사는 보상할 의무가 없다. 한편 6만 원의 손실을 갖는 경우에 보험회사는 그 차액인 1만 원을 보상하면 된다. 이때 보험증권 소지자의 손실 X에 대하여 면책금액 d를 적용한 보험회사의 보험 지급금을 Y라 하면, 이 보험 지급금은 좌측제거이동 확률변수

$$Y = (X-d)_+ = \begin{cases} 0 & , \ 0 \le X < d \\ X-d & , \ X \ge d \end{cases}$$

로 정의된다. 이와 같은 종류의 보험 계약은 손실이 면책금액 d를 초과할 때까지 보험회사가 보험금을 지급하지 않는다는 특성을 갖는다. 이와 같이 면책금액을 초과하는 손실에 대하여 보험회사의 면책금액을 제외한 초과분에 해당하는 보험금을 지급하는 형태의 보험 계약을 **초과손해율보험**(stop loss or excess of loss insurance)이라 한다. 그러면 초과손해율보험에 대한 보험 지급금의 기댓값은, 즉 보험회사의 손실당 기대지불금은

$$E(Y) = \int_0^d (0) f_X(x)\,dx + \int_d^\infty (x-d) f_X(x)\,dx$$
$$= \int_d^\infty (x-d) f_X(x)\,dx$$

이고, Y의 2차 적률이

$$E(Y^2) = \int_0^d (0)^2 f_X(x)\,dx + \int_d^\infty (x-d)^2 f_X(x)\,dx$$
$$= \int_d^\infty (x-d)^2 f_X(x)\,dx$$

이므로 Y의 분산은

$$Var(Y) = E(Y^2) - E^2(Y)$$
$$= \int_d^\infty (x-d)^2 f_X(x)\,dx - \left(\int_d^\infty (x-d) f_X(x)\,dx \right)^2$$

이다. 예를 들어, 손실변수 X가 구간 $[0,\ 1000]$에서 균등분포를 이룬다 하고, 각 손실에 면책금액 100이 적용된다고 하자. 그러면 손실당 평균보험 지급금은

$$E(Y) = \int_{100}^{1000} (x-100) \frac{1}{1000}\,dx = \frac{1}{1000} \left(\frac{x^2}{2} - 100x \right) \Big|_{100}^{1000} = 405$$

이고,

$$E(Y^2) = \int_{100}^{1000} (x-100)^2 \frac{1}{1000}\,dx = \frac{1}{3000} (x-100)^3 \Big|_{100}^{1000} = 243000$$

이므로 분산은 $Var(Y) = 243000 - 405^2 = 78975$이다.

예제 1 한 보험증권은 면책금액 250을 초과하는 손실에 대하여 보상하도록 계약이 되어 있다고 하자. 그리고 보험증권 소지자의 손실 X는 평균 1,000인 지수분포에 따른다고 한다. 이 보험증권 아래서 보험회사에서 지불할 보험금과 보험 가입자가 부담해야 할 손실의 기대값을 구하여라.

풀이 보험회사에 의하여 지불할 보험금은

$$Y = (X-250)_+ = \begin{cases} 0 & ,\ 0 \le X < 250 \\ X - 250 & ,\ X \ge 250 \end{cases}$$

이므로, 보험 지급금의 기대값은

$$E(Y) = \int_{250}^{\infty} (x-250) f_X(x)\,dx = \int_{250}^{\infty} (x-250) \frac{1}{1000} e^{-x/1000}\,dx$$
$$= (-1)(x-750)e^{-x/1000}\Big|_{250}^{\infty}$$
$$= 1000\,e^{-1/4} = 778.801$$

이다. 따라서 보험 가입자의 평균손실은 $1000 - 778.801 = 221.199$ 이다. ■

예제 2 면책금액 10을 갖는 보험증권에 대한 손해액은 모수 $\alpha = 1$, $\beta = 0.05$ 인 와이블 분포에 따른다고 한다.

(1) 보험회사의 손실이 적어도 25 이상일 확률을 구하여라.

(2) 보험회사가 보험금을 지불했다는 조건 아래서, 지불금이 많아야 25일 확률을 구하여라.

풀이 (1) 보험 가입자의 손실을 X 그리고 보험회사의 손실을 Z 라 하자. 그러면 X 는 모수 $\alpha = 1$, $\beta = 0.05$ 인 와이블 분포를 가지므로, 밀도함수와 분포함수는 각각 다음과 같다.

$$f(x) = 0.05\,e^{-0.05x}, \quad F(x) = 1 - e^{-0.05x}$$

그러므로 구하고자 하는 확률은

$$P(Z \ge 25) = P(X > 25 \mid X > 10) = \frac{1-F(25)}{1-F(10)}$$
$$= \frac{e^{-1.25}}{e^{-0.5}} = 0.47237$$

이다.

(2) 보험회사의 보험 지급금을 Y 라 하면,

$$Y = \begin{cases} 0 & , X \le 10 \\ X - 10 & , X > 10 \end{cases}$$

이다. 따라서

$$P(Y \le 25) = P(X - 10 \le 25 \mid X > 10) = \frac{F(35) - F(10)}{1 - F(10)}$$
$$= \frac{e^{-0.5} - e^{-1.75}}{e^{-0.5}} = 0.7135$$

이다. ■

보험회사의 면책금액에 반대되는 개념으로 손실이 어느 한도를 초과할 때, 그 한도 이상 초과되는 손실에 대하여 보험회사가 보상하지 않는 보험증권을 **보상한도증권**(policy limit)이라 한다. 예를 들어 자동차보험의 경우, 대인배상 I은 책임보험으로 다른 사람을 다치게 하거나 사망하게 한 경우에 보험회사는 8천만 원을 한도로 보상한다. 따라서 자동차 사고로 인하여 사람이 다친 경우에 치료비로 1억 원이 필요하다면, 보험회사는 8천만 원을 보상하고 나머지 2천만 원은 운전자의 부담이 된다. 이와 같은 보증한도증권은 보편적으로 손실 d 보다 적은 손실에 대하여 보험회사가 손실액 전액을 보상하지만, d 보다 큰 손실에 대하여 보험회사는 단지 d 만을 보상한다. 따라서 이 증권에 대한 보상 손실액 Y 은 우측제거 확률변수

$$Y = X \wedge d = \min(X, d) = \begin{cases} X, & 0 \le X \le d \\ d, & X \ge d \end{cases}$$

와 같이 정의되며, 이 확률변수를 **보상한도손실 확률변수**(limited loss variables)라 한다. 그러므로 Y 의 분포함수와 밀도함수는 각각 다음과 같다.

$$F_Y(y) = \begin{cases} F_X(y), & y < d \\ 1, & y \ge d \end{cases}, \quad f_Y(y) = \begin{cases} f_X(y), & y < d \\ 1 - F_X(d), & y = d \end{cases}$$

그러면 보험 가입자의 손실을 면책금액과 보증한도손실을 이용하여 다음과 같이 표현할 수 있다.

$$\begin{aligned} X &= \begin{cases} 0, & 0 \le X < d \\ X - d, & X \ge d \end{cases} + \begin{cases} X, & 0 \le X < d \\ d, & X \ge d \end{cases} \\ &= (X-d)_+ + (X \wedge d) \end{aligned}$$

따라서 면책금액 d 가 손실 X 에 적용된다면, 보험회사와 보험 가입자는 각각 $(X-d)_+$ 와 $X-(X-d)_+ = X \wedge d$ 를 지불해야 한다. 이러한 보상한도는 보험회사의 재정적 능력을 초과하는 보험 지급금으로부터 보험회사를 보호하고, 보상한도가 작을수록 보험료가 적으므로 보험 가입자가 형편에 맞추어 적절한 가격에 적당한 조건을 선택할 수 있도록 한다.

그리고 이 확률변수의 기대값 $E(X \wedge d)$ 를 **보상한도 기대값**(limited expected value)이라 한다. 한편 $X \wedge d$ 의 k 차 적률

$$E[(X \wedge d)^k] = \begin{cases} \displaystyle\sum_{x \le d} x^k f(x) + d^k \sum_{x > d} f(x), & X\text{가 이산형인 경우} \\ \displaystyle\int_0^d x^k f(x)\,dx + d^k \int_d^\infty f(x)\,dx, & X\text{가 연속형인 경우} \end{cases}$$

를 k차 **보상한도 적률**(limited moment)이라 한다. 이때 X의 적률이 존재한다면, 1차 적률에 대하여 $\lim_{d \to \infty} E(X \wedge d) = E(X)$이 성립한다. 특히

$$1 - F(d) = \sum_{x > d} f(x) \text{ 또는 } 1 - F(d) = \int_d^{\infty} f(x)\,dx$$

이므로 k차 보상한도 적률은 다음과 같이 표현할 수 있다.

$$E[(X \wedge d)^k] = \begin{cases} \sum_{x \le d} x^k f(x) + d^k [1 - F(d)] & , X\text{가 이산형인 경우} \\ \int_{-\infty}^{d} x^k f(x)\,dx + d^k [1 - F(d)], & X\text{가 연속형인 경우} \end{cases}$$

또한 $S(x) = 1 - F(x)$이라 할 때, 부분적분법을 이용하면 연속확률변수 X에 대한 $X \wedge d$의 k차 적률은 다음과 같이 표현이 가능하다.

$$\begin{aligned} E[(X \wedge d)^k] &= \int_{-\infty}^{d} x^k f(x)\,dx + d^k [1 - F(d)] \\ &= \int_{-\infty}^{0} x^k f(x)\,dx + \int_0^d x^k f(x)\,dx + d^k [1 - F(d)] \\ &= x^k F(x)\Big|_{-\infty}^{0} - \int_{-\infty}^{0} k x^{k-1} F(x)\,dx - x^k S(x)\Big|_0^d \\ &\quad + \int_0^d k x^{k-1} S(x)\,dx + d^k S(d) \\ &= -\int_{-\infty}^{0} k x^{k-1} F(x)\,dx + \int_0^d k x^{k-1} S(x)\,dx \end{aligned}$$

따라서 $Y = X \wedge d$의 기대값은 다음과 같다.

$$E(Y) = E(X \wedge d) = -\int_{-\infty}^{0} F(x)\,dx + \int_0^d S(x)\,dx$$

예를 들어, 손실변수 X가 구간 $[0, 1000]$에서 균등분포를 이루고, 각 손실에 대하여 보증한도 $d = 500$을 적용한다고 하자. 그러면

$$E(Y) = \int_0^{500} x \frac{1}{1000}\,dx + \int_{500}^{1000} 500 \frac{1}{1000}\,dx = 375$$

$$E(Y^2) = \int_0^{500} x^2 \frac{1}{1000}\,dx + \int_{500}^{1000} 500^2 \frac{1}{1000}\,dx = \frac{500000}{3} = 166666.7$$

이고, 따라서 보험 지급금의 평균은 375, 분산은 $166666.7 - 375^2 = 26041.7$이다.

예제 3 25세인 사람의 생존시간 X는 구간 $[0, 75]$에서 균등분포를 이룬다고 하자. 이때 이 사람이 앞으로 10년 안에 생존할 것으로 기대되는 시간을 구하여라. 단, 단위는 년이다.

풀이 25세인 사람이 앞으로 10년 안에 생존할 시간을 Y라고 하자. 그러면 25세인 사람의 앞으로의 생존시간을 최대 10년으로 적용하므로, 확률변수 Y는 다음과 같이 정의된다.

$$Y = \min(X, 10) = X \wedge 10 = \begin{cases} X, & 0 \le X < 10 \\ 10, & X \ge 10 \end{cases}$$

그러므로 Y의 기대값은

$$\begin{aligned} E(Y) &= \int_0^\infty g(x)\, f_X(x)\, dx = \int_0^{10} \frac{x}{75} dx + \int_{10}^{75} \frac{10}{75} dx \\ &= 9.3333 \end{aligned}$$

이다. ■

한편 금년도에 비하여 내년에 $100r\,\%$의 인플레이션이 발생하여 보험회사에 추가적인 손실이 불가피하다고 하자. 예를 들어, 내년도의 손실에 $5\,\%$의 인플레이션이 적용된다면, $r = 0.05$이다. 따라서 금년도의 보험회사의 손실을 X 그리고 내년도 손실을 Y라 하면, $Y = (1+r)X$이다. 이제 X와 Y의 밀도함수를 각각 $f_X(x)$, $f_Y(y)$라 하면, $y = (1+r)x$는 일차함수이므로 내년도의 손실에 대한 밀도함수는 다음과 같다.

$$f_Y(y) = f_X\left(\frac{y}{1+r}\right)\left|\frac{d}{dy}\left(\frac{y}{1+r}\right)\right| = \frac{1}{1+r} f_X\left(\frac{y}{1+r}\right)$$

예제 4 올해의 손실변수 X는 밀도함수

$$f_X(x) = 0.1e^{-0.1x}, \quad x > 0$$

을 갖는다고 한다. 한편 내년도에 $10\,\%$의 인플레이션이 모든 손실에 영향을 미치며, 이러한 손실에 면책금액 d가 적용된다고 한다. 이때 내년도의 손실 Y의 분포함수를 구하고, 보험회사가 지불할 보험금이 5 이하일 확률을 구하여라.

풀이 $r = 0.1$이므로 내년도의 손실변수는 $Y = 1.1X$이다. 따라서 Y의 밀도함수는

$$f_Y(y) = \frac{1}{1.1} f_X\left(\frac{y}{1.1}\right) = \frac{1}{11} e^{-y/11}, \quad y > 0$$

이고, 분포함수는

$$F_Y(y) = \int_0^y f_Y(u)\,du = 1 - e^{-y/11}, \quad y > 0$$

이다. 그러므로 내년도에 보험회사가 지불할 보험금이 5 이하일 확률은

$$\begin{aligned} P(Y < 5) &= P(d < Y < 5 \mid Y > d) = P(d < 1.1X < d + 5 \mid 1.1X > d) \\ &= P\left(\frac{d}{1.1} < X < \frac{d+5}{1.1} \middle| X > \frac{d}{1.1}\right) \\ &= \frac{F_X((d+5)/1.1) - F_X(d/1.1)}{1 - F_X(d/1.1)} \\ &= \frac{\exp(-d/11) - \exp[-(d+5)/11]}{\exp(-d/11)} \\ &= 1 - e^{-5/11} = 1 - 0.6347 = 0.3653 \end{aligned}$$

이다. ■

정리 1

일반면책금액 d와 $1+r$인 균등한 인플레이션에 대하여, 손실에 대한 기대비용은

$$E[(Y-d)_+] = (1+r)\left\{E(X) - E\left[X \wedge \frac{d}{1+r}\right]\right\}$$

이다.

증명 인플레이션 이후의 손실 $Y = (1+r)X$의 밀도함수와 분포함수는 각각

$$f_Y(y) = \frac{1}{1+r} f_X\left(\frac{y}{1+r}\right), \quad F_Y(y) = F_X\left(\frac{y}{1+r}\right)$$

이다. 따라서

$$\begin{aligned} E(Y \wedge d) &= \int_0^d y f_Y(y)\,dy + d[1 - F_Y(d)] \\ &= \int_0^d \frac{y}{1+r} f_X\left(\frac{y}{1+r}\right) dy + d\left[1 - F_X\left(\frac{d}{1+r}\right)\right] \end{aligned}$$

$$= \int_0^{d/(1+r)} (1+r)x\, f_X(x)\,dx + d\left[1 - F_X\left(\frac{d}{1+r}\right)\right]$$

$$= (1+r)\left\{\int_0^{d/(1+r)} x\, f_X(x)\,dx + \frac{d}{1+r}\left[1 - F_X\left(\frac{d}{1+r}\right)\right]\right\}$$

$$= (1+r)E\left(X \wedge \frac{d}{1+r}\right)$$

특히, $E[(Y-d)_+] = E(Y) - E(Y \wedge d)$이므로

$$\begin{aligned} E[(Y-d)_+] &= E(Y) - E(Y \wedge d) \\ &= (1+r)E(X) - (1+r)E\left(X \wedge \frac{d}{1+r}\right) \\ &= (1+r)\left[E(X) - E\left(X \wedge \frac{d}{1+r}\right)\right] \end{aligned}$$

이다. ■

또한 면책금액 d 이하의 손실에 대하여 보험회사가 보험금을 지급하지 않으나, 보험회사가 보험금을 지불해야 하는 사건이 발생할 경우, 즉 $X \geq d$일 때, 보험 가입자의 손해액 전부를 지불함으로써 발생하는 면책금액을 **소손해면책금액**(franchise deductible)이라 한다. 따라서 소손해면책금액 d에 대한 보험회사의 손실은 다음과 같이 정의된다.

$$Y = \begin{cases} 0, & X < d \\ X, & X \geq d \end{cases}$$

그리고 이 경우에 Y의 밀도함수와 분포함수는 각각

$$f_Y(y) = \begin{cases} F_X(d), & y = 0 \\ f_X(y), & y > d \end{cases}, \quad F_Y(y) = \begin{cases} F_X(d), & 0 \leq y \leq d \\ F_X(y), & y > d \end{cases}$$

이다. 한편 확률변수 Y는 $(X-d)_+$을 이용하여 다음과 같이 표현이 가능하다.

$$Y = \begin{cases} 0, & X < d \\ X, & X \geq d \end{cases} = \begin{cases} 0, & X < d \\ X-d, & X \geq d \end{cases} + \begin{cases} 0, & X < d \\ d, & X \geq d \end{cases}$$

$$= (X-d)_+ + \begin{cases} 0, & X < d \\ d, & X \geq d \end{cases}$$

따라서 소손해면책금액 d인 기대 보험 지급금은

$$E(Y) = E\left[(X-d)_+\right] + d\,P(X>d)$$
$$= E(X) - E(X \wedge d) + d\,P(X>d)$$

이다.

예제 5 소손해면책금액이 $d=500$인 X의 분포함수가

$$F_X(x) = \begin{cases} 0 & , \ x<0 \\ 1-\left(\dfrac{2000}{x+2000}\right)^3 & , \ x \ge 0 \end{cases}$$

일 때, 보험회사의 손실 Y의 밀도함수와 분포함수를 구하여라. 또한 기대 손실 $E(Y)$를 구하여라.

풀이 X의 밀도함수가

$$f_X(x) = \frac{(24)(10^9)}{(x+2000)^4}, \quad x \ge 0$$

이므로 Y의 밀도함수는

$$f_Y(y) = \begin{cases} F_X(500) = 0.488 & , \ y=0 \\ \dfrac{(24)(10^9)}{(y+2000)^4} & , \ y>500 \end{cases}$$

이고 분포함수는

$$F_Y(y) = \begin{cases} 0.488 & , \ 0 \le y \le 500 \\ 1-\left(\dfrac{2000}{y+2000}\right)^3 & , \ x>500 \end{cases}$$

이다. 한편

$$E(X) = (0)(0.488) + \int_0^\infty x\,f(x)\,dx = \int_0^\infty x\,\frac{24\times 10^9}{(x+2000)^4}\,dx = 1000$$

$$E(X \wedge d) = -\int_{-\infty}^0 F(x)\,dx + \int_0^{500} S(x)\,dx$$
$$= \int_0^{500}\left(\frac{2000}{x+2000}\right)^3 dx = -\left(\frac{2000}{x+2000}\right)^2\Bigg|_0^{500} = 360$$

$$d\,P(X>d) = d(1-F_X(d)) = 500\left(\frac{2000}{500+2000}\right)^3 = 256$$

이므로

$$E(Y_1) = E(X) - E(X \wedge d) + dP(X > d) = 1000 - 360 + 256 = 896$$

이다. ■

연습문제 7.2 Exercises

1. 자동차보험 지급요구 금액은 다음 밀도함수에 의하여 결정된다.

$$f(x) = xe^{-x}, \quad x \ge 0 \qquad (\text{단위는 } 1{,}000\$)$$

그리고 면책금액이 없다면 이 보험회사는 100번의 보험금 지급요구가 있을 것으로 기대한다. 이 회사가 면책금액 1,000$을 도입하기로 결정할 경우, 이 보험회사를 상대로 한 평균지급요구 건수를 구하여라.

2. 보험증권은 면책금액 C, $0 < C < 1$를 조건으로 갖는 임의의 손실 X에 대하여 보험금을 지급하도록 계약되어 있다. 한편 손실 금액은 연속확률변수로 다음의 밀도함수를 갖는다.

$$f(x) = \begin{cases} 2x, & 0 < x < 1 \\ 0, & \text{다른 곳에서} \end{cases}$$

임의의 손실 X가 발생했을 때, 보험지급금이 0.5보다 작을 확률이 0.64라고 한다. 이때 상수 C를 구하여라.

3. 어느 가정은 한 보험회사에서 두 종류의 보험증권을 구입하였다. 두 증권 아래서 각 손실은 독립이고 0에서 10 사이의 구간에서 일정한 분포를 갖는다. 한편 한 증권은 면책금액 1을 가지고 다른 증권은 면책금액 2를 갖는다. 그리고 이 가정은 각 증권에 대하여 꼭 한 번의 손실을 가진 경험이 있다고 한다. 이 가정에 지불될 전체 보험금이 5를 초과하지 않을 확률을 구하여라.

4. 전기장치에 대한 보증보험증권은 처음 1년 안에 이 장치가 고장이 나면 4,000$의 보상금을 지불하도록 되어 있다. 이 보상금은 0$가 될 때까지 매년 1,000$씩 감소한다. 한편 이 장치가 어떤 지정된 해의 초기에 고장 나지 않았다면, 그 해에 안에 고장 날 확률이 0.4라고 한다. 이 증권에 대한 기대 보상금을 구하여라.

5. 보험회사는 구간 $(0, \infty)$에서 밀도함수 $f(x) = (0.5)e^{-0.5x}$인 손실 X에 대하여, $X < 0.5$

이면 보험금을 지불하지 않고, $X \ge 0.5$ 이면 보험금 $X-0.5$ 를 지불한다. 이때 보험회사의 보험 지불액에 대한 평균과 분산을 구하여라.

6. 보험증권은 최대 250$까지 치의료비용 X 를 보상한다. 그리고 어떤 상수 c 에 대하여 X 의 밀도함수는 $f_X(x) = c\,e^{-0.004x}$, $x \ge 0$ 이다. 이 증권에 대한 보상금의 중앙값을 구하여라.

7. 어떤 장비는 구입시기로부터 고장 날 때까지 걸리는 시간이 평균 10년인 지수분포에 따르며, 이 장비의 일부는 일찍 고장 나는 것에 대비하여 보험에 가입이 되어 있다고 한다. 그리고 이 보험은 장비를 구입 이후, 처음 1년 안에 고장이 나면 보험금 x 를 지급하고, 2년이나 3년 안에 고장이 나면 $0.5x$ 를 지급한다. 그러나 3년이 경과된 이후에 발생하는 고장에 대해서 보험회사는 책임이 없다. 이때 이 보험에 대하여 평균 1,000$을 보상받기 위한 x 를 구하여라.

8. 어느 회사는 사업을 그만두게 할 정도의 과도한 폭설로 발생하는 경우에 소득을 보장해주는 증권을 구입하였다. 이 증권은 증권을 구입한 후 1년 동안 처음 발생한 폭설에 대하여 보험금을 지급하지 않으며, 그 이후로는 연말까지 매번 10,000을 지불한다. 그리고 매년 사업을 중단하도록 만드는 폭설은 평균 1.5인 푸아송분포에 따른다고 한다. 1년 기간의 이 보험증권에 대하여 회사에 지급될 평균보험금을 구하여라.

9. 어떤 야구 구단이 4월 1일 개막식을 가질 예정이다. 그러나 만일 개막식이 있는 날에 비가 오면, 개막식은 비가 오지 않는 다음 날로 연기된다. 이 구단은 비가 오는 것에 대비하여 보험을 구입하였으며, 이 보험증권은 개막식이 지연되는 경우에 최대 이틀까지 하루에 1,000$를 지불하도록 되어 있다. 그리고 보험회사는 4월 1일 시작된 비가 계속해서 내리는 횟수는 평균 0.6인 푸아송분포에 따른다고 결정하였다. 이때 보험회사가 지불해야 할 보험 지급금의 평균과 분산을 구하여라.

10. 자동차 운전자는 자동차의 손상에 대하여 면책금액 250$인 자동차보험을 구입하였다. 한편 자동차가 손상을 입는 사건이 발생할 경우, 수리비는 구간 $(0, 1500)$ 에서 균등분포를 이루는 것으로 알려져 있다. 자동차에 손상이 발생했을 때, 지급할 보험금의 평균과 표준편차를 구하여라.

11. 한 자동차보험회사는 1,000$의 면책금액을 갖는 보험증권에 대하여 1년 동안 자동차 한 대에 15,000$을 보증한다. 증권에 가입한 1년 동안 안에 자동차에 부분적인 손실을 끼칠 가능성이 0.04이고 자동차 전체에 손실을 끼칠 가능성은 0.02이다. 그리고 부분적인 손실에 대한 손실액 X 는 밀도함수

$$f(x) = \begin{cases} 0.5003e^{-x/2}, & 0 < x < 15 \\ 0 & , \text{다른 곳에서} \end{cases}$$

를 갖는다. 여기서 x의 단위는 1,000$이라 할 때, 보험회사로부터 지급되는 평균보험금을 구하여라.

12. 보험증권 소지자의 손실 X는 구간 $[0, 1000]$에서 균등분포를 이루고 있으며, 이 보험증권은 증권 소지자의 기대손실의 25% 선에서 면책금액을 책정하고자 한다. 이때 면책금액을 결정하여라.

13. 어떤 보험회사의 보험 상품은 최대 10까지 손실을 배상해주며, 이 보험 가입자의 손실 X는 밀도함수 $f(x) = \dfrac{2}{x^3}$, $x > 1$에 따른다. 이때 이 보험증권에 따라 배상해야 할 평균 보험금을 구하여라.

14. 보험증권은 입원기간 최대 3일까지 개개인에게 매일 100$을 지급하고, 그 이후로는 매일 25$을 지급한다. 그리고 환자가 입원한 일 수 X는 다음의 확률함수를 갖는다.

$$P(X = k) = \begin{cases} \dfrac{6-k}{15}, & k = 1, 2, 3, 4, 5 \\ 0 & , \text{다른 곳에서} \end{cases}$$

이 증권에 대하여 입원 보상금으로 지불되어야 할 기대값을 구하여라.

7.3 초과손실 재보험

어느 보험회사가 이미 판매한 보험 상품으로 인하여 입게 될 손실을 방지하기 위하여 다른 보험회사로부터 보험을 다시 구입하는 것을 **재보험**(reinsurance)이라 하고, 그 재보험 상품을 판매한 보험회사를 **재보험회사**(reinsurer)라 한다. 이때 원수보험회사, 즉 재보험 상품을 구입한 보험회사의 입장에서 재보험을 구입하는 행위를 **출재보험**(reinsurance ceded)이라 하고 재보험회사가 재보험을 받아들이는 행위를 **수재보험**(reinsurance assumed)이라고 한다. 따라서 재보험은 원수보험회사가 인수한 보험 계약에 대한 책임의 일부 또는 전부를 재보험회사에 전가하는 방식을 말한다. 이러한 재보험을 통하여 원수보험회사는 보험 계약자로 인한 위험을 다른 보험회사로 분산할 뿐만 아니라, 재정적으로 건실한 대형 보험회사의 보호를 받는다는 사실에 의하여 소비자들에게 고액보험의 인수능력을 확대할 수 있다. 그리고 재보험 계약에 의하여 재보험회사가 지급하는 보험금을 **재보험금**(reinsurance claim)이라고 하고, 재보험회사가 재보험금 지급책임을 원수보험회사로부터 수재보험하는 보험 계약상의 책임을 부담하는 대가로 받는 보험료를 **재보험료**(reinsurance premium)라 한다. 이때 원보험자의 연간손해보상액이 연간수입보험료의 일정비율을 초과할 때, 그 초과부분을 재보험자가 보상하는 조건의 재보험을 **초과손해율 재보험**(stop loss reinsurance)이라 한다.

이제 한 보험회사가 입게 될 손실을 만회하기 위하여 재보험회사와 면책금액 d를 갖는 보험 계약을 체결한다고 하자. 재보험회사가 출재보험회사에 지불해야 할 보험료에 대하여 살펴보기 위하여, 어느 기간동안 이 보험회사에 신청된 보험금 총액 S의 확률분포를 살펴본다. 이 기간동안 보험회사에 보험금 지급이 요구된 횟수를 N이라 하고, X_k를 k 번째 지급할 보험금액이라 하자. 그러면 이 기간에 보험회사가 지급해야 할 보험금 총액은

$$S = X_1 + X_2 + \cdots + X_N$$

이다. 이때 확률변수들 $X_1, X_2, X_3, \cdots$은 항등적으로 독립이라 하고, 이 변수들과 N은 독립이라고 가정한다. 그리고 독립 확률변수들 X_k의 밀도함수와 분포함수를 각각 $f(x)$, $F(x)$라 하면, 이미 제3장에서 살펴본 바와 같이 다음이 성립한다.

(1) $E(S) = E[E(S|N)] = E(N)E(X)$, 단 X는 X_k, $k = 1, 2, 3, \cdots$를 의미한다.

(2) $Var(S) = E(N)\,Var(X) + E^2(X)\,Var(N)$

(3) $M_S(t) = E[E(e^{tS}\,|\,N)] = E\left[e^{N\log M_X(t)}\right] = M_N[\log M_X(t)]$

또한 S의 분포함수는 얼마나 많은 지급요구가 발생하느냐에 따라 구별되며, 다음과 같이 전확률 공식에 의하여 얻어진다.

$$\begin{aligned} F_S(s) = P(S \le s) &= \sum_{n=0}^{\infty} P(S \le s\,|\,N=n)\,P(N=n) \\ &= \sum_{n=0}^{\infty} P(X_1 + X_2 + \cdots + X_n \le s)\,P(N=n) \\ &= \sum_{n=0}^{\infty} F^{*n}(s)\,P(N=n) \end{aligned}$$

여기서 $F^{*n}(x)$는 $F(x)$의 n차 합성, 즉

$$F^{*0}(x) = \begin{cases} 0, & x < 0 \\ 1, & x \geq 0 \end{cases}$$

$$F^{*n}(x) = P(X_1 + X_2 + \cdots + X_n \leq x), \qquad n = 1, 2, 3, \cdots$$

이다. 따라서 S 의 밀도함수는

$$f_S(s) = \sum_{n=0}^{\infty} f^{*n}(s) P(N = n)$$

이고, $f^{*n}(x)$는 역시 밀도함수 $f(x)$의 n차 합성인

$$f^{*0}(x) = \begin{cases} 0, & x \neq 0 \\ 1, & x = 0 \end{cases}$$

$$f^{*n}(x) = P(X_1 + X_2 + \cdots + X_n = x), \qquad n = 1, 2, 3, \cdots$$

이다. 특히 $f(x)$의 n차 합성 $f^{*n}(x)$는 다음과 같이 쉽게 얻을 수 있다.

$$\begin{aligned} f^{*(n+1)}(x) &= P(X_1 + X_2 + \cdots + X_{n+1} = x) \\ &= \sum_y P(X_{n+1} = y) P(X_1 + X_2 + \cdots + X_n = x - y) \\ &= \sum_y f(y) f^{*n}(x - y) \end{aligned}$$

또한 개개의 보험 지급금의 분포가 이산형이면 총액 S도 이산확률변수이고, 확률함수와 분포함수도 연속형과 동일한 방법에 의해 얻는다.

예제 1 지난 1년 동안 보험금 지급 건수가 0, 1, 2, 3이고 각각의 확률이 0.1, 0.2, 0.3, 0.4인 보험증권을 생각하자. 이때 개개의 보험지급금이 1 또는 2이고, 이 지급금에 대한 확률은 각각 0.4와 0.6이라고 한다.

(1) 보험금 총액에 대한 평균과 분산을 구하여라.
(2) 보험금 총액에 대한 확률함수와 분포함수를 구하여라.

풀이 (1) 보험금 지급 건수 N 의 확률분포는

$$P(N = n - 1) = (0.1)n, \quad n = 1, 2, 3, 4$$

이고, 개개의 보험 지급금 X는

$$f(x) = P(X = x) = \begin{cases} 0.4, & x = 1 \\ 0.6, & x = 2 \end{cases}$$

인 확률함수를 갖는다. 따라서 N의 평균과 분산은 각각

$$E(N) = (1)(0.2) + (2)(0.3) + (3)(0.4) = 2.0$$
$$E(N^2) = (1)^2(0.2) + (2)^2(0.3) + (3)^2(0.4) = 5.0$$
$$Var(N) = E(N^2) - E(N)^2 = 5.0 - (2.0)^2 = 1.0$$

이고, X의 평균과 2차 적률 그리고 분산은 각각

$$E(X) = (1)(0.4) + (2)(0.6) = 1.6$$
$$E(X^2) = (1)^2(0.4) + (2)^2(0.6) = 2.8$$
$$Var(X) = E(X^2) - E(X)^2 = 2.8 - (1.6)^2 = 0.24$$

이다. 따라서 S의 평균과 분산은 각각 다음과 같다.

$$E(S) = E(N)E(X) = (2.0)(1.6) = 3.2$$
$$\begin{aligned} Var(S) &= E(N)\,Var(X) + E(X)^2\,Var(N) \\ &= (2.0)(0.24) + (2.8)(1.0) = 3.28 \end{aligned}$$

(2) S의 확률함수를 구하기 위하여 우선 f^{*n}을 먼저 구한다. 한편 많아야 세 개인 지급요구와 각각에 대한 지급금은 두 가지 경우가 있으므로, $x = 0, 1, 2, \cdots, 6$에 대하여 생각하면 충분하다.

$$f^{*1}(x) = f(x) = \begin{cases} 0.4 \ , & x = 1 \\ 0.6 \ , & x = 2 \end{cases}$$

이고, 2차 합성은 $f^{*2}(x) = \sum_y f(y) f^{*1}(x-y)$이므로

$$f^{*2}(1) = \sum_y f(y) f^{*1}(1-y) = f(0)f(1) + f(1)f(0) = 0$$

$$\begin{aligned} f^{*2}(2) &= \sum_y f(y) f^{*1}(2-y) \\ &= f(0)f(2) + f(1)f(1) + f(2)f(0) = 0.16 \end{aligned}$$

$$\begin{aligned} f^{*2}(3) &= \sum_y f(y) f^{*1}(3-y) \\ &= f(0)f(3) + f(1)f(2) + f(2)f(1) + f(3)f(0) = 0.48 \end{aligned}$$

$$\begin{aligned} f^{*2}(4) &= \sum_y f(y) f^{*1}(4-y) \\ &= f(0)f(4) + f(1)f(3) + f(2)f(2) + f(3)f(1) + f(4)f(0) = 0.36 \end{aligned}$$

이다. 같은 방법으로 3차 합성은 $f^{*3}(x) = \sum_{y} f(y) f^{*2}(x-y)$이므로

$$f^{*3}(3) = f(1) f^{*2}(2) + f(2) f^{*2}(1) = (0.4)(0.16) + (0.6)(0) = 0.064$$
$$f^{*3}(4) = f(1) f^{*2}(3) + f(2) f^{*2}(2) = (0.4)(0.48) + (0.6)(0.16) = 0.288$$
$$f^{*3}(5) = f(1) f^{*2}(4) + f(2) f^{*2}(3) = (0.4)(0.36) + (0.6)(0.48) = 0.432$$
$$f^{*3}(6) = f(2) f^{*2}(4) = (0.6)(0.36) = 0.216$$

이다. 이제 S의 확률함수 $f_S(s)$를 구한다.

$$f_S(0) = f^{*0}(0) P(N=0) = (1.0)(0.1) = 0.1000$$
$$f_S(1) = f^{*0}(1) P(N=0) + f^{*1}(1) P(N=1) + f^{*2}(1) P(N=2) + f^{*3}(1) P(N=3) = (0.4)(0.2) = 0.0800$$
$$f_S(2) = f^{*1}(2) P(N=1) + f^{*2}(2) P(N=2) = (0.6)(0.2) + (0.16)(0.3) = 0.1680$$
$$f_S(3) = f^{*2}(3) P(N=2) + f^{*3}(3) P(N=3) = (0.48)(0.3) + (0.064)(0.4) = 0.1696$$
$$f_S(4) = f^{*2}(4) P(N=2) + f^{*3}(4) P(N=3) = (0.36)(0.3) + (0.288)(0.4) = 0.2232$$
$$f_S(5) = f^{*3}(5) P(N=3) = (0.432)(0.4) = 0.1728$$
$$f_S(6) = f^{*3}(6) P(N=3) = (0.216)(0.4) = 0.0864$$

따라서 $f(x)$의 합성과 $f_S(s)$ 그리고 S의 분포함수 $F_S(s)$는 다음과 같다.

x	$f^{*0}(x)$	$f^{*1}(x)$	$f^{*2}(x)$	$f^{*3}(x)$	$f_S(s)$	$F_S(s)$
0	1.0	·	·	·	0.1000	0.1000
1	·	0.4	·	·	0.0800	0.1800
2	·	0.6	0.16	·	0.1680	0.3480
3	·	·	0.48	0.064	0.1696	0.5176
4	·	·	0.36	0.288	0.2232	0.7408
5	·	·	·	0.432	0.1728	0.9136
6	·	·	·	0.216	0.0864	1.0000

■

이제 한 보험회사가 입게 될 손실을 만회하기 위하여 재보험회사와 면책금액 d를 갖는 보험 계약을 체결하였다고 하자. 그리고 어떤 주어진 기간동안 이 보험회사에 신청된 보험금 총액을 S라 하면, 재보험회사가 출재보험회사에 지불해야 할

보험금은

$$Y = (S-d)_+ = \begin{cases} 0 & , \ 0 \le S < d \\ S-d & , \ S \ge d \end{cases}$$

이고, 따라서 출재회사에 의하여 유지되는 보험금 총액은

$$S - Y = \begin{cases} S & , \ 0 \le S < d \\ d & , \ S \ge d \end{cases}$$

이다. 그러면 초과 손해율 재보험에 대한 보험 지급금의 기대값에 대하여 다음과 같은 여러 가지 표현방법을 사용할 수 있다. 우선 기대값의 정의로부터

$$\begin{aligned} E(Y) &= \int_0^d (0) f_S(s)\,ds + \int_d^\infty (s-d) f_S(s)\,ds \\ &= \int_d^\infty (s-d) f_S(s)\,ds \end{aligned}$$

이다. 더욱이 $f_S(s) = -\dfrac{d}{ds}[1 - F_S(s)]$ 이므로 위 식에 부분적분법을 적용하면

$$E(Y) = \int_d^\infty [1 - F_S(s)]\,ds$$

를 얻는다. 또한 $E(S)$를 이용하여

$$\begin{aligned} E(Y) &= \int_d^\infty (s-d) f_S(s)\,ds \\ &= \int_d^\infty (s-d) f_S(s)\,ds + \int_0^d (s-d) f_S(s)\,ds + \int_0^d (d-s) f_S(s)\,ds \\ &= \int_0^\infty (s-d) f_S(s)\,ds + \int_0^d (d-s) f_S(s)\,ds \\ &= E(S) - d + \int_0^d (d-s) f_S(s)\,ds \end{aligned}$$

로 나타낼 수 있으며, $S = (S-d)_+ + (S \wedge d)$, $E(S \wedge d) = \int_0^d [1 - F_S(s)]\,ds$ 이므로

$$\begin{aligned} E(Y) &= E[(S-d)_+] = E(S) - E[(S \wedge d)] \\ &= E(S) - \int_0^d [1 - F_S(s)]\,ds \end{aligned}$$

이다. 이와 같은 $E(Y)$에 대한 여러 가지 표현방법은 각각 장점을 가지고 있다. 예를 들어, 분포가 해석적인 경우 다시 말해서 정규분포 또는 감마분포인 경우에는 첫 번째 식이 다루기 쉽다. 그러나 두 번째와 네 번째 식은 이산형 또는 혼합형 등을 포함하여 일반적인 경우에 사용하며, 유한구간에서의 적분이 요구되고 더불어 $E(S)$를 알고 있는 경우에는 세 번째와 네 번째 식이 유용하다.

예제 2 S가 모수 μ와 σ^2인 정규분포를 갖는다면,

$$E[(S-d)_+] = \sigma\,\phi\left(\frac{d-\mu}{\sigma}\right) - (d-\mu)\left[1-\Phi\left(\frac{d-\mu}{\sigma}\right)\right]$$

임을 보여라. 여기서 $\phi(z)$와 $\Phi(z)$는 각각 표준정규밀도함수와 표준정규분포함수이다.

풀이 우선 $Z\sim N(0,1)$에 대하여 먼저 생각한다. 표준정규밀도함수와 분포함수를 각각 $\phi(z)$, $\Phi(z)$이라 하면, 부분적분법에 의하여

$$\begin{aligned} E[(Z-t)_+] &= \int_t^{\infty}[1-\Phi(z)]\,dz \\ &= \Big[z(1-\Phi(z))\Big]_t^{\infty} + \int_t^{\infty} z\,\phi(z)\,dz \end{aligned}$$

이고, 또한 $\phi'(z) = -z\,\phi(z)$ 이므로

$$\int_t^{\infty} z\,\phi(z)\,dz = -\int_t^{\infty}\phi'(z)\,dz = \phi(t)$$

따라서

$$E[(Z-t)_+] = -t(1-\Phi(t)) + \phi(t)$$

이다. 한편 $S=\sigma Z+\mu\sim N(\mu,\sigma^2)$이므로

$$E[(S-d)_+] = E[(\sigma Z+\mu-d)_+] = \sigma E\left[\left(Z-\frac{d-\mu}{\sigma}\right)_+\right]$$

따라서

$$\begin{aligned} E[(S-d)_+] &= \sigma E\left[\left(Z-\frac{d-\mu}{\sigma}\right)_+\right] \\ &= \sigma\phi\left(\frac{d-\mu}{\sigma}\right) - (d-\mu)\left[1-\Phi\left(\frac{d-\mu}{\sigma}\right)\right] \end{aligned}$$

를 얻는다. ■

한편 S가 음이 아닌 정수에 대하여 확률함수 $f_S(s)$를 갖는다고 하자. 그러면 정수가 아닌 면책금액 d에 대한 초과 손해율 재보험금의 기대값은 정의로부터

$$E(Y)=E[(S-d)_+]=\sum_{s=d+1}^{\infty}(s-d)f_S(s)$$

이다. 한편 연속확률변수 S에 대하여 살펴본 바와 같이 동일한 방법에 의하여 다음과 같이 표현이 가능하다.

$$\begin{aligned}E[(S-d)_+]&=\sum_{s=d}^{\infty}[1-F_S(s)]\\&=E(S)-d+\sum_{s=0}^{d-1}(d-s)f_S(s)\\&=E(S)-\sum_{s=0}^{d-1}[1-F_S(s)]\end{aligned}$$

예제 3 보험금 총액 S의 확률함수가 다음 표와 같다고 하자. $d=2$일 때, 초과 손해율 재보험금의 기대값을 위의 네 가지 방법에 의하여 구하여라.

S	0	1	2	3	4	5
$f_S(s)$	0.1408	0.1621	0.2222	0.2152	0.1645	0.0952

풀이 우선 S의 기대값과 분포함수 $F_S(s)$를 먼저 구한다.

$$\begin{aligned}E(S)&=(0)(0.1408)+(1)(0.1621)+(2)(0.2222)+(3)(0.2152)\\&\quad+(4)(0.1645)+(5)(0.0952)=2.3861\end{aligned}$$

S의 범위	$s<0$	$0\le s<1$	$1\le s<2$	$2\le s<3$	$3\le s<4$	$4\le s<5$	$5\le s$
$F_S(s)$	0.0000	0.1408	0.3029	0.5251	0.7403	0.9048	1.0000

(1) $$\begin{aligned}E[(S-d)_+]&=\sum_{s=3}^{\infty}(s-2)f_S(s)\\&=(1)(0.2152)+(2)(0.1645)+(3)(0.0952)=0.8298\end{aligned}$$

(2) $$\begin{aligned}E[(S-d)_+]&=\sum_{s=2}^{\infty}[1-F_S(s)]\\&=(1-0.5251)+(1-0.7403)+(1-0.9048)+(1-1.0000)\\&=0.8298\end{aligned}$$

(3) $E(S-d)_+] = E(S) - d + \sum_{s=0}^{d-1} (d-s) f_S(s)$

$$= 2.3861 - 2 + (2)(0.1408) + (1)(0.1621) = 0.8298$$

(4) $E[(S-d)_+] = E(S) - \sum_{s=0}^{d-1} [1 - F_S(s)]$

$$= 2.3861 - (1 - 0.1408) - (1 - 0.3029) = 0.8298$$

■

한편 제5장 정리 3에서 복합 푸아송분포의 합은 역시 복합 푸아송분포를 이루는 것을 살펴보았다. 이것은 m 개의 독립인 보험증권에 대한 복합 푸아송 지급금액 또는 연간 지급금이 독립인 동일한 보험증권의 m 년 동안 지급된 금액의 합이 다시 복합 푸아송분포를 이루는 것을 의미한다. 특히 S_i 가 고정된 보험금 x_i 와 이 보험금의 청구 횟수 $N_i \sim P(\lambda_i)$ 를 갖는다면, $S_i = x_i N_i$ 이고, 지급된 누적보험금

$$S = S_1 + S_2 + \cdots + S_m = x_1 N_1 + x_2 N_2 + \cdots + x_m N_m$$

은 모수 $\lambda = \lambda_1 + \lambda_2 + \cdots + \lambda_m$ 인 복합 푸아송분포를 이룬다. 또한 서로 다른 보험 지급금 x_i 에 대하여

$$P(X = x_i) = \frac{\lambda_i}{\lambda}, \quad i = 1, 2, \cdots, m$$

이 성립한다. 한편 S 가 모수 λ 와 이산형 보험 지급금 분포

$$p_i = P(X = x_i), \quad i = 1, 2, \cdots, m$$

를 갖는 복합 푸아송분포이고, 보험금 x_i 의 청구 횟수를 N_i 라 하자. 그리고

$$N = N_1 + N_2 + \cdots + N_m, \quad n = n_1 + n_2 + \cdots + n_m$$

이라 하면, $N = n$ 인 조건 아래서 $N_1, N_2, \cdots, N_m$ 의 조건부 결합확률함수는

$$P(N_1 = n_1, N_2 = n_2, \cdots, N_m = n_m \mid N = n) = \frac{n!}{n_1!\, n_2! \cdots n_m!} p_1^{n_1} p_2^{n_2} \cdots p_m^{n_m}$$

이다. 따라서 $N_1, N_2, \cdots, N_m$ 의 결합확률함수

$$P(N_1 = n_1, N_2 = n_2, \cdots, N_m = n_m)$$
$$= P(N_1 = n_1, N_2 = n_2, \cdots, N_m = n_m \mid N = n) P(N = n)$$

$$= \frac{n!}{n_1!\, n_2! \cdots n_m!} p_1^{n_1} p_2^{n_2} \cdots p_m^{n_m} \left(\frac{\lambda^n}{n!} e^{-\lambda} \right)$$

$$= \prod_{i=1}^{m} e^{-\lambda p_i} \frac{(\lambda p_i)^{n_i}}{n_i!}$$

를 얻는다. 그러면 N_i의 주변 확률함수는

$$P(N_i = n_i) = e^{-\lambda p_i} \frac{(\lambda p_i)^{n_i}}{n_i!} \sim P(\lambda p_i), \quad i = 1, 2, \cdots, m$$

이고, $N_1, N_2, \cdots, N_m$은 독립임을 알 수 있다. 따라서 다음 정리 2를 얻는다.

정리 2

S가 모수 λ와 이산형 보험 지급금 분포가

$$p_i = P(X = x_i), \quad i = 1, 2, \cdots, m$$

인 복합 푸아송분포이고, 보험금 x_i의 청구 횟수를 N_i라 하자. 이때

$$S = x_1 N_1 + x_2 N_2 + \cdots + x_m N_m$$

이면, $N_1, N_2, \cdots, N_m$은 독립이고 각각 모수 λp_i를 갖는 푸아송분포를 이룬다.

예제 4 S가 모수 $\lambda = 4$인 복합 푸아송분포를 이루고, 보험금 지급 총액 1, 2, 3에 대한 확률이 각각 0.25, 0.5 그리고 0.25라고 하자. $S = N_1 + 2N_2 + 3N_3$이라 할 때, $x = 0, 1, 2, 3, 4$에 대하여 $f_S(x) = P(S = x)$를 구하여라.

풀이 보험금 지급 총액 X의 확률함수가

$$f(x) = \begin{cases} 0.25, & x = 1, 3 \\ 0.50, & x = 2 \end{cases}$$

이므로 N_1, N_2, N_3은 각각 $\lambda p_1 = 1$, $\lambda p_2 = 2$, $\lambda p_3 = 1$을 모수로 갖는 푸아송분포를 이룬다. 따라서 $N_1, 2N_2, 3N_3$의 확률함수표는 다음과 같다.

x	$P_1(x)=P(N_1=x)$	$P_2(x)=P(2N_2=x)$	$P_3(x)=P(3N_3=x)$
0	0.367879	0.135335	0.367879
1	0.367879	·	·
2	0.183940	0.270670	·
3	0.061313	·	0.367879
4	0.015328	0.270670	·

λ	1	2	1
확률함수	$\frac{1}{x!}e^{-1}$	$\frac{(2)^{x/2}}{(x/2)!}e^{-2}$	$\frac{1}{(x/3)!}e^{-1}$

한편 $P(N_1+2N_2=x)=(P_1 * P_2)(x)=\sum_y P_1(y)P_2(x-y)$을 구하면 다음과 같다.

$$(P_1 * P_2)(0)=P_1(0)\,P_2(0)=0.049787$$
$$(P_1 * P_2)(1)=P_1(1)\,P_2(0)=0.049787$$
$$(P_1 * P_2)(2)=P_1(0)\,P_2(2)+P_1(2)\,P_2(0)=0.124467$$
$$(P_1 * P_2)(3)=P_1(1)\,P_2(2)+P_1(3)\,P_2(0)=0.107872$$
$$(P_1 * P_2)(4)=P_1(0)\,P_2(4)+P_1(2)\,P_2(2)+P_1(4)\,P_2(0)=0.151435$$

즉 $P_1 * P_2$의 확률함수를 다음 표와 같이 얻는다.

x	0	1	2	3	4
$P_1 * P_2$	0.049787	0.049787	0.124467	0.107872	0.151435

이제 $P(N_1+2N_2+3N_3=x)=((P_1 * P_2) * P_3)(x)$를 앞에서와 동일한 방법으로 구하면, 다음과 같다.

x	0	1	2	3	4
$f_S(x)$	0.018316	0.018316	0.045789	0.058000	0.074025

■

연습문제 7.3 Exercises

1. $S \sim \Gamma(\alpha, \beta)$에 대하여

$$E[(S-d)_+]=\frac{\alpha}{\beta}\left[1-\Gamma(d:\alpha+1,\beta)\right]-d\left[1-\Gamma(d:\alpha,\beta)\right]$$

임을 보여라. 여기서 $\Gamma(d: \alpha, \beta) = \int_0^d \frac{1}{\Gamma(\alpha)\beta^\alpha} s^{\alpha-1} \exp\left(-\frac{s}{\beta}\right) ds$ 이다.

2. 지난 1년 동안 보험금 지급 건수가 0, 1, 2, 3이고 각각의 확률이 0.1, 0.3, 0.4, 0.2인 보험 증권에 대하여, 개개의 보험 지급금이 1, 2 또는 3일 확률이 각각 0.5, 0.4 그리고 0.1이라고 한다.

(1) 보험금 총액에 대한 평균과 분산을 구하여라.

(2) 보험금 총액에 대한 확률함수와 분포함수를 구하여라.

(3) 면책금액이 5일 때, 초과 손해율 재보험금의 평균을 구하여라.

3. 보험금 지급 건수 N이 다음과 같은 기하분포를 이룬다고 하자.

$$P(N=n) = (0.25)(0.75)^n, \quad n = 0, 1, 2, \cdots$$

그리고 개개의 보험지급금 X는 평균 1인 지수분포를 이룬다.

(1) 보험금 총액에 대한 적률생성함수를 구하여라.

(2) 보험금 총액에 대한 평균과 분산을 구하여라.

(3) 보험금 총액에 대한 확률함수와 분포함수를 구하여라.

(4) 면책금액 2에 대한 초과 손해율 재보험금의 평균을 구하여라.

4. S가 모수 $\lambda = 0.8$인 복합 푸아송분포를 이루고, 보험금 지급 총액 1, 2, 3에 대한 확률이 각각 0.25, 0.375 그리고 0.375라고 하자. $S = N_1 + 2N_2 + 3N_3$이라 할 때,

(1) $x = 0, 1, 2, 3, 4, 5, 6, 7, 8$에 대하여 $f_S(x) = P(S=x)$를 구하여라.

(2) $E[(S-5)_+]$를 구하여라.

부록

Appendix

| 표 1 | 이항분포표

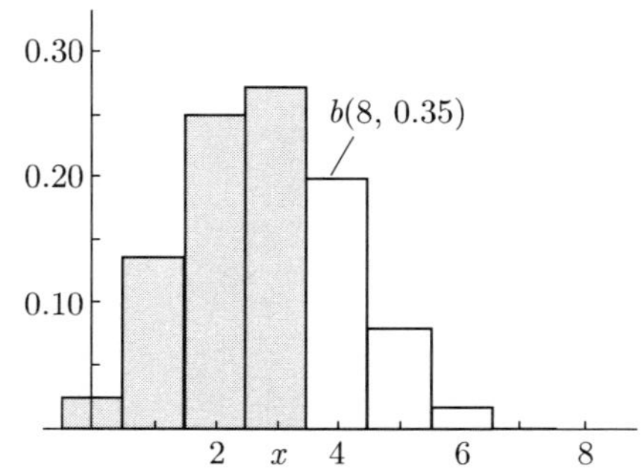

$$F(x) = P(X \le x) = \sum_{k=0}^{x} \frac{n!}{k!(n-k)!} p^k (1-p)^{n-k}$$

n	x	p									
		0.05	0.10	0.15	0.20	0.25	0.30	0.35	0.40	0.45	0.50
2	0	0.9025	0.8100	0.7225	0.6400	0.5625	0.4900	0.4225	0.3600	0.3025	0.2500
	1	0.9975	0.9900	0.9775	0.9600	0.9375	0.9100	0.8775	0.8400	0.7975	0.7500
	2	1.0000	1.0000	1.0000	1.0000	1.0000	1.0000	1.0000	1.0000	1.0000	1.0000
3	0	0.8574	0.7290	0.6141	0.5120	0.4219	0.3430	0.2746	0.2160	0.1664	0.1250
	1	0.9928	0.9720	0.9392	0.8960	0.8438	0.7840	0.7182	0.6480	0.5748	0.5000
	2	0.9999	0.9990	0.9966	0.9920	0.9844	0.9730	0.9571	0.9360	0.9089	0.8750
	3	1.0000	1.0000	1.0000	1.0000	1.0000	1.0000	1.0000	1.0000	1.0000	1.0000
4	0	0.8145	0.6561	0.5220	0.4096	0.3164	0.2401	0.1785	0.1296	0.0915	0.0625
	1	0.9860	0.9477	0.8905	0.8192	0.7383	0.6517	0.5630	0.4752	0.3910	0.3125
	2	0.9995	0.9963	0.9880	0.9728	0.9492	0.9163	0.8735	0.8208	0.7585	0.6875
	3	1.0000	0.9999	0.9995	0.9984	0.9961	0.9919	0.9850	0.9744	0.9590	0.9375
	4	1.0000	1.0000	1.0000	1.0000	1.0000	1.0000	1.0000	1.0000	1.0000	1.0000

$$F(x) = P(X \le x) = \sum_{k=0}^{x} \frac{n!}{k!(n-k)!} p^k (1-p)^{n-k}$$

n	x	p = 0.05	0.10	0.15	0.20	0.25	0.30	0.35	0.40	0.45	0.50
5	0	0.7738	0.5905	0.4437	0.3277	0.2373	0.1681	0.1160	0.0778	0.0503	0.0312
	1	0.9774	0.9185	0.8352	0.7373	0.6328	0.5282	0.4284	0.3370	0.2562	0.1875
	2	0.9988	0.9914	0.9734	0.9421	0.8965	0.8369	0.7648	0.6826	0.5931	0.5000
	3	1.0000	0.9995	0.9978	0.9933	0.9844	0.9692	0.9460	0.9130	0.8688	0.8125
	4	1.0000	1.0000	0.9999	0.9997	0.9990	0.9976	0.9947	0.9898	0.9815	0.9688
	5	1.0000	1.0000	1.0000	1.0000	1.0000	1.0000	1.0000	1.0000	1.0000	1.0000
6	0	0.7351	0.5314	0.3771	0.2621	0.1780	0.1176	0.0754	0.0467	0.0277	0.0156
	1	0.9672	0.8857	0.7765	0.6553	0.5339	0.4202	0.3191	0.2333	0.1636	0.1094
	2	0.9978	0.9842	0.9527	0.9011	0.8306	0.7443	0.6471	0.5443	0.4415	0.3438
	3	0.9999	0.9987	0.9941	0.9830	0.9624	0.9295	0.8826	0.8208	0.7447	0.6562
	4	1.0000	0.9999	0.9996	0.9984	0.9954	0.9891	0.9777	0.9590	0.9308	0.8906
	5	1.0000	1.0000	1.0000	0.9999	0.9998	0.9993	0.9982	0.9959	0.9917	0.9844
	6	1.0000	1.0000	1.0000	1.0000	1.0000	1.0000	1.0000	1.0000	1.0000	1.0000
7	0	0.6983	0.4783	0.3206	0.2097	0.1335	0.0824	0.0490	0.0280	0.0152	0.0079
	1	0.9556	0.8503	0.7166	0.8520	0.4449	0.3294	0.2338	0.1586	0.1024	0.0625
	2	0.9962	0.9743	0.9262	0.9667	0.7564	0.6471	0.5323	0.4199	0.3164	0.2266
	3	0.9998	0.9973	0.9879	0.9953	0.9294	0.8740	0.8002	0.7102	0.6083	0.5000
	4	1.0000	0.9998	0.9988		0.9871	0.9712	0.9444	0.9037	0.8471	0.7734
	5	1.0000	1.0000	1.0000	0.9996	0.9987	0.9962	0.9910	0.9812	0.9643	0.9375
	6	1.0000	1.0000	1.0000	1.0000	0.9999	0.9998	0.9994	0.9984	0.9963	0.9922
	7	1.0000	1.0000		1.0000	1.0000	1.0000	1.0000	1.0000	1.0000	1.0000
8	0	0.6634	0.4305	0.2725	0.1678	0.1001	0.0576	0.0319	0.0168	0.0084	0.0039
	1	0.9428	0.8131	0.6572	0.5033	0.3671	0.2553	0.1691	0.1068	0.0632	0.0352
	2	0.9942	0.9619	0.8948	0.7969	0.6785	0.5518	0.4278	0.3154	0.2201	0.1445
	3	0.9996	0.9950	0.9786	0.9437	0.8862	0.8059	0.7064	0.5941	0.4770	0.3633
	4	1.0000	0.9996	0.9971	0.9896	0.9727	0.9420	0.8939	0.8263	0.7396	0.6367

| 표 1 | 이항분포표(계속)

n	x	p									
		0.05	0.10	0.15	0.20	0.25	0.30	0.35	0.40	0.45	0.50
	5	1.0000	1.0000	0.9998	0.9988	0.9958	0.9887	0.9747	0.9502	0.9115	0.8555
	6	1.0000	1.0000	1.0000	0.9999	0.9996	0.9987	0.9964	0.9915	0.9819	0.9648
	7	1.0000	1.0000	1.0000	1.0000	1.0000	0.9999	0.9998	0.9993	0.9983	0.9961
	8	1.0000	1.0000	1.0000	1.0000	1.0000	1.0000	1.0000	1.0000	1.0000	1.0000
9	0	0.6302	0.3874	0.2316	0.1342	0.0751	0.0404	0.0207	0.0101	0.0046	0.0020
	1	0.9288	0.7748	0.5995	0.4362	0.3003	0.1960	0.1211	0.0705	0.0385	0.0195
	2	0.9916	0.9470	0.8591	0.7382	0.6007	0.4628	0.3373	0.2318	0.1495	0.0898
	3	0.9994	0.9917	0.9661	0.9144	0.8343	0.7297	0.6089	0.4826	0.3614	0.2539
	4	1.0000	0.9991	0.9944	0.9804	0.9511	0.9012	0.8283	0.7334	0.6214	0.5000
	5	1.0000	0.9999	0.9994	0.9969	0.9900	0.9747	0.9464	0.9006	0.8342	0.7461
	6	1.0000	1.0000	1.0000	0.9997	0.9987	0.9957	0.9888	0.9750	0.9502	0.9102
	7	1.0000	1.0000	1.0000	1.0000	0.9999	0.9996	0.9986	0.9962	0.9909	0.9805
	8	1.0000	1.0000	1.0000	1.0000	1.0000	1.0000	0.9999	0.9997	0.9992	0.9980
	9	1.0000	1.0000	1.0000	1.0000	1.0000	1.0000	1.0000	1.0000	1.0000	1.0000
10	0	0.5987	0.3487	0.1969	0.1074	0.0563	0.0282	0.0135	0.0060	0.0025	0.0010
	1	0.9139	0.7361	0.5443	0.3758	0.2440	0.1493	0.0860	0.0464	0.0233	0.0107
	2	0.9885	0.9298	0.8202	0.6778	0.5256	0.3828	0.2616	0.1673	0.0996	0.0547
	3	0.9990	0.9872	0.9500	0.8791	0.7759	0.6496	0.5138	0.3823	0.2660	0.1719
	4	0.9999	0.9984	0.9901	0.9672	0.9219	0.8497	0.7515	0.6331	0.5044	0.3770
	5	1.0000	0.9999	0.9986	0.9936	0.9803	0.9527	0.9051	0.8338	0.7384	0.6230
	6	1.0000	1.0000	0.9999	0.9991	0.9965	0.9894	0.9740	0.9452	0.8980	0.8281
	7	1.0000	1.0000	1.0000	0.9999	0.9996	0.9984	0.9952	0.9877	0.9726	0.9453
	8	1.0000	1.0000	1.0000	1.0000	1.0000	0.9999	0.9995	0.9983	0.9955	0.9893
	9	1.0000	1.0000	1.0000	1.0000	1.0000	1.0000	1.0000	0.9999	0.9997	0.9990
	10	1.0000	1.0000	1.0000	1.0000	1.0000	1.0000	1.0000	1.0000	1.0000	1.0000
11	0	0.5688	0.3138	0.1673	0.0859	0.0422	0.0198	0.0088	0.0036	0.0014	0.0005
	1	0.8981	0.6974	0.4922	0.3221	0.1971	0.1130	0.0606	0.0302	0.0139	0.0059
	2	0.9848	0.9104	0.7788	0.6174	0.4552	0.3127	0.2001	0.1189	0.0652	0.0327
	3	0.9984	0.9815	0.9306	0.8389	0.7133	0.5696	0.4256	0.2963	0.1911	0.1133
	4	0.9999	0.9972	0.9841	0.9496	0.8854	0.7897	0.6683	0.5328	0.3971	0.2744
	5	1.0000	0.9997	0.9973	0.9883	0.9657	0.9218	0.8513	0.7535	0.6331	0.5000
	6	1.0000	1.0000	0.9997	0.9980	0.9924	0.9784	0.9499	0.9006	0.8262	0.7256
	7	1.0000	1.0000	1.0000	0.9998	0.9988	0.9957	0.9878	0.9707	0.9390	0.8867

$$F(x) = P(X \le x) = \sum_{k=0}^{x} \frac{n!}{k!(n-k)!} p^k (1-p)^{n-k}$$

n	x	p									
		0.05	0.10	0.15	0.20	0.25	0.30	0.35	0.40	0.45	0.50
	8	1.0000	1.0000	1.0000	1.0000	0.9999	0.9994	0.9980	0.9941	0.9852	0.9673
	9	1.0000	1.0000	1.0000	1.0000	1.0000	1.0000	0.9998	0.9993	0.9978	0.9941
	10	1.0000	1.0000	1.0000	1.0000	1.0000	1.0000	1.0000	1.0000	0.9998	0.9995
	11	1.0000	1.0000	1.0000	1.0000	1.0000	1.0000	1.0000	1.0000	1.0000	1.0000
12	0	0.5404	0.2824	0.1422	0.0687	0.0317	0.0138	0.0057	0.0022	0.0008	0.0002
	1	0.8816	0.6590	0.4435	0.2749	0.1584	0.0850	0.0424	0.0196	0.0083	0.0032
	2	0.9804	0.8891	0.7358	0.5583	0.3907	0.2528	0.1513	0.0834	0.0421	0.0193
	3	0.9978	0.9744	0.9078	0.7946	0.6488	0.4925	0.3467	0.2253	0.1345	0.0730
	4	0.9998	0.9957	0.9761	0.9274	0.8424	0.7237	0.5833	0.4382	0.3044	0.1938
	5	1.0000	0.9995	0.9954	0.9806	0.9456	0.8822	0.7873	0.6652	0.5269	0.3872
	6	1.0000	0.9999	0.9993	0.9961	0.9857	0.9614	0.9154	0.8418	0.7393	0.6128
	7	1.0000	1.0000	0.9999	0.9994	0.9972	0.9905	0.9745	0.9427	0.8883	0.8062
	8	1.0000	1.0000	1.0000	0.9999	0.9996	0.9983	0.9944	0.9847	0.9644	0.9270
	9	1.0000	1.0000	1.0000	1.0000	1.0000	0.9998	0.9992	0.9972	0.9921	0.9807
	10	1.0000	1.0000	1.0000	1.0000	1.0000	1.0000	0.9999	0.9997	0.9989	0.9968
	11	1.0000	1.0000	1.0000	1.0000	1.0000	1.0000	1.0000	1.0000	0.9999	0.9998
	12	1.0000	1.0000	1.0000	1.0000	1.0000	1.0000	1.0000	1.0000	1.0000	1.0000
13	0	0.5133	0.2542	0.1209	0.0550	0.0238	0.0097	0.0037	0.0013	0.0004	0.0001
	1	0.8646	0.6213	0.3983	0.2336	0.1267	0.0637	0.0296	0.0126	0.0049	0.0017
	2	0.9755	0.8661	0.6920	0.5017	0.3326	0.2025	0.1132	0.0579	0.0269	0.0112
	3	0.9969	0.9658	0.8820	0.7473	0.5943	0.4206	0.2783	0.1686	0.0929	0.0461
	4	0.9997	0.9935	0.9658	0.9009	0.7940	0.6543	0.5005	0.3530	0.2279	0.1334
	5	1.0000	0.9991	0.9924	0.9700	0.9198	0.8346	0.7159	0.5744	0.4268	0.2905
	6	1.0000	0.9999	0.9987	0.9930	0.9757	0.9376	0.8705	0.7712	0.6437	0.5000
	7	1.0000	1.0000	0.9998	0.9988	0.9944	0.9818	0.9538	0.9022	0.8212	0.7095
	8	1.0000	1.0000	1.0000	0.9998	0.9990	0.9960	0.9874	0.9679	0.9302	0.8666

|표 1| 이항분포표(계속)

	9	1.0000	1.0000	1.0000	1.0000	0.9999	0.9993	0.9975	0.9922	0.9797	0.9539
	10	1.0000	1.0000	1.0000	1.0000	1.0000	0.9999	0.9997	0.9987	0.9959	0.9888
	11	1.0000	1.0000	1.0000	1.0000	1.0000	1.0000	1.0000	0.9999	0.9995	0.9983
	12	1.0000	1.0000	1.0000	1.0000	1.0000	1.0000	1.0000	1.0000	1.0000	0.9999
	13	1.0000	1.0000	1.0000	1.0000	1.0000	1.0000	1.0000	1.0000	1.0000	1.0000
14	0	0.4877	0.2288	0.1028	0.0440	0.0178	0.0068	0.0024	0.0008	0.0002	0.0001
	1	0.8470	0.5846	0.3567	0.1979	0.1010	0.0475	0.0205	0.0081	0.0029	0.0009
	2	0.9699	0.8416	0.6479	0.4481	0.2811	0.1608	0.0839	0.0398	0.0170	0.0065
	3	0.9958	0.9559	0.8535	0.6982	0.5213	0.3552	0.2205	0.1243	0.0632	0.0287
	4	0.9996	0.9908	0.9533	0.8702	0.7415	0.5842	0.4227	0.2793	0.1672	0.0898
	5	1.0000	0.9985	0.9885	0.9561	0.8883	0.7805	0.6405	0.4859	0.3373	0.2120
	6	1.0000	0.9998	0.9978	0.9884	0.9617	0.9067	0.8164	0.6925	0.5461	0.3953
	7	1.0000	1.0000	0.9997	0.9976	0.9897	0.9685	0.9247	0.8499	0.7414	0.6047
	8	1.0000	1.0000	1.0000	0.9996	0.9978	0.9917	0.9757	0.9417	0.8811	0.7880
	9	1.0000	1.0000	1.0000	1.0000	0.9997	0.9983	0.9940	0.9825	0.9574	0.9102
	10	1.0000	1.0000	1.0000	1.0000	1.0000	0.9998	0.9989	0.9961	0.9886	0.9713
	11	1.0000	1.0000	1.0000	1.0000	1.0000	1.0000	0.9999	0.9994	0.9978	0.9935
	12	1.0000	1.0000	1.0000	1.0000	1.0000	1.0000	1.0000	0.9999	0.9997	0.9991
	13	1.0000	1.0000	1.0000	1.0000	1.0000	1.0000	1.0000	1.0000	1.0000	0.9999
	14	1.0000	1.0000	1.0000	1.0000	1.0000	1.0000	1.0000	1.0000	1.0000	1.0000
15	0	0.4633	0.2059	0.0874	0.0352	0.0134	0.0047	0.0016	0.0005	0.0001	0.0000
	1	0.8290	0.5490	0.3186	0.1671	0.0802	0.0353	0.0142	0.0052	0.0017	0.0005
	2	0.9638	0.8159	0.6042	0.3980	0.2361	0.1268	0.0617	0.0271	0.0107	0.0037
	3	0.9945	0.9444	0.8227	0.6482	0.4613	0.2969	0.1727	0.0905	0.0424	0.0176
	4	0.9994	0.9873	0.9383	0.8358	0.6865	0.5155	0.3519	0.2173	0.1204	0.0592
	5	0.9999	0.9978	0.9832	0.9389	0.8516	0.7216	0.5643	0.4032	0.2608	0.1509
	6	1.0000	0.9997	0.9964	0.9819	0.9434	0.8689	0.7548	0.6098	0.4522	0.3036
	7	1.0000	1.0000	0.9994	0.9958	0.9827	0.9500	0.8868	0.7869	0.6535	0.5000
	8	1.0000	1.0000	0.9999	0.9992	0.9958	0.9848	0.9578	0.9050	0.8182	0.6964
	9	1.0000	1.0000	1.0000	0.9999	0.9992	0.9963	0.9876	0.9662	0.9231	0.8491
	10	1.0000	1.0000	1.0000	1.0000	0.9999	0.9993	0.9972	0.9907	0.9745	0.9408
	11	1.0000	1.0000	1.0000	1.0000	1.0000	0.9999	0.9995	0.9981	0.9937	0.9824
	12	1.0000	1.0000	1.0000	1.0000	1.0000	1.0000	0.9999	0.9987	0.9989	0.9963
	13	1.0000	1.0000	1.0000	1.0000	1.0000	1.0000	1.0000	1.0000	0.9999	0.9995
	14	1.0000	1.0000	1.0000	1.0000	1.0000	1.0000	1.0000	1.0000	1.0000	1.0000
	15	1.0000	1.0000	1.0000	1.0000	1.0000	1.0000	1.0000	1.0000	1.0000	1.0000

|표 1| 이항분포표(계속)

$$F(x) = P(X \le x) = \sum_{k=0}^{x} \frac{n!}{k!(n-k)!} p^k (1-p)^{n-k}$$

n	x	p = 0.05	0.10	0.15	0.20	0.25	0.30	0.35	0.40	0.45	0.50
16	0	0.4401	0.1853	0.0743	0.0281	0.0100	0.0033	0.0010	0.0003	0.0001	0.0000
	1	0.8108	0.5147	0.2839	0.1407	0.0635	0.0261	0.0098	0.0033	0.0010	0.0003
	2	0.9571	0.7892	0.5614	0.3518	0.1971	0.0994	0.0451	0.0183	0.0066	0.0021
	3	0.9930	0.9316	0.7899	0.5981	0.4050	0.2459	0.1339	0.0651	0.0281	0.0106
	4	0.9991	0.9830	0.9209	0.7982	0.6302	0.4499	0.2892	0.1666	0.0853	0.0384
	5	0.9999	0.9967	0.9765	0.9183	0.8103	0.6598	0.4900	0.3288	0.1976	0.1051
	6	1.0000	0.9995	0.9944	0.9733	0.9204	0.8247	0.6881	0.5272	0.3660	0.2272
	7	1.0000	0.9999	0.9989	0.9930	0.9729	0.9256	0.8406	0.7161	0.5629	0.4018
	8	1.0000	1.0000	0.9998	0.9985	0.9925	0.9743	0.9329	0.8577	0.7441	0.5982
	9	1.0000	1.0000	1.0000	0.9998	0.9984	0.9929	0.9771	0.9417	0.8759	0.7728
	10	1.0000	1.0000	1.0000	1.0000	0.9997	0.9984	0.9938	0.9809	0.9514	0.8949
	11	1.0000	1.0000	1.0000	1.0000	1.0000	0.9997	0.9987	0.9951	0.9851	0.9616
	12	1.0000	1.0000	1.0000	1.0000	1.0000	1.0000	0.9998	0.9991	0.9965	0.9894
	13	1.0000	1.0000	1.0000	1.0000	1.0000	1.0000	1.0000	0.9999	0.9994	0.9979
	14	1.0000	1.0000	1.0000	1.0000	1.0000	1.0000	1.0000	1.0000	0.9999	0.9997
	15	1.0000	1.0000	1.0000	1.0000	1.0000	1.0000	1.0000	1.0000	1.0000	1.0000
	16	1.0000	1.0000	1.0000	1.0000	1.0000	1.0000	1.0000	1.0000	1.0000	1.0000
20	0	0.3585	0.1216	0.0388	0.0115	0.0032	0.0008	0.0002	0.0000	0.0000	0.0000
	1	0.7358	0.3917	0.1756	0.0692	0.0243	0.0076	0.0021	0.0005	0.0001	0.0000
	2	0.9245	0.6769	0.4049	0.2061	0.0913	0.0355	0.0121	0.0036	0.0009	0.0002
	3	0.9841	0.8670	0.6477	0.4114	0.2252	0.1071	0.0444	0.0160	0.0049	0.0013
	4	0.9974	0.9568	0.8298	0.6296	0.4148	0.2375	0.1182	0.0510	0.0189	0.0059
	5	0.9997	0.9887	0.9327	0.8042	0.6172	0.4164	0.2454	0.1256	0.0553	0.0207
	6	1.0000	0.9976	0.9781	0.9133	0.7858	0.6080	0.4166	0.2500	0.1299	0.0577
	7	1.0000	0.9996	0.9941	0.9679	0.8982	0.7723	0.6010	0.4159	0.2520	0.1316
	8	1.0000	0.9999	0.9987	0.9900	0.9591	0.8867	0.7624	0.5956	0.4143	0.2517
	9	1.0000	1.0000	0.9998	0.9974	0.9861	0.9520	0.8782	0.7553	0.5914	0.4119

|표 1| 이항분포표(계속)

	10	1.0000	1.0000	1.0000	0.9994	0.9961	0.9829	0.9468	0.8725	0.7507	0.5881
	11	1.0000	1.0000	1.0000	0.9999	0.9991	0.9949	0.9804	0.9435	0.8692	0.7483
	12	1.0000	1.0000	1.0000	1.0000	0.9998	0.9987	0.9940	0.9790	0.9420	0.8684
	13	1.0000	1.0000	1.0000	1.0000	1.0000	0.9997	0.9985	0.9935	0.9786	0.9423
	14	1.0000	1.0000	1.0000	1.0000	1.0000	1.0000	0.9997	0.9984	0.9936	0.9793
	15	1.0000	1.0000	1.0000	1.0000	1.0000	1.0000	1.0000	0.9997	0.9985	0.9941
	16	1.0000	1.0000	1.0000	1.0000	1.0000	1.0000	1.0000	1.0000	0.9997	0.9987
	17	1.0000	1.0000	1.0000	1.0000	1.0000	1.0000	1.0000	1.0000	1.0000	0.9998
	18	1.0000	1.0000	1.0000	1.0000	1.0000	1.0000	1.0000	1.0000	1.0000	1.0000
	19	1.0000	1.0000	1.0000	1.0000	1.0000	1.0000	1.0000	1.0000	1.0000	1.0000
	20	1.0000	1.0000	1.0000	1.0000	1.0000	1.0000	1.0000	1.0000	1.0000	1.0000
25	0	0.2774	0.0718	0.0172	0.0038	0.0008	0.0001	0.0000	0.0000	0.0000	0.0000
	1	0.6424	0.2712	0.0931	0.0274	0.0070	0.0016	0.0003	0.0001	0.0000	0.0000
	2	0.8729	0.5371	0.2537	0.0982	0.0321	0.0090	0.0021	0.0004	0.0001	0.0000
	3	0.9659	0.7636	0.4711	0.2340	0.0962	0.0332	0.0097	0.0024	0.0005	0.0001
	4	0.9928	0.9020	0.6821	0.4207	0.2137	0.0905	0.0320	0.0095	0.0023	0.0005
	5	0.9988	0.9666	0.8385	0.6167	0.3783	0.1935	0.0826	0.0294	0.0086	0.0020
	6	0.9998	0.9905	0.9305	0.7800	0.5611	0.3407	0.1734	0.0736	0.0258	0.0073
	7	1.0000	0.9977	0.9745	0.8909	0.7265	0.5118	0.3061	0.1536	0.0639	0.0216
	8	1.0000	0.9995	0.9920	0.9532	0.8506	0.6769	0.4668	0.2735	0.1340	0.0539
	9	1.0000	0.9999	0.9979	0.9827	0.9287	0.8106	0.6303	0.4246	0.2424	0.1148
	10	1.0000	1.0000	0.9995	0.9944	0.9703	0.9022	0.7712	0.5858	0.3843	0.2122
	11	1.0000	1.0000	0.9999	0.9985	0.9893	0.9558	0.8746	0.7323	0.5426	0.3450
	12	1.0000	1.0000	1.0000	0.9996	0.9966	0.9825	0.9396	0.8462	0.6937	0.5000
	13	1.0000	1.0000	1.0000	0.9999	0.9991	0.9940	0.9745	0.9222	0.8173	0.6550
	14	1.0000	1.0000	1.0000	1.0000	0.9998	0.9982	0.9907	0.9656	0.9040	0.7878
	15	1.0000	1.0000	1.0000	1.0000	1.0000	0.9995	0.9971	0.9868	0.9560	0.8852
	16	1.0000	1.0000	1.0000	1.0000	1.0000	0.9999	0.9992	0.9957	0.9826	0.9461
	17	1.0000	1.0000	1.0000	1.0000	1.0000	1.0000	0.9998	0.9988	0.9942	0.9784
	18	1.0000	1.0000	1.0000	1.0000	1.0000	1.0000	1.0000	0.9997	0.9984	0.9927
	19	1.0000	1.0000	1.0000	1.0000	1.0000	1.0000	1.0000	0.9999	0.9996	0.9980
	20	1.0000	1.0000	1.0000	1.0000	1.0000	1.0000	1.0000	1.0000	0.9999	0.9995
	21	1.0000	1.0000	1.0000	1.0000	1.0000	1.0000	1.0000	1.0000	1.0000	0.9999
	22	1.0000	1.0000	1.0000	1.0000	1.0000	1.0000	1.0000	1.0000	1.0000	1.0000
	23	1.0000	1.0000	1.0000	1.0000	1.0000	1.0000	1.0000	1.0000	1.0000	1.0000
	24	1.0000	1.0000	1.0000	1.0000	1.0000	1.0000	1.0000	1.0000	1.0000	1.0000
	25	1.0000	1.0000	1.0000	1.0000	1.0000	1.0000	1.0000	1.0000	1.0000	1.0000

| 표 2 | 푸아송분포표

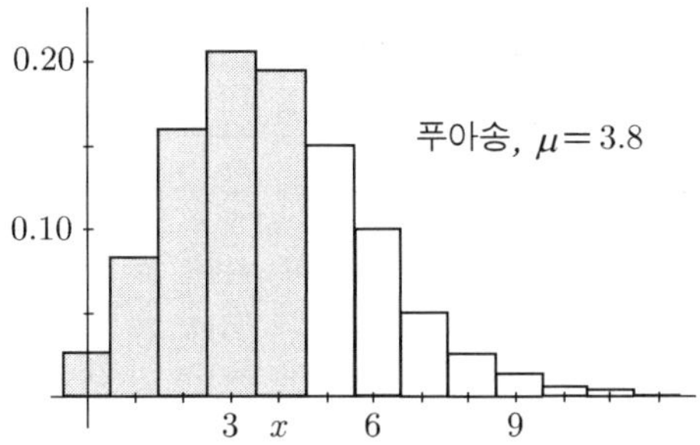

$$F(x) = P(X \leq x) = \sum_{k=0}^{x} \frac{\mu^k e^{-\mu}}{k!}$$

x	$\mu = E(X)$									
	0.1	0.2	0.3	0.4	0.5	0.6	0.7	0.8	0.9	1.0
0	0.905	0.819	0.741	0.670	0.607	0.549	0.497	0.449	0.407	0.368
1	0.995	0.982	0.963	0.938	0.910	0.878	0.844	0.809	0.772	0.736
2	1.000	0.999	0.996	0.992	0.986	0.977	0.966	0.953	0.937	0.920
3	1.000	1.000	1.000	0.999	0.998	0.997	0.994	0.991	0.987	0.981
4	1.000	1.000	1.000	1.000	1.000	1.000	0.999	0.999	0.998	0.996
5	1.000	1.000	1.000	1.000	1.000	1.000	1.000	1.000	1.000	0.999
6	1.000	1.000	1.000	1.000	1.000	1.000	1.000	1.000	1.000	1.000

x	1.1	1.2	1.3	1.4	1.5	1.6	1.7	1.8	1.9	2.0
0	0.333	0.301	0.273	0.247	0.223	0.202	0.183	0.165	0.150	0.135
1	0.699	0.663	0.627	0.592	0.558	0.525	0.493	0.463	0.434	0.406
2	0.900	0.879	0.857	0.833	0.809	0.783	0.757	0.731	0.704	0.677
3	0.974	0.966	0.957	0.946	0.934	0.921	0.907	0.891	0.875	0.857
4	0.995	0.992	0.989	0.986	0.981	0.976	0.970	0.964	0.956	0.947
5	0.999	0.998	0.998	0.997	0.996	0.994	0.992	0.990	0.987	0.983
6	1.000	1.000	1.000	0.999	0.999	0.999	0.998	0.997	0.997	0.995
7	1.000	1.000	1.000	1.000	1.000	1.000	1.000	0.999	0.999	0.999
8	1.000	1.000	1.000	1.000	1.000	1.000	1.000	1.000	1.000	1.000

x	2.2	2.4	2.6	2.8	3.0	3.2	3.4	3.6	3.8	4.0
0	0.111	0.091	0.074	0.061	0.050	0.041	0.033	0.027	0.022	0.018
1	0.355	0.308	0.267	0.231	0.199	0.171	0.147	0.126	0.107	0.092
2	0.623	0.570	0.518	0.469	0.423	0.380	0.340	0.303	0.269	0.238
3	0.819	0.779	0.736	0.692	0.647	0.603	0.558	0.515	0.473	0.433
4	0.928	0.904	0.877	0.848	0.815	0.781	0.744	0.706	0.668	0.629
5	0.975	0.964	0.951	0.935	0.916	0.895	0.871	0.844	0.816	0.785
6	0.993	0.988	0.983	0.976	0.966	0.955	0.942	0.927	0.909	0.889
7	0.998	0.997	0.995	0.992	0.988	0.983	0.977	0.969	0.960	0.949
8	1.000	0.999	0.999	0.998	0.996	0.994	0.992	0.988	0.984	0.979
9	1.000	1.000	1.000	0.999	0.999	0.998	0.997	0.996	0.994	0.992

| 표 2 | 푸아송분포표(계속)

10	1.000	1.000	1.000	1.000	1.000	1.000	0.999	0.999	0.998	0.997
11	1.000	1.000	1.000	1.000	1.000	1.000	1.000	1.000	0.999	0.999
12	1.000	1.000	1.000	1.000	1.000	1.000	1.000	1.000	1.000	1.000

x	4.2	4.4	4.6	4.8	5.0	5.2	5.4	5.6	5.8	6.0
0	0.015	0.012	0.010	0.008	0.007	0.006	0.005	0.004	0.003	0.002
1	0.078	0.066	0.056	0.048	0.040	0.034	0.029	0.024	0.021	0.017
2	0.210	0.185	0.163	0.143	0.125	0.109	0.095	0.082	0.072	0.062
3	0.395	0.359	0.326	0.294	0.265	0.238	0.213	0.191	0.170	0.151
4	0.590	0.551	0.513	0.476	0.440	0.406	0.373	0.342	0.313	0.285
5	0.753	0.720	0.686	0.651	0.616	0.581	0.546	0.512	0.478	0.446
6	0.867	0.844	0.818	0.791	0.762	0.732	0.702	0.670	0.638	0.606
7	0.936	0.921	0.905	0.887	0.867	0.845	0.822	0.797	0.771	0.744
8	0.972	0.964	0.955	0.944	0.932	0.918	0.903	0.886	0.867	0.847
9	0.989	0.985	0.980	0.975	0.968	0.960	0.951	0.941	0.929	0.916
10	0.996	0.994	0.992	0.990	0.986	0.982	0.977	0.972	0.965	0.957
11	0.999	0.998	0.997	0.996	0.995	0.993	0.990	0.988	0.984	0.980
12	1.000	0.999	0.999	0.999	0.998	0.997	0.996	0.995	0.993	0.991
13	1.000	1.000	1.000	1.000	0.999	0.999	0.999	0.998	0.997	0.996
14	1.000	1.000	1.000	1.000	1.000	1.000	0.999	0.999	0.999	0.999
15	1.000	1.000	1.000	1.000	1.000	1.000	1.000	1.000	1.000	0.999
16	1.000	1.000	1.000	1.000	1.000	1.000	1.000	1.000	1.000	1.000

x	6.5	7.0	7.5	8.0	8.5	9.0	9.5	10.0	10.5	11.0
0	0.002	0.001	0.001	0.000	0.000	0.000	0.000	0.000	0.000	0.000
1	0.011	0.007	0.005	0.003	0.002	0.001	0.001	0.000	0.000	0.000
2	0.043	0.030	0.020	0.014	0.009	0.006	0.004	0.003	0.002	0.001
3	0.112	0.082	0.059	0.042	0.030	0.021	0.015	0.010	0.007	0.005
4	0.224	0.173	0.132	0.100	0.074	0.055	0.040	0.029	0.021	0.015
5	0.369	0.301	0.241	0.191	0.150	0.116	0.089	0.067	0.050	0.038
6	0.527	0.450	0.378	0.313	0.256	0.207	0.165	0.130	0.102	0.079
7	0.673	0.599	0.525	0.453	0.386	0.324	0.269	0.220	0.179	0.143
8	0.792	0.729	0.662	0.593	0.523	0.456	0.392	0.333	0.279	0.232
9	0.877	0.830	0.776	0.717	0.653	0.587	0.522	0.458	0.397	0.341
10	0.933	0.901	0.862	0.816	0.763	0.706	0.645	0.583	0.521	0.460
11	0.966	0.947	0.921	0.888	0.849	0.803	0.752	0.697	0.639	0.579
12	0.984	0.973	0.957	0.936	0.909	0.876	0.836	0.792	0.742	0.689
13	0.993	0.987	0.978	0.966	0.949	0.926	0.898	0.864	0.825	0.781
14	0.997	0.994	0.990	0.983	0.973	0.959	0.940	0.917	0.888	0.854
15	0.999	0.998	0.995	0.992	0.986	0.978	0.967	0.951	0.932	0.907
16	1.000	0.999	0.998	0.996	0.993	0.989	0.982	0.973	0.960	0.944
17	1.000	1.000	0.999	0.998	0.997	0.995	0.991	0.986	0.978	0.968
18	1.000	1.000	1.000	0.999	0.999	0.998	0.996	0.993	0.988	0.982
19	1.000	1.000	1.000	1.000	0.999	0.999	0.998	0.997	0.994	0.991
20	1.000	1.000	1.000	1.000	1.000	1.000	0.999	0.998	0.997	0.995
21	1.000	1.000	1.000	1.000	1.000	1.000	1.000	0.999	0.999	0.998
22	1.000	1.000	1.000	1.000	1.000	1.000	1.000	1.000	0.999	0.999
23	1.000	1.000	1.000	1.000	1.000	1.000	1.000	1.000	1.000	1.000

| 표 2 | 푸아송분포표(계속)

x	11.5	12.0	12.5	13.0	13.5	14.0	14.5	15.0	15.5	16.0
0	0.000	0.000	0.000	0.000	0.000	0.000	0.000	0.000	0.000	0.000
1	0.000	0.000	0.000	0.000	0.000	0.000	0.000	0.000	0.000	0.000
2	0.001	0.001	0.000	0.000	0.000	0.000	0.000	0.000	0.000	0.000
3	0.003	0.002	0.002	0.001	0.001	0.000	0.000	0.000	0.000	0.000
4	0.011	0.008	0.005	0.004	0.003	0.002	0.001	0.001	0.001	0.000
5	0.028	0.020	0.015	0.011	0.008	0.006	0.004	0.003	0.002	0.001
6	0.060	0.046	0.035	0.026	0.019	0.014	0.010	0.008	0.006	0.004
7	0.114	0.090	0.070	0.054	0.041	0.032	0.024	0.018	0.013	0.010
8	0.191	0.155	0.125	0.100	0.079	0.062	0.048	0.037	0.029	0.022
9	0.289	0.242	0.201	0.166	0.135	0.109	0.088	0.070	0.055	0.043
10	0.402	0.347	0.297	0.252	0.211	0.176	0.145	0.118	0.096	0.077
11	0.520	0.462	0.406	0.353	0.304	0.260	0.220	0.185	0.154	0.127
12	0.633	0.576	0.519	0.463	0.409	0.358	0.311	0.268	0.228	0.193
13	0.733	0.682	0.628	0.573	0.518	0.464	0.413	0.363	0.317	0.275
14	0.815	0.772	0.725	0.675	0.623	0.570	0.518	0.466	0.415	0.368
15	0.878	0.844	0.806	0.764	0.718	0.669	0.619	0.568	0.517	0.467
16	0.924	0.899	0.869	0.835	0.798	0.756	0.711	0.664	0.615	0.566
17	0.954	0.937	0.916	0.890	0.861	0.827	0.790	0.749	0.705	0.659
18	0.974	0.963	0.948	0.930	0.908	0.883	0.853	0.819	0.782	0.742
19	0.986	0.979	0.969	0.957	0.942	0.923	0.901	0.875	0.846	0.812
20	0.992	0.988	0.983	0.975	0.965	0.952	0.936	0.917	0.894	0.868
21	0.996	0.994	0.991	0.986	0.980	0.971	0.960	0.947	0.930	0.911
22	0.998	0.997	0.995	0.992	0.989	0.983	0.976	0.967	0.956	0.942
23	0.999	0.999	0.998	0.996	0.994	0.991	0.986	0.981	0.973	0.963
24	1.000	0.999	0.999	0.998	0.997	0.995	0.992	0.989	0.984	0.978
25	1.000	1.000	0.999	0.999	0.998	0.997	0.996	0.994	0.991	0.987
26	1.000	1.000	1.000	1.000	0.999	0.999	0.998	0.997	0.995	0.993
27	1.000	1.000	1.000	1.000	1.000	0.999	0.999	0.998	0.997	0.996
28	1.000	1.000	1.000	1.000	1.000	1.000	0.999	0.999	0.999	0.998
29	1.000	1.000	1.000	1.000	1.000	1.000	1.000	1.000	0.999	0.999
30	1.000	1.000	1.000	1.000	1.000	1.000	1.000	1.000	1.000	0.999
31	1.000	1.000	1.000	1.000	1.000	1.000	1.000	1.000	1.000	1.000
32	1.000	1.000	1.000	1.000	1.000	1.000	1.000	1.000	1.000	1.000
33	1.000	1.000	1.000	1.000	1.000	1.000	1.000	1.000	1.000	1.000
34	1.000	1.000	1.000	1.000	1.000	1.000	1.000	1.000	1.000	1.000
35	1.000	1.000	1.000	1.000	1.000	1.000	1.000	1.000	1.000	1.000

| 표 3 | 표준정규분포표

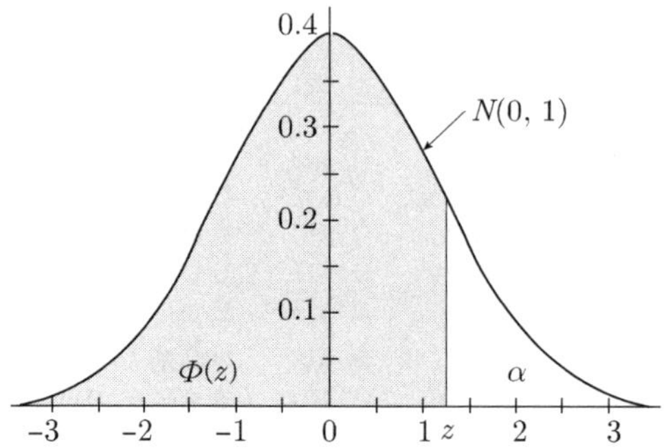

$$P(X \leq z) = \Phi(z) = \int_{-\infty}^{z} \frac{1}{\sqrt{2\pi}} e^{-w^2/2} dw$$

z	0.00	0.01	0.02	0.03	0.04	0.05	0.06	0.07	0.08	0.09
0.0	0.5000	0.5040	0.5080	0.5120	0.5160	0.5199	0.5239	0.5279	0.5319	0.5359
0.1	0.5398	0.5438	0.5478	0.5517	0.5557	0.5596	0.5636	0.5675	0.5714	0.5753
0.2	0.5793	0.5832	0.5871	0.5910	0.5948	0.5987	0.6026	0.6064	0.6103	0.6141
0.3	0.6179	0.6217	0.6255	0.6293	0.6331	0.6368	0.6406	0.6443	0.6480	0.6517
0.4	0.6554	0.6591	0.6628	0.6664	0.6700	0.6736	0.6772	0.6808	0.6844	0.6879
0.5	0.6915	0.6950	0.6985	0.7019	0.7054	0.7088	0.7123	0.7157	0.7190	0.7224
0.6	0.7257	0.7291	0.7324	0.7357	0.7389	0.7422	0.7454	0.7486	0.7517	0.7549
0.7	0.7580	0.7611	0.7642	0.7673	0.7703	0.7734	0.7764	0.7794	0.7823	0.7852
0.8	0.7881	0.7910	0.7939	0.7967	0.7995	0.8023	0.8051	0.8078	0.8106	0.8133
0.9	0.8159	0.8186	0.8212	0.8238	0.8264	0.8289	0.8315	0.8340	0.8365	0.8389
1.0	0.8413	0.8438	0.8461	0.8485	0.8508	0.8531	0.8554	0.8577	0.8599	0.8621
1.1	0.8643	0.8665	0.8686	0.8708	0.8729	0.8749	0.8770	0.8790	0.8810	0.8830
1.2	0.8849	0.8869	0.8888	0.8907	0.8925	0.8944	0.8962	0.8980	0.8997	0.9015
1.3	0.9032	0.9049	0.9066	0.9082	0.9099	0.9115	0.9131	0.9147	0.9162	0.9177
1.4	0.9192	0.9207	0.9222	0.9236	0.9251	0.9265	0.9279	0.9292	0.9306	0.9319
1.5	0.9332	0.9345	0.9357	0.9370	0.9382	0.9394	0.9406	0.9418	0.9429	0.9441
1.6	0.9452	0.9463	0.9474	0.9484	0.9495	0.9505	0.9515	0.9525	0.9535	0.9545
1.7	0.9554	0.9564	0.9573	0.9582	0.9591	0.9599	0.9608	0.9616	0.9625	0.9633
1.8	0.9641	0.9649	0.9656	0.9664	0.9671	0.9678	0.9686	0.9693	0.9699	0.9706
1.9	0.9713	0.9719	0.9726	0.9732	0.9738	0.9744	0.9750	0.9756	0.9761	0.9767
2.0	0.9772	0.9778	0.9783	0.9788	0.9793	0.9798	0.9803	0.9808	0.9812	0.9817
2.1	0.9821	0.9826	0.9830	0.9834	0.9838	0.9842	0.9846	0.9850	0.9854	0.9857
2.2	0.9861	0.9864	0.9868	0.9871	0.9875	0.9878	0.9881	0.9884	0.9887	0.9890
2.3	0.9893	0.9896	0.9898	0.9901	0.9904	0.9906	0.9909	0.9911	0.9913	0.9916
2.4	0.9918	0.9920	0.9922	0.9925	0.9927	0.9929	0.9931	0.9932	0.9934	0.9936
2.5	0.9938	0.9940	0.9941	0.9943	0.9945	0.9946	0.9948	0.9949	0.9951	0.9952
2.6	0.9953	0.9955	0.9956	0.9957	0.9959	0.9960	0.9961	0.9962	0.9963	0.9964
2.7	0.9965	0.9966	0.9967	0.9968	0.9969	0.9970	0.9971	0.9972	0.9973	0.9974
2.8	0.9974	0.9975	0.9976	0.9977	0.9977	0.9978	0.9979	0.9979	0.9980	0.9981
2.9	0.9981	0.9982	0.9982	0.9983	0.9984	0.9984	0.9985	0.9985	0.9986	0.9986
3.0	0.9987	0.9987	0.9987	0.9988	0.9988	0.9989	0.9989	0.9989	0.9990	0.9990

α	0.400	0.300	0.200	0.100	0.050	0.025	0.010	0.005	0.001
z_α	0.253	0.524	0.842	1.282	1.645	1.960	2.326	2.576	3.090
$z_{\alpha/2}$	0.842	1.036	1.282	1.645	1.960	2.240	2.576	2.807	3.291

해답

Answer

1장 확률

연습문제 1.1

1. 체조와 야구 그리고 축구를 관람할 사건을 각각 G, B 그리고 F라고 하자.

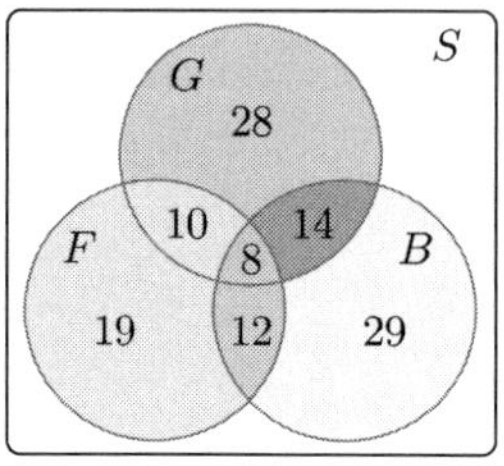

그러면

$$n(G)=28,\ n(B)=29,\ n(F)=19$$

이고

$$n(G\cap B)=14,\ n(B\cap F)=12,\ n(G\cap F)=10,\ n(G\cap B\cap F)=8$$

이다.

$$\begin{aligned} n(G\cup B\cup F) &= n(G)+n(B)+n(F)-n(G\cap B)-n(B\cap F)-n(G\cap F) \\ &\quad +n(G\cap B\cap F) \\ &= 28+29+19-(14+12+10)+8=48 \end{aligned}$$

이므로

$$n[(G\cup B\cup F)^c]=100-n(G\cup B\cup F)=100-48=52$$

2. $A\cup B=\{x|500{,}000\le x<50{,}000{,}000,\ x$는 정수$\}$
$A\cap B=\{x|1{,}000{,}000\le x<5{,}000{,}000,\ x$는 정수$\}$

3. S_1의 부분집합은 $\{a\}, \{b\}, \{a, b\}, \varnothing$ 이므로 $2^2=4$개이다. S_2의 부분집합은 $\{a\}, \{b\}, \{c\}, \{a, b\}$, $\{a, c\}, \{b, c\}, \{a, b, c\}, \varnothing$ 이므로 $2^3=8$개이다. 따라서 n개의 원소를 갖는 표본공간 S의 부분집합의 개수는 2^n 이다.

4. (1) 46 (2) 87

5. 젊은 사람을 Y, 여자를 F 그리고 미혼을 S라 하면,

$$n(Y\cap F\cap S)=n(Y\cap F)-n(Y\cap F\cap S^c)$$

$$= n(Y \cap F) - n(Y \cap F \cap S^c)$$
$$= n(Y) - n(Y \cap F^c) - [n(Y \cap S^c) - n(Y \cap F^c \cap S^c)]$$
$$= 3000 - 1320 - (1400 - 600) = 880$$

6. (1) $S = \{x \mid x \ge 0,\ x\text{는 정수}\}$

(2) $S = \{x \mid 1{,}000{,}000 < x < 100{,}000{,}000,\ x\text{는 정수}\}$

7. (1) $A \cup B = \{x \mid 350{,}000 \le x < 15{,}000{,}000,\ x\text{는 정수}\}$

(2) $A \cap B = \{x \mid 500{,}000 < x < 1{,}000{,}000,\ x\text{는 정수}\}$

8. 84

9. 주식을 갖고 있는 고객을 A, 채권을 갖고 있는 고객을 B 그리고 선물을 갖고 있는 고객을 C라 하면,

$$n(A) = 39,\ n(B) = 37,\ n(C) = 29,\ n(A \cap B) = 21,\ n(A \cap C) = 19$$
$$n(B \cap C) = 18,\ n(A \cap B \cap C) = 13,\ n[(A \cup B \cup C)^c] = 21$$

이다. 그러면 전체 고객의 수를 x라 하면,

$$n(A \cup B \cup C) = x - n[(A \cup B \cup C)^c] = x - 21$$
$$= n(A) + n(B) + n(C) - n(A \cap B) - n(B \cap C) - n(A \cap C)$$
$$+ n(A \cap B \cap C)$$
$$= 39 + 37 + 29 - (21 + 19 + 18) + 13 = 60$$

따라서 $x - 21 = 60$, 즉 $x = 81$이다.

10. (1) 16 (2) 61 (3) 97 (4) 91

연습문제 1.2

1.
$$P(A \cup B) = P(A) + P(B) - P(A \cap B),$$
$$P(A \cup B^c) = P(A) + P(B^c) - P(A \cap B^c)$$

이므로

$$P(A \cup B) + P(A \cup B^c) = 2P(A) + [P(B) + P(B^c)] - [P(A \cap B) + P(A \cap B^c)]$$

또는

$$0.7 + 0.9 = 2P(A) + 1 - P[A \cap (B \cup B^c)]$$
$$= 2P(A) + 1 - P(A)$$

이다. 따라서 $1.6 = P(A) + 1$, 즉 $P(A) = 0.6$이다.

2. 0.38

3. 전문의에게 보내질 사건을 A 그리고 연구소에 보내질 사건을 B라 하면, 각각의 확률은 $P(A)=0.3$, $P(B)=0.4$이다. 전문의나 연구소로 보내지 않고 치료를 받은 환자에 대한 사건은 두 기관 중 적어도 한 기관에 보내진 사건 $A\cup B$의 여사건이므로

$$P[(A\cup B)^c]=\frac{35}{100}=0.35$$

이다. 따라서 확률의 성질 (2)에 의하여

$$P(A\cup B)=1-P[(A\cup B)^c]=1-0.35=0.65$$

특히 확률의 성질 (3)에 의하여

$$\begin{aligned}P(A\cup B)=0.65&=P(A)+P(B)-P(A\cap B)\\&=0.4+0.3-P(A\cap B)\end{aligned}$$

이므로 $P(A\cap B)=0.05$이다.

4. 0.35

5. A와 B를 선택하는 고용주의 비율을 x, A와 C를 선택하는 고용주의 비율을 y 그리고 B와 C를 선택하는 고용주의 비율을 z라고 하자. 그리고 어느 것도 선택하지 않을 비율을 w라 하면, 다음과 같은 벤다이어그램을 얻는다.

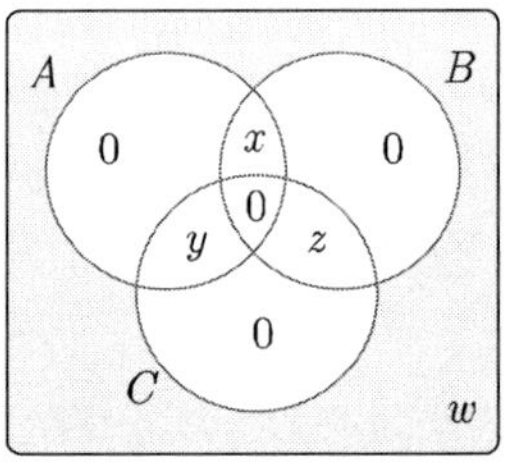

그러면 구하고자 하는 확률은 $w=1-(x+y+z)$이고, 한편 주어진 조건에 의하여 다음 관계식을 얻는다.

$$x+y=\frac{1}{4},\ x+z=\frac{1}{3},\ y+z=\frac{5}{12},\ x+y+z=\frac{1}{2}$$

따라서 $w=\frac{1}{2}$이다.

6. 0.05

7. 체조와 야구 그리고 축구를 관람할 사건을 각각 G, B 그리고 S라고 하자. 그러면

$$P(G)=0.28,\ P(B)=0.29,\ P(S)=0.19$$
$$P(G\cap B)=0.14,\ P(B\cap S)=0.12,$$
$$P(G\cap S)=0.10,\ P(G\cap B\cap S)=0.08$$

이다.

$$\begin{aligned}P(G\cup B\cup S)&=P(G)+P(B)+P(S)-P(G\cap B)-P(B\cap S)-P(G\cap S)\\&\quad+P(G\cap B\cap S)\\&=0.28+0.29+0.19-0.14-0.12-0.10+0.08\\&=0.48\end{aligned}$$

이므로 세 개의 스포츠 중 어느 것도 관람하지 않은 사람의 확률은 0.52이다.

$$P[(G\cup B\cup S)^c]=1-P(G\cup B\cup S)=1-0.48=0.52$$

8. 0.5

9. 우선 확률 점화수열로부터

$$p_n=\frac{1}{5}p_{n-1}=\frac{1}{5}\frac{1}{5}p_{n-2}=\frac{1}{5}\frac{1}{5}\frac{1}{5}p_{n-3}=\cdots=\left(\frac{1}{5}\right)^n p_0$$

을 얻는다. 한편 지급요구를 신청하는 모든 경우의 확률을 더하면 그 결과는 1이어야 하므로

$$1=\sum_{n=0}^{\infty}p_n=\sum_{n=0}^{\infty}\left(\frac{1}{5}\right)^n p_0=p_0\frac{1}{1-\frac{1}{5}}=\frac{5}{4}p_0$$

이고, 따라서 $p_0=\frac{4}{5}$이다. 그러므로 지급요구 신청 건수를 N이라 하면, 두 번 이상 신청할 확률은 0.04이다.

$$P(N\geq 2)=1-P(N\leq 1)=1-p_0-p_1=1-\frac{4}{5}-\frac{1}{5}\frac{4}{5}=\frac{1}{25}=0.04$$

10. 20%

11. 집을 소유하고 있는 여자의 비율이 18%이므로 집을 소유하고 있는 남자의 비율은 19%이다. 그러므로 전체 65%의 남자 중에서 19%가 집을 소유하고 있으므로 집을 갖고 있지 않은 남자의 비율은 46%이다.

12. 0.62

13.

$$\begin{aligned}n(A\cup B\cup C)&=n(A)+n(B)+n(C)-n(A\cap B)-n(B\cap C)\\&\quad-n(A\cap C)+n(A\cap B\cap C)\end{aligned}$$

이므로 다음이 성립한다.

$$\begin{aligned}P(A\cup B\cup C)&=\frac{n(A\cup B\cup C)}{n(S)}\\&=\frac{n(A)+n(B)+n(C)-n(A\cap B)-n(B\cap C)-n(A\cap C)+n(A\cap B\cap C)}{n(S)}\\&=P(A)+P(B)+P(C)-P(A\cap B)-P(B\cap C)-P(A\cap C)+P(A\cap B\cap C)\end{aligned}$$

연습문제 1.3

1. 남학생의 수가 여학생의 수보다 많은 경우는 (남학생, 여학생) = $(3, 0)$, $(2, 1)$뿐이며, 특히 남학생 2명과 여학생 1명이 선정되는 경우는 (여, 남, 남), (남, 여, 남), (남, 남, 여)인 경우로 분류된다. 그러므로 구하고자 하는 확률은 다음과 같다.

$$\frac{8}{15}\cdot\frac{7}{14}\cdot\frac{6}{13}+\frac{8}{15}\cdot\frac{7}{14}\cdot\frac{7}{13}\cdot 3=\frac{36}{65}$$

2. $\frac{17}{24}$

3. $P(A)=0.17$, $P(B)=0.12$이고, 두 기계의 고장은 서로 독립이므로

$$P(A\cap B)=P(A)\,P(B)=(0.17)(0.12)=0.0204$$

이다. 따라서 구하고자 하는 확률은 0.2696이다.

$$P(A\cup B)=P(A)+P(B)-P(A\cap B)=0.17+0.12-0.0204=0.2696$$

4. 0.173

5. 남편이 금년 안에 사망할 사건을 H, 아내가 사망할 사건을 W라 하자. 그러면 $P(H)=0.021$, $P(W)=0.009$이고, 남편과 아내의 사망은 서로 독립이므로

$$P(H\cap W)=P(H)\,P(W)=(0.021)(0.009)=0.000189$$

이다. 따라서 증권 A가 보험금을 지급할 확률은

$$P(H\cap W)=P(H)\,P(W)=(0.021)(0.009)=0.000189$$

이고, 증권 B가 보험금을 지급할 확률은

$$\begin{aligned}P(H\cup W)&=P(H)+P(W)-P(H\cap W)\\&=0.021+0.009-0.000189=0.029811\end{aligned}$$

이다.

6. 0.205

7. 응급실과 수술실 비용에 대한 사건을 각각 A와 B라고 하자. 그러면 응급실과 수술실을 사용하는 것은 서로 독립이므로

$$\begin{aligned} 0.85 = P(A \cup B) &= P(A) + P(B) - P(A \cap B) \\ &= P(A) + P(B) - P(A)P(B) \end{aligned}$$

이고, $0.25 = P(A^c) = 1 - P(A)$이므로 $P(A) = 0.75$이다. 그러므로 구하고자 하는 확률은 $0.85 = 0.75 + P(B) - 0.75P(B)$; $P(B) = 0.4$이다.

8. $\dfrac{37}{64}$

9. 위험요소 A, B 그리고 C에 대한 벤다이어그램을 그리면 아래와 같다.

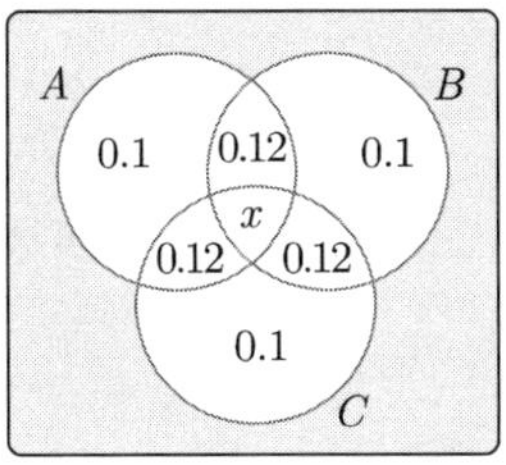

한편 A와 B에 대한 주어진 조건으로부터

$$\frac{1}{3} = P(A \cap B \cap C \mid A \cap B) = \frac{P(A \cap B \cap C)}{P(A \cap B)} = \frac{x}{x + 0.12}$$

를 얻는다. 따라서

$$\frac{x}{x + 0.12} = \frac{1}{3}, \text{ 즉 } x = 0.06$$

그러므로 구하고자 하는 확률은

$$\begin{aligned} P[(A \cup B \cup C)^c \mid A^c] &= \frac{P[(A \cup B \cup C)^c]}{P(A^c)} = \frac{1 - P(A \cup B \cup C)}{1 - P(A)} \\ &= \frac{1 - 3(0.10) - 3(0.12) - 0.06}{1 - 0.10 - 2(0.12) - 0.06} = \frac{0.28}{0.60} = 0.467 \end{aligned}$$

이다.

10. 0.357

11. 위독한 환자, 중환자, 안정적인 환자를 각각 A, B 그리고 C라 하고, 환자가 생존할 사건을 S, 환자가

사망할 사건을 D라고 하자. 그러면

$$P(A)=0.1,\ P(B)=0.3,\ P(C)=0.3,$$
$$P(D|A)=0.4,\ P(D|B)=0.1,\ P(D|C)=0.01$$

이고 따라서 베이즈 정리에 의하여 구하고자 하는 확률은 다음과 같다.

$$\begin{aligned}P(B|S)&=\frac{P(S|B)P(B)}{P(S|A)P(A)+P(S|B)P(B)+P(S|C)P(C)}\\&=\frac{(0.9)(0.3)}{(0.6)(0.1)+(0.9)(0.3)+(0.99)(0.6)}=0.29\end{aligned}$$

12. 0.0141

13. 초보운전자가 운전교육을 받았을 사건을 A라 하면, 운전교육을 받지 않을 사건은 A^c이고, $P(A)=0.6$ 그리고 $P(A^c)=0.4$이다. 따라서 초보운전자가 사고를 내지 않을 사건을 B라 하면, $P(B|A)=0.95$, $P(B|A^c)=0.92$이므로

$$\begin{aligned}P(B)&=P(A)P(B|A)+P(A^c)P(B|A^c)\\&=(0.6)(0.95)+(0.4)(0.92)=0.938\end{aligned}$$

이고, 따라서 구하고자 하는 확률은 다음과 같다.

$$P(A|B)=\frac{P(A\cap B)}{P(B)}=\frac{P(A)P(B|A)}{P(B)}=\frac{(0.6)(0.95)}{0.938}=0.608$$

14. 0.096

15. 1997, 1998, 1999년 모델 중 하나인 자동차가 사고를 낼 사건을 A라고 하자. 그러면 구하고자 하는 확률은 $P(1997|A)$이다. 한편 베이즈 정리에 의하여

$$\begin{aligned}P(1997|A)&=\frac{P(A|1997)P(1997)}{P(A|1997)P(1997)+P(A|1998)P(1998)+P(A|1999)P(1999)}\\&=\frac{(0.05)(0.16)}{(0.05)(0.16)+(0.02)(0.18)+(0.03)(0.20)}\\&=0.45\end{aligned}$$

이다.

16. 0.657

17. 임의로 선정한 사람이 흡연가일 사건을 S 그리고 혈액순환에 문제가 있을 사건을 A라고 하자. 그러면 조건에 의하여 $P(A)=0.25$, $P(S|A)=2P(S|A^c)$이다. 따라서 구하고자 하는 확률은 베이즈 정리

에 의하여

$$P(A|S)=\frac{P(S|A)P(A)}{P(S|A)P(A)+P(S|A^c)P(A^c)}$$
$$=\frac{2P(S|A^c)P(A)}{2P(S|A^c)P(A)+P(S|A^c)P(A^c)}$$
$$=\frac{2P(A)}{2P(A)+P(A^c)}=\frac{2(0.25)}{2(0.25)+0.75}=\frac{2}{5}$$

이다.

18. 0.4211

19. 접촉사고의 사건을 C라 하고, 운전자의 연령이 10대, 20~30대, 40~50대와 60대 이상인 사건을 각각 T, Y 그리고 M과 S라고 하자. 그러면 구하고자 하는 확률은 다음과 같다.

$$P(Y|C)=\frac{P(C|Y)\,P(Y)}{P(C|T)\,P(T)+P(C|Y)\,P(Y)+P(C|M)\,P(M)+P(C|S)\,P(S)}$$
$$=\frac{(0.08)(0.16)}{(0.15)(0.08)+(0.08)(0.16)+(0.04)(0.45)+(0.05)(0.31)}$$
$$=0.22$$

20. 0.1584

2장 확률변수

연습문제 2.1

1. $P(X>1)=\frac{3}{4}$이므로

$$P(X>1)=\int_1^k \frac{4x^3}{k^4}dx=\frac{x^4}{k^4}\bigg|_1^k=1-\frac{1}{k^4}=\frac{3}{4}$$

이다. 그러므로 $\frac{1}{k^4}=\frac{1}{4}$; $k=\sqrt{2}$ 이다.

2. (1) $A=1,\ B=-1$

(2) $(e^3-1)e^5$

(3) $f(x)=\begin{cases} e^{-x}, & x>0 \\ 0\ , & \text{다른 곳에서} \end{cases}$

3. 분포함수가

$$F(x)=1-e^{-x}\sum_{n=0}^{4}\frac{x^n}{n!}=1-e^{-x}\left(1+x+\frac{x^2}{2}+\frac{x^3}{6}+\frac{x^4}{24}\right)$$

이므로 $x \ge 0$에서 X의 확률밀도함수는 다음과 같다.

$$\begin{aligned}f(x)&=\frac{d}{dx}F(x)\\&=e^{-x}\left(1+x+\frac{x^2}{2}+\frac{x^3}{6}+\frac{x^4}{24}\right)-e^{-x}\left(1+x+\frac{x^2}{2}+\frac{x^3}{6}\right)\\&=\frac{x^4e^{-x}}{24}\end{aligned}$$

4. 0.7037

5. 기계의 수명을 X라 하면, 확률밀도함수는

$$f(x)=\frac{k}{(10+x)^2},\quad 0<x<40$$

이다. 이제 상수 k를 먼저 구한다.

$$1=\int_0^{40}\frac{k}{(10+x)^2}dx=-\frac{k}{10+x}\Big|_0^{40}=\frac{2k}{25}$$

따라서 $k=\frac{25}{2}$이고, 구하고자 하는 확률은 0.469이다.

$$P(X<6)=\int_0^{6}\frac{25}{2(10+x)^2}dx=-\frac{25}{2}\left(\frac{1}{10+x}\right)\Big|_0^{6}=\frac{15}{32}=0.469$$

6. 0.625

7. 생존함수와 위험률 함수의 관계로부터

$$\begin{aligned}0.5=S(0.4)&=\exp\left[-\int_0^{0.4}(a+e^{2x})\,dx\right]=\exp\left[-\left(ax+0.5e^{2x}\right)\Big|_0^{0.4}\right]\\&=\exp(-0.4a-0.5e^{0.8}+0.5)\end{aligned}$$

이므로 $\log 0.5=-0.4a-0.5e^{0.8}+0.5$, 즉 $-0.4a-0.5e^{0.8}+0.5=-0.693147$이다. 따라서 $a=0.2009$이다.

8. $S(x)=\exp(-2x^{1/2}),\quad x>0$

$$F(x) = 1 - \exp(-2x^{1/2}), \quad x > 0$$
$$f(x) = x^{-1/2}\exp(-2x^{1/2}), \quad x > 0$$

9. $\lim_{x \to 1-} F(x) = \lim_{x \to 1-} \frac{x^2}{4} = \frac{1}{4}$, $\lim_{x \to 1+} F(x) = 1$이므로 분포함수 $F(x)$는 $x=1$에서 불연속이다. 특히 이 분포함수는 $x=1$에서 크기 $\frac{3}{4}$인 점프 불연속을 갖는다. 그러므로 X의 확률함수는 다음과 같다.

$$f(x) = \begin{cases} \frac{x}{2}, & 0 < x < 1 \\ \frac{3}{4}, & x = 1 \\ 0, & \text{다른 곳에서} \end{cases}$$

10. (1) $f(x) = \begin{cases} \frac{x}{9} & , 0 \le x < 3 \\ -\frac{x}{9} + \frac{2}{3}, & 3 \le x < 6 \\ 0 & , \text{다른 곳에서} \end{cases}$ (2) $F(x) = \begin{cases} 0 & , x < 0 \\ \frac{x^2}{18} & , 0 \le x < 3 \\ -\frac{x^2}{18} + \frac{2}{3}x - 1, & 3 \le x < 6 \\ 1 & , x \ge 6 \end{cases}$

(3) $\frac{13}{18}$

11. (1) X의 밀도함수 $f(x)$는 $x=0$에서 최대이고 $x=2000$에서 최소이다. 따라서 $f(x)$는 다음 그림과 같이 구간 $[0, 2000]$에서 $f(0)=k$, $f(2000)=0$을 만족하는 직선

$$f(x) = k - \frac{k}{2000}x, \quad 0 \le x \le 2000$$

이다.

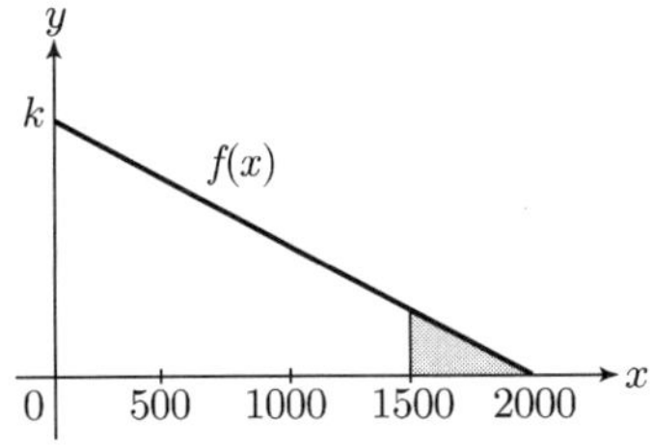

한편 구간 $[0, 2000]$에서 함수 $f(x)$는 밀도함수이므로 $f(x)$와 두 축으로 둘러싸인 삼각형의 면적은 1이어야 한다. 그러므로 $\frac{1}{2}(2000)k = 1$로부터 $k = 0.001$이고, 밀도함수 $f(x)$는

$$f(x) = \begin{cases} 0.001 - \frac{1}{2 \times 10^6}x, & 0 \le x \le 2000 \\ 0 & , \text{다른 곳에서} \end{cases}$$

이다.

(2) $P(X>1500)=\int_{1500}^{2000}\left(0.001-\frac{1}{2\times 10^6}x\right)dx=\left(\frac{1}{1000}x-\frac{1}{2\times 10^6}\frac{1}{2}x^2\right)\Big|_{1500}^{2000}$

$=1-0.9375=0.0625$

(3) $0\le x\le 2000$ 에 대하여 분포함수 $F(x)$와 생존함수 $S(x)$는 각각 다음과 같다.

$$F(x)=P(X\le x)=\int_0^x\left(0.001-\frac{1}{2\times 10^6}u\right)du=\frac{1}{1000}x-\frac{1}{4\times 10^6}x^2$$

$$S(x)=1-F(x)=1-\frac{1}{1000}x+\frac{1}{4\times 10^6}x^2$$

연습문제 2.3

1. (1) $f(x)$의 도함수를 구하여 $f'(x)=0$을 만족하는 x를 구한다.

$$f'(x)=3x(2-3x^3)\exp(-x^3);\ x=\sqrt[3]{\frac{2}{3}}$$

따라서 이 점에서 $f(x)$의 극대 또는 극소를 알기 위하여 2계 도함수를 구하면

$$f''\left(\sqrt[3]{\frac{2}{3}}\right)=(27x^6-54x^3+6)\exp(-x^3)\Big|_{x=\sqrt[3]{2/3}}=-18e^{-2/3}<0$$

이므로 $f(x)$는 $x=\sqrt[3]{\frac{2}{3}}$ 에서 최대값을 가지므로 최빈값은 $x=\sqrt[3]{\frac{2}{3}}=0.8736$이다. 또한 확률변수 X의 분포함수는

$$F(x)=1-\exp(-x^3),\quad x>0$$

이므로

$$0.5=F(x_{me})=1-\exp(-x_{me}^3);\ \exp(-x_{me}^3)=0.5\ ;\ -x_{me}^3=\ln(0.5)=-0.6931$$

이다. 따라서 중앙값은 $x_{me}=\sqrt[3]{0.6931}=0.885$이다.

(2) 밀도함수의 도함수는

$$f'(x)=4(1+x^2)^{-3}-24x^2(1+x^2)^{-4}=4(1+x^2)^{-4}(1-5x^2)$$

이다. 그리고 $x>0$에서 $f'(x)=0$을 만족하는 값은 $x=\frac{1}{\sqrt{5}}$ 이고, 2계 도함수 판정법에 의하여 $f(x)$는 이 점에서 극대이므로 최빈값은 $x_{mo}=\frac{1}{\sqrt{5}}$ 이다. 한편 X의 분포함수는

$$F(x)=1-\frac{1}{(1+x^2)^2},\quad x>0$$

이다. 따라서 중앙값은 $0.5 = F(x_{me}) = 1 - \dfrac{1}{(1+x_{me}^2)^2}$ 을 만족하므로 $x_{me} = \sqrt{\sqrt{2}-1} = 0.6436$ 이다.

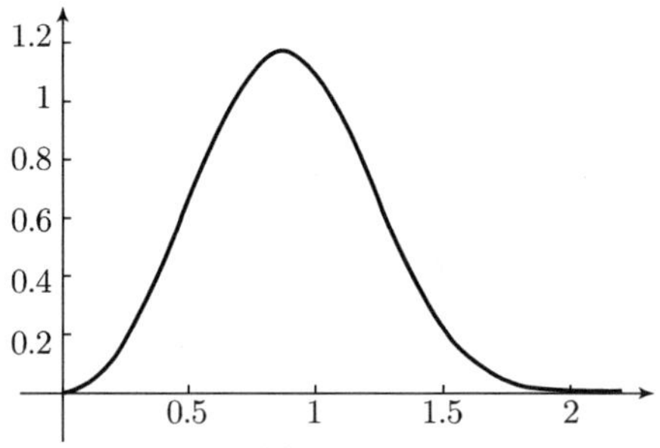

(1)

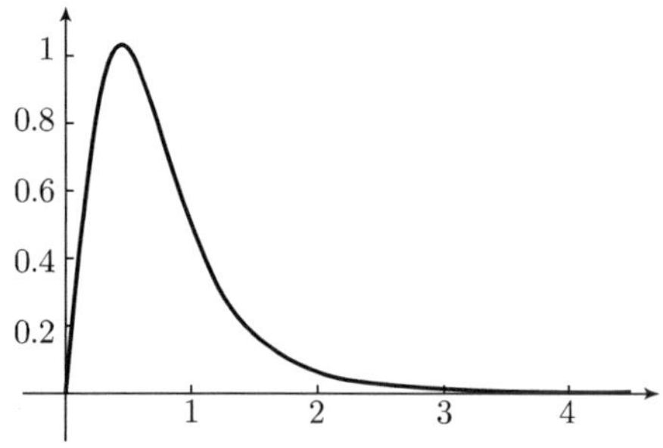

(2)

2. 2.77

3. 부속품이 고장 날 때까지 걸리는 시간 X가 분포함수

$$F(x) = 1 - e^{-x/\lambda}, \quad x > 0$$

을 가지고, 이 분포에 대한 중앙값이 4이므로

$$\frac{1}{2} = F(4) = 1 - e^{-4/\lambda}\,;\ e^{-4/\lambda} = \frac{1}{2}\,;\ \lambda = \frac{4}{\ln 2}$$

즉 X의 분포함수는

$$F(x) = 1 - e^{-(x\ln 2)/4}, \quad x > 0$$

이다. 따라서 구하고자 하는 확률은 다음과 같다.

$$P(X \geq 5) = 1 - F(5) = e^{-(5\ln 2)/4} = 2^{-5/4} = 0.42$$

4. 중앙값 : 173.29, 최빈값 : 0

5. 우선 중앙값을 먼저 구하면, $F(x_{me}) = \dfrac{x_{me}^2}{16} = \dfrac{1}{2}$ 이므로 $x_{me}^2 = 8$; $x_{me} = 2\sqrt{2}$ 이다. 또한 확률변수 X의 밀도함수는 $f(x) = \dfrac{x}{8}$, $0 \leq x \leq 4$ 이므로 $x = 4$ 에서 최대값을 갖는다. 따라서 X의 최빈값은 $x_{mo} = 4$ 이다.

6. (1) 93.06 (2) 123.8

7. 확률변수 X의 분포함수를 먼저 구한다.

$$F(x) = \int_0^x e^{2u}\,du = \frac{1}{2}e^{2u}\Big|_0^x = \frac{1}{2}(e^{2x}-1) \ , \quad 0 \le x < \frac{\ln 3}{2}$$

따라서 중앙값과 75-백분위수는 각각 다음과 같다.

$$0.5 = F(x_{me}) = \frac{1}{2}(e^{2x_{me}}-1) \ ; \ e^{2x_{me}} = 2 \ ; \ x_{me} = \frac{\ln 2}{2} = 0.3466$$

$$0.75 = F(x_{0.75}) = \frac{1}{2}(e^{2x_{0.75}}-1) \ ; \ e^{2x_{0.75}} = \frac{5}{2} \ ; \ x_{0.75} = \frac{\ln 2.5}{2} = 0.4581$$

한편 밀도함수 $f(x) = e^{2x}$ 는 구간 $\left(0, \frac{\ln 3}{2}\right)$에서 증가하므로 $x = \frac{\ln 3}{2}$에서 $f(x)$는 최대이다. 따라서 최빈값은 $x_{mo} = \frac{\ln 3}{2}$ 이다.

8. $x_{mo} = 1$

9. X의 확률밀도함수는

$$f(x) = -\frac{1}{9}(x^2-4x) = -\frac{1}{9}(x^2-4x+4-4) = -\frac{1}{9}(x-2)^2 + \frac{4}{9}$$

이므로 $x=2$에서 $f(x)$는 최대값을 갖는다. 따라서 최빈값은 $x_{mo}=2$이다.

10. 0.1014

연습문제 2.4

1. 회사 B의 월 수익을 Y라 하면, $Y=2X$이고, 따라서 $X = \frac{Y}{2}$; $\frac{dx}{dy} = \frac{1}{2}$이므로 Y의 밀도함수는 다음과 같다.

$$g(y) = f\left(\frac{y}{2}\right)\left|\frac{dx}{dy}\right| = \frac{1}{2}\frac{1}{(y/2)\sqrt{2\pi}}\,e^{-(\ln(y/2)-1)^2/2}, \quad y>0$$

2. 173.29

3. $f(x) = e^{-x}$이므로

$$P(X \le x) = F(x) = \int_0^x e^{-u}\,du = 1 - e^{-x}$$

이다. 이제 보험회사가 지급해야 할 보험금을 Y라 하면, 다음과 같이 정의된다.

$$Y = \begin{cases} 0 & , \ X \le 1 \\ X-1 & , \ X > 1 \end{cases}$$

그러므로 $y=0$이면 $P(Y=0)=P(X\le 1)=1-e^{-1}$이고, $y>0$이면

$$F_Y(y)=P(Y\le y)=P(X-1\le y)=P(X\le y+1)=1-e^{-(y+1)}$$

이다. 따라서 $y>0$에서 Y의 밀도함수는

$$f_Y(y)=\frac{d}{dy}\left[1-e^{-(y+1)}\right]=e^{-(y+1)}$$

즉 Y의 확률함수는

$$f_Y(y)=\begin{cases}1-e^{-1}, & y=0\\ e^{-(y+1)}, & y>0\end{cases}$$

이다.

4. $\frac{1}{2}f\left(\frac{y}{2}\right)$

5. Y의 분포함수를 $G(y)$라 하면, $y>4$에 대하여

$$G(y)=P(Y\le y)=P(T^2\le y)=P(T\le\sqrt{y})=F(\sqrt{y})=1-\frac{4}{y}$$

이다. 따라서 Y의 밀도함수는

$$g(y)=\frac{d}{dy}G(y)=\frac{4}{y^2},\ y>4$$

이다.

6. $g(y)=\dfrac{2}{(y+1)^2},\quad 0<y<1$

7. 보험회사가 지불할 보험금을 Y라 하면, 자기부담금이 C이므로 확률변수 Y는 다음과 같이 정의된다.

$$Y=\begin{cases}0 & ,\ 0<X\le C\\ X-C & ,\ C<X<1\end{cases}$$

따라서 보험회사가 지급한 보험금이 0.5보다 작을 확률은

$$\begin{aligned}0.64=P(Y<0.5)&=P(0<X<0.5+C)\\&=\int_0^{0.5+C}2x\,dx=x^2\Big|_0^{0.5+C}=(0.5+C)^2\end{aligned}$$

이다. 그러므로 $(0.5+C)^2=0.64$; $C=0.8-0.5=0.3$이다.

8. (1) $G(y)=25\left(\ln\frac{y}{10000}-0.04\right),\ 10000e^{0.04}<y<10000e^{0.08}$

(2) $g(y)=\frac{25}{y},\ 10000e^{0.04}<y<10000e^{0.08}$

9. (1) X의 분포함수는

$$F(x)=\int_0^x e^{-u}du=1-e^{-x},\quad x>0$$

이다. 따라서 $Y=10X^{0.5}$의 분포함수는

$$G(y)=P(Y\le y)=P(10X^{0.8}\le y)=P\left(X\le\left(\frac{y}{10}\right)^{5/4}\right)=1-\exp\left[-\left(\frac{y}{10}\right)^{5/4}\right]$$

이다. 그러므로 Y의 밀도함수는 다음과 같다.

$$g(y)=\frac{d}{dy}G(y)=\frac{d}{dy}\left(1-\exp\left[-\left(\frac{y}{10}\right)^{5/4}\right]\right)=\frac{1}{8}\left(\frac{y}{10}\right)^{1/4}\exp\left[-\left(\frac{y}{10}\right)^{5/4}\right],\quad y>0$$

(2) $P(Y\le 10)=\int_0^{10}\frac{1}{8}\left(\frac{y}{10}\right)^{1/4}\exp\left[-\left(\frac{y}{10}\right)^{5/4}\right]dy=-\exp\left[-\left(\frac{y}{10}\right)^{5/4}\right]\Big|_0^{10}=1-e^{-1}$

3장 결합분포

연습문제 3.1

1. $X=0$인 경우에 Y가 취할 수 있는 모든 값은 1과 2뿐이므로

$$f_X(0)=P(X=0)=f(0,1)+f(0,2)=\frac{(2)(0)+1}{12}+\frac{(2)(0)+2}{12}=\frac{1}{4}$$

이고, $X=1$인 경우에 Y가 취할 수 있는 모든 값은 2와 3뿐이므로

$$f_X(1)=P(X=1)=f(1,2)+f(1,3)=\frac{(2)(1)+2}{12}+\frac{(2)(1)+3}{12}=\frac{3}{4}$$

이다. 따라서 X의 주변확률함수는

$$f_X(x)=\begin{cases}\frac{1}{4}, & x=0\\ \frac{3}{4}, & x=1\\ 0, & \text{다른 곳에서}\end{cases}$$

이다. 같은 방법으로 다음과 같이 구할 수 있다.

$$f_Y(1) = f(0,1) = \frac{(2)(0)+1}{12} = \frac{1}{12}$$
$$f_Y(2) = f(0,2) + f(1,2) = \frac{(2)(0)+2}{12} + \frac{(2)(1)+2}{12} = \frac{6}{12}$$
$$f_Y(3) = f(1,3) = \frac{(2)(1)+3}{12} = \frac{5}{12}$$

따라서 Y의 주변확률함수는 다음과 같다.

$$f_Y(y) = \begin{cases} \frac{1}{12}, & y=1 \\ \frac{1}{2}, & y=2 \\ \frac{5}{12}, & y=3 \\ 0, & \text{다른 곳에서} \end{cases}$$

2. $f_X(x) = \begin{cases} \frac{1}{3}, & x=1 \\ \frac{2}{3}, & x=2 \\ 0, & \text{다른 곳에서} \end{cases}$, $f_Y(y) = \begin{cases} \frac{2}{3}, & y=1 \\ \frac{1}{3}, & y=2 \\ 0, & \text{다른 곳에서} \end{cases}$

3. (1) X와 Y의 결합밀도함수 $f(x,y)$는 $0<x<5,\ 0<y<5$에서 다음과 같다.

$$\begin{aligned} f(x,y) &= \frac{\partial^2}{\partial x \partial y}F(x,y) = \frac{1}{250}\frac{\partial^2}{\partial x \partial y}(20xy - x^2y - xy^2) \\ &= \frac{1}{250}\frac{\partial}{\partial x}(20x - x^2 - 2xy) = \frac{1}{250}(20 - 2x - 2y) \end{aligned}$$

(2) $F_X(x) = F(x,\infty) = F(x,5) = \frac{1}{250}(75x - 5x^2),\ 0<x<5$

(3) $f_X(x) = \frac{d}{dx}F_X(x) = \frac{1}{250}\frac{d}{dx}(75x - 5x^2) = \frac{1}{250}(75 - 10x),\ \ 0<x<5$

(4) $P(X>2) = 1 - P(X \le 2) = 1 - F_X(2) = 1 - \frac{130}{250} = \frac{12}{25}$

4. 0.75

5. 이 기계장치가 처음 30분 동안에 멈추게 되는 x, y의 영역을 구하면 다음 그림과 같다.

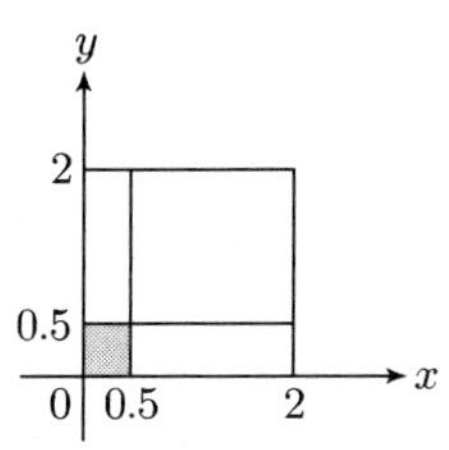

따라서 구하고자 하는 확률은 다음과 같다.

$$P(X\le 0.5,\ Y\le 0.5)=\int_0^{0.5}\int_0^{0.5}\frac{x+y}{8}\,dx\,dy=\int_0^{0.5}\frac{1+4y}{64}\,dy=\frac{1}{8}$$

6. $\dfrac{17}{24}$

7. 두 확률변수 X와 Y의 영역은 다음 그림과 같다.

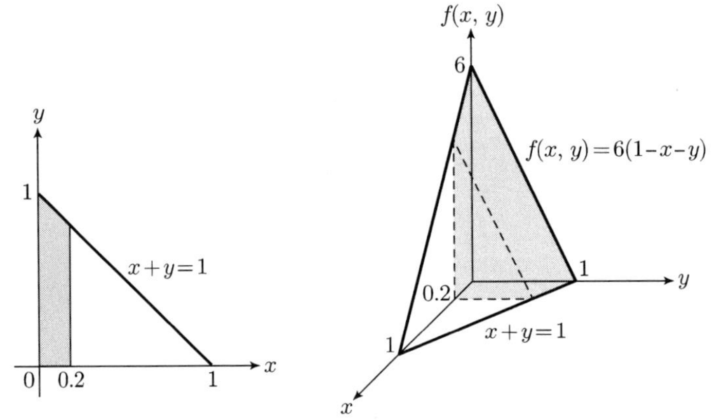

따라서 $X< 0.2$ 일 확률, 즉 왼쪽 그림의 음영부분에 대한 오른쪽 그림의 입체에 대한 부피는 다음과 같다.

$$\begin{aligned}P(X< 0.2)&=\int_0^{0.2}\int_0^{1-x}6(1-x-y)\,dy\,dx\\&=6\int_0^{0.2}\left[y-xy-\frac{1}{2}y^2\right]_0^{1-x}dx\\&=(6)\frac{1}{2}\int_0^{0.2}(1-x)^2\,dx=1-0.8^3=0.488\end{aligned}$$

8. (1) $\dfrac{3}{8}$ (2) $\dfrac{96}{128}$

9. (1) X와 Y의 서포트 $x=0,1,2,\cdots,\ y=0,1,2,\cdots$에 대하여 $f(x,y)>0$이고,

$$\begin{aligned}\sum_{x=0}^{\infty}\sum_{y=0}^{\infty}f(x,y)&=\sum_{x=0}^{\infty}\sum_{y=0}^{\infty}\frac{2^x3^y}{(x!)(y!)}e^{-5}=\sum_{x=0}^{\infty}\frac{2^x}{x!}e^{-5}\left(\sum_{y=0}^{\infty}\frac{3^y}{y!}\right)\\&=\sum_{x=0}^{\infty}\frac{2^x}{x!}e^{-5}(e^3)=\sum_{x=0}^{\infty}\frac{2^x}{x!}e^{-2}\\&=e^{-2}\sum_{x=0}^{\infty}\frac{2^x}{x!}=e^{-2}(e^2)=1\end{aligned}$$

이므로 $f(x,y)$는 결합확률함수이다.

(2) $P(X=1, Y=2)=f(1, 2)=\dfrac{2^1 3^2}{(1!)(2!)}e^{-5}=0.0606$

(3) $P(X\le 1, Y\le 1)=f(0, 0)+f(0, 1)+f(1, 0)+f(1, 1)$

$$=\left[\frac{2^0 3^0}{(0!)(0!)}+\frac{2^0 3^1}{(0!)(1!)}+\frac{2^1 3^0}{(1!)(0!)}+\frac{2^1 3^1}{(1!)(1!)}\right]e^{-5}$$

$$=(12)\,(0.0067)=0.0809$$

10. (1) 생략 (2) 0.1353

11. (1) $0\le x<5,\ 0\le y<25$에 대하여

$$F(x, y)=P(X\le x,\ Y\le y)=\int_{-\infty}^{x}\int_{-\infty}^{y} f(u, v)\,dv\,du=\int_{0}^{x}\int_{0}^{y}\frac{1}{1875}(30-u-v)\,dv\,du$$

$$=\frac{1}{1875}\int_{0}^{x}\frac{1}{2}y\,(60-2u-y)\,du=\frac{1}{3750}\,xy\,(60-x-y)$$

(2) X의 주변밀도함수

$$f_X(x)=\int_{0}^{25}\frac{1}{1875}(30-x-y)\,dy=\frac{1}{150}(35-2x),\quad 0<x<5$$

Y의 주변밀도함수

$$f_Y(y)=\int_{0}^{5}\frac{1}{1875}(30-x-y)\,dx=\frac{1}{750}(55-2y),\quad 0<y<25$$

(3) $P(2<X\le 4, 20<Y\le 25)=\displaystyle\int_{2}^{4}\int_{20}^{25}\frac{1}{1875}(30-x-y)\,dy\,dx=\int_{2}^{4}\left(\frac{1}{50}-\frac{1}{375}x\right)dx=\frac{3}{125}$

(4) $P(2X\ge Y)=\displaystyle\int_{0}^{5}\int_{0}^{2x}\frac{1}{1875}(30-x-y)\,dy\,dx=\frac{4}{1875}\int_{0}^{5}(15x-x^2)\,dx=\frac{14}{45}$

12. $f_Y(y)=15y^{3/2}(1-y^{1/2}),\quad 0<y<1$

13. X와 Y를 각각 두 부품의 수명이라 하면, 밀도함수의 정의역 내에서 $X>20$이고 $Y>20$인 영역은 아래 그림과 같다. 따라서 구하고자 하는 확률은 다음과 같다.

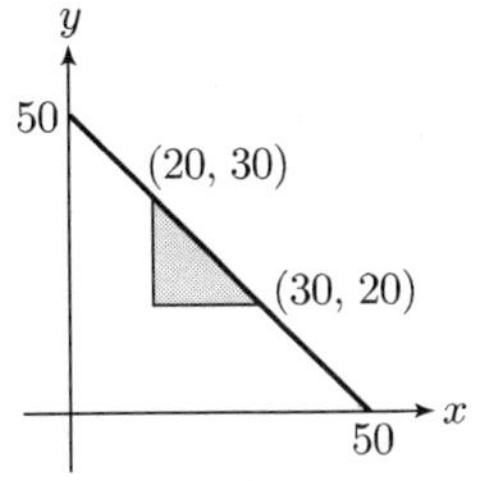

$$P(X>20,\ Y>20)=\frac{6}{125000}\int_{20}^{30}\int_{20}^{50-x}(50-x-y)\,dy\,dx$$
$$=\frac{3}{62500}\int_{20}^{30}\left(450-30x+\frac{1}{2}x^2\right)dx=\frac{1}{125}$$

14. 0.295

15. X와 Y의 영역은 다음 그림과 같으며, 이 영역의 넓이는 $S=6^2-\frac{1}{2}(6-4)^2=34$이다.

(1) $f(x,y)$가 이 영역에서 일정하므로 $f(x,y)=\frac{1}{34}$이다.

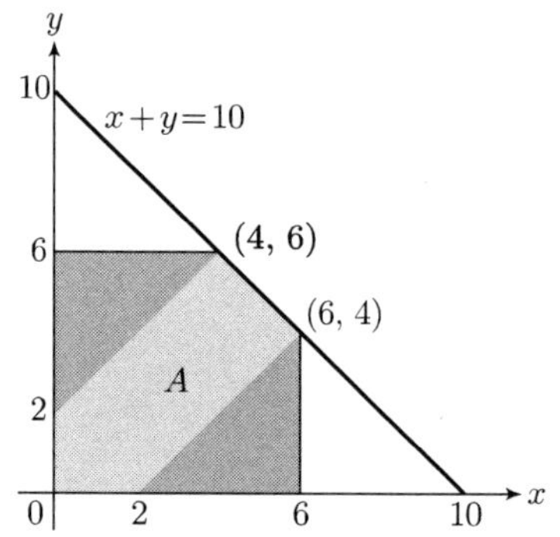

(2) 구하고자 하는 확률은 $P(|X-Y|\le 2)=1-\frac{16}{34}=\frac{18}{34}=\frac{9}{17}$이다.

연습문제 3.2

1. 두 보험회사의 입찰가를 X와 Y라 하자. 그러면 다음 그림은 X와 Y가 2000과 2200 사이에서 20보다 작은 차이가 나는 영역을 나타낸다.

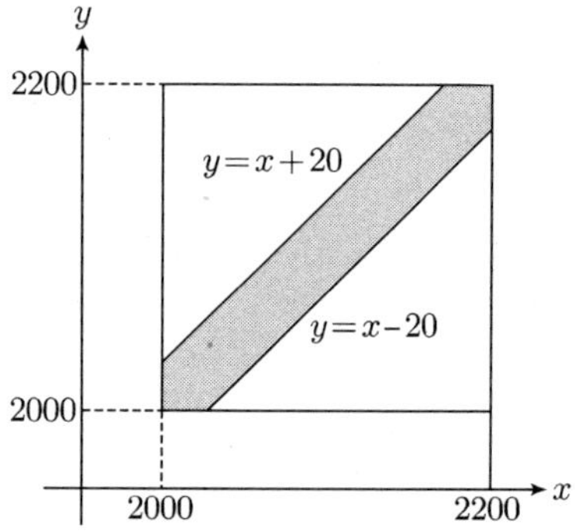

한편 X와 Y가

$$f(x,y)=f_X(x)\,f_Y(y)=\frac{1}{200^2},\quad 2000<x<2200,\ 2000<y<2200$$

인 결합밀도함수를 가지므로

$$P(|X-Y|<20)=\int_{2020}^{2180}\int_{x-20}^{x+20}\frac{1}{200^2}\,dy\,dx+2\int_{2000}^{2020}\int_{2000}^{x+20}\frac{1}{200^2}\,dy\,dx$$
$$=\frac{16}{100}+\frac{3}{100}=0.19$$

또는

$$P(|X-Y|<20)=\frac{\text{색칠 부분}}{200^2}=\frac{200^2-2(1/2)180^2}{40000}=0.19$$

이다.

2. $\frac{1}{9}$

3. $X=2$인 조건 아래서, 구하고자 하는 확률은

$$P(1<Y<3|X=2)=\frac{\int_1^3 f(2,y)\,dy}{f_X(2)}$$

이다. 한편 $f(2,y)=\frac{1}{2y^3}$, $y>1$이므로

$$f_X(2)=\int_1^\infty \frac{1}{2y^3}dy=\frac{1}{4},\quad \int_1^3 f(2,y)\,dy=\int_1^3\frac{1}{2y^3}dy=\frac{2}{9}$$

이다. 따라서 $P(1<Y<3|X=2)=\frac{2/9}{1/4}=\frac{8}{9}$이다.

4. (1) $f_X(x)=3(1-x)^2,\ 0<x<1$

$f_Y(y)=3(1-y)^2,\ 0<y<1$

(2) 독립이 아니다.

(3) $P\left(Y<\frac{1}{3}\middle|X=\frac{1}{2}\right)=\frac{8}{9}$

5. (1) X와 Y의 주변밀도함수는 각각 다음과 같다.

$$f_X(x)=\int_{-\infty}^{\infty}f(x,y)\,dy=\int_0^2\frac{x+y}{8}\,dy=\frac{1}{4}(1+x),\ 0<x<2$$
$$f_Y(y)=\int_{-\infty}^{\infty}f(x,y)\,dx=\int_0^2\frac{x+y}{8}\,dx=\frac{1}{4}(1+y),\ 0<y<2$$

(2) $0<x<2,\ 0<y<2$에 대하여 $f(x,y)\neq f_X(x)f_Y(y)$이므로 X와 Y는 독립이 아니다.

(3) $Y=\frac{1}{2}$일 때, X의 조건부 밀도함수는 다음과 같다.

$$f\left(x \mid y=\frac{1}{2}\right)=\frac{f(x, 1/2)}{f_Y(1/2)}=\frac{1}{6}(2x+1), \quad 0<x<2$$

따라서 구하고자 하는 확률은 다음과 같다.

$$P\left(X<\frac{1}{2} \mid Y=\frac{1}{2}\right)=\frac{1}{6}\int_0^{1/2}(2x+1)\,dx=\frac{1}{8}$$

6. $P(N \geq 1 \mid N \leq 4)=\frac{2}{5}$

7. 두 확률변수 X와 Y가 취하는 영역을 먼저 살펴보면 다음 그림의 영역 B와 같다.

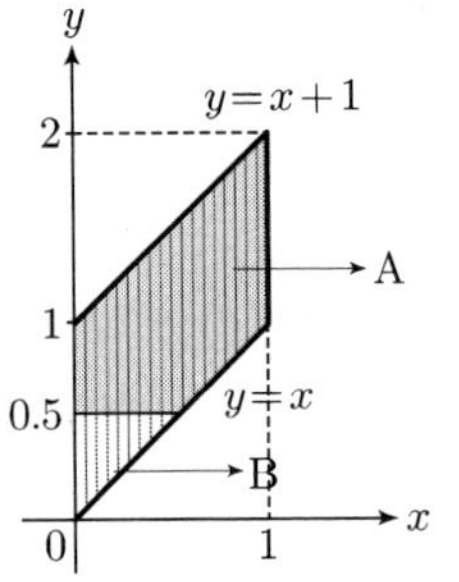

한편 X의 주변밀도함수와 Y의 조건부 밀도함수가 각각

$$f_X(x)=1, \quad 0<x<1$$
$$f(y \mid x)=1, \quad x<y<x+1$$

이므로 X와 Y의 결합밀도함수는

$$f(x, y)=f(y \mid x)\,f_X(x)=\begin{cases}1, & x<y<x+1,\, 0<x<1 \\ 0, & \text{다른 곳에서}\end{cases}$$

이다. 따라서 구하고자 하는 확률 $P(A)$는 다음과 같다.

$$\begin{aligned}P(Y>0.5)&=1-P(Y\leq 0.5)=1-\int_0^{0.5}\int_x^{0.5} 1\,dy\,dx \\ &=1-\int_0^{0.5}\left(\frac{1}{2}-x\right)dx=\frac{7}{8}\end{aligned}$$

8. $P(X \leq 2 \mid X>1.5)=0.578$

9. (1) X의 분포함수는 다음과 같다.

$$F_X(x)=\int_{-\infty}^{x} f(u)\,du=\int_0^x e^{-u}\,du=1-e^{-x}, \quad x>0$$

한편 X와 Y가 동일한 분포를 이루므로 Y의 분포함수도 다음과 같다.

$$F_Y(x) = 1 - e^{-y}, \quad y > 0$$

(2) X와 Y가 독립이므로 구하고자 하는 확률은 다음과 같다.

$$\begin{aligned} P(X > 1,\, Y > 1) &= P(X > 1)\, P(Y > 1) = (1 - F_X(1))(1 - F_Y(1)) \\ &= e^{-1}\, e^{-1} = e^{-2} = 0.1353 \end{aligned}$$

10. $P(Y < 0.05) = 0.4167$

11. 우선 상수 k를 결정한다.

$$\int_{-\infty}^{\infty} f(x)\,dx = k\int_0^1 (1-x)^4\,dx = \frac{k}{5} = 1 \ ; \ k = 5$$

한편 Y가 10,000$와 40,000$를 초과할 확률은 각각

$$\begin{aligned} P(Y > 10000) &= P(100000X > 10000) = P(X > 0.1) \\ &= 5\int_{0.1}^1 (1-x)^4\,dx = (0.9)^5 = 0.59 \\ P(Y > 40000) &= P(100000X > 40000) = P(X > 0.4) \\ &= 5\int_{0.4}^1 (1-x)^4\,dx = (0.6)^5 = 0.078 \end{aligned}$$

이다. 그러므로 구하고자 하는 확률은

$$\begin{aligned} P(Y > 40000 \mid Y > 10000) &= \frac{P(Y > 40000,\, Y > 10000)}{P(Y > 10000)} = \frac{P(Y > 40000)}{P(Y > 10000)} \\ &= \frac{0.078}{0.59} = 0.132 \end{aligned}$$

12. $\dfrac{1}{4}$

13. 손실 X에 대하여 이 손실을 처리하는데 요구되는 시간을 T라고 하자. 그러면 X와 T의 결합밀도함수는

$$f(x,t) = \begin{cases} \dfrac{3}{8}x^2 \cdot \dfrac{1}{x} = \dfrac{3}{8}x, & x < t < 2x,\ 0 < x < 2 \\ 0 & , \text{다른 곳에서} \end{cases}$$

이다. 따라서 구하고자 하는 확률은 다음과 같다.

$$P(T \geq 3) = \int_3^4 \int_{t/2}^2 \frac{3}{8} x \, dx \, dt = \int_3^4 \left(\frac{12}{16} - \frac{3}{64} t^2 \right) dt = \frac{11}{64} = 0.17$$

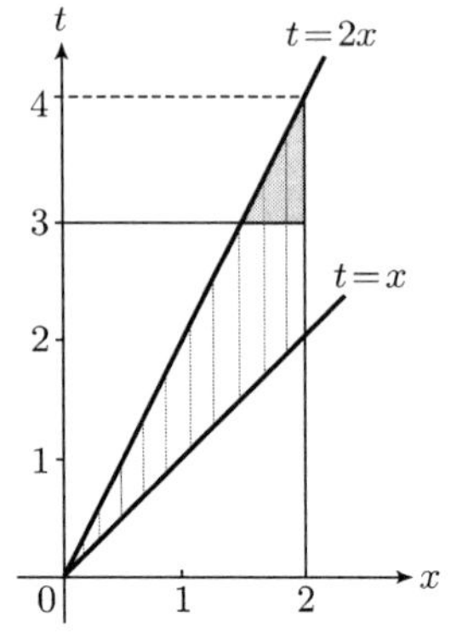

14. $\frac{1}{64}$

15. X와 Y가 독립이고, 각각 다음의 밀도함수를 가지므로

$$f(x) = \frac{1}{6} e^{-x/6}, \quad x > 0, \quad g(y) = \frac{1}{3} e^{-y/3}, \quad y > 0$$

이고, X와 Y의 분포함수는

$$F(x) = 1 - e^{-x/6}, \quad x > 0, \quad G(y) = 1 - e^{-y/3}, \quad y > 0$$

이다. 그러므로 구하고자 하는 확률은 다음과 같다.

$$\begin{aligned} P(X \leq 3, \ Y \leq 2) &= P(X \leq 3) P(Y \leq 2) = F(3) \, G(2) \\ &= (1 - e^{-1/2})(1 - e^{-2/3}) = 0.1915 \end{aligned}$$

16. 0.122

17. 우선 확률변수 $X = x$가 주어졌을 때, 확률변수 Y는 구간 $[0, x]$에서 균등한 분포를 이루므로 (X, Y)의 영역은 $0 < y < x < 1$이고, Y의 조건부 밀도함수는 $f(y \mid x) = \frac{1}{x}, 0 < y < x$이다. 따라서 X와 Y의 결합밀도함수는

$$f(x, y) = f_X(x) f(y \mid x) = 2, \quad 0 < y < x < 1$$

이다. 그러므로 Y의 밀도함수는

$$f_Y(y) = \int_y^1 f(x, y) \, dx = \int_y^1 2 \, dx = 2(1 - y), \quad 0 < y < 1$$

이고, 따라서 $Y=y$일 때, 확률변수 X의 조건부밀도함수는 다음과 같다.

$$f(x \mid y)=\frac{f(x, y)}{f_Y(y)}=\frac{2}{2(1-y)}=\frac{1}{1-y}, \quad y<x<1$$

18. $f(y \mid x=0.75)=\begin{cases}\dfrac{4}{3}, & 0<y<0.5 \\ \dfrac{2}{3}, & 0.5<y<1\end{cases}$

연습문제 3.3

1. $x=0, 1, 2, \cdots, n$, $y=0, 1, 2, \cdots, m$ 이므로 $z=0, 1, 2, \cdots, n+m$ 이고, 전확률공식을 이용하면 Z의 확률함수는 다음과 같다.

$$f_Z(z)=P(Z=z)=P(X+Y=z)=\sum_{x=0}^{n} P(X=x,\ Y=z-x)$$

이때 두 확률변수 X와 Y가 독립이므로 위의 확률은 다음과 같다.

$$\begin{aligned} f_Z(z) &= \sum_{x=0}^{n} P(X=x,\ Y=z-x)=\sum_{x=0}^{n} P(X=x)\,P(Y=z-x) \\ &= \sum_{x=0}^{n}\binom{n}{x} p^x(1-p)^{n-x}\binom{m}{y} p^y(1-p)^{m-y}, \quad y=z-x \\ &= \sum_{x=0}^{n}\binom{n}{x}\binom{m}{y} p^z(1-p)^{(n+m)-z} \\ &= \binom{n+m}{z} p^z(1-p)^{(n+m)-z}, \quad z=0, 1, 2, \cdots, n+m \end{aligned}$$

2. $g_Z(z)=e^{-z/2}-e^{-z}, \quad z>0$

3. X와 Y가 독립이므로 결합밀도함수는 다음과 같다.

$$f(x, y)=\frac{1}{2} e^{-(x/2)-y}, \quad x>0,\ y>0$$

그러므로 제3장의 정리 2에 의하여 $Z=\dfrac{Y}{X}$의 밀도함수는 $z>0$에서

$$\begin{aligned} g(z) &= \int_{-\infty}^{\infty} f(x, zx)\,|x|\,dx=\frac{1}{2}\int_{0}^{\infty} x\,e^{-(x/2)-zx}\,dx \\ &= -\frac{2zx+x+2}{(1+2z)^2} e^{-x(1+2z)/2}\Big|_0^{\infty}=\frac{2}{(1+2z)^2}, \quad z>0 \end{aligned}$$

이다.

4. (1) $f_U(u) = ue^{-u},\ u > 0$ (2) $F_U(u) = 1-(1+u)e^{-u},\ u \ge 0$

(3) $u_{me} = 2.732$ (4) 0.8009

5.

x	$f_X(x)$	$f_Y(y)$	$f_X * f_Y$	$f_Z(z)$	$(f_X * f_Y) * f_Z$	$F_X * F_Y * F_Z$
0	$\frac{1}{4}$	$\frac{1}{2}$	$\frac{1}{8}$	$\frac{1}{4}$	$\frac{1}{32}$	$\frac{1}{32}$
1	$\frac{1}{2}$	0	$\frac{2}{8}$	0	$\frac{2}{32}$	$\frac{3}{32}$
2	$\frac{1}{4}$	$\frac{1}{2}$	$\frac{2}{8}$	$\frac{1}{2}$	$\frac{4}{32}$	$\frac{7}{32}$
3	0	0	$\frac{2}{8}$	0	$\frac{6}{32}$	$\frac{13}{32}$
4	0	0	$\frac{1}{8}$	$\frac{1}{4}$	$\frac{6}{32}$	$\frac{19}{32}$
5	0	0	0	0	$\frac{6}{32}$	$\frac{25}{32}$
6	0	0	0	0	$\frac{4}{32}$	$\frac{29}{32}$
7	0	0	0	0	$\frac{2}{32}$	$\frac{31}{32}$
8	0	0	0	0	$\frac{1}{32}$	$\frac{32}{32}$

6. $P(U \ge 3) = 0.4138,\ P(V \le 1) = 0.8755$

7. (1) $X_1,\ X_2,\ X_3,\ X_4$ 를 독립이고 동일한 분포함수 $F(x)$를 가지는 확률변수라고 하자. 그리고 $Y = \max(X_1,\ X_2,\ X_3,\ X_4)$라 하면, Y의 분포함수 $G(y)$는 다음과 같다.

$$\begin{aligned} G(y) &= P(Y \le y) \\ &= P(X_1 \le y,\ X_2 \le y,\ X_3 \le y,\ X_4 \le y) \\ &= P(X_1 \le y)P(X_2 \le y)P(X_3 \le y)P(X_4 \le y) \\ &= F(x)^4 = \frac{1}{16}(1+\sin\pi y)^4, \quad \frac{3}{2} \le y \le \frac{5}{2} \end{aligned}$$

따라서 Y의 밀도함수 $g(y)$는

$$g(y) = \frac{d}{dy}G(y) = \frac{\pi}{4}\cos\pi y(1+\sin\pi y)^3, \quad \frac{3}{2} \le y \le \frac{5}{2}$$

이다.

(2) $P(Y \le 2) = \int_{1.5}^{2} \frac{\pi}{4}\cos\pi y(1+\sin\pi y)^3\,dy = \int_{-1}^{0} \frac{1}{4}(1+u)^3\,du = \frac{1}{16}$ 이다.

8. $f_1(y) = \frac{9}{y^4}\left(1-\frac{1}{y^3}\right)^2,\ \ y > 1$ $f_3(y) = \frac{9}{y^{10}},\ y > 1$

4장 적률

연습문제 4.1

1. 보험금 지급 건수에 대한 가입자 수의 상대도수를 다음과 같이 먼저 구한다.

보험금 지급 건수	가입자 수	가입자 수의 상대도수
0	18,253	0.8553
1	2,055	0.0963
2	984	0.0462
3	36	0.0017
4	9	0.0004
5	3	0.0001
합 계	21,340	1.0000

따라서 연평균 보험금 지급 횟수를 구하면

$$\begin{aligned}
&\frac{\text{전체 지급 건수}}{21340} \\
&= \frac{0\times 18253+1\times 2055+2\times 984+3\times 36+4\times 9+5\times 3}{21340} \\
&= 0\times \frac{18253}{21340}+1\times \frac{2055}{21340}+2\times \frac{984}{21340}+3\times \frac{36}{21340}+4\times \frac{9}{21340}+5\times \frac{3}{21340} \\
&= 0\times 0.855+1\times 0.096+2\times 0.046+3\times 0.002+4\times 0.000+5\times 0.000 \\
&= 0.194
\end{aligned}$$

이다.

2. 220

3. 우선 상수 k를 구하면 $\sum_{x=1}^{5} f(x)=k\sum_{x=1}^{5}\frac{1}{x}=\frac{137}{60}k=1$이므로 $k=\frac{60}{137}$이다. 한편 피보험자가 손해를 입을 확률은 0.05이므로 손실금액 N의 확률함수는 다음과 같다.

$$\begin{aligned}
f(n)=P(N=n)&=P(N=n|\text{손실을 입는 경우})P(\text{손실을 입는 경우}) \\
&=\frac{60}{137n}\cdot(0.05)=\frac{3}{137n},\quad n=1, 2, \cdots, 5
\end{aligned}$$

한편 면책금액이 2이므로 순보험료는

$$X=\begin{cases}0 &, N\le 2 \\ N-2, & N>2\end{cases}$$

에 대하여 $E(X)$이다. 그러므로 순보험료는 다음과 같다.

$$E(X)=\sum_{n=3}^{5}(n-2)\frac{3}{137n}=1\cdot\frac{1}{137}+2\cdot\frac{3}{137\cdot 4}+3\cdot\frac{3}{137\cdot 5}=0.0314$$

4. $\frac{28}{15}$

5. 각각의 위험요소에 대하여 지불한 전체 보험금의 평균은 다음과 같다.

$$E(X)=\int_0^1 2x(1-x)\,dx=\int_0^1(2x-2x^2)\,dx=1-\frac{2}{3}=\frac{1}{3}$$

따라서 지불된 전체 보험금의 평균은 $32\cdot\frac{1}{5}\cdot\frac{1}{3}=\frac{32}{15}=2.13$이다.

6. ⑤

7. Y의 기댓값은 다음과 같다.

$$\begin{aligned}E(Y)&=\int_0^\infty yf(x)\,dx=\int_0^2 2\cdot\frac{1}{3}e^{-x/3}dx+\int_2^\infty\frac{x}{3}e^{-x/3}dx\\&=\left(-2e^{-x/3}\Big|_0^2\right)+\left(-(x+3)e^{-x/3}\Big|_0^\infty\right)=2+3e^{-2/3}=3.54\end{aligned}$$

8. 2.025$

9. 확률변수 X의 밀도함수가 $(1+x)^{-4}$에 비례하므로, 밀도함수는

$$f(x)=\frac{k}{(1+x)^4},\qquad 0<x<\infty$$

이고, 따라서 상수 k를 먼저 구한다.

$$\int_0^\infty f(x)\,dx=\int_0^\infty\frac{k}{(1+x)^4}\,dx=\frac{k}{3}=1$$

이므로 $k=3$이다. 그러면 X의 기댓값은

$$E(X)=\int_0^\infty\frac{3x}{(1+x)^4}\,dx$$

이고, $1+x=u$라 하면 $dx=du$이므로 다음과 같다.

$$E(X)=\int_1^\infty\frac{3(u-1)}{u^4}\,dx=3\left(\frac{u^{-2}}{-2}-\frac{u^{-3}}{-3}\right)\Big|_1^\infty=\frac{1}{2}$$

10. $E(X)=15.118,\ x_{me}=6.67$

11. Y의 주변밀도함수는

$$f_Y(y)=\int_0^y 6e^{-x-2y}\,dx=6(e^{-2y}-e^{-3y}),\quad 0<y<\infty$$

이다. 따라서 다음과 같다.

$$\begin{aligned}E(X)&=\int_0^\infty x\,(1.4e^{-2x}+0.9e^{-3x})\,dx\\&=-(0.35+0.7x)e^{-2x}-(0.1+0.3x)e_1^{-3x}\Big|_0^\infty=0.45\end{aligned}$$

12. 0.935

13. X를 자동차보험 지급금액을 나타내는 확률변수라 하면, 자기부담금을 초과할 확률은

$$P(X>1)=\int_1^\infty x\,e^{-x}\,dx=2\,e^{-1}=0.736$$

이다. 따라서 이 회사가 기대하는 지급요구 건수는 $(100)(0.736)=73.6$ 건이다.

14. 2694

15. 보험증권 소지자에게 지급된 보험금을 Y라 하면,

$$Y=\begin{cases}x\ , & 1<x<10\\ 10\ , & x\ge 10\end{cases}$$

이다. 그러므로 Y의 평균은 다음과 같다.

$$\begin{aligned}E(Y)&=\int_1^\infty y f(x)\,dx=\int_1^{10} x\cdot\frac{2}{x^3}dx+\int_{10}^\infty 10\cdot\frac{2}{x^3}dx\\&=-\frac{2}{y}\Big|_1^{10}-\frac{10}{y^2}\Big|_{10}^\infty=\left(2-\frac{2}{10}\right)+\frac{1}{10}=\frac{19}{10}\end{aligned}$$

16. 0.9343

17. Y를 보험회사로부터 지급되는 보험금이라고 하자. 그러면

$$Y=\begin{cases}0 & ,\ \text{확률 } 0.94\\ \max\{0,\,x-1\} & ,\ \text{확률 } 0.04\\ 14 & ,\ \text{확률 } 0.02\end{cases}$$

이므로 Y의 평균은 다음과 같다.

$$\begin{aligned} E(Y) &= (0.94)(0) + (0.04)(0.5003)\int_1^{15}(x-1)e^{-x/2}dx + (0.02)(14) \\ &= (0.020012)\left[-2(1+x)e^{-x/2}\right]_1^{15} + 0.28 \\ &= (0.020012)\left(4e^{-1/2} - 32e^{-15/2}\right) + 0.28 = 0.3282 \end{aligned}$$

보험회사로부터 기대되는 보험금은 328.2$이다.

연습문제 4.2

1. X를 지급요구 건수라 하면,

$$\begin{aligned} E(X) &= 20(0.15) + 30(0.10) + \cdots + 80(0.3) = 55 \\ E(X^2) &= 20^2(0.15) + 30^2(0.10) + \cdots + 80^2(0.3) = 3500 \end{aligned}$$

이므로 분산과 표준편차는 각각

$$\sigma^2 = Var(X) = 3500 - 55^2 = 475, \quad \sigma = \sqrt{475} = 21.79$$

이다. 그러므로 $\mu \pm \sigma = 55 \pm 21.79 = 33.21$ 또는 76.79, 즉 [33.21, 76.79] 안에 지급건수가 놓일 확률은 $0.05 + 0.20 + 0.10 + 0.10 = 0.45$이다.

2. ⑤

3. 보험금 손실을 X, 보험회사의 보험 지급금액을 Y라 하면

$$\begin{aligned} &P(Y=0) = P(X \le 2) = 0.7, \quad P(Y=1) = P(X=3) = 0.1 \\ &P(Y=2) = P(X=4) = 0.05, \quad P(Y=3) = P(X=5) = 0.05 \\ &P(Y=4) = P(X \ge 6) = 0.1 \end{aligned}$$

그러므로

$$\begin{aligned} E(Y) &= (0)(0.7) + (1)(0.1) + (2)(0.05) + (3)(0.05) + (4)(0.1) = 0.75 \\ E(Y^2) &= (0)(0.7) + (1)(0.1) + (4)(0.05) + (9)(0.05) + (16)(0.1) = 2.35 \end{aligned}$$

이고, 분산은 다음과 같다.

$$\sigma^2 = E(Y^2) - E(Y)^2 = 2.35 - (0.75)^2 = 1.7875$$

4. 985$

5. X와 Y를 각각 사고를 당했을 때, 수리비와 지급된 보험금이라 하자. 그러면

$$Y=\begin{cases}0 & , \ X \le 250 \\ X-250 & , \ X > 250\end{cases}$$

이므로

$$E(Y)=\int_{250}^{1500}\frac{1}{1500}(x-250)\,dx=\frac{1}{3000}(x-250)^2\Big|_{250}^{1500}=\frac{1250^2}{3000}=521$$

$$E(Y^2)=\int_{250}^{1500}\frac{1}{1500}(x-250)^2\,dx=\frac{1}{4500}(x-250)^3\Big|_{250}^{1500}=\frac{1250^3}{4500}=434028$$

이다. 따라서 분산은 $\sigma_Y^2=E(Y^2)-E(Y)^2=434028-521^2=162587$이고, 표준편차는 $\sigma_Y=\sqrt{162587}$ $=403.22$이다.

6. $E\left(\dfrac{X}{Y}\right)=\dfrac{25}{18}$

7.

$$E(X)=\int_0^{\infty}x\,f(x)\,dx=\int_0^{\infty}0.001\,x\,e^{-0.001x}\,dx=1000$$

$$E(X^2)=\int_0^{\infty}x^2 f(x)\,dx=\int_0^{\infty}0.001\,x^2\,e^{-0.001x}\,dx=2000000$$

따라서 분산은 $\sigma^2=E(X^2)-E(X)^2=2000000-(1000)^2=10^6$이다.

8. $k=6$

9. 우선 X의 밀도함수를 먼저 구한다. 분포함수는 $x=1$에서 $\dfrac{1}{2}$인 jump 불연속을 가지고 $x>1$에서 연속인 밀도함수 $f(x)=F'(x)$를 갖는다. 따라서 X의 밀도함수는 다음과 같다.

$$f(x)=\begin{cases}\dfrac{1}{2} & , \ x=1 \\ x-1 & , \ 1<x<2 \\ 0 & , \ \text{다른 곳에서}\end{cases}$$

그러므로 X의 평균과 분산은 각각 다음과 같다.

$$E(X)=(1)\left(\frac{1}{2}\right)+\int_1^2 x(x-1)\,dx=\frac{1}{2}+\left(\frac{1}{3}x^3-\frac{1}{2}x^2\right)\Big|_1^2=\frac{4}{3}$$

$$E(X^2)=(1)^2\left(\frac{1}{2}\right)+\int_1^2 x^2(x-1)\,dx=\frac{1}{2}+\left(\frac{1}{4}x^4-\frac{1}{3}x^3\right)\Big|_1^2=\frac{23}{12}$$

$$Var(X)=E(X^2)-E(X)^2=\frac{23}{12}-\left(\frac{4}{3}\right)^2=\frac{5}{36}$$

10. 5.778

11. X의 주변밀도함수를 먼저 구하면 다음과 같다.

$$-1 \le x < 0 \text{인 경우}: \ f_X(x) = \int_0^{1+x} f(x,\, y)\, dy = \int_0^{1+x} 1\, dy = 1 + x$$

$$0 \le x \le 1 \text{인 경우}: \ f_X(x) = \int_0^{1-x} f(x,\, y)\, dy = \int_0^{1-x} 1\, dy = 1 - x$$

즉 X의 주변밀도함수 $f_X(x) = \begin{cases} 1+x\,, & -1 < x < 0 \\ 1-x\,, & 0 \le x < 1 \\ 0 & , \text{다른 곳에서} \end{cases}$ 이다. 따라서

$$E(X) = \int_{-1}^{0} x\,(1+x)\,dx + \int_0^1 x\,(1-x)\,dx = 0$$

$$E(X^2) = \int_{-1}^{0} x^2(1+x)\,dx + \int_0^1 x^2(1-x)\,dx = \frac{1}{6}$$

$$Var\,(X) = E(X^2) - E(X)^2 = \frac{1}{6}$$

이다.

12. 0.83

13. X와 Y가 독립이므로

$$Var(Z) = Var(3X - Y - 5) = 9\,Var(X) + Var(Y) = 9 + 2 = 11$$

이다.

14. $Var\,(X) = 0.576$

15. X와 Y를 두 발전기의 수명이라 하면, X와 Y는 독립이고 동일한 확률밀도함수 $f(x) = \frac{1}{10}e^{-x/10}$, $x > 0$을 갖는다. 그러므로

$$E(X) = E(Y) = \int_0^\infty \frac{1}{10} x\, e^{-x/10}\, dx = -(x+10)e^{-x/10}\Big|_0^\infty = 10$$

$$E(X^2) = E(Y^2) = \int_0^\infty \frac{1}{10} x^2 e^{-x/10}\, dx = -(x^2 + 20x + 200)e^{-x/10}\Big|_0^\infty = 200$$

이고, 따라서 $Var\,(X) = Var\,(Y) = E(X^2) - E(X)^2 = 200 - 10^2 = 100$이다. 그러므로 구하고자 하는 분산은 $Var\,(X+Y) = Var\,(X) + Var\,(Y) = 200$이다.

16. 5.725

17. X와 Y를 각각 세금 20%가 부여되기 전과 후의 자동차 유지 및 보수비용이라고 하자. 그러면 $Y=1.2X$이고, 따라서 세금이 부여된 후의 비용에 대한 분산은

$$Var(Y) = Var(1.2X) = 1.2^2\,Var(X) = (1.44)(260) = 374.4$$

이다.

18. $Cov(X, Y) = 6$

19. 우선 상수 k를 먼저 구한다. 함수 $f(x, y)$가 결합밀도함수이므로

$$1 = \int_0^1 \int_0^1 f(x, y)\,dx\,dy = \int_0^1 \int_0^1 kx\,dx\,dy = \frac{k}{2}$$

따라서 $k=2$ 이다. 그러므로 다음과 같다.

$$E(X) = \int_0^1 \int_0^1 2x^2\,dx\,dy = \frac{2}{3}, \qquad E(Y) = \int_0^1 \int_0^1 2xy\,dx\,dy = \frac{1}{2}$$

$$E(XY) = \int_0^1 \int_0^1 2x^2y\,dx\,dy = \frac{1}{3}, \quad Cov(X, Y) = E(XY) - E(X)E(Y) = \frac{1}{3} - \frac{2}{3}\cdot\frac{1}{2} = 0$$

20. $Cov(X, Y) = 0.0414$

연습문제 4.3

1. 아내가 10년간 생존하는 사건을 X, 남편이 10년간 생존하는 사건을 Y라 하자. 그리고 A를 지급된 보험금, B를 판매한 증권에 대한 이익금이라 하자. 그러면 남편이 10년간 생존할 확률은

$$P(Y) = P(X\cap Y) + P(X^c \cap Y) = 0.96 + 0.01 = 0.97$$

이다. 따라서 남편이 10년간 생존한다는 조건 아래서

$$P(X|Y) = \frac{P(X\cap Y)}{P(Y)} = \frac{0.96}{0.97} = 0.9897$$

$$P(X^c|Y) = \frac{P(X^c\cap Y)}{P(Y)} = \frac{0.01}{0.97} = 0.0103$$

이다. 그러므로 10년 만기 후에 지급된 보험금의 평균은

$$E(A) = 0\cdot P(X|Y) + 10000\cdot P(X^c|Y) = 10000(0.0103) = 103$$

이다. 따라서 남편이 적어도 10년간 생존했다는 조건 아래서, 판매한 증권에 대한 평균 이익금은

$$E(B) = E(1000 - A) = 1000 - E(A) = 1000 - 103 = 897$$

이다.

2. $E(Y|X=1)=\dfrac{11}{9}$

3. 확률변수 X의 주변밀도함수를 $f_X(x)$라 하면,

$$f_X(x)=\int_x^{x+1} 2x\,dy=2x,\quad 0<x<1$$

이고, Y의 조건부 밀도함수는

$$f(y|x)=\frac{f(x,y)}{f_X(x)}=1,\quad x<y<x+1$$

이다. 따라서 조건부 분산은 다음과 같다.

$$E(Y|X)=\int_x^{1+x} y\,f(y|x)\,dy=\int_x^{1+x} y\,dy=x+\frac{1}{2}$$
$$E(Y^2|X)=\int_x^{1+x} y^2\,f(y|x)\,dy=\int_x^{1+x} y^2\,dy=x^2+x+\frac{1}{3}$$
$$Var(Y|X)=E(Y^2|X)-E(Y|X)^2=x^2+x+\frac{1}{3}-\left(x+\frac{1}{2}\right)^2=\frac{1}{12}$$

4. 0.9856

5. $X=1$인 조건에서 Y의 조건부 확률분포는 다음과 같다.

$$P(Y=0|X=1)=\frac{P(X=1,Y=0)}{P(X=1)}=\frac{0.050}{0.175}=0.286$$
$$P(Y=1|X=1)=\frac{P(X=1,Y=1)}{P(X=1)}=\frac{0.125}{0.175}=0.714$$

따라서

$$E(Y|X=1)=(0)P(Y=0|X=1)+(1)P(Y=1|X=1)=(1)(0.714)=0.714$$
$$E(Y^2|X=1)=(0)^2P(Y=0|X=1)+(1)^2P(Y=1|X=1)=0.714$$

이므로 조건부 분산은 다음과 같다.

$$Var(Y|X=1)=E(Y^2|X=1)-E(Y|X=1)^2=0.714-(0.714)^2=0.204$$

6. 2900

7. (1) 하나의 증권으로부터 요구되는 보험료(X)의 평균 금액은

$$E(X) = \int_0^\infty 0.001\, x\, e^{-0.001x}\, dx = 1000$$

이다. 한편 개개의 증권이 보험료 지급을 요구할 사건은 서로 독립이므로 보험료 지급 건수(Y) 1, 2, 3, 4, 5 에 대한 보험료의 평균 요구금액($E[X|Y=y]$)은 1000$, 2000$, 3000$, 4000$, 5000$이다. 한편 각각의 요구 건수에 대한 확률이 0.0963, 0.0462, 0.0017, 0.0004, 0.0001 이므로 요구되는 보험료의 평균은 다음과 같다.

$$\begin{aligned} E(X) &= \sum_y E(X|Y=y)\, f_Y(y) \\ &= 1000(0.0963) + 2000(0.0462) + 3000(0.0017) + 4000(0.0004) + 5000(0.0001) \\ &= 195.9(\$) \end{aligned}$$

(2) 보험료 지급 건수에 대한 평균과 분산은 $\mu = 0.1959$, $\sigma^2 = 0.2670$ 이다. 그리고 보험료 지급요구액의 분산이

$$Var(X) = \int_0^\infty x^2 f(x)\, dx - E(X)^2 = 1000000$$

이다. 특정 보험료 지급 건수(Y)에 대한 지급액의 평균과 분산은 각각

$$E(X|Y) = 1000\,Y, \quad Var(X|Y) = 1000000\,Y$$

이므로 한 증권에 대한 보험료 지급액의 분산은

$$\begin{aligned} Var(X) &= E_Y[Var(X|Y)] + Var_Y[E(X|Y)] \\ &= E_Y(1000000\,Y) + Var_Y(1000\,Y) \\ &= 1000000(0.1959) + 1000000(0.2670) = 462900(\$) \end{aligned}$$

이다. 따라서 100개의 증권에 대하여 지불이 요구되는 보험료의 분산은 46,290,000($)이고, 표준편차는 $\sqrt{46{,}290{,}000} = 6803.675(\$)$이다.

8. (1) $E(X) = 56$

(2) $\sigma = 540.14$

9. 확률변수 X와 Y의 서포트는 다음 그림과 같으며, 이 영역에서 우선 $Y=y$에 대한 조건부 밀도함수 $f_{X|Y}(x|y)$를 먼저 구한다. 그러면 Y의 주변밀도함수

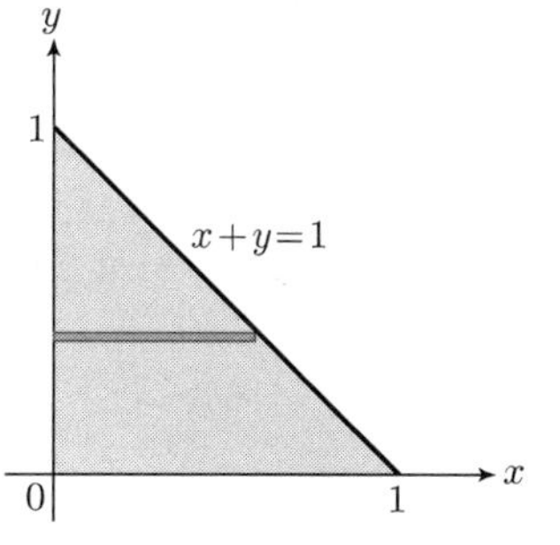

$$f_Y(y) = \int_0^{1-y} 6(1-x-y)\, dx = 3(1-y)^2, \quad 0 < y < 1$$

와 $Y=y$ 일 때 X의 조건부 밀도함수

$$f_{X|Y}(x|y) = \frac{f(x, y)}{f_Y(y)} = \frac{2(1-x-y)}{(1-y)^2}, \quad 0 < x < 1-y$$

를 얻는다. 따라서 조건부 기댓값 $E(X|Y=y)$는

$$E(X|Y=y) = \int_0^{1-y} x\, f_{X|Y}(x|y)\, dx = \int_0^{1-y} \frac{2x(1-x-y)}{(1-y)^2}\, dx = \frac{1}{3}(1-y)$$

이다.

10. $Var(Y|X) = \frac{1}{12}$

11. $Y=y$일 때, 확률변수 X의 확률함수는

$$f(x|y) = \frac{y^x}{x!} e^{-y}, \; x = 0, 1, 2, \cdots$$

이고, X의 평균은 다음과 같다.

$$E(X|Y) = \sum_{x=0}^{\infty} x\, f(x) = \sum_{x=0}^{\infty} x \cdot \frac{y^x}{x!} e^{-y} = y \sum_{x=1}^{\infty} \frac{y^{x-1}}{(x-1)!} e^{-y}$$

이제 $x-1=t$ 라 하면,

$$E(X|Y) = y \sum_{t=0}^{\infty} \frac{y^t}{t!} e^{-y} = y$$

또한 동일한 방법으로 $E[X(X-1)|Y] = y^2$ 이고, 따라서 분산은

$$Var(X|Y) = E[X(X-1)|Y] + E(X|Y) - [E(X)|Y]^2 = y^2 + y - y^2 = y$$

이다. 따라서

$$Var(X) = E[Var(X|Y)] + Var[E(X|Y)] = E(Y) + Var(Y)$$

이므로 Y의 평균과 분산을 구하면 된다. 한편 확률변수 Y는 $[0, 3]$에서 일정한 밀도함수를 가지므로 Y의 밀도함수는

$$f_Y(y) = \frac{1}{3}, \quad 0 < y < 3$$

이고, 따라서 Y의 평균은

$$E(Y) = \int_0^3 y f_Y(y)\, dy = \int_0^3 \frac{1}{3} y\, dy = \frac{3}{2}$$

이고

$$E(Y^2)=\int_0^3 y^2 f_Y(y)\,dy=\int_0^3 \frac{1}{3}y^2\,dy=3$$

이므로 $Var(Y)=E(Y^2)-E(Y)^2=3-\frac{9}{4}=\frac{3}{4}$ 이다. 따라서 X의 분산은 다음과 같다.

$$Var(X)=E(Y)+Var(Y)=\frac{3}{2}+\frac{3}{4}=\frac{9}{4}$$

12. $Var(Y|X=0.75)=0.076$

연습문제 4.4

1. $M_X'(t)=\frac{10000}{(1-2500t)^5}$, $M_X''(t)=\frac{125000000}{(1-2500t)^6}$ 이므로

$$E(X)=M_X'(0)=10000,\quad E(X^2)=M_X''(0)=125000000$$

이다. 따라서 X의 분산과 표준편차는 각각 다음과 같다.

$$Var(X)=E(X^2)-E(X)^2=125000000-10000^2=25000000$$
$$\sigma=\sqrt{Var(X)}=\sqrt{25000000}=5000$$

2. 41.9

3. $M_X'(t)=\left(\frac{1}{3}\right)^9(9)(2+e^t)^8e^t$ 이므로 $\mu=M_X'(0)=3$ 이고

$$M_X''(t)=\left(\frac{1}{3}\right)^9(9)(2+e^t)^7e^t(2+9e^t),\quad M_X''(0)=11$$

이므로 분산은 다음과 같다.

$$\sigma^2=M_X''(0)-[M_X'(0)]^2=11-9=2$$

4. $P(X\le 0)=0.7$

5. X와 Y의 적률생성함수는 각각 다음과 같다.

$$M_X(t)=(1-p+pe^t)^n,\ M_Y(t)=(1-p+pe^t)^m,\ -\infty<t<\infty$$

그러므로 $S=X+Y$의 적률생성함수는 $-\infty<t<\infty$에서

$$M_S(t) = M_X(t)\ M_Y(t) = (1-p+pe^t)^n (1-p+pe^t)^m = (1-p+pe^t)^{n+m}$$

이다. 따라서 S의 확률함수는

$$f_S(x) = \binom{n+m}{x} p^x (1-p)^{n+m-x}, \quad x = 0, 1, 2, \cdots, n+m$$

이다.

6. $E(X^3) = 10560$

7. $Y = X_1 X_2 X_3$의 확률함수 $g(y)$를 먼저 구한다. 우선 X_1, X_2, X_3 중 적어도 하나가 0이면 $Y=0$이고, $X_1 = 1, X_2 = 1, X_3 = 1$인 경우에 한하여 $Y=1$이다. 따라서

$$P(Y=1) = P(X_1=1, X_2=1, X_3=1) = P(X_1=1)\,P(X_2=1)\,P(X_3=1) = \frac{2}{3}\,\frac{2}{3}\,\frac{2}{3} = \frac{8}{27}$$
$$P(Y=0) = 1 - P(Y=1) = 1 - \frac{8}{27} = \frac{19}{27}$$

이므로

$$g(y) = \begin{cases} \dfrac{19}{27}, & y=0 \\ \dfrac{8}{27}, & y=1 \\ 0, & \text{다른 곳에서} \end{cases}$$

이다. 그러므로 다음과 같다.

$$M_Y(t) = E(e^{tY}) = \frac{19}{27} + \frac{8}{27}e^t, \quad -\infty < t < \infty$$

8. $E(S) = \dfrac{1-p}{p}, \quad Var(S) = \dfrac{1-p^2}{p^2}$

$M_S(t) = \dfrac{p(1-t)}{p-t}, \quad t < 1$

9. W와 Z의 결합적률생성함수 $M(t_1, t_2)$는 다음과 같다.

$$\begin{aligned} M(t_1, t_2) &= E[\exp(t_1 W + t_2 Z)] = E[\exp\{t_1(X+Y) + t_2(Y-X)\}] \\ &= E[\exp\{(t_1 - t_2)X + (t_1+t_2)Y\}] = E[\exp\{(t_1-t_2)X\}]\,E[\exp\{(t_1+t_2)Y\}] \\ &= \exp\left[\frac{(t_1-t_2)^2}{2}\right] \exp\left[\frac{(t_1+t_2)^2}{2}\right] = \exp(t_1^2 + t_2^2), \quad -\infty < t_1,\ t_2 < \infty \end{aligned}$$

10. (1) $M(t_1, t_2) = \dfrac{2}{2-t_1}\dfrac{3}{3-t_2}$, $t_1 < 2,\ t_2 < 3$

(2) $E(X) = \dfrac{1}{2},\ E(Y) = \dfrac{1}{3},\ Cov\,(X, Y) = 0$

5장 확률분포

연습문제 5.1

1. 높은 수준의 성과에 도달한 종업원의 수를 X라고 하자. 그러면 X는 모수 $n = 20$, $p = 0.2$인 이항분포를 이룬다. 이제 $P(X > x) \le 0.01$을 만족하는 x를 구한다. 즉

$$0.99 \le P(X \le x) = \sum_{k=0}^{x} \binom{20}{k}(0.02)^k (0.98)^{20-k}$$

를 만족하는 x를 구한다. 그러면

x	$P(X = x)$	$P(X \le x)$
0	$\binom{20}{0}(0.02)^0(0.98)^{20} = 0.668$	0.668
1	$\binom{20}{1}(0.02)^1(0.98)^{19} = 0.272$	0.940
2	$\binom{20}{2}(0.02)^2(0.98)^{18} = 0.053$	0.993

이므로, 두 명보다 많은 종업원이 높은 수준의 성과에 도달할 확률이 1%보다 작다. 그러므로 높은 성과에 도달한 종업원에게 지불될 기금 120,000\$에 대하여 $2C = 120{,}000$, 즉 $C = 60{,}000$\$이다.

2. 0.1564

3. X와 Y를 각각 제1 집단과 제2 집단에서 연구를 완성한 참가자의 수라고 하자. 그러면 X와 Y는 독립이다. 따라서 구하고자 하는 확률은 다음과 같다.

$$\begin{aligned}
&P[\{(X \ge 9) \cap (Y < 9)\} \cup (X < 9) \cap (Y \ge 9)\}] \\
&= P[(X \ge 9) \cap (Y < 9)] + P[(X < 9) \cap (Y \ge 9)] \\
&= 2P[(X \ge 9) \cap (Y < 9)] \qquad (\text{대칭성에 의하여}) \\
&= 2P(X \ge 9)P(X < 9) \qquad (\text{독립성에 의하여}) \\
&= 2\left[\binom{10}{9}(0.2)(0.8)^9 + \binom{10}{10}(0.8)^{10}\right] + \left[1 - \binom{10}{9}(0.2)(0.8)^9 - \binom{10}{10}(0.8)^{10}\right] \\
&= 2(0.376)(1 - 0.376) = 0.469
\end{aligned}$$

4. $P(X \le 2) = 0.925$

5. 30세 미만인 운전자가 1년간 사고를 내지 않을 건수는 $n=2,\ p=0.97$인 이항분포에 따르고, 30세 이상인 운전자의 1년간 사고를 내지 않을 건수는 $p=0.99$인 베르누이 분포에 따르며, 30세 미만이 25% 그리고 30세 이상이 75%로 구성되어 있으므로 임의로 선정된 운전자가 지난 1년 동안 사고를 내지 않을 사건을 A라 하면

$$P(A) = (0.25)\binom{2}{0}(0.03)^0(0.97)^2 + (0.75)(0.99) = 0.9777$$

이다. 한편 이 운전자가 내년에 사고를 내지 않을 사건을 B라 하면,

$$P(A \cap B) = (0.25)\binom{2}{0}(0.03)^0(0.97)^2\binom{2}{0}(0.03)^0(0.97)^2 + (0.75)(0.99)(0.99) = 0.9564$$

이다. 그러므로 운전자가 지난 1년 동안에 사고를 내지 않았다고 할 때, 이 운전자가 내년에 사고를 내지 않을 확률은 다음과 같다.

$$P(B|A) = \frac{P(A \cap B)}{P(A)} = \frac{0.9564}{0.9777} = 0.9782$$

6. (1) $P(I=i) = \begin{cases} 0.9971 & , i=0 \\ 0.0029 & , i=1 \\ 0 & , \text{다른 곳에서} \end{cases}$

$E(I) = p = 0.0029, \quad Var(I) = 0.0289$

(2) $f(x|I=1) = \begin{cases} 0.8621 & , x=50000 \\ 0.1379 & , x=100000 \\ 0 & , \text{다른 곳에서} \end{cases}$

$E(X|I=1) = 56895$

7. 12명의 피보험자 중에서 내년 안으로 과다한 보험금을 신청할 사람 수를 X라 하면, $X \sim B(12, 0.023)$이고 따라서 구하고자 하는 확률은

$$P(X=3) = \binom{12}{3}(0.023)^3(0.977)^9 = 0.0022$$

이다.

8. $P(X \le 2) = 0.99884$

9. 20명의 헌혈자 중에서 혈액형이 B+인 사람의 수를 X라 하면, $X \sim B(20, 0.1)$이다. 따라서 정확히 4명이 B+ 혈액형일 확률은

$$P(X=4) = \binom{20}{4}(0.1)^4(0.9)^{16} = 0.0898$$

한편

$$P(X=0)=\binom{20}{0}(0.1)^0(0.9)^{20}=0.12158$$
$$P(X=1)=\binom{20}{1}(0.1)^1(0.9)^{19}=0.27017$$
$$P(X=2)=\binom{20}{2}(0.1)^2(0.9)^{18}=0.28518$$

이므로 적어도 3명이 B+일 확률은

$$P(X\ge 3)=1-P(X\le 2)=1-(0.12158+0.27017+0.28518)=0.3231$$

이다.

10. $P(|X-\mu|<\sigma)=0.5319$

11. $X_i \sim B(n_i, p)$ 이므로 X_i 의 적률생성함수는

$$M_i(t)=(1-p+pe^t)^{n_i},\quad i=1, 2, \cdots, k$$

이다. 따라서 S_k 의 적률생성함수는

$$M_S(t)=\prod_{i=1}^{k} M_{X_i}(t)=\prod_{i=1}^{k}(1-p+pe^t)^{n_i}=(1-p+pe^t)^{n_1+\cdots+n_k}$$

이므로 $S_k \sim B(n_1+\cdots+n_k, p)$ 이다.

12. $P(X=2)=0.102$

13. 결함이 있는 상품의 수를 X라 하면, $X\sim H(50, 5, 10)$ 이므로 확률함수는

$$f(x)=\frac{\binom{5}{x}\binom{45}{10-x}}{\binom{50}{10}},\quad x=0, 1, \cdots, 5$$

이다. 따라서 수입을 허용할 확률은

$$P(X\le 2)=f(0)+f(1)+f(2)=\sum_{x=0}^{2}\frac{\binom{5}{x}\binom{45}{10-x}}{\binom{50}{10}}=\frac{504127}{529690}=0.95174$$

14. 50400($)

15. 월요일에 2건 그리고 화요일부터 금요일까지는 각각 1건씩 접수될 것으로 기대하므로 월요일부터 금요일까지 평균 $2+1+1+1+1=6$건이 접수된다. 따라서 월요일부터 금요일까지 접수된 건수는 $X \sim P(6)$이다. 그러므로 월요일부터 금요일 사이에 적어도 두 건의 지급요구가 접수될 확률은 다음과 같다.

$$P(X \geq 2) = 1 - P(X=0) - P(X=1) = 1 - e^{-6} - 6 \cdot e^{-6} = 0.9826$$

16. (1) 0.244

(2) $P(X \leq 1) = 0.9747$

(3) 244$

17. 연간 내린 대폭설의 수를 X 그리고 보험증권의 계약에 의하여 회사에 지불해야 할 보험금을 Y라 하면,

$$P(X=x) = \frac{(1.5)^x e^{-1.5}}{x!}, \quad x = 0, 1, 2, \cdots$$

$$Y = \begin{cases} 0 & , X=0 \\ 10000(X-1), & X \geq 1 \end{cases}$$

이다. 따라서 Y의 기댓값은 다음과 같다.

$$\begin{aligned} E(Y) &= \sum_{x=1}^{\infty} 10000(x-1)\frac{(1.5)^x e^{-1.5}}{x!} \\ &= 10000e^{-1.5} + \sum_{x=0}^{\infty} 10000(x-1)\frac{(1.5)^x e^{-1.5}}{x!} \\ &= 10000e^{-1.5} + E[10000(X-1)] \\ &= 10000e^{-1.5} + 10000(E(X)-1) = 10000(e^{-1.5} + 1.5 - 1) = 7231 \end{aligned}$$

18. 698.98

19. 보험금 지급요구 건수를 N이라 하자. 그러면 N은 미지의 모수 μ를 갖는 푸아송분포를 이룬다. 한편 조건에 의하여

$$P(N=2) = \frac{e^{-\mu}\mu^2}{2!} = 3P(N=4) = \frac{3e^{-\mu}\mu^4}{4!}$$

이므로 $24\mu^2 = 6\mu^4$; $\mu = 2$를 얻는다. 그러므로 $Var(N) = \mu = 2$이다.

20. 생략

21. X의 적률생성함수는 $M_X(t) = \exp[\mu(e^t - 1)]$이고,

$$M_X'(t) = \mu e^t \exp[\mu(e^t - 1)]$$
$$M_X''(t) = \mu(1 + \mu e^t)\, e^t \exp[\mu(e^t - 1)]$$
$$M_X'''(t) = \mu(1 + 3\mu e^t + \mu^2 e^{2t})\, e^t \exp[\mu(e^t - 1)]$$
$$M_X^{(4)}(t) = \mu(1 + 7\mu e^t + 6\mu^2 e^{2t} + \mu^3 e^{3t})\, e^t \exp[\mu(e^t - 1)]$$

이므로

$$E(X) = M_X'(0) = \mu, \qquad E(X^2) = M_X''(0) = \mu(1+\mu)$$
$$E(X^3) = M_X'''(0) = \mu(1+3\mu+\mu^2), \quad E(X^4) = M_X^{(4)}(0) = \mu(1+7\mu+6\mu^2+\mu^3)$$

이다. 따라서 왜도는

$$\alpha = \frac{E(X^3) - 3\mu E(X^2) + 3\mu^3}{\sigma^3} = \frac{\mu^2+1}{\mu^2}$$

이고, 첨도는

$$\beta = \frac{E(X^4) - 4\mu E(X^3) + 6\mu^2 E(X^2) - 3\mu^4}{\sigma^4} = \frac{3\mu+1}{\mu^3}$$

이다.

22. $P(X \le 3) = \dfrac{19}{27}$

23. 한 번 이상의 사고가 발생한 달을 성공으로 간주하고, 네 번째 성공이 있기 전까지 실패의 수를 X라 하면, X는 성공률 $\frac{3}{5}$인 음이항분포에 따른다. 따라서 구하고자 하는 확률은 다음과 같다.

$$P(X \ge 4) = 1 - P(X \le 3) = 1 - \sum_{x=0}^{3} \binom{3+x}{x} \left(\frac{3}{5}\right)^4 \left(\frac{2}{5}\right)^x$$
$$= 1 - \left(\frac{3}{5}\right)^4 \left[\binom{3}{0}\left(\frac{2}{5}\right)^0 + \binom{4}{1}\left(\frac{2}{5}\right)^1 + \binom{5}{2}\left(\frac{2}{5}\right)^2 + \binom{6}{3}\left(\frac{2}{5}\right)^3\right]$$
$$= 1 - \left(\frac{3}{5}\right)^4 \left[1 + \frac{8}{5} + \frac{8}{5}\,\frac{32}{25}\right] = 0.2898$$

24. $E(Y|X=2) = e^2$

25. X는 모수 $\frac{1}{6}$을 갖는 기하분포에 따르고, $Y=2$인 사실은 처음에 6이 아닌 다른 눈이 나오고 두 번째 6의 눈이 나온 것을 나타낸다. 따라서 처음 주사위를 굴려서 첫 번째 5의 눈이 확률 $\frac{1}{5}$을 가지고 나오거나, 세 번 이상 주사위를 굴려서 5의 눈이 확률 $\frac{4}{5}$를 가지고 나오는 것을 의미한다. 그러므로

$$E(X|X \geq 3) = 2 + \frac{1}{p} = 2 + 6 = 8$$

이고, 따라서

$$E(X|Y=2) = (0.2)(1) + (0.8)(8) = 6.6$$

이다.

26. 0.0527

27. X와 Y를 각각 이 장치가 고장 난 년도와 보험금액이라고 하자. 그러면 X의 확률함수는

$$f_X(x) = 0.4(0.6)^{x-1}, \quad x = 1, 2, 3, \cdots$$

이고, 확률변수 Y는 다음과 같이 정의된다.

$$Y = \begin{cases} 1000(5-x), & x = 1, 2, 3, 4 \\ 0, & x > 4 \end{cases}$$

따라서 Y의 기댓값은 다음과 같다.

$$E(Y) = 4000(0.4) + 3000(0.4)(0.6) + 2000(0.4)(0.6)^2 + 1000(0.4)(0.6)^3 = 2694$$

28. (1) $f(x) = \binom{x-1}{2}(0.1)^3(0.9)^{x-3}, \quad x = 3, 4, 5, \cdots$

(2) $E(X) = 30, \quad Var(X) = 270$

(3) 0.081

(4) 0.0172

(5) 0.000478

29. 두 번째 파손이 있기까지 찾아온 허리케인의 수를 X라 하면, X는 $r=2$, $p=0.4$인 음이항분포를 이루므로 X의 확률질량함수는 다음과 같다.

$$f(x) = \binom{x-1}{2-1}(0.4)^2(0.6)^{x-2} = (x-1)(0.4)^2(0.6)^{x-2}, \quad x = 2, 3, 4, \cdots$$

이제 $f(x)$를 최대로 하는 x를 구한다.

$$\frac{f(x+1)}{f(x)} = \frac{x(0.4)^2(0.6)^{x-1}}{(x-1)(0.4)^2(0.6)^{x-2}} = \frac{x}{x-1}(0.6)$$

이고, 따라서 연속인 확률의 비가 $x=2$이면 1보다 크고, $x \geq 3$이면 1보다 작다. 그러므로 $x=3$일 때, $f(x)$가 최대이고 따라서 허리케인 수의 최빈값은 3이다.

30. (1) $M_S(t) = p + q\frac{p}{p-t}, \quad t < 1$

(2) $F_S(s) = \begin{cases} 0, & s < 0 \\ 1 - qe^{-ps}, & s \geq 0 \end{cases}$

31. 위험성이 가장 작은 운전자의 수를 X, 중간인 운전자의 수를 Y 그리고 가장 위험성이 큰 운전자의 수를 Z라 하자. 이제 $f(x, y, z)$를 X, Y 그리고 Z의 확률함수라고 하자. 그러면 $f(x, y, z)$는 3항분포 확률함수이다. 따라서 구하고자 하는 확률은 다음과 같다.

$$P(Z \geq x+2) = f(0,0,4) + f(1,0,3) + f(0,1,3) + f(0,2,2)$$
$$= (0.2)^4 + 4(0.5)(0.2)^3 + 4(0.3)(0.2)^3 + \frac{4!}{2!2!}(0.3)^2(0.2)^2 = 0.0488$$

연습문제 5.2

1. (1) X가 구간 $[0, 65.5]$에서 균등분포를 이루므로 밀도함수는

$$f(x) = \begin{cases} \dfrac{1}{65.5}, & 0 \leq x \leq 65.5 \\ 0, & \text{다른 곳에서} \end{cases}$$

이다. 따라서 분포함수는 다음과 같다.

$$F(x) = \begin{cases} 0, & x < 0 \\ \dfrac{x}{65.5}, & 0 \leq x < 65.5 \\ 1, & x \geq 65.5 \end{cases}$$

(2) $E(X) = \dfrac{65.5}{2} = 32.75$

(3) $P(X \geq 60) = 1 - F(60) = 1 - \dfrac{60}{65.5} = 0.084$

(4) $P(X \geq 45) = 1 - F(45) = 0.313,\ P(X \geq 60) = 0.084$이므로

$$P(X \geq 60 | X \geq 45) = \frac{P(X \geq 45,\ X \geq 60)}{P(X \geq 45)} = \frac{P(X \geq 60)}{P(X \geq 45)}$$
$$= \frac{0.084}{0.313} = 0.2684$$

이다.

(5) $45 < x \leq 65.5$에 대하여,

$$P(X \geq x | X \geq 45) = \frac{P(X \geq 45,\ X \geq x)}{P(X \geq 45)} = \frac{P(X \geq x)}{P(X \geq 45)}$$
$$= \frac{1-(x/65.5)}{0.313} = \frac{65.5-x}{20.5}$$

이다.

2. $F(v) = 25\left[\ln\left(\dfrac{v}{10,000}\right) - 0.04\right], \quad 10408.1 < v < 10832.9$

3. 주어진 그림과 같이 $0 \le t_1 \le t_2 \le L$에 의하여 정의되는 영역에서 T_1과 T_2의 결합밀도함수가 균등분포를 이루므로, 결합밀도함수는

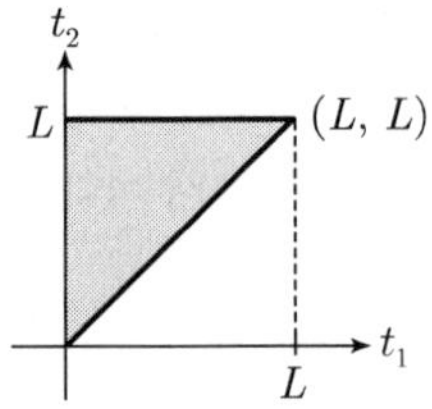

$$f(t_1, t_2) = \frac{2}{L^2}, \quad 0 \le t_1 \le t_2 \le L$$

이다. 따라서 $T_1^2 + T_2^2$의 기댓값은 다음과 같다.

$$E\left(T_1^2 + T_2^2\right) = \int_0^L \int_0^{t_2} (t_1^2 + t_2^2)\frac{2}{L^2}\,dt_1\,dt_2 = \frac{2}{L^2}\int_0^L \frac{4}{3}t_2^3\,dt_2 = \frac{2L^2}{3}$$

4. $Cov(X, Y) = 6$

5. 10년 전의 지급 요구된 보험금액을 확률변수 X라 하면, X는 모수 λ인 지수분포를 이룬다. 또한 $P(X < 10000) = 0.25$이므로

$$P(X < 10000) = \int_0^{10000} \lambda\, e^{-\lambda x}\,dx = 1 - e^{-10000\lambda} = 0.25$$

$$e^{-10000\lambda} = 0.75\ ;\ 10000\lambda = -\log 0.75 = 0.2877\ ;\ \lambda = 0.00002877$$

이다. 따라서 X의 밀도함수는

$$f(x) = 0.00002877\, e^{-0.00002877x}, \quad x > 0$$

이다. 한편 현재의 보험금액은 인플레이션에 의하여 10년 전에 비하여 두 배로 증가하였으므로, 구하고자 하는 확률은 다음과 같다.

$$P(2X < 10000) = P(X < 5000) = \int_0^{5000} 0.00002877\, e^{-0.00002877x}\,dx$$
$$= 1 - e^{-0.14385} = 0.133982$$

6. (1) $\frac{10}{3}$ (2) $\frac{10}{3}$

(3) $x_{me} = 2.3105$ (4) $P(X > 7) = 0.1225$

(5) $P(X > 7 \mid X > 5) = 0.5488$

7. (1) 구성원이 사망할 때까지 걸리는 시간을 확률변수 X라고 하면, 평균 60인 지수분포를 이루므로 X의 밀도함수는

$$f(x) = \frac{1}{60}\, e^{-x/60}, \quad x > 0$$

이다. 따라서 구하고자 하는 확률은 다음과 같다.

$$P(X < 50) = \int_0^{50} \frac{1}{60} e^{-x/60} dx = 1 - e^{-5/6} = 0.5654$$

(2) 임의로 선정된 사람이 100세 이전에 사망할 확률은

$$P(X < 100) = \int_0^{100} \frac{1}{60} e^{-x/60} dx = 1 - e^{-10/6} = 0.8111$$

이므로 100세 이상 생존할 확률은 0.1889이다.

(3) 임의로 선정된 사람이 40세 이상 생존할 확률은

$$P(X \ge 40) = 1 - \int_0^{40} \frac{1}{60} e^{-x/60} dx = e^{-4/6} = 0.5134$$

이고, 이 조건 아래서, 이 사람이 50세 이전에 사망할 조건부 확률은

$$\begin{aligned} P(X < 50 \mid X \ge 40) &= \frac{P(X < 50\,,\ X \ge 40)}{P(X \ge 40)} = \frac{P(40 \le X < 50)}{P(X \ge 40)} \\ &= \frac{1}{0.5134} \int_{40}^{50} \frac{1}{60} e^{-x/60} dx = \frac{0.0788}{0.5134} = 0.1535 \end{aligned}$$

(4) (2)에서 100세 이상 생존할 확률은 0.1889이고, (3)에서 40세 이상 생존할 확률은 0.5134이다. 그러므로 구하고자 하는 확률은 다음과 같다.

$$P(X \ge 100 \mid X \ge 40) = \frac{P(X \ge 100)}{P(X \ge 40)} = \frac{0.1889}{0.5134} = 0.3679$$

8. (1) $P(X < 25) = 0.4821$ (2) 0.4941

9. 백업용인 두 번째 회로가 고장 날 경우에 한하여 이 장치가 멈추게 되므로 Y의 밀도함수를 먼저 구한다.

$$f_Y(y) = \int_0^y 6e^{-x-2y} dx = 6e^{-2y} - 6e^{-3y}, \quad 0 < y < \infty$$

그러므로 Y의 평균은 다음과 같다.

$$E(Y) = \int_0^\infty y\left(6e^{-2y} - 6e^{-3y}\right) dy = 3\int_0^\infty 2ye^{-2y} dy - 2\int_0^\infty 3e^{-3y} dy$$

특히 $\int_0^\infty 2ye^{-2y} dy$와 $\int_0^\infty 3e^{-3y} dy$는 각각 모수 $\frac{1}{2}$과 $\frac{1}{3}$인 지수분포의 평균이므로 $\int_0^\infty 2ye^{-2y} dy = \frac{1}{2}$, $\int_0^\infty 3e^{-3y} dy = \frac{1}{3}$이다. 따라서 $E(Y) = (3)\,\frac{1}{2} - (2)\,\frac{1}{3} = \frac{5}{6}$이다.

10. $P(X + Y \le 60) = \dfrac{(e^{3/2} - 1)^2}{e^3}$

11. X는 지수분포를 이루므로 $k=0.004$이다. 이제 Y를 보험회사로부터 지급되는 보험금이라 하면,

$$Y=\begin{cases} x & , \ x < 250 \\ 250 , & x \geq 250 \end{cases}$$

이고, 따라서 Y의 중앙값을 m이라 하면, 다음과 같다.

$$0.5=\int_0^m 0.004e^{-0.004x}\,dx=-e^{-0.004x}\Big|_0^m=1-e^{-0.004m}$$

$$;\ e^{-0.004m}=0.5\ ;\ m=250\ln 2=173.29$$

12. $P(X \geq 5)=2^{-5/4}$

13. 피보험자의 실제손실을 X라 하면, 평균 300인 지수분포에 따르므로 X의 분포함수는 $F(x)=1-e^{-x/300}$, $x>0$이다. 이제 자기부담금 100을 초과하는 모든 클레임의 95% 백분위수를 m이라 하면,

$$0.95=\frac{P(100<X<m)}{P(X>100)}=\frac{F(m)-F(100)}{1-F(100)}$$
$$=\frac{e^{-1/3}-e^{-m/300}}{e^{-1/3}}=1-e^{1/3}e^{-m/300}$$

이고, 따라서 $m=-300\ln(0.05e^{-1/3})=998.72$이다.

14. $x=5643.34$

15. 프린터의 수명을 X라고 하면, X의 확률밀도함수는 다음과 같다.

$$f(x)=\frac{1}{2}e^{-x/2},\quad x>0$$

한편 프린터가 1년 이내에 고장 날 확률과 1년 이후로 2년 안에 고장 날 확률은 각각 다음과 같다.

$$P(X \leq 1)=\int_0^1 \frac{1}{2}e^{-x/2}\,dx=1-e^{-1/2}=0.393$$
$$P(1<X \leq 2)=\int_1^2 \frac{1}{2}e^{-x/2}\,dx=e^{-1/2}-e^{-1}=0.239$$

이제 판매한 100대의 프린터에 대한 환불 금액을 각각 $Y_1, Y_2, \cdots, Y_{100}$이라 하면, 주어진 조건에 의하여 이 확률변수들은 독립이고 동일한 확률함수

$$P(Y_i=y)=\begin{cases} 0.239 , & y=100 \\ 0.393 , & y=200 \\ 0.368 , & y=0 \end{cases} ,\quad i=1, 2, \cdots, 100$$

를 갖는다. 따라서 $i=1, 2, \cdots, 100$에 대하여

$$E(Y_i) = (0.239)(100) + (0.393)(200) + (0.368)(0) = 102.56$$

이고, 그러므로 환불해야 할 평균금액은 다음과 같다.

$$\sum_{i=1}^{100} E(Y_i) = (100)(102.56) = 10256$$

16. (1) $F(x) = \begin{cases} \frac{1}{2} e^{-\lambda(\theta - x)}, & x < \theta \\ 1 - \frac{1}{2} e^{-\lambda(x-\theta)}, & x > \theta \end{cases}$

(2) 생략 (3) $P(X \le 0) = 0.0249$

(4) $P(X \le 2) = F(2) = 0.9751$ (5) $P(0 \le X \le 2) = F(2) - F(0) = 0.9502$

17. 두 확률변수 X와 Y에 대하여

$$\{(x, y): x + y < 1\} = \{(x, y): 0 < y < 1 - x,\ 0 < x < 1\}$$

이므로 구하고자 하는 확률은 다음과 같다.

$$P(X + Y < 1) = \int_0^1 \int_0^{1-x} e^{-(x+y)}\, dy\, dx = 1 - 2e^{-1} = 0.2642$$

18. $P(X \le 80) = F(80) = 0.4349$

19. 다음 번 Basic 증권에 대한 보험금 지급요구까지의 시간을 T_1 그리고 다음 번 Deluxe 증권에 대한 보험금 지급요구까지의 시간을 T_2 라고 하자. 그러면 T_1과 T_2는 각각 평균 2와 3인 독립 지수분포를 이루므로 이 두 변수의 결합밀도함수는

$$f(t_1, t_2) = \left(\frac{1}{2} e^{-t_1/2}\right)\left(\frac{1}{3} e^{-t_2/3}\right) = \frac{1}{6} e^{-(t_1/2 + t_2/3)}, \quad 0 < t_1 < \infty, \quad 0 < t_2 < \infty$$

이다. 따라서 구하고자 하는 확률은 다음과 같다.

$$\begin{aligned} P(T_2 < T_1) &= \int_0^\infty \int_0^{t_1} \frac{1}{6} e^{-(t_1/2 + t_2/3)}\, dt_2\, dt_1 \\ &= \frac{1}{2} \int_0^\infty \left(e^{-t_1/2} - e^{-5t_1/6}\right) dt_1 = 1 - \frac{3}{5} = 0.4 \end{aligned}$$

20. $f(x) = \dfrac{2}{(2x+1)^2}, \quad 0 < x < \infty$

21. X가 평균 1인 지수분포를 이루므로 밀도함수는 $f_X(x) = e^{-x}, x > 0$이다. 따라서 $Y = 10X^{0.8}$ 으로부터

$$x = \left(\frac{y}{10}\right)^{10/8} \quad ; \; |J| = \left|\frac{dx}{dy}\right| = (0.1)^{5/4} \cdot \frac{5}{4} \cdot y^{1/4}$$

이다. 그러므로 Y의 밀도함수는 다음과 같다.

$$\begin{aligned} f_Y(x) &= f_X[(0.1y)^{5/4}] \cdot |J| = \exp[-(0.1y)^{5/4}] \cdot (0.1)^{5/4} \cdot \frac{5}{4} \cdot y^{1/4} \\ &= 0.125(0.1y)^{0.25} \exp[-(0.1y)^{1.25}], \quad y > 0 \end{aligned}$$

22. $E(X) = 2 + 3e^{-2/3}$

23. 운전미숙에 의한 사고 수를 N이라 하면, $N \sim B\left(3, \frac{1}{4}\right)$이므로 $E(N) = \frac{3}{4}$, $Var(N) = (3)\frac{1}{4} \cdot \frac{3}{4} = \frac{9}{16}$이다. 또한 i번째 사고에 의하여 보상받지 못한 손실을 X_i, $i = 1, 2, \cdots, N$이라 하면, X_i는 평균 0.8과 분산 0.64인 지수확률변수의 0.3배이므로

$$E(X_i) = (0.3)(0.8) = 0.24, \quad Var(X_i) = (0.3)^2(0.64) = 0.0576$$

이다. 이제 N개의 사고에 대하여 보상받지 못한 총 손실액을 S라 하면, S의 분산은 다음과 같다.

$$\begin{aligned} Var(S) &= Var[E(S|N)] + E[Var(S|N)] \\ &= Var[E(X_1 + X_2 + \cdots + X_N)] + E[Var(X_1 + X_2 + \cdots + X_N)] \\ &= Var[NE(X_1)] + E[NVar(X_1)] \\ &= Var(0.24N) + E(0.0576N) \\ &= (0.24)^2 Var(N) + (0.0576)E(N) \\ &= (0.0576)\frac{9}{16} + (0.0576)\frac{3}{4} = 0.0756 \end{aligned}$$

24. $Var(S) = 274.275$

25. X와 Y를 두 개의 발전기가 작동하는 시간을 나타낸다고 하자. 그러면 이들 확률변수는 모수 $\frac{1}{10}$인 지수분포를 이루므로, 이들 확률변수들의 분산은

$$Var(X) = Var(Y) = 100$$

이다. 한편 X와 Y는 독립이므로 구하고자 하는 분산은 다음과 같다.

$$Var(X+Y) = Var(X) + Var(Y) = 100 + 100 = 200$$

26. $P[(X \le 3) \cap (Y \le 2)] = 1 - e^{-2/3} - e^{-1/2} + e^{-7/6}$

27. T_1과 T_2의 결합밀도함수는

$$f(t_1, t_2) = e^{-(t_1+t_2)}, \quad t_1 > 0, \quad t_2 > 0$$

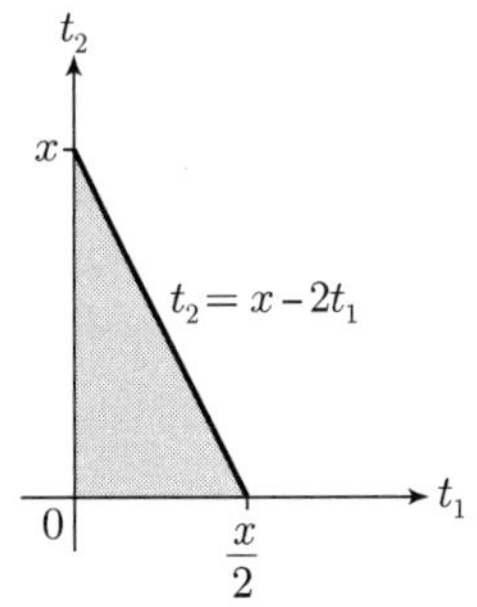

이다. 한편 $x > 0$에 대하여 $x \geq 2t_1 + t_2$인 영역은 다음 그림과 같다. 그러므로 X의 분포함수와 밀도함수는 각각

$$\begin{aligned} F(x) &= P(X \leq x) = P(2T_1 + T_2 \leq x) \\ &= \int_0^{x/2} \int_0^{x-2t_1} e^{-(t_1+t_2)} dt_2\, dt_1 \\ &= 1 + e^{x} - 2e^{-x/2} \end{aligned}$$

$$f(x) = \frac{d}{dx} F(x) = e^{-x/2} - e^{-x}, \ x > 0$$

이다.

28. $P(4 < S < 8) = 0.122$

29. 기계의 부속품의 수명을 X라 하면, 모수 $\alpha = 2$, $\beta = 1.5$인 와이블 분포에 따르므로 분포함수는 $F(x) = 1 - e^{-(1.5)x^2}$이다. 또한 년 단위에서 6개월은 0.5년이므로 6개월 안에 고장날 확률은

$$P(X < 0.5) = F(0.5) = 1 - e^{-(1.5)(0.5)^2} = 1 - 0.6873 = 0.3127$$

이고, 1년 이상 고장 나지 않고 사용할 확률은 다음과 같다.

$$P(X \geq 1.0) = 1 - F(1.0) = e^{-(1.5)(1)^2} = 0.2231$$

30. $G(115) = 0.727$

31. $P(50\text{세 이전에 사망}) = P(X < 50 | X > 40) = \dfrac{P(40 < X < 50)}{P(X > 40)} = \dfrac{F(50) - F(40)}{1 - F(40)}$

$$= \frac{e^{\frac{1-(1.1)^{40}}{1000}} - e^{\frac{1-(1.1)^{50}}{1000}}}{e^{\frac{1-(1.1)^{40}}{1000}}} = 1 - e^{\frac{(1.1)^{40} - (1.1)^{50}}{1000}} = 1 - 0.9304 = 0.0696$$

이므로 기대 보상금은 $5000P(50\text{세 이전에 사망}) = 5000(0.0696) = 347.96$이다.

32. $\mu_U = 6.5, \quad \sigma_U^2 = 18$

33. $\mu_U = 5, \ \sigma_U^2 = 9, \ E[(U - \mu_U)^3] = 45$이므로

$$x_0 = \mu_U - \frac{2\left(\sigma_U^2\right)^2}{E\left[(U-\mu_U)^3\right]} = 5 - \frac{2(9)^2}{45} = 5 - 3.6 = 1.4$$

$$\alpha = \frac{4(\sigma_U^2)^3}{E^2\left[(U-\mu_U)^3\right]} = \frac{4(9)^3}{(45)^2} = 1.44, \quad \beta = \frac{E\left[(U-\mu_U)^3\right]}{2\sigma_U^2} = \frac{45}{2(9)} = 2.5$$

이다.

34. (1) $M_e = \frac{1}{\beta}(\ln 2)^{1/\alpha}$

(2) $\frac{1}{\beta}$

35. (1) 고장시간을 X라 하면, 모수 $\alpha = 3,\ \beta = 0.5$인 와이블 분포에 따르므로

$$F(x_0) = 1 - e^{-(x_0/2)^3} = 0.5 \ ;\ e^{-(x_0/2)^3} = 0.5 \ ;\ -\left(\frac{x_0}{2}\right)^3 = \ln(0.5) = -\ln 2 \ ;\ 2x_0 = \sqrt[3]{\ln 2} \ ;$$
$$x_0 = 2\sqrt[3]{\ln 2} = 1.77$$

(2) $F(x_0) = 1 - e^{-(x_0/2)^3} = 0.95 \ ;\ e^{-(x_0/2)^3} = 0.05 \ ;\ -(x_0/2)^3 = \ln(0.05) = -2.9957 \ ;$

$$x_0 = 2\sqrt[3]{2.9957} = 2.8831 \text{ (일)}$$

36. $E\left[(1-X)^{-4}\right] = 42$

37. $E(X) = \frac{3.5}{3.5+4.4} = 0.4430,\ Var(X) = \frac{(3.5)\cdot(4.4)}{(3.5+4.47)^2\cdot(3.5+4.4+18)} = 0.0277$

38. (1) $f(x) = 420x(1-x)^{19}, \quad 0 < x < 1$

(2) $F(x) = 1 - (1+20x)(1-x)^{20}, \quad 0 < x < 1$

(3) $x_0 = \frac{1}{20}$

(4) $P(X < 0.05) = 0.2830$

(5) $P(X \geq 0.1) = 0.3647$

39. $X_1, \cdots, X_n$을 구입한 n개 전구의 수명이라고 하자. 그러면 각 전구의 수명 X_k가 $N(3, 1)$에 따르므로 $S = X_1 + \cdots + X_n \sim N(3n, n)$이다. 그러면

$$P(S \geq 40) = P\left(\frac{S-3n}{\sqrt{n}} \geq \frac{40-3n}{\sqrt{n}}\right) \geq 0.9977$$

이고, 따라서 $\frac{40-3n}{\sqrt{n}} \leq -2$이어야 한다.

$$40-3n \le -2\sqrt{n} \;\; ; \;\; 3n-2\sqrt{n}-40 \ge 0 \;\; ; \;\; (3\sqrt{n}+10)(\sqrt{n}-4) \ge 0$$

이다. 그러므로 $\sqrt{n} \ge 4$, 즉 최소인 n은 16이다.

40. $P(\overline{X} > 20000) = P(Z > 0.6) = 0.2743$

41. I_A와 I_B를 각각 회사 A와 B에 보험금 지급요청이 들어올 사건이라 하고, X_A와 X_B를 각각 회사 A와 B에서 지불된 보험금이라고 하자. 그러면

$$X_A \sim N(10000, 2000^2), \quad X_B \sim N(9000, 2000^2)$$

이고, 두 확률변수는 독립이므로 $X_B - X_A$는 다음의 평균과 표준편차를 갖는 정규분포를 이룬다.

$$E(X_B - X_A) = 9000 - 10000 = -1000$$
$$Var(X_B - X_A) = Var(X_B) + Var(X_A) = 2000^2 + 2000^2 = (8)10^6$$
$$\sigma = \sqrt{Var(X_B) + Var(X_A)} = \sqrt{(8)10^6} = 2000\sqrt{2}$$

즉 $X_B - X_A \sim N(-1000, (2000\sqrt{2})^2)$이다. 그러므로

$$P(X_B - X_A > 0) = P\left(Z > \frac{1000}{2000\sqrt{2}}\right) = P\left(Z > \frac{1}{2\sqrt{2}}\right) = P(Z > 0.354) = 0.362$$

이다. 한편 내년에 회사 B의 전체 지급금이 회사 A의 전체 지급금보다 많을 사건은 다음 두 가지를 고려할 수 있다. 우선 회사 A에 지급요청이 없고 회사 B에만 있는 경우와 회사 A와 B에 지급요청이 있으면서 회사 B의 전체 지급금이 회사 A보다 많은 경우이다. 따라서 구하고자 하는 확률은 다음과 같다.

$$
\begin{aligned}
& P[(I_A^c \cap I_B) \cup \{(I_A \cap I_B) \cap (X_B > X_A)\}] \\
&= P(I_A^c \cap I_B) + P[(I_A \cap I_B) \cap (X_B > X_A)] \\
&= P(I_A^c)\,P(I_B) + P(I_A \cap I_B)\,P(X_B > X_A) \\
&= P(I_A^c)\,P(I_B) + P(I_A)\,P(I_B)\,P(X_B > X_A) \\
&= (0.60)(0.30) + (0.40)(0.30)(0.362) \\
&= 0.223
\end{aligned}
$$

42. $P(|Y| \le 0.005h) = 0.84$

43. 임의로 선정된 사람이 영화나 스포츠를 관람한 전체 시간에 대하여

$$E(T) = E(X) + E(Y) = 50 + 20 = 70$$
$$Var(T) = Var(X) + Var(Y) + 2\,Cov(X, Y) = 50 + 30 + 20 = 100$$

을 얻는다. 따라서 100명이 관람한 전체 시간 T는 중심극한정리에 의하여

$$E(T)=(100)(70)=7000, \quad Var(T)=(100)(100)=100^2$$

인 정규분포에 근사한다. 따라서 구하고자 하는 확률은 다음과 같다.

$$P(T<7100)=P\left(\frac{T-7000}{100}<\frac{7100-7000}{100}\right)=P(Z<1)=0.8413$$

44. (1) $f(x)=\begin{cases}0.0004-(8\cdot 10^{-8})x, & 0\le x\le 5000\\ 0 & , \text{다른 곳에서}\end{cases}$

(2) $\mu_X=1666.6667, \quad \sigma_X^2=1388922.111$

(3) $\mu_S=8333333.5, \quad \sigma_S^2=6944610555$

(4) $P(S\le 8500000)\fallingdotseq 0.9772$

45. (1) $n=2000$ 이고 $p=0.001$ 이므로 평균은 $\mu=np=2$ 이다. 따라서

$$P(X\ge 4)\fallingdotseq 1-\left(\frac{1}{0!}+\frac{2}{1!}+\frac{4}{2!}+\frac{8}{3!}\right)e^{-2}=1-0.857=0.143$$

이다.

(2) $n=2000$이고 $p=0.001$이므로 평균과 분산은 각각 $\mu=np=2$, $\sigma^2=npq=1.998$ 이다. 따라서 정규근사에 의하여 확률을 구하면 다음과 같다.

$$\begin{aligned}P(X\ge 4)&=P(X\ge 3.5)\\&\fallingdotseq 1-\Phi\left(\frac{3+0.5-2}{\sqrt{1.998}}\right)=1-\Phi(1.06)=1-0.8554=0.1446\end{aligned}$$

46. $P(S\le 90.5)=P(Z\le 2.28)=0.99$

47. 중심극한정리에 의하여 전체기부금은

$$\text{평균} : n\mu=(2025)(3125)=6{,}328{,}125$$
$$\text{표준편차} : \sigma\sqrt{n}=(250)\sqrt{2025}=11{,}250$$

인 정규분포에 근사한다. 이제 90-백분위수를 p라 하면,

$$\begin{aligned}0.90=P(X<p)&=P\left(\frac{X-6328125}{112506}<\frac{p-6328125}{112506}\right)\\&=P\left(Z<\frac{p-6328125}{112506}\right)\\&\fallingdotseq P(Z<1.282)\end{aligned}$$

이므로 p 는 다음과 같다.

$$\frac{p-6328125}{112506}=1.282 \ ;$$
$$p=6328125+(1.282)(112506)=6342548$$

48. $P(2450 < S < 2600) \fallingdotseq 0.8216$

49. 자동차 손실이 0$와 20,000$ 사이에서 균등분포를 이루며, 손실이 5,000$ 이하이면 보험회사가 보험금을 지불하지 않으므로 그 확률은 0.25이고, 그렇지 않은 경우에 지불금은 $U(0,\ 15000)$이다. 따라서 지불금의 평균과 분산은 각각 다음과 같다.

$$E(X)=(0.25)\,0+(0.75)\,\frac{15000}{2}=5625$$
$$E(X^2)=(0.25)\,0+(0.75)\left(7500^2+\frac{15000^2}{12}\right)=56{,}250{,}000$$
$$Var(X)=E(X^2)-E(X)^2=24{,}609{,}375$$

그러므로 총 지불금 S는 점근적으로

$$\text{평균}: \ \mu=(200)E(X)=1{,}125{,}000$$
$$\text{표준편차}: \ \sigma=\sqrt{(200)\,Var(X)}=70{,}156.08$$

인 정규분포에 근사한다. 따라서 구하고자 하는 확률은 다음과 같다.

$$\begin{aligned}P(1{,}000{,}000 < S < 1{,}200{,}000) &\fallingdotseq P\left(\frac{1000000-1125000}{70156.08} < Z < \frac{1200000-1125000}{70156.08}\right)\\ &=P(-1.78 < Z < 1.07)=P(Z<1.07)-P(Z<-1.78)\\ &=P(Z<1.07)-(1-P(Z<1.78))\\ &=0.8577-(1-0.9625)=0.8202\end{aligned}$$

50. $P(-0.25 \le \overline{X} \le 0.25) \fallingdotseq 0.77$

51. 보험료를 P로 나타내면, 보험금 지급액 X는 모수 1000인 지수분포를 이루므로 $E(X)=1000$ 그리고 $\sigma=1000$, $P=100+E(X)=1100$이다. 따라서 100개의 증권이 팔렸다면 회사가 취득한 보험료는 $1{,}100(100)=110{,}000$이다. 이제 전체 보험금 지급액을 S라 하면, 100개의 보험금 지급액은 각각 독립이므로

$$E(S)=100E(X)=100{,}000, \quad Var(S)=100\,Var(X)=100{,}000{,}000$$

이다. 그러므로 중심극한정리에 의하여 S는 평균 100,000 표준편차 10,000인 정규분포에 근사한다. 따라서 전체 지급 보험료가 취득한 보험금보다 많을 확률은 다음과 같다.

$$P(S \geq 110000) = 1 - P(S < 110000) \fallingdotseq 1 - P\left(Z < \frac{110000 - 100000}{10000}\right)$$
$$= 1 - P(Z < 1) = 1 - 0.841 = 0.159$$

52. (1) $\mu_S = 125000, \quad \sigma_S^2 = 41666666.5$

(2) $P(S \leq 135000) \fallingdotseq 0.9394$

53. (1) $Y = \ln X \sim N(5.01,\ 1.64)$이므로

$$\begin{aligned} P(X \geq 1152) &= P(Y \geq \ln 1152) = P(Y \geq 7.05) \\ &= P\left(\frac{Y - 5.01}{\sqrt{1.64}} \geq \frac{7.05 - 5.01}{\sqrt{1.64}}\right) \\ &= P(Z \geq 1.59) = 0.0559 \end{aligned}$$

(2) 동일한 방법으로

$$\begin{aligned} P(0 \leq X \leq 178) &= P(-\infty < Y \leq \ln 178) = P(Y \leq 5.02) \\ &= P\left(\frac{Y - 5.01}{\sqrt{1.64}} \leq \frac{5.18 - 5.01}{\sqrt{1.64}}\right) \\ &= P(Z \leq 0.13) = 0.552 \end{aligned}$$

54. (1) $\sigma = 0.4527, \ \mu = 7.1525$

(2) $P(X \geq 4000) = 0.0059$

6장 푸아송 과정

연습문제 6.1

1. 정의 2가 성립할 때, 정의 1의 (3)이 성립하는 것을 보이면 증명은 완성된다. 따라서 증명을 완성하기 위하여 $P_n(t) = P[N(t) = n]$이라고 하자. 그러면 $P_0(t)$에 대한 다음 미분방정식을 얻는다.

$$\begin{aligned} P_0(t+h) &= P[N(t+h) = 0] \\ &= P[N(t) = 0,\ N(t+h) - N(t) = 0] \\ &= P[N(t) = 0]\ P[N(t+h) - N(t) = 0] \\ &= P_0(t)\ [1 - \lambda h + o(t)] \end{aligned}$$

따라서

$$\frac{P_0(t+h) - P_0(t)}{h} = -\lambda P_0(t) + \frac{o(t)}{h}$$

이고, 이제 $h \to 0$ 라 하면

$$P_0'(t) = -\lambda P_0(t) \quad \text{또는} \quad \frac{P_0'(t)}{P_0(t)} = -\lambda$$

를 얻는다. 그러므로 양변을 적분하면

$$\log P_0(t) = -\lambda t + c \quad \text{또는} \quad P_0(t) = Ce^{-\lambda t}$$

이다. 한편 조건 (1)로부터 $P_0(0) = P[N(0)=0] = 1$이므로 $P_0(t) = e^{-\lambda t}$ 이다. 동일한 방법에 의하여 $n \geq 1$에 대하여

$$\begin{aligned} P_n(t+h) &= P[N(t+h)=n] \\ &= P[N(t)=n,\ N(t+h)-N(t)=0] \\ &\quad + P[N(t)=n-1,\ N(t+h)-N(t)=1] \\ &\quad + P[N(t+h)=n,\ N(t+h)-N(t) \geq 2] \end{aligned}$$

또한 조건 (2) ~ (4)로부터

$$\begin{aligned} P_n(t+h) &= P_n(t)\, P_0(h) + P_{n-1}(t)\, P_1(h) + o(h) \\ &= (1-\lambda h) P_n(t) + \lambda h\, P_{n-1}(t) + o(h) \end{aligned}$$

따라서

$$\frac{P_n(t+h) - P_n(t)}{h} = -\lambda P_n(t) + \lambda\, P_{n-1}(t) + \frac{o(h)}{h}$$

이제 $h \to 0$ 라 하면

$$P_n'(t) = -\lambda P_n(t) + \lambda\, P_{n-1}(t) \quad \text{또는} \quad e^{\lambda t}\left[P_n' + \lambda\, P_n(t)\right] = \lambda\, e^{\lambda t} P_{n-1}(t)$$

이다. 그러므로

$$\frac{d}{dt}\left(e^{\lambda t} P_n(t)\right) = \lambda\, e^{\lambda t} P_{n-1}(t)$$

를 얻는다. 이제 $n=1$이면

$$\frac{d}{dt}\left(e^{\lambda t} P_1(t)\right) = \lambda\, e^{\lambda t} P_0(t) = \lambda \quad \text{또는} \quad P_1(t) = (\lambda t + c)\, e^{-\lambda t}$$

이다. 한편 $P_1(0) = 0$이므로 $P_1(t) = (\lambda t)\, e^{-\lambda t}$ 이다. 이제

$$P_n(t) = \frac{(\lambda h)^n}{n!} e^{-\lambda h}$$

임을 보이기 위하여, 수학적 귀납법을 이용한다. 그러면

$$\frac{d}{dt}\left(e^{\lambda t}P_n(t)\right)=\lambda e^{\lambda t}\ P_{n-1}(t)$$

이므로

$$\frac{d}{dt}\left(e^{\lambda t}P_n(t)\right)=\frac{\lambda(\lambda t)^{n-1}}{(n-1)!}$$

으로부터

$$e^{\lambda t}P_n(t)=\frac{(\lambda t)^n}{n!}+c \quad \text{또는} \ P_n(t)=\left(\frac{(\lambda t)^n}{n!}+c\right)e^{-\lambda t}$$

이고, $P_n(0)=P[N(0)=n]=0$이므로 $P_n(t)=\dfrac{(\lambda t)^n}{n!}e^{-\lambda t}$ 가 성립한다.

2. (1) $P[N(1)\geq 4]=0.3528$

(2) $P[N(1)\geq 4 \mid N(1)\geq 1]=0.0345$

(3) $P[N(5)-N(3)\geq 1]=0.9975$

(4) $E[N(5)-N(3) \mid N(2)=2]=6$

연습문제 6.2

1. (1) S_{10}은 모수 10과 1인 감마분포를 이루므로 $E(S_{10})=\dfrac{10}{1}=10$, 즉 평균 시간은 10일이다.

(2) T_{11}은 모수 $\lambda=1$인 지수분포를 이루므로 $P(T_{11}>2)=e^{-2}=0.1353$이다.

2. (1) $\lambda=1.625$ (2) 0.6154

(3) $P(X\geq 1)=0.1969$ (4) $N(4)\sim P(6.5)$ (5) $P(X\geq 3)=0.957$

3. (1) 보험금을 신청하는데 소요되는 시간이 평균 2일이므로 하루당 $\lambda=\dfrac{1}{2}$이고, 따라서 보험금 신청 횟수 $N(t)$는 평균 비율 $\lambda=\dfrac{1}{2}$인 푸아송 과정에 따른다. 즉

$$P[N(t)=x]=\frac{(t/2)^x}{x!}e^{-t/2},\ t\geq 0$$

이다. 그러므로 $P[N(3)=0]=\dfrac{(3/2)^0}{0!}e^{-3/2}=e^{-1.5}=0.2231$이고, 따라서 구하고자 하는 확률은 다음과 같다.

$$P[N(3)\geq 1]=1-P[X(3)=0]=1-0.2231=0.7769$$

(2) 두 번째 보험금이 신청될 때까지 경과시간 X는 모수 $\alpha=2$와 $\beta=2$인 감마분포에 따르므로 확률밀

도함수는 $f(x) = \frac{x}{4}e^{-x/2}$, $x \ge 0$ 이다. 따라서 구하고자 하는 확률은 다음과 같다.

$$P(3 < X < 4) = \int_3^4 \frac{x}{4}e^{-x/2}\,dx = -\frac{1}{2}(x+2)e^{-x/2}\Big|_3^4$$
$$= \frac{5}{2}e^{-3/2} - 3e^{-2} = 0.5578 - 0.4060 = 0.1518$$

4. (1) $P[N(2) = 0] = 0.5134$

(2) $P[N(2) \ge 2] = 0.1443$

(3) $P(3 < X < 4) = 0.0703$

5. 보험회사에 피보험자들의 중간 도착 시간을 T라 하면, T는 평균 $\lambda = 1$인 지수분포를 이룬다. 이제 $T_1, T_2, \cdots, T_n$을 각 카운터에서 소요되는 시간이라 하면, T_k는 모수 μ_k인 지수분포를 이루고 따라서 T_k의 밀도함수는

$$f_{T_k}(t) = \frac{1}{\mu_k}e^{-t/\mu_k}, \quad t \ge 0$$

이다. 그리고 모든 카운터에서 전체 서류를 작성하는데 소요되는 시간을 S라 하면, $S = T_1 + T_2 + \cdots + T_n$ 이다. 한편 다음 피보험자가 회사에 도착하기 전에 전체 서류를 작성하기 위해서는 다음 사람이 도착하기 전에 모든 서류를 작성해야 하므로, 구하고자 하는 확률은 $P(T > S)$이다. 한편 $S = s$일 때, $P(T > s|S) = e^{-\lambda s} = e^{-s}$이므로 전확률 공식에 의하여

$$P(T > S) = \int_0^\infty P(T > s|S = s)\,f_S(s)\,ds$$
$$= \int_0^\infty e^{(-\lambda)s}f_S(s)\,ds\Big|_{\lambda=1} = M_S(-1)$$

여기서 $M_S(u)$는 S의 적률생성함수이다. 한편 T_k들이 독립이므로

$$M_S(-1) = \prod_{k=1}^n M_{T_k}(u)\Big|_{u=-1} = \prod_{k=1}^n \frac{1}{1-\mu_k u}\Big|_{u=-1} = \prod_{k=1}^n \frac{1}{1+\mu_k}$$

이다.

6. (1) $P[N_4(1) = 0] = 0.7316$

(2) $P[N_1(t) \ge 2] = 0.7901$

7. (1) 정상적인 그룹에 속하는 운전자에 의한 청구 횟수를 $N_1(t)$라 하면, 1주일 동안 청구된 횟수는 비율 $\lambda pt = (6)(0.7)(1) = 4.2$인 푸아송 과정에 따른다. 따라서 $N_1(1)$은 평균 4.2인 푸아송분포를 갖는다.

(2) $P[N_1(1) \le 1] = e^{-4.2} + (4.2)e^{-4.2} = 5.2e^{-4.2} = 0.078$

연습문제 6.3

1. X_n을 n번째 이주한 가족의 구성원 수라고 하자. 그러면 X_n은 독립이고 동일한 확률함수

$$f(x)=\begin{cases}\dfrac{1}{8}, & x=1,4\\ \dfrac{1}{4}, & x=2\\ \dfrac{1}{2}, & x=3\end{cases}$$

을 갖는다. 따라서

$$E(X)=(1)\frac{1}{8}+(2)\frac{1}{4}+(3)\frac{1}{2}+(4)\frac{1}{8}=\frac{21}{8}=2.625$$

$$E(X^2)=(1)\frac{1}{8}+(4)\frac{1}{4}+(9)\frac{1}{2}+(16)\frac{1}{8}=\frac{61}{8}=7.625$$

이다. 그러므로 4주 동안에 이주한 전체 사람 수 $A(t)$의 평균과 분산은 각각 다음과 같다.

$$E[A(t)]=(2.5)(4)(2.625)=26.25(\text{명})$$

$$Var[A(t)]=(2.5)(4)(7.625)=76.25(\text{명})$$

2. $\lim_{\theta\to 0}R=0,\quad \lim_{\theta\to\infty}R=\gamma$

3. R을 조정계수라 하면, $M_X^{(k)}(0)=E(X^k)=\mu_k$이므로

$$1+(1+\theta)R\mu_1=M_X(R)=1+\mu_1R+\mu_2\frac{R^2}{2!}+\mu_3\frac{R^3}{3!}+\cdots$$

이다. 또한 $X>0$이므로 $\mu_k\ge 0,\ R>0$이다. 그러므로

$$1+(1+\theta)R\mu_1=1+\mu_1R+\mu_2\frac{R^2}{2!}+\mu_3\frac{R^3}{3!}+\cdots>1+\mu_1R+\mu_2\frac{R^2}{2}$$

즉 $\theta R\mu_1>\mu_2\dfrac{R^2}{2}$ 또는 $R<\dfrac{2\theta\mu_1}{\mu_2}$ 이다.

4. $R=0.8615$

5. X의 평균과 적률생성함수는 각각

$$\mu_1=E(X)=(0.25)0+(0.50)1+(0.25)2=1$$

$$M_X(r)=0.25+0.50e^r+0.25e^{2r}$$

이므로

$$1+(1+\theta)\cdot 1\cdot \log 3 = M_X(r) = 0.25+0.50e^{\log 3}+0.25e^{2\log 3}$$
$$;\ 1+(1+\theta)(\log 3) = 0.25+(0.50)3+(0.25)9$$
$$;\ \theta = \left(\frac{3}{\log 3}\right)-1 = 1.7307$$

이다.

6. (1) $\mu = E(X) = \dfrac{5}{27},\quad \theta = \dfrac{4}{5}$ (2) $M_X(r) = \dfrac{54-17r}{3(3-r)(6-r)},\quad r<2$

(3) $\dfrac{4}{9}\dfrac{2}{2-r}+\dfrac{1}{9}\dfrac{4}{4-r},\quad r<2$ (4) $M_L(r) = \dfrac{4}{9}+\dfrac{4}{9}\dfrac{2}{2-r}+\dfrac{1}{9}\dfrac{4}{4-r},\quad r<2$

(5) $\psi(u) = \dfrac{4}{9}e^{-2u}+\dfrac{1}{9}e^{-4u}$

7. $\phi(0) = \dfrac{1}{5}e^{-0}+\dfrac{2}{5}e^{-0} = \dfrac{3}{5} = 0.6$이고 $\phi(0) = \dfrac{1}{1+\theta}$이므로

$$\theta = \frac{1}{\phi(0)}-1 = \frac{5}{3}-1 = \frac{2}{3}$$

또한 주어진 파산확률로부터 $r_1 = 0.5,\ r_2 = 1$이라 하면,

$$\phi(u) = \sum_k C_k e^{-r_k u},\quad r_1 < r_2 < \cdots$$

으로 표현할 수 있으며, 특히 $R = \min_k\{r_k\} = r_1$ 이므로 $R = 0.5$이다. 따라서

$$\lim_{u\to\infty}\frac{\phi(u)}{e^{-Ru}} = \lim_{u\to\infty}\frac{\frac{1}{5}e^{-u}+\frac{2}{5}e^{-0.5u}}{e^{-0.5u}}$$
$$= \lim_{u\to\infty}\left(\frac{1}{5}e^{-0.5u}+\frac{2}{5}\right) = \frac{2}{5}$$

이다.

7장 초과손실보험

연습문제 7.1

1. 우선 X의 밀도함수를 먼저 구하면,

$$f_X(x) = \frac{(24)(10^9)}{(x+2000)^4},\quad x \geq 0$$

이고, 따라서 $1-F_X(d)=\left(\frac{2000}{2500}\right)^3=\frac{64}{125}$ 이다. 또한

$$f_X(y+d)=\frac{(24)(10^9)}{(y+500+2000)^4}$$

이므로

$$f_Y(y)=\frac{f_X(y+d)}{1-F_X(d)}=\frac{(46875)(10^6)}{(y+2500)^4},\quad y>0$$

$$F_Y(y)=\frac{F_X(y+d)-F_X(d)}{1-F_X(d)}=1-\frac{(15625)(10^6)}{(y+2500)^3},\quad y>0$$

이다. 또한 $z>0$이면

$$f_Z(z)=f_X(z+d)=\frac{(24)(10^9)}{(z+2500)^4},$$

$$F_Z(z)=F_X(z+d)=1-\left(\frac{2000}{z+2500}\right)^3$$

이고, 특히 $z=0$이면,

$$F_Z(0)=F_X(500)=\frac{61}{125}=0.488,\quad f_Z(0)=0.488$$

이다.

2. $e_X(d)=\frac{d}{\alpha-1}$

3. Y는 교체시기에 있는 기계의 수명이므로, 확률변수 Y는 다음과 같이 정의된다.

$$Y=\begin{cases} X, & 0\le X\le 4 \\ 4, & 4<X\le 5 \end{cases}$$

따라서

$$E(Y)=\int_0^4\frac{x}{5}dx+\int_4^5\frac{4}{5}dx=\frac{8}{5}+\frac{4}{5}=\frac{12}{5}$$

$$E(Y^2)=\int_0^4\frac{x^2}{5}dx+\int_4^5\frac{16}{5}dx=\frac{64}{15}+\frac{48}{15}=\frac{112}{15}$$

따라서 Y의 분산은 다음과 같다.

$$Var(Y)=E(Y^2)-E^2(Y)=\frac{112}{15}-\left(\frac{12}{5}\right)^2=\frac{128}{75}=1.71$$

연습문제 7.2

1. X를 지급요구 금액이라 하면, X가 면책금액을 초과할 확률은

$$P(X>1)=\int_1^{\infty} x e^{-x}\,dx=2e^{-1}=0.736$$

이다. 따라서 이 회사에 요구되는 평균 지급건수는 $(100)(0.736)=73.6$ 이다.

2. $C=0.3$

3. X, Y를 각각 면책금액 1과 2를 갖는 증권에 대한 이 가정의 손실금액이라고 하자. 그러면 보험회사가 지불할 보험금이 5를 초과하지 않으므로 이 가정에 의하여 발생한 손실은 $x+y\le 8$이다. 한편 면책금액 1과 2에 대하여 각각 한 번씩의 손실을 경험하고 있으므로 $x\le 6,\ y\le 7$이다. 따라서 지불될 전체 보험금이 5를 초과하지 않을 영역은 다음 그림과 같다. 또한 두 확률변수는 독립이고 구간 $[0, 10]$에서 균등분포를 이루므로, X, Y의 결합밀도함수는

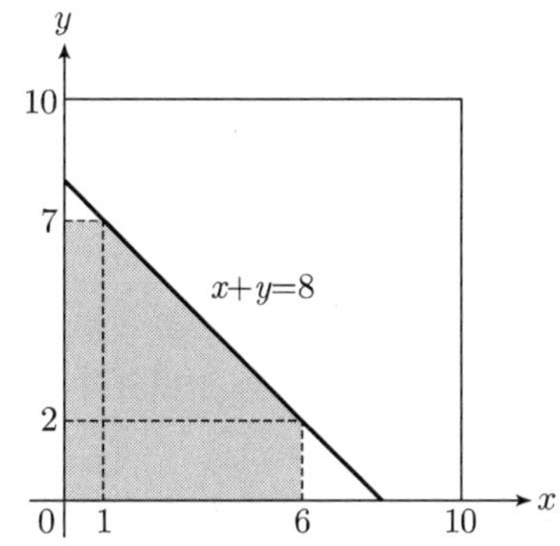

$$f(x, y)=\begin{cases}\dfrac{1}{100}, & 0<x<10,\ 0<y<10\\ 0, & \text{다른 곳에서}\end{cases}$$

이다. 그러므로 구하고자 하는 확률은 이 영역에서 $f(x, y)$를 적분하면 쉽게 얻을 수 있다. 또는 전체 영역에 대한 비율이므로 구하고자 하는 확률은 다음과 같다.

$$P(\text{전체 보험금}<5)=\frac{(6)(2)}{100}+\frac{(1)(5)}{100}+\frac{(1/2)(5)(5)}{100}=\frac{29.5}{100}=0.295$$

4. 2694

5. $f(x)=(0.5)e^{-0.5x}$ 이므로

$$P(X\le x)=F(x)=\int_0^{x}(0.5)e^{-0.5u}\,du=1-e^{-0.5x}$$

이다. 이제 보험회사가 지급해야 할 보험금을 Y라 하면, 다음과 같이 정의된다.

$$Y=\begin{cases}0, & X\le 0.5\\ X-0.5, & X>0.5\end{cases}$$

따라서 $y=0$ 이면

$$P(Y=0)=P(X\le 0.5)=1-e^{-(0.5)(0.5)}=0.2212$$

이고, $y>0$이면

$$F_Y(y)=P(Y\le y)=P(X-0.5\le y)=P(X\le y+0.5)=1-e^{-0.5(y+0.5)}$$

이다. 즉 Y의 분포함수는

$$F_Y(y)=\begin{cases}0.2212 & ,\ y=0\\ 1-e^{-0.5(y+0.5)} & ,\ y>0\end{cases}$$

이고, 따라서 $y>0$에서 Y의 밀도함수는 $y>0$에 대하여

$$f_Y(y)=\frac{d}{dy}\left[1-e^{-0.5(y+0.5)}\right]=(0.5)e^{-0.5(y+0.5)}$$

그리고 $y=0$에 대하여 $P(Y=0)=0.2212$이다. Y의 확률함수는

$$f_Y(y)=\begin{cases}0.2212 & ,\ y=0\\ (0.5)e^{-0.5(y+0.5)} & ,\ y>0\end{cases}$$

이다. 그러므로 Y의 1차, 2차 적률은 각각 다음과 같다.

$$\begin{aligned}E(Y)&=(0)\cdot(0.2212)+\int_0^\infty(0.5)\,y\,e^{-0.5(y+0.5)}dy\\&=\lim_{y\to\infty}\left[2\,e^{-1/4}-(y+2)\,e^{-(1+2y)/4}\right]=2\,e^{-1/4}=1.5576\\E(Y^2)&=\int_0^\infty(0.5)\,y^2\,e^{-0.5(y+0.5)}dy\\&=\lim_{y\to\infty}\left[8\,e^{-1/4}-(y^2+4y+8)\,e^{-(1+2y)/4}\right]=8\,e^{-1/4}=6.2304\end{aligned}$$

그러므로 Y의 분산은 $\sigma^2=E(Y^2)-E(Y)^2=6.2304-1.5576^2=3.8043$이다.

6. 173.29

7. 장비를 구입한 이후 고장 날 때까지 걸리는 시간을 T라고 하자. 그러면 T는 모수 10인 지수분포를 이룬다. 한편 조건에 의하여 보험증권에 대한 보험 급부금 P는 다음과 같이 정의된다.

$$P=\begin{cases}x & ,\ 0\le T\le 1\\ \dfrac{x}{2} & ,\ 1<T\le 3\\ 0 & ,\ T>3\end{cases}$$

그러므로 이 증권에 대한 평균 지급금이 1000이므로

$$1000=E(P)=\int_0^1\frac{x}{10}e^{-u/10}\,du+\int_1^3\frac{x}{20}e^{-u/10}\,du$$

$$= -xe^{-u/10}\Big|_0^1 - \frac{x}{2}e^{-u/10}\Big|_1^3$$

$$= x\left(1 - \frac{1}{2}e^{-1/10} - \frac{1}{2}e^{-3/10}\right) = 0.1772\,x$$

따라서 $x = \dfrac{1000}{0.1772} = 5644$이다.

8. 7231

9. 비가 계속해서 내린 날짜 수를 X라 하면, X는 평균 0.6인 푸아송분포에 따르므로 확률함수는

$$f_X(x) = \frac{(0.6)^x}{x!}e^{-0.6}, \quad x = 0, 1, 2, \cdots$$

이다. 한편 보험회사가 지급해야 할 보험금을 Y라 하면, 이 확률변수는

$$Y = \begin{cases} 1000\,X, & X < 2 \\ 2000\ \ , & X \geq 2 \end{cases}$$

로 정의된다. 따라서 Y의 1차 적률과 2차 적률은 각각 다음과 같다.

$$\begin{aligned} E(Y) &= 0 + 1000\,(0.6)\,e^{-0.6} + 2000\,e^{-0.6}\sum_{x=2}^{\infty}\frac{(0.6)^x}{x!} \\ &= 1000\,(0.6)\,e^{-0.6} + 2000\left(e^{-0.6}\sum_{x=0}^{\infty}\frac{(0.6)^x}{x!} - e^{-0.6} - (0.6)\,e^{-0.6}\right) \\ &= 2000 - 2000\,e^{-0.6} - 600\,e^{-0.6} = 573 \\ E(Y^2) &= (1000)^2\,(0.6)\,e^{-0.6} + (2000)^2\,e^{-0.6}\sum_{x=2}^{\infty}\frac{(0.6)^x}{x!} \\ &= (2000)^2e^{-0.6}\sum_{x=0}^{\infty}\frac{(0.6)^x}{x!} - (2000)^2e^{-0.6} - \left[(2000)^2 - (1000)^2\right](0.6)e^{-0.6} \\ &= 816893 \end{aligned}$$

그러므로 보험회사가 지급해야 할 평균 보험금은 $E(Y) = 573(\$)$이고, 분산은 $Var(Y) = 816893 - (573)^2 = 488564(\$)$이다.

10. $\mu_Y = 521, \quad \sigma_Y = 403.22$

11. Y를 보험회사에 의하여 제공되는 지급요구 금액이라 하자. 그러면 면책금액이 1이므로 Y가 취하는 값은 0, $\max(0, x-1)$, 14이고, 확률함수는

$$P(Y = y) = \begin{cases} 0.94\ , & y = 0 \\ 0.04\ , & y = \max(0, x-1) \\ 0.02\ , & y = 14 \end{cases}$$

이다. 따라서 Y의 기대값은

$$\begin{aligned}E(Y) &= (0.94)(0)+(0.04)(0.5003)\int_1^{15}(x-1)e^{-x/2}dx+(0.02)(14)\\ &= 0.28+(0.020012)(-32e^{-7.5}+4e^{-0.5})\\ &= 0.328\end{aligned}$$

즉 평균 지급요구 금액은 328$이다.

12. 500

13. 보험회사가 지불해야 할 보상금을 Y라 하면,

$$Y=\begin{cases}x & , \ 1<x\le 10\\ 10 & , \ x>10\end{cases}$$

이고, 따라서 Y의 기대값은 다음과 같다.

$$E(Y)=\int_1^{10}x\frac{2}{x^3}dx+\int_{10}^{\infty}10\frac{2}{x^3}dx=\frac{19}{10}=1.9$$

14. 213.33

연습문제 7.3

1.
$$\begin{aligned}E(Y) &= \int_d^{\infty}(s-d)f_S(s)\,ds\\ &= \int_d^{\infty}s\,f_S(s)\,ds-d\int_d^{\infty}f_S(s)\,ds\\ &= \int_d^{\infty}\frac{1}{\Gamma(\alpha)\beta^{\alpha}}s^{\alpha}\exp\left(-\frac{s}{\beta}\right)ds-d\,[1-\Gamma(d:\alpha,\beta)]\\ &= \frac{\Gamma(\alpha+1)}{\beta\,\Gamma(\alpha)}\int_d^{\infty}\frac{1}{\Gamma(\alpha+1)\beta^{\alpha+1}}s^{\alpha}\exp\left(-\frac{s}{\beta}\right)ds-d\,[1-\Gamma(d:\alpha,\beta)]\\ &= \frac{\alpha}{\beta}\,[1-\Gamma(d:\alpha+1,\beta)]-d[1-\Gamma(d:\alpha,\beta)]\end{aligned}$$

2. (1) $\mu_S=2.56,\quad \sigma_S^2=1.5104$

(2) 생략

(3) 0.074

3. (1) 보험금 지급 건수 N은 기하분포 $NB(1,0.25)$을 이루므로 적률생성함수는

$$M_N(t) = \frac{0.25}{1-0.75\,e^t}\,, \quad t>0$$

이다. 또한 $X \sim \text{Exp}(1)$이므로, X의 적률생성함수는

$$M_X(t) = \frac{1}{1-t}\,, \quad t<1$$

이다. 따라서 보험금 총액 S의 적률생섬함수는

$$\begin{aligned} M_S(t) &= M_N[\log M_X(t)] = \frac{0.25}{1-0.75\,M_X(t)} \\ &= \frac{0.25}{1-\dfrac{0.75}{1-t}} = 0.25+0.75\,\frac{0.25}{0.25-t} \end{aligned}$$

이다.

(2) $N \sim NB(1, 0.25)$의 평균과 분산은 각각 $E(N)=3$, $Var(N)=12$이고, X의 기대값과 분산이 각각 $E(X)=1$, $Var(X)=1$이다. 따라서 S의 평균과 분산은

$$\begin{aligned} &E(S) = E(N)\,E(X) = 3 \\ &Var(S) = E(N)\;Var(X) + E(X)^2\;Var(N) = (3)\,(1)+(1)^2(12) = 15 \end{aligned}$$

이다.

(3) (1)에서 구한 S의 적률생성함수는 다음과 같이 변형할 수 있다.

$$M_S(t) = 0.25+0.75\,\frac{0.25}{0.25-t} = 0.25+0.75\,\frac{1}{1-4t}$$

또한 지수분포함수 $1-e^{-s/4}$, $s>0$의 적률생성함수가 $\dfrac{1}{1-4t}$이고 $M_S(0)=0.25$이므로 S의 적률생성함수는 $s=0$과 $s>0$에서 각각 가중치 0.25와 0.75인 가중평균, 즉

$$M_S(t) = (0.25)\,(1)+(0.75)\,\frac{1}{1-4t}$$

으로 나타낼 수 있다. 그러므로 S의 분포함수는

$$\begin{aligned} F_S(s) &= \begin{cases} 0.25 & ,\ s=0 \\ (0.25)\,(1)+(0.75)\left(1-e^{-s/4}\right), & s>0 \end{cases} \\ &= \begin{cases} 0.25 & ,\ s=0 \\ 1-0.75\,e^{-s/4}, & s>0 \end{cases} \end{aligned}$$

이다.

(4) $E[(S-2)_+] = \int_2^\infty [1-F_S(s)]\,ds = \int_2^\infty 0.75\,e^{-s/4}\,ds$

$$= (-3)\,e^{-s/4}\Big|_2^\infty = 3e^{-1/2} = 1.81959$$

4. (1)

x	0	1	2	3	4
$P_1 * P_2$	0.606531	0.121306	0.194090	0.037201	0.030973
x	5	6	7	8	
$P_1 * P_2$	0.005703	0.003287	0.000583	0.000278	

(2) $E[(S-5)_+] = 0.041618$

참고문헌

1) 안승철, 이재원, 《기초통계학(2판)》, 경문사. 2004.

2) 안승철, 이재원, 최원, 《수리통계학의 이해》, 교우사. 2000.

3) 이재원, 이욱기, 이승주, 김건호, 《확률과 통계》, 한티미디어. 2010.

4) N. L. Bowers, Jr, H. U. Gerber, J. C. Hickman, D. A. Jones, C. J. Nesbitt, *Actuarial Mathematics*, The Society of Actuaries, 1997.

5) R. Kaas외 3인, *Modern Actuarial Risk Theory*, Kluwer Academic Publishers, Boston, 2001.

6) R. V. Hogg, S. A. Klugman, *Loss Distributions*, John Wiley & Sons, 1984.

7) S. A. Klugman, H. H. Panjer, *Loss Models from data to Decisions*, John Wiley & Sons, 1998.

8) The Society of Actuaries, *Mathematical Foundations of Actuarial Science Course 1 and Course* 3, The Society of Actuaries and Casualty Actuarial Society, 2000-2004.

찾아보기

▪ **이재원**

성균관대학교 수학과(이학사, 이학석사, 이학박사, 통계학 전공)
미국 University of Iowa 방문교수
현재 국립금오공과대학교 응용수학과 교수

저서: 통계수학(경문사), 공업수학(경문사), 기초통계학(경문사),
수리통계학(교우사), Mathematica로 배우는 대학수학(교우사),
미니탭과 통계학(교우사), 선형대수학(북스힐), 대학미분적분학(북스힐),
미분방정식(홍익출판사), 확률과 통계(한티미디어),
일기 쉬운 미분적분학(북스힐)
역서: 미분적분학(북스힐)

개정판

확률과 보험통계

지은이 이재원
펴낸이 조경희
펴낸곳 경문사
펴낸날 2012년 3월 5일 개정판 1쇄
2021년 3월 5일 개정판 4쇄
등 록 1979년 11월 9일 제1979-000023호
주 소 04057, 서울특별시 마포구 와우산로 174
전 화 (02)332-2004 팩스 (02)336-5193
이메일 kyungmoon@kyungmoon.com

값 25,000원

ISBN 978-89-6105-530-7